图解·一学就会系列

图解数控机床维修必备
技能与实战速成

刘胜勇　编著

机械工业出版社

本书基于模块化维修三大方法——电信号演绎法、工作介质流向法和机械动作耦合法，以图解形式讲述现代数控机床典型故障案例和机电综合应用实例，使读者掌握维修基本技能和操作要点，简化机床故障的分析过程，快速排除数控系统、主轴驱动、伺服驱动和辅助装置（液压、润滑、降温、冷却、排屑、换刀）等环节的电气故障及主轴部件、进给部件和辅助装置等环节的机械故障，从而提高维修效率和缩短停机时间，并迅速成长为智能制造大环境下数控机床的维修高手。入门者学理论、用经验，中学者借案例、用方法，全面者实施改造和设计，实现"理论武装→实战锤炼→创新提升"的循序渐进式自学成长。为便于读者学习，随书赠送学习视频。

本书可供数控机床维修人员，工科院校机电类、数控维修专业学生使用。

图书在版编目（CIP）数据

图解数控机床维修必备技能与实战速成/刘胜勇编著. —北京：机械工业出版社，2018.1

（图解·一学就会系列）

ISBN 978-7-111-58951-8

Ⅰ.①图… Ⅱ.①刘… Ⅲ.①数控机床—维修—图解 Ⅳ.①TG659-64

中国版本图书馆 CIP 数据核字（2018）第 008254 号

机械工业出版社（北京市百万庄大街 22 号 邮政编码 100037）
策划编辑：周国萍 责任编辑：周国萍 责任校对：樊钟英
封面设计：路恩中 责任印制：孙 炜
北京玥实印刷有限公司印刷
2018 年 4 月第 1 版第 1 次印刷
184mm×260mm · 20.75 印张 · 507 千字
0001—2500 册
标准书号：ISBN 978-7-111-58951-8
　　　　　　ISBN 978-7-89386-161-1（光盘）
定价：89.00 元（含 2DVD）

前言

伴随我国各产业现代化进程的稳步推进，包括立/卧式车床、车削中心、内/外圆磨床、立/卧式加工中心、花键铣床、直齿/弧齿滚齿机、研齿机、磨齿机等数控装备在内的现代机床正被大量应用于工业、农业、军事、医疗和服务等领域的产品加工链中。

现代机床有的使用了 FANUC、SINUMERIK 或 MITSUBISHI 等不同类型的数控系统，有的还在此基础上内嵌了切齿、磨刀、研齿或配对等特定软件；有的使用了基于 Windows 平台的 Evoc、NORCO、Advantech、ADLINK 等不同品牌的工控机，有的还在此基础上装有齿轮检测或尺寸形位检测等专用软件；有的使用了 Proface（普洛菲斯）、HITECH（海泰克）、BEIJER（北尔）、MITSUBISHI、SIEMENS、Delta 等不同公司的人机界面（简写 HMI），有的还配置了 Panasonic（松下）、Omron、AB、MITSUBISHI、SIMATIC、Delta 等不同系列的可编程序逻辑控制器（简写 PLC）；有的使用了伺服放大器、伺服电动机和滚珠丝杠副或蜗轮蜗杆副等部件组成的伺服驱动环节，有的使用了由 ABB、SIEMENS、Vacon（伟肯）、Inovance（汇川）、Delta、MITSUBISHI 等不同规格变频器和主轴电动机等部件组成的主轴驱动环节，还有的配置了液压系统、润滑系统、气动系统、冷却装置和排屑装置等辅助环节。因此，对它们准确地进行故障诊断与快速维修也越来越重要，有时甚至会成为制约企业生产环节的"瓶颈"。

本书基于模块化维修三大方法——电信号演绎法、工作介质流向法和机械动作耦合法，以图解形式讲述现代数控机床典型故障案例和机电综合应用实例，使读者掌握维修基本技能和操作要点，简化机床故障的分析过程，快速排除数控系统、主轴驱动、伺服驱动和辅助装置（液压、润滑、降温、冷却、排屑、换刀）等环节的电气故障及主轴部件、进给部件和辅助装置等环节的机械故障，从而提高维修效率和缩短停机时间，并迅速成长为智能制造大环境下数控机床的维修高手。入门者学理论、用经验，中学者借案例、用方法，全面者实施改造和设计，实现"理论武装→实战锤炼→创新提升"的循序渐进式自学成长。

本书融入了编著者 15 年来机床维修实战精髓，具有图例丰富、理论到位、实战典型和创新明晰的显著特点，既可作为生产制造业中数控机床维修人员与培训人员的指导教材，也可作为工科院校机电类、数控维修专业的参考教材，还可作为机床制造业中安装调试人员的学习资料。为便于读者学习，随书赠送学习视频。

本书共分 6 章，第 1 章为数控机床安全作业与维修操作要点，第 2 章为数控维修的工卡量具操作实战，第 3 章为数控维修的仪器仪表操作实战，第 4 章为数控机床机电部件拆装实战，第 5 章为数控机床维修典型案例精析，第 6 章为维修工程师进阶机电综合应用详解。

因数控机床维修领域广、覆盖面宽及编著者水平有限，加之智能制造技术发展迅速，书中难免有不足之处，恳请广大读者批评、指正。

刘胜勇

目录

第1章

数控机床安全作业与维修操作要点

机床维修作业过程中，存在着诸多不安全因素，如不及时防范与排除，就有发生伤亡事故的可能，如机械绞伤、电击、高空坠落、物体打击等。维修人员在维修作业过程中，只有严格执行安全、技术操作规范和相关作业标准，才能确保人身和设备的安全。安全作业重要性示意如图1-1所示。

图 1-1 安全作业重要性示意

1.1 维修钳工安全作业要点

1. 检修安全工作要求

1）检修人员必须穿戴好劳保用品，高空作业时要系安全带，危险作业场所要有标志（见图 1-2）。

图 1-2 检修安全作业示意

1

① 受限空间作业，只有在经过该装置负责人及安全人员的书面许可后，才能进行。

② 经过空气通风后，在进入容器、塔罐等空间内作业前，应进行有害气体检测。

③ 具备一定压力的容器和设备的安全阀要定期检测并挂牌。

④ 在地沟、槽内等暗处作业，要使用 AC 36V 以下的手持灯具照明。

⑤ 检修设备停、送电应由专人负责，严禁擅自接用电源线，所检修设备的电源应全部切断，并挂有断电标识。

2）检修时，要将工具及拆下来的零部件有序地摆放在指定位置，避免零件丢失或损坏；重型/长型工件和工具不能靠墙或靠设备而立。杂乱无章作业示意如图 1-3 所示。

3）交叉作业时，不准从高处向低处任意抛扔物件，避免伤人或打坏设备。

4）动土作业前，一定要先搞清地下情况，确定无电缆和地下管线，方可开挖。

5）严禁使用汽油、柴油、煤油擦洗零部件、衣物及拖地。不得不使用汽油清洗部件时，必须禁止明火，并做好防火措施。

汽油有一个重要的物理特性，就是非常容易汽化、挥发。环境温度越高，挥发速度越快。温度达到沸点时，汽油会迅速汽化。汽油的闪点低且爆炸

图 1-3　杂乱无章作业示意

下限也很低，故极易发生燃烧和爆炸。用汽油擦机器、洗零件发生的烧人、烧设备的事故，过去屡见不鲜。

6）起重机吊起重物的上面不准带人，起重臂的下面不得有人走动（见图 1-4）。钢丝绳应绑牢且绑于工件的重心处，严禁斜拉、偏吊和超负荷使用起重机。

7）使用电动葫芦吊装作业时，吊装口要有专人看守，禁止行人通过。

8）使用手动葫芦吊装作业时，起重链条要求垂直悬挂重物，链条各个链环间不得有错扭。拉动手链时，不可斜拉。拉动时必须用力平稳，以免跳链。当发现拉动困难时，要及时检查原因，不得硬拉，更不许增人加力，以免拉断链条或销子。起重高度不得超过标准值，以防链条拉断链子，造成事故。

9）不易装卸的零部件，不准硬来（见图 1-5），应用千斤顶、爪子、加热、油浸等方式，用火加热时要距离易燃物 5m 以外。使用千斤顶时，要按操作规程垫平、垫稳。

10）使用三脚架作业时，三脚必须保持相对间距，两脚间应用绳索联系，当联系绳索置于地面时，要注意防止绊倒作业人员。

11）使用砂轮作业时，开动前应仔细检查砂轮，若有破损和裂纹，则严禁使用。使用过程中，砂轮与工件托架间的距离应小于被磨工作最小外形尺寸的 1/2，最大不准超过 3mm，调整后必须紧固。用圆周表面做工作面的砂轮，不宜使用侧面进行磨削，以免砂轮破碎。

12）进入设备内部作业时，必须在设备外留一人监护，不准独自一人进入。新来的实习生、学徒工以及外来代培人员，必须由熟悉该装置的老工人带领才允许进入。

13）厂区内消防设施未经领导批准不得随便动用；消防通道要严加保护，不得随意堆放杂物。

图1-4　起吊重物下违章站人示意

图1-5　尖铲剔除违章作业示意

2. 维修安全注意事项

1）严禁在运行中松动或紧固带压部分的螺栓和其他附件。

2）设备运行过程中，不得擦抹或检修其转动部分。

3）设备运转过程中，操作者应经常检查运转状况，发现异常立即停机。

4）切断电源并挂上"禁止合闸"标志后，方可维修设备。

5）维修设备时，应严格遵守钳工安全操作规程。

6）零部件的拆卸和组装按顺序进行，尽量使用专用工具。

7）零部件的拆卸和组装应避免硬性敲击（见图1-6），以免损伤配合面。

图1-6　硬性敲击违章作业示意

8）试机安全注意事项如下：

① 开机、停机应由该机床的操作人员进行操作。

② 试机中发现异常情况，应立即停机，处理后再试机。

3. 检修动火注意事项

1）要动火的管线和设备必须加好盲板，切断与其相通的管线和设备。清理干净物料粉尘，检查合格后，方可动火。

2）根据需要，用火单位应根据实际情况按等级填写动火票申请动火（见图1-7），报安全部门批准。

3）经安全人员现场查看并签字批准后，用火单位监护人要负责各项安全措施的实施，并按动火票要求工作。

① 施工人按批准措施逐项落实后，监护人在场方可动火。

② 动火过程中，发现异常应立即停止用火。监护人不在场或有人强行指令动火，动火人有权拒绝。

③ 焊接过程中，地面有积水，电焊线必须悬挂离开水面。

④ 高空用火应避免火花飞溅，下方须设警戒

图1-7　动火申请示意

线。五级风以上，不得进行高空用火。

⑤ 维修完或下班前，施工人要进行详细检查，不得留有余火，杜绝复燃（见图1-8）。

图1-8　余火复燃示意

1.2　维修电工安全作业要点

1）电工在操作高压设备时，必须使用辅助绝缘安全用具（绝缘手套、绝缘鞋、绝缘垫及绝缘台）。使用前须用清洁的干布擦拭干净，保证干燥清洁。

2）设备检修后，在送电前要清点人员、工具、测试仪器和更换的材料、配件是否齐全。

3）检修作业完毕，必须对作业场所进行清扫，搞好设备和场所的环境卫生。

4）检修后的设备状况要由检修负责人向操作人员交代清楚，由检修、管理、使用三方共同检查验收后，方可移交正常使用。

5）大型设备的接地线必须为多股软铜线，其截面不得小于 $25mm^2$，接地线要经专用线夹固定在导体上，严禁缠绕。

6）认真填写检修记录，将检修内容、处理结果及遗留问题与操作者交代清楚，双方签字。

7）高压、低压供电系统停电作业前，应悬挂"停电作业"牌，并进行验电、放电、接临时地线等安全措施。

8）电气线路、电气设备未验明确实无电前，一律视为有电。未做好安全措施前，不准用手摸带电体。

9）两个或两个以上工种联合作业时，必须指定专人统一指挥。严禁在他人停电作业的线路或设备上擅自工作，需要时应另行办理手续。

10）试验采用新技术、新工艺、新设备和新材料时，应制定相应的安全措施，报领导批准。

1.3　四步到位法维修操作要点

四步到位法维修是维修人员在了解设备宏观组成结构——设计制造过程中系列化和标准化的零部件基础上，遵照"故障记录到位→诊断分析到位→故障维修到位→维修记录到位"四个步骤，快速处理设备故障的一种具有综合性特点的维修方法。

1）故障记录到位。设备发生故障时，操作者先停机保护现场（一般不切断电源），再详细记录故障细节并及时通知维修人员。故障记录内容主要有什么时间、什么操作、什么报警、其他情况等。

2）诊断分析到位（见图1-9）。维修人员要立足于以往维修经验的积累，综合运用现代机床模块化维修方法——原理分析法、报警信息分析法、数据/状态检查法、在线监控法、隔离法、强迫闭合法、程序测试法等，对故障进行诊断分析，以快速判断故障的可能原因和产生部位。

3）故障维修到位。对磨损或损坏的机械零部件进行测绘、更换并检测精度，对电气元件、印制电路板进行简单维修或整体更换，对机床参数或加工程序进行修改等，最后确认各环节无误后，机床空运转并试切工件。

4）维修记录到位。机床复转后，维修人员须将维修过程写入设备档案存档，以便日后查阅。

图1-9 诊断分析到位示意

1.4 诊断分析方法实施要点

故障的诊断分析是机床维修的关键一步。通常，采取一定的方法或组合几种方法来进行故障的诊断分析，以迅速查明故障原因并排除；也可制定针对性措施，预防故障的再发生。一般来说，现代设备故障的诊断分析方法有原理分析法、状态指示灯和报警信息分析法、数据/状态检查法、系统自诊断法（含在线监控法）、直观检查法（望闻问切）、备板置换（替代）法、交换（同类对调）法、敲击法、升温法、程序测试法、隔离法、测量比较法、强迫闭合法（用于液压元件或接触器）等。其中，用于设备电气故障分析的原理分析法、报警信息分析法、数据/状态检查法、在线监控法、测量比较法、强迫闭合法及程序测试法等合称为电信号演绎法；用于设备辅助装置上非电气故障分析的原理分析法、直观检查法、测量比较法及隔离法等合称为工作介质流向法；用于设备机械故障分析的原理分析法、直观检查法、测量比较法、敲击法、隔离法等合称为机械动作耦合法。

1. 原理分析法

原理分析法是现代设备故障诊断的一种基础性方法，它既可按电信号的流向梳理电气元件的工作过程，也可按工作介质的流动梳理辅助装置的工作过程，还可按机械构件的结构梳理零部件的耦合过程。维修人员正确应用原理分析法并适时选用测量比较法、直观检查法和系统自诊断法等，既能够明晰设备的宏观组成结构，又能够简化设备故障的分析过程，还能够提高维修效率与缩短停机时间。原理分析法的日常应用示例如下：

1）原理分析法可将当前品种繁多的绝大多数数控机床的工作原理高度概括为：均是利用数字化的逻辑电信号控制机床的运动过程，以获得所需的轮廓轨迹和相应的控制功能。该过程包括工件的夹紧/松开、刀具的选择、刀具与工件的相对位置、切削液开/关、主轴运行、伺服驱动、各机械耦合部件的润滑及相应部位的冷却降温等方面。简而言之，数控机床就像人的一只手，工作时它抓着刀具或工件，按照预定轨迹控制刀具或工件沿运动方向进给，最终加工出用户要求的零件形状或实现应有的用途。其刀具可以是割炬（如火焰、等离子、激光束、水射流和电极丝等）、焊枪（如单丝焊枪和双丝焊枪等）、喷枪、车刀、钻头、铣刀、砂轮、铣齿刀/插齿刀及刻针等。

2）原理分析法可用于分析设备电气线路的短路故障——不同电位的导电部分之间被导电体短接或其间的绝缘被击穿，以解决直流/交流形式的电源供应异常、元器件烧毁或控制动作失灵等问题。

3）原理分析法可用于分析机床上液压系统、气动系统、冷却液单元与降温单元等辅助装置的故障——液压油、压缩空气、冷却液及冷媒等工作介质供应不畅或停止供给，以解决机床辅助装置动作异常、机床磨损加剧、刀具寿命下降及电气元件降温失效等问题。

4）原理分析法可用于分析机床上主轴、伺服进给等机械环节的故障——主轴换档、齿轮传动、带传动、导轨副、滚珠丝杠副等机械系统已偏离其状态而丧失部分或全部功能，以解决零件的断裂、变形、配合件间隙增大或过盈丧失、固定/紧固装置的松动和失效等问题。

2．状态指示灯和报警信息分析法

在数控机床发生故障时，维修人员不仅要通过分布在电源模块、主轴模块、伺服模块和I/O单元上的状态指示灯（FANUC 31i-MA 一体型系统的状态指示灯如图1-10所示）来判断故障发生的部位和原因，还要借助 LCD 屏幕显示的报警号及报警信息来分析故障的部位和原因。如 FANUC 系统中报警号#1000~#1999 为机床系统故障报警，#2000~#2999 为机床操作故障报警，这两种报警号均是机床制造厂家在 PMC 程序中预先编写的报警信息［NB-800A 立式加工中心（FANUC 0i-MC 系统）部分报警文本见表1-1］；除此之外，机床厂家通过计算机语言编写#3000~#3999 报警，如 CNC 画面显示的宏程序报警。

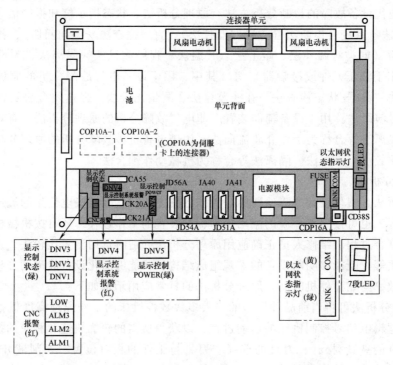

图 1-10　FANUC 31i-MA 一体型系统的状态指示灯

表 1-1　NB-800A 立式加工中心（FANUC 0i-MC 系统）部分报警文本

序号	地址	报警信息	中文内容
1	A0.0	1010 EMERGENCY STOP/ OVERTRAVEL	1010:紧急停止/超程
2	A0.1	1020 SPINDLE COOLER ALARM	1020:主轴冷却单元报警
3	A0.2	Spare	备用

（续）

序号	地址	报警信息	中文内容
4	A0.3	1040 NOT IN COOLANT AUTO MODE	1040:切削液未旋至"自动方式"
5	A0.4	1050 ATC ALARM	1050:自动换刀装置报警
6	A0.5	1060 TOOL BROKEN	1060:刀具破损
7	A0.6	1070 X、Y、Z. AXES HOME REQUIRED	1070:X、Y、Z 轴需要返回第 1 参考点
8	A0.7	1080 X. Y. Z. 4 AXES HOME REQUIRED	1080:X、Y、Z 及第 4 轴需要返回第 1 参考点
9	A9.0	2010 SPINDLE TOOL NOT UNCLAMP	2010:主轴刀具未松开
10	A9.1	2011 SPINDLE TOOL NOT CLAMP	2011:主轴刀具未夹紧
11	A9.2	2030 ARM ADJUSTMENT	2030:换刀臂调整
12	A10.0	2000 MAINTENANCE MODE	2000:维修方式
13	A10.1	2020 ARM TROUBLESHOOTING	2020:进入换刀臂故障排除状态
14	A10.3	2050 AIR LOW	2050:气压低
15	A10.4	2060 LUBE ALARM	2060:润滑报警
16	A10.5	2080 CTS FILTER ALARM	2080:主轴中心出水（M48）时过滤罐压力过高

3. 数据/状态检查法

CNC 在线监控机床故障时，不仅在屏幕上显示故障报警，还以多页诊断地址和诊断数据的形式提供状态信息和机床参数的检查。

（1）接口检查　在屏幕上显示 I/O 信号（CNC、PMC 与机床 MT）的通断状态［FANUC 系统的 STATUS（状态监控）画面如图 1-11 所示］，如此可查 Y 信号是否输出到 MT 侧，MT 侧的 X 信号是否输入到 PMC 或 CNC 中，从而确定故障位于 MT 侧还是 PMC 或 CNC 侧。

画面中，0 表示信号未激活（常开触点未接通，常闭触点未释放），1 表示信号已被激活（常开触点已接通，常闭触点已释放）。注释符号前面的 ＊ 号，表示该地址为非信号，即常闭触点。

（2）参数检查　机床参数是经试验和调整而获得的重要参数，是机床正常运行的保证，一般包括增益、加速度、轮廓监控和各种补偿值等。参数通常存放在由电池供电保持的

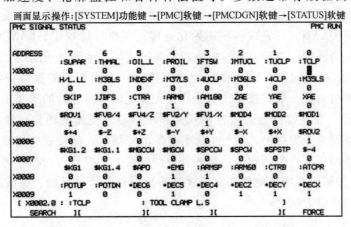

图 1-11　FANUC 系统的 STATUS（状态监控）画面

RAM 中，一旦电池电压不足、机床长期闲置不用或受到外部干扰，参数会丢失或混乱，机床将不能正常工作。所以，机床安装调试完毕或更改参数后，应通过存储卡在系统开机引导画面下（见图 1-12）进行 SRAM 和 FROM 数据的系列备份，以便机床参数丢失或发生混乱时，可进行数据的回装操作。

注意：回装数据前，应执行系统数据的初始化处理（如 FANUC 系统上电时，同时按下 MDI 面板上的［RESET］和［DELETE］按键进行数据全清）。

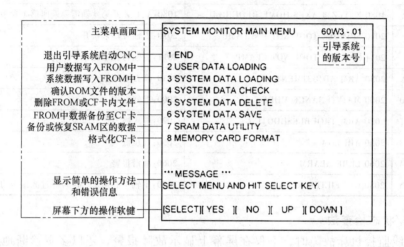

图 1-12　FANUC 0iD 系统的开机引导画面

4. 系统自诊断法

系统自诊断主要用于机床有报警显示故障的开机自检和在线监控，如存储器报警、设置错误报警、程序错误报警、误操作报警、过热报警、伺服系统报警、超程报警、连接错误报警和电源报警等报警显示的故障；此外，温度、压力或液位不正常，行程开关或接近开关状态不正常等 PMC 侧故障也有对应的报警号和相应的报警信息。

（1）开机自检　开机自检是指 CNC 系统每次通电后，系统内部诊断程序对系统最关键的硬件（如 CPU、RAM、ROM 等芯片和电源模块、伺服模块等）和控制软件（监控软件和系统软件）逐一自动执行诊断，以确定其完好性并在屏幕上显示检测结果，类似于计算机的开机诊断。例如：FANUC 系统开机时，在系统引导文件的引导下，把系统文件从 FROM 装载至系统工作区 DRAM，并完成各项初始化处理。在执行过程中，FANUC 系统检测系统硬件和系统软件是否匹配，当所有的设定项目检测通过后，系统方可运行；若出现故障，则系统不再进行自检，并通过屏幕或硬件（发光二极管）发出相应的报警指示和相关报警信息。数控系统的开机自检一般是按系统制造商预先设定的步骤进行的（见图 1-13）。

（2）在线监控　在线监控是通过各种开关和传感器等预先把油位、油压、温度、电流和速度等状态信息设为报警提示，运行中屏幕显示故障信息，间接表达故障部位。此类故障可根据报警号，借助机床自带的跟踪功能或外设计算机上工控软件的在线功能捕捉故障的联锁/互锁信号等，并辅以万用表测量来确定故障的原因和部位。目前，在线监控法是设备故障分析中最常用的维修方法之一。

5. 直观检查法（望、闻、问、切）

设备出现故障时，维修人员按"先外后内"的要求，通过望（看）、闻/听、问、切

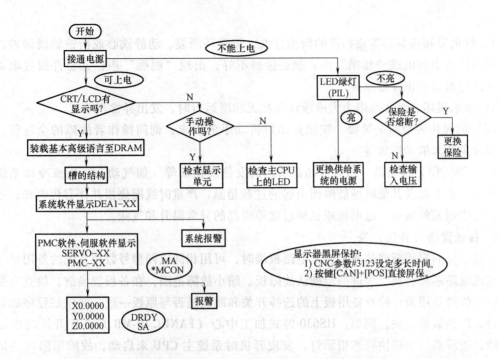

图 1-13　FANUC 系统的开机自检顺序

（摸）对故障展开诊断分析。

（1）望（看）设备外部状态或内部器件的连接

1）导轨副、滚珠丝杠副、传动轴/齿轮或夹具等工作状况是否正常。

2）连接插头松动或有断线，继电器、接触器和各类开关的触点烧蚀或压力失常，发热元器件表面过热变色，电容膨胀变形或报警指示灯亮等。

3）由于触点闭合/断开或导线接头松动导致设备开机时出现火花：当电动机控制接触器的主触点中的一相接触不良或该相断路时，将导致其他两相有火花而该相无火花；当电动机相间短路或接地时，将导致电动机控制接触器的主触点三相中的两相火花比正常大而另一相比正常小；当电动机过载或机械部分卡死时，将导致电动机控制接触器的主触点三相火花都比正常大。

4）辅助电路中接触器的线圈通电后衔铁不吸时，要区分电路断路还是接触器的机械部分卡死：此时可按下起动按钮，若按钮常开触点由闭合到断开时有火花，则电路通路，故障位于接触器的机械部分；若触点间无火花，则电路断路。

5）逐步接入法查电路短路和接地故障：换上新的熔断器将各支路逐条地接入电源，重新试验；当接到某条支路时熔断器又熔断，故障就在刚接入的这条电路及所包含的电气元件上。为了反复进行无后果式短路故障的重演并减少熔断器的大量消耗，维修人员可加装断路器来代替熔断器。

（2）闻电气元件的焦煳味等异味或听故障时异常声响的来源

1）当电气元件被击穿或烧毁时，在密闭空间内产生焦煳味等异常气味，这是维修人员处理电气故障时应着重关注的。

2）电源变压器、阻抗器与电抗器等，因铁心松动或锈蚀等，引起铁片振动，发出"吱吱"声。

3）继电器和接触器等磁回路的间隙过大，短路环断裂、动静铁心或衔铁轴线偏差及线圈欠压运行等引起电磁"嗡嗡"声；触点接触不好，出现"呃呃"声；元器件因过电流或过电压运行而引起击穿爆裂声。

4）轴承损坏、液压泵阻力大或滚珠丝杠无润滑运行时，发出异常声响。

（3）问操作者故障全过程　按照先动口再动手的要求，询问操作者故障的全过程，了解故障现象及采取的措施等。

（4）切（摸）过电流、过载或超温引起的发热或振动等　如气动、液压或冷却系统的管路阻塞，泵卡死及其他机械故障而引起的过载超温，严重时线圈烧损并伴有焦煳味；还有设备运行中因元件漏电、过电流或机械过载等引起的异常温升和气味。

6. 备板置换（替代）法

通过系统的自诊断将故障定位至电路板级时，可用相同或同型号数控系统的备用板、模块或集成电路芯片替换。为进一步确认故障板、缩小故障范围，在备板置换前，检查有关电路，防止烧毁备用板；检查备用板上的选择开关和跳线是否与原板一致，并做好程序和参数的备份，以免数据丢失。例如：HS630 卧式加工中心（FANUC 0i-MB 系统）开机时出现死机故障，查看系统主模块状态指示灯，发现开机时系统主 CPU 未启动，故障原因可能是系统主 CPU 卡故障或者主板故障；为进一步排查故障原因，用同型号的主 CPU 卡进行替换，系统开机正常，此时说明系统主板状态完好且故障是由于主 CPU 卡不良造成的。

7. 交换（同类对调）法

在发现控制板出现故障或不能确定该控制板存在故障而又无备件的情况下，可将系统中两块相同的控制板或电缆对调，以观察故障是否发生转移来判定故障的具体部位。采用交换法排查故障时，不仅硬件接线要正确交换，还要将一系列的相应参数交换；否则不仅达不到排查故障的目的，反而会产生新的故障。例如：TMV1600A 立式加工中心（FANUC 0i-MC 系统）在 X 伺服轴返回参考点时，出现超程报警（返回参考点的动作正常），而 Y、Z 轴能正确返回参考点。根据故障现象推断，可能是系统未得到 X 轴电动机的一转信号，其原因可能是 X 轴电动机、伺服放大器或系统轴控制卡故障。为了进一步确定故障部位，将 X 轴和 Y 轴电缆（包括动力电缆和编码器反馈电缆）对调并修改相关伺服参数，通电试车后发现 X 轴仍不能正确返回参考点而 Y 轴返回参考点正常。如此，说明系统轴控制卡和伺服放大器正常，并且故障存在于 X 轴电动机的内装编码器上。遂拆卸 X 轴编码器，发现其内部太脏，清洗后回装，试机正常。

8. 敲击法

数控系统由各种电路板、连接插座组成，每块电路板上含有很多焊点，虚焊或接插件接口槽接触不良都可能会引起故障。一般可用绝缘物轻轻敲打疑点处或模块外表等，若出现故障，则敲击处可能就是故障部位。例如：NB-800A 立式加工中心（FANUC 0i-MC 系统）的主轴有时无法进行定向准停，由于机床的主轴准停采取主轴电动机内装不带一转信号的传感器和外接一转接近开关的控制方式，故先排除是一转接近开关松动导致获取一转信号偶尔失效，检查发现接近开关固定牢固，此时借助绝缘物敲击坦克链，发现一转接近开关的 LED 灯时亮时灭，说明坦克链中与一转旋转信号相关的电缆存在断线。更换电缆后，试机正常。

9. 升温法

数控机床在雨季等潮湿环境下长时间停机后再次开机时，其电源模块、主轴模块和伺服模块等印制电路板极易出现故障，致使机床无法开机运行。通常，应定期对长时间停转的数控机床通电空运转一段时间，依靠电子元件自身发热将潮气烘干；也可使用电吹风将拆下的印制电路板进行烘烤，消除潮气，以排除相应的故障。

10. 功能程序测试法

当数控机床运转加工中出现废品而无法确定程序错误、操作不当或难以区分是干扰还是系统不稳定造成的系统随机性故障等原因，以及机床长时间闲置后再次使用时，可将 G、M、S、T、F 等指令代码编写进试验程序中运行机床，以快速判定哪个功能不良或丧失。例如：一台奥林康 B27 型磨削中心（FANUC 31i-MA 系统）的 Y 轴异响声巨大，致使等高制齿用刀条的磨削一致性非常低。排查故障原因时，先在 FANUC CNC 画面中，按［SYSTEM］功能键后进入 CNC 参数画面，修改参数#3111.5（OPM）= 1，以激活操作监控画面的显示；再选择 MDI 工作方式，单击 MDI 面板上的［PROGRAM］功能键进入 MDI 编程画面，编写 Y 轴循环运行程序（见图 1-14）；然后将 MCP 上倍率旋钮置零，按［POS］功能键，多次单击［▶］右扩展键，直至显示并单击［MONI］监控软键，待屏幕上显示伺服负载监控画面（见图 1-15）后，按［CYCLE START］键循环起动 MDI 程序；接着反复运行磨削中心的 Y 轴时，其负载率为 46%，此数据属于垂直轴的正常运行负载，故排除机械环节存在故障的可能性。最后，拆卸顶端防护罩，发现 Y 轴滚珠丝杠副无油且直线导轨光亮如镜面，故判定润滑系统存在异常。

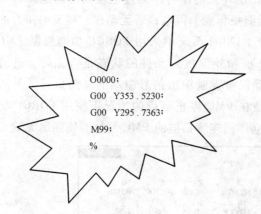

图 1-14 MDI 方式下 Y 轴循环运行程序

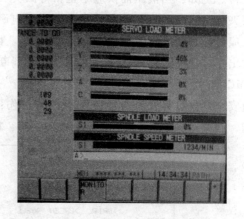

图 1-15 伺服负载监控画面

11. 隔离法

在数控机床出现进给轴抖动、爬行或因加工精度方面的故障导致定位精度降低等现象而又无法直观判定故障位于 CNC 装置、伺服模块或机械环节时，可使用隔离法将机械本体和电气部分分离，或将全闭环控制分离为半闭环控制，以使复杂问题简单化，缩小故障排查范围。例如：把故障进给轴的伺服电动机与机床本体分离，修改 CNC 参数，将其设定为旋转轴并重

图 1-16 伺服电动机的定位精度检测

新进行伺服参数设定，在 MDI 方式下经程序段指令"G00 A360"和"G00 A-360"分别执行 A 轴正转与反转的定位操作，观察电动机上的标记线是否重合（见图 1-16），若旋转一圈后标记重合，则说明机械方面存在故障；若旋转一圈后标记不重合，则说明电气方面存在故障，导致定位精度不良。

12. 测量比较法

用万用表、钳形电流表和示波器等对电源模块、主轴模块、伺服模块等单元上的端子电压、电流、电阻、电平或波形（IGBT 加热电源逆变直流侧电压波形如图 1-17 所示）进行测量、测试，并与正常值进行比较，以诊断故障的原因和部位。有时，还将正常部分人为试验性地制造故障或报警（如断开连线、拔去组件等），观察其他相同部分是否与该部分产生的故障现象一致，以判断故障原因。

13. 强迫闭合法

对于液压元件或接触器等的故障，直观检查未发现故障点且在无适当仪表测量而又急需设备快速恢复运转时，可使用绝缘棒将有关的

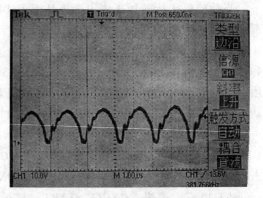

图 1-17 IGBT 加热电源逆变直流侧电压波形

电磁阀或接触器等强行按下，使其常开触点闭合，然后观察机械部分或电气元件的动作是否正常。例如：当液压油供应不正常导致夹具夹紧/松开无动作时，通过电磁阀的强迫闭合观察夹具是否有动作，若有动作，则说明电磁阀线圈损坏或未得电；若无动作，则说明压力油供应可能出现异常或管路堵塞、泄漏等。目前，FANUC 系统中采用 FORCE 功能强制 PMC 输出信号接通或断开（见图 1-18），以判断 I/O 板和外围执行元件的状态是否完好。进行 PMC 信号强制输出前，需注意两个问题：一是确保被强制输出信号驱动的外围执行元件周边安全状态良好，不会导致人员设备损伤；二是在 PMC 停止运行的情况下使用 FORCE 功能，否则运行中的 PMC 信号刚刚被强制，就会立即被连续扫描的 PMC 复位而使强制无效。

```
PMC SIGNAL FORCING                                                    PMC STOP

ADDRESS        7        6        5        4        3        2        1        0
            >RED    >PUMP1   >FIL    >ARMCW   >CLNT   >SPOIL   >POTUP  >POTDN
Y0005        0        0        0        0        0        1        0        0
            >DRITL  >GREEN   >YELL   >SPBLW   >TUCLP   >LG      >HG     >ZBRK
Y0006        0        0        0        0        0        0        0        1
                     $STL            >AP_BL   >AP_RE           $"DOOR  >AP_DN  >AP_UP
Y0007        0        0        0        0        0        0        0        0
                    "AP_RD   "AP_SP  "AP_ST   >AP_CL   >AP_OP           >AP_EX
Y0008        0        0        0        0        0        0        0        0
Y0009        0        0        0        0        0        0        0        0
                                     >4-CCW   >H_DEL   >4-CW
Y0010        0        0        0        0        0        0        0        0
            WKPCOIL
Y0011        0        0        0        0        0        0        0        0
Y0012        0        0        0        0        0        0        0        0
 [ Y0005.0 : >POTDN            : POT DOWN                            ]
>^

[ SEARCH   ][    ON   ][   OFF   ][        ][  STATUS   ]
```

图 1-18 FANUC 系统的 FORCE 强制画面

1.5 现场触电急救操作要点

一定电流或电能量（静电）通过人体引起损伤、功能障碍甚至死亡的，称为电击伤，俗称触电。随着现代社会用电器的普及，电击伤的发生率已明显增高。因此，工厂、企业的每位员工（尤其是电气工作者）有必要熟练掌握电击伤的现场急救措施及其操作技术，以免在对触电者施救的紧急关头束手无策。

发生触电后，有效的急救在于快而得法。也就是，先用最快的速度使触电者脱离电源，再施以正确的方法进行现场救护。触电急救要点详述如下。

1. 使触电者脱离电源

电流对人体的作用时间越长，对生命的威胁越大。所以，触电急救的关键是先使触电者迅速脱离电源。救护者可根据具体情况，选用下述几种方法使触电者脱离电源。

（1）使触电者脱离低压电源（电压<1kV）的方法 使触电者脱离低压电源的方法可用"拉、切、挑、拽、垫"5个字概括。

① 拉。即就近迅速拉断电源开关，切断电源，确保伤者脱离所接触的电缆、电线或带电物体。注意，有的单极电源开关在安装时错将其接至零线上，此刻虽拉断电源开关，但伤者触及的导线可能仍带电，这就不能认为已经切断电源。

② 切。即用带有绝缘柄的利器切断电源线。在电源开关距离触电现场较远或仓促间找不到电源开关时，可用带有绝缘手柄的电工钳或带有干燥木柄的斧头、铁锹等利器，将电源线切断。切断时，要防止带电导线断落触及周围的人。多芯绞合线要分相切断，以防短路伤人。

③ 挑。即用干燥的木棒、竹竿等挑开搭落在触电者身上或压在身下的导线，或用干燥的绝缘绳拉开导线/触电者，以远离电源。

④ 拽。即救护者戴上手套或手上包缠干燥的衣服、围巾、帽子等绝缘物品拖拽触电者，使之脱离电源。若触电者的衣裤是干燥的并未紧缠其身上，救护者可直接单手抓住触电者的衣裤，在不触及触电者体肤的前提下，将其拉脱电源。此外，救护者也可站在干燥的木板、木桌椅或橡胶垫等绝缘物品上，单手拖拽触电者，使之脱离电源。

⑤ 垫。即触电者的痉挛手指紧握导线或导线缠绕其身时，救护者可先用干燥的木板塞进触电者身下，使其与大地绝缘来隔断电源，然后采取其他办法切断电源。

（2）使触电者脱离高压电源（电压≥1kV）的方法 由于装置的电压等级高，一般绝缘物品不能保证救护者的安全，并且高压电源距离现场较远，不便拉闸。因此，使触电者脱离高压电源的方法与脱离低压电源的方法有所不同。

1）立即电话通知有关供电部门拉闸停电。

2）若电源开关距离触电现场不太远，则可戴上绝缘手套并穿上绝缘靴后，拉开高压断路器或用绝缘棒拉开高压电路保险，以切断电源。

3）可向架空线路抛挂裸金属软导线，人为迫使线路短路→触发继电保护装置动作→电源开关被迫跳闸。抛挂前，应将短路线的一端先固定在铁塔或接地引线上，另一端系重物。抛挂时，既要防止电弧伤人或断线危及人员安全，又要防止重物砸伤人员。

4）当触电者触及断落在地上的带电高压导线，并且不能确证线路无电时，救护者不可进入断线落地点 8~10m 范围内，以防止跨步电压触电。进入此范围时，救护者应穿上绝缘靴或临时双脚并拢跳跃地接近触电者。在触电者脱离带电导线后，应迅速将其带至 8~10m 以外，并立即开始触电急救。只有在确证线路已经无电后，才可在触电者脱离触电导线后就地急救。

（3）使触电者脱离电源的注意事项

1）救护者不能使用金属和其他潮湿的物品作为救护工具。

2）未采取绝缘措施前，救护者不能直接触及触电者的皮肤和潮湿的衣服。

3）拉拽触电者脱离电源过程中，救护者宜用单手操作，以自我保护。

4）触电者位于较高位置时，应采取措施预防触电者在脱离电源后坠地摔伤或摔死。

5）夜间发生触电事故时，应考虑切断电源后的临时照明问题，以利救护。

2. 正确的现场救护

待触电者脱离电源后，救护者不仅要立即对其进行就地抢救——检查包括呼吸和心跳在内的全身情况，还要由他人同时拨打 120 求救，并做好将触电者送往医院的准备工作。"立即"之意就是争分夺秒，不可贻误；"就地"之意就是不可消极地等待医生的到来，而是现场施行正确的救护措施。

根据触电者受伤害的轻重程度，现场救护有如下几种措施：

（1）触电者未失去知觉的救护措施 若触电者受伤害不太严重，即神志清醒，伴有心悸、头晕、出冷汗、恶心、呕吐、四肢发麻或全身乏力，甚至一度昏迷但仍有知觉，可让其在通风暖和处静卧休息，不可站立或走动，防止继发休克或心衰。同时派人严密观察，并请医生前来或送往医院诊治。

（2）触电者已失去知觉（心肺正常）的抢救措施 若触电者已失去知觉（呼吸和心跳正常），可使其仰面躺在平硬的地方，头向后仰，迅速松解影响其呼吸的上衣领口和腰带，保持四周空气流通，冷天保暖，同时立即请医生前来或送往医院诊治。若发现触电者呼吸困难或心跳失常，则应立即按心肺复苏法坚持不懈地就地抢救，直至其清醒或出现尸僵、尸斑为止。

（3）对触电者休克假死的急救措施

触电者是否休克呈假死症状[⊖]，救护者可采用"看、听、试"的方法进行判定。"看"是观察触电者的胸部、腹部有无起伏动作；"听"是用耳朵贴近触电者的口鼻处，听其有无呼气声；"试"是先用手或小纸条测其口鼻有无呼吸气流，再用

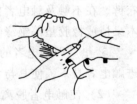

图 1-19 触电者休克假死的判定操作示意

两手指轻压左/右侧喉结旁凹陷处的颈动脉有无搏动感觉。在"看、听、试"操作（见图1-19）后，若触电者既无呼吸又无颈动脉搏动，则判其休克假死。

当判定触电者休克假死时，应立即按心肺复苏法坚持不懈地就地抢救。心肺复苏法的三项基本措施是通畅气道、口对口（鼻）人工呼吸、胸外按压（人工循环）。

⊖ 休克假死症状的三种临床表现：一是心跳停止，但尚能呼吸；二是呼吸停止，但心跳尚存（脉搏很弱）；三是呼吸和心跳均已停止。

1）通畅气道。操作要领是清除触电者口中异物后，实施仰头抬颌法操作，以确保气道始终通畅。

① 清除口中异物。在触电者仰面躺在平硬的地方并松解衣服后，若口内有食物、假牙或血块等异物，可将其身体和头部同时侧转，迅速用一个或两个手指交叉自口角处插入，从中取出异物。操作中，要避免将异物推至咽喉深处。

② 实施仰头抬颌法操作（见图 1-20）。救护者用一只手放在触电者前额，另一只手的手指将其颌骨向上抬起，两手协同将头部推向后仰，触电者的舌根自然随之抬起，气道便可畅通（见图 1-21a）。为使触电者头部后仰，可在其颈部下方垫适量厚度的物品。注意，不可将枕头等物品垫在触电者头下，以免头部抬高前倾阻塞气道（见图 1-21b），并使胸外按压时流向脑部的血量减小，甚至完全消失。

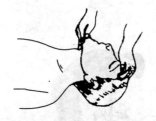

图 1-20　仰头抬颌法操作示意

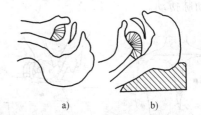

图 1-21　仰头抬颌法操作后的气道状况

a）气道畅通　b）气道阻塞

2）口对口（鼻）人工呼吸。救护者在完成气道通畅的操作后，应立即对触电者施行口对口人工呼吸（见图 1-22）或口对鼻的人工呼吸（仅用于触电者嘴巴紧闭时），同时进行胸外按压。人工呼吸的操作要领如下：

① 大口吹气刺激起搏阶段。救护者先蹲跪在触电者的左侧或右侧；再用放于触电者额上的手指捏住其鼻翼，另一只手的食指和中指轻轻托住其下巴；待救护者深吸气后，与触电者口对口紧合，在不漏气情况下连续大口吹气两次（每次 1~1.5s）；然后用手指试测触电者颈动脉是否有搏动，若仍无搏动，可判断心跳确已停止。

② 正常的口对口人工呼吸阶段。大口吹气两次试测颈动脉搏动后，立即按上述姿势进行口对口人工呼吸。救护者的吹气频率约为 12 次/min，较大的吹气量会引起触电者的胃膨胀，触电儿童甚至会肺泡破裂。救护者换气时，应将触电者的鼻或口放松，使其借助自己胸部的弹性自动吐气。吹气和换气过程中，要时刻注意触电者的胸部有无起伏的呼吸动作。

③ 若触电者的牙关紧闭，应改用口对鼻人工呼吸。吹气时，要将触电者的嘴唇闭紧以防漏气。

3）胸外按压（人工循环）。胸外按压是借助人力使触电者的心脏恢复跳动的一种急救方法，其有效性在于选择正确的按压位置、采取正确的按压姿势、采用恰当的按压频率。

① 选择正确的按压位置。先用右手的食指和中指沿触电者的右侧肋弓下缘向上，找到肋骨和胸骨接合处的中点；再将右手的两手指并齐，中指放在切迹中点（剑突底部），食指平放在胸骨下部，左手掌根紧挨食指上缘置于胸骨上，掌根处即为正确按压位置，如图 1-23 所示。

② 采取正确的按压姿势。正确的按压姿势可分为如下四步。

a. 使触电者仰面躺在平硬的地方并松解衣服后，仰卧姿势与仰头抬颌法操作相同。

b. 救护者蹲跪在触电者左/右侧肩旁，两肩位于触电者的胸骨正上方，两臂伸直，肘关节固定不屈，两手掌相叠，手指翘起并不接触触电者的胸壁。

图1-22　口对口人工呼吸示意

c. 以髋关节为支点，利用上身的重力，垂直将正常成人胸骨压陷3~5cm（儿童和瘦弱者酌减）。

d. 压至要求程度后，立即全部放松，但救护者的掌根不得离开触电者胸壁。

e. 胸外按压姿势及用力方法如图1-24所示。胸外按压有效的标志是按压过程中可以触到颈动脉搏动。

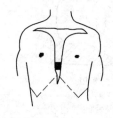
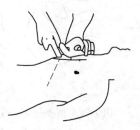

图1-23　胸外按压法的正确按压位置　　　　图1-24　胸外按压姿势及用力方法

③ 采用恰当的按压频率。

a. 胸外按压建议用80次/min的均匀速度进行，每次循环分为按压和放松两个动作，彼此的操作时间要相等。

b. 若胸外按压与口对口（鼻）人工呼吸同时进行，则单人救护的操作节奏是每按压15次后吹气2次（即15:2）并反复进行，双人救护的操作节奏是每按压15次后由另一人吹气1次（即15:1）并反复进行。

3. 现场救护中的注意事项

（1）抢救过程中适时对触电者进行再判定

1）按压吹气1min后，应采用"看、听、试"方法在5~7s内完成对触电者是否恢复自然呼吸和心跳的再判断。

2）触电者是否休克呈假死症状，救护者可采用"看、听、试"的方法进行判定。

3）若判定触电者已有颈动脉搏动但仍无呼吸，则可暂停胸外按压，并进行2次口对口人工呼吸，随之每隔5s吹气1次（相当于12次/min）。若脉搏和呼吸仍不能恢复，可继续用心肺复苏法抢救。

4）抢救中，每隔数分钟便用"看、听、试"方法再判定一次触电者的呼吸和脉搏情况，每次判定时间不得超过5~7s。在医务人员未前来接替抢救前，现场人员不得放弃现场救护。

（2）抢救过程中移送触电者的注意事项

1）心肺复苏应在现场就地持续进行，不可随意移动触电者。确需移动时，抢救中断时间不应超过30s。

2）移动触电者或将其送往医院时，应使用担架并在其背部垫以木板，不可让触电者身体蜷曲着进行搬运。移送途中要持续抢救，在医务人员未接替救治前，施救者不可中断抢救。

3）将装有冰屑的塑料袋做成帽状包绕在触电者头部并露出眼睛，使其脑部温度降低，争取其心、肺、脑能够复苏。

（3）触电者好转后的处理　若触电者的心跳和呼吸经抢救后均已恢复，可暂停心肺复苏法操作。触电者的心跳和呼吸在恢复后的早期可能会再次骤停，救护者务必严密监护，并随时准备再行抢救。同时，触电者的心跳和呼吸在恢复之初，常会神志不清、精神恍惚或情绪躁动/不安，救护者应设法使其安静。

（4）慎用药物　人工呼吸和胸外按压是对触电"假死"者的主要急救措施，任何药物都不可替代。对触电者用药或注射针剂，必须经由经验丰富的医生诊断确定，否则会使触电者心跳停止而死亡——肾上腺素除恢复心脏跳动外，还会使心跳微弱转为心室颤动。此外，禁止采取冷水浇淋、猛烈摇晃、大声呼唤或架着触电者跑步等"土"办法刺激触电者，以免触电者的心脏（脉搏微弱、血流混乱）受强烈刺激后引发急性心力衰竭而死亡。

（5）触电者死亡的认定　触电后失去知觉且呼吸心跳停止的触电者，在未经心肺复苏急救前，只能视为"假死"。事故现场的任何人一旦发现有人触电，都有责任及时（即医生到来前不等待，送往医院途中不终止抢救）不间断地运用人工呼吸和胸外按压进行抢救，直至医生认定触电者已死亡。

4. 电伤的处理

电伤是触电引起的人体外部损伤（含电击摔伤）、电灼伤、电烙伤、皮肤金属化损伤。现场救护时，应预作处理，防止细菌感染，减轻其痛苦及便于转送医院。

1）对于一般性外伤创面，可先用无菌生理食盐水或清洁的温开水冲洗，再用消毒纱布、防腐绷带或干净的布料包扎，随后将触电者护送至医院。

2）对于大出血伤口，可用压迫止血法立即止血。压迫止血法是最迅速的临时止血方法，即用手指、手掌或止血橡皮带在出血处供血端将血管压瘪在骨骼上而止血。对于出血不严重伤口，可用消毒纱布或干净的布料叠几层盖在伤口处压紧止血。

3）高压触电造成的电弧灼伤，往往深达骨骼。现场救护时，可先用无菌生理盐水或清洁的温开水冲洗，再用酒精全面涂擦，随后用消毒被单或干净的布料包裹好送至医院。

4）对于触电摔跌而骨折的触电者，应先止血、包扎，再用木板、竹竿、木棍等物品将骨折肢体临时固定，随后迅速送至医院。

第 2 章

数控维修的工卡量具操作实战

2.1 钢直尺、内外卡钳及塞尺测量实操详解

2.1.1 图解钢直尺长度测量的正确使用

钢直尺用于测量零件的长度，如图 2-1 所示。钢直尺的最小读数值为 1mm，比 1mm 小的数值，只能估计得出。

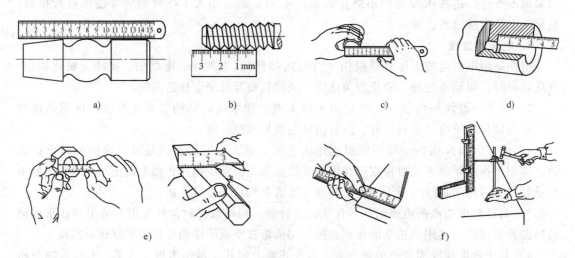

图 2-1 钢直尺的使用方法
a) 测量长度 b) 测量螺距 c) 测量内孔 d) 测量深度 e) 测量宽度 f) 辅助划线

若用钢直尺直接去测量零件的直径（轴径或孔径），则测量精度会更差。其原因有两条：一是钢直尺自身的读数误差比较大；二是钢直尺无法恰好放于零件直径的理想位置。由此，用钢直尺测量零件的直径时，建议辅以内卡钳或外卡钳的配合。

2.1.2 内外卡钳调节与测量的常见错误

内外卡钳广泛用于要求不高的零件尺寸的测量和检验（尤其是铸锻件毛坯尺寸），内卡钳测量内径和凹槽，外卡钳测量外径和平面，其测量结果只可借助于钢直尺等量具进行读取。

1. 卡钳开度的调节

内外卡钳在使用前务必检查钳口的形状（见图2-2），并通过轻轻敲击卡钳脚的两侧面实现卡钳开度的调节。调节开度时，先用两手把卡钳调整到与工件尺寸相接近的开口，再轻轻敲击卡钳脚的外侧面用以减小卡钳开口（见图2-3a），或者敲击卡钳脚的内侧面用以增大卡钳开口（见图2-3b）。调节开度时，既不可直接敲击卡钳的钳口（见图2-3c），以免钳口损伤而引起测量误差；也不可在机床导轨上敲击卡钳（见图2-3d），以免机床导轨受损伤。

2. 外卡钳的使用

当外卡钳已在钢直尺上取好尺寸并用其测量外径时，先要使两个测量面的连线垂直于零件的轴线，再依靠外卡钳的自重滑过零件外圆，手感外卡钳恰与零件外圆为点接触（见图2-4a），此时外卡钳两个测量面之间的距离即为被测零件的

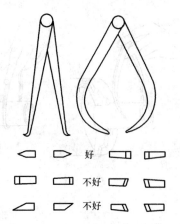

图 2-2　内外卡钳的钳口形状好坏对比

外径。若外卡钳靠自重滑过零件外圆时，手感外卡钳与零件外圆未接触，则外卡钳尺寸比零件外径大；若外卡钳靠自重不能滑过零件外圆，则外卡钳尺寸比零件外径小。简言之，用外卡钳测量零件外径，就是比较外卡钳与零件外圆接触的松紧程度。

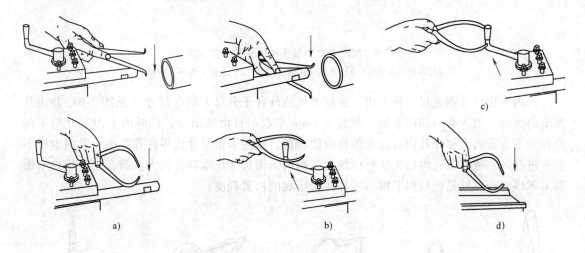

图 2-3　卡钳开度的正确调节与错误调节

a）减小开度的正确调节　b）增大开度的正确调节　c）敲击钳口的错误调节　d）敲击导轨的错误调节

用外卡钳测量零件外径时，既不可将卡钳歪斜地放上工件测量（见图2-4b），也不可借助外力将卡钳压过外圆（见图2-4c）。对于大尺寸的外卡钳，还需用手托住钳脚进行测量（见图2-4d）。

3. 内卡钳的使用

用内卡钳测量内径时，应使两个钳脚的测量面的连线正好垂直相交于内孔轴线，此刻两测量面间的距离即为被测零件的内径（见图2-5a）。若将此刻的内卡钳由孔口向里面慢慢移动，则可检验内孔的圆度误差（见图2-5b）。测量内径时切不可用手抓住卡钳（见图2-5c），以免产生测量误差。

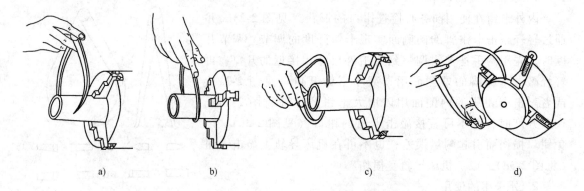

图 2-4　已取好尺寸的外卡钳的测量方法

a）自重使卡钳刚好滑下　b）卡钳歪斜放置的错误测量　c）外力压过外圆的错误测量　d）大尺寸卡钳的正确测量

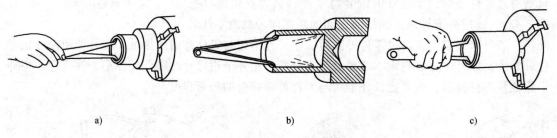

图 2-5　用内卡钳测量零件内孔的操作示意

a）测量内孔直径　b）测量内孔圆度误差　c）手抓卡钳测量内径

　　当内卡钳已在钢直尺、外卡钳、游标卡尺或外径千分尺上取好尺寸（见图 2-6）并用其测量内径时，放入孔内的内卡钳一般有 0.1mm 左右的自由摆动量，此时内卡钳尺寸与零件孔径相等。若内卡钳在孔内有较大的自由摆动量，则内卡钳尺寸比零件孔径小；若内卡钳不能放进孔内，或放进孔内后无法自由摆动，则内卡钳尺寸比零件孔径大。简言之，用内卡钳测量零件内径，就是比较内卡钳与零件孔壁接触的松紧程度。

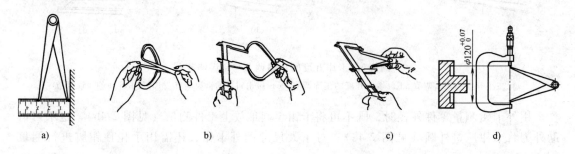

图 2-6　内卡钳读取尺寸的方式

a）经钢直尺读取　b）经外卡钳读取　c）经游标卡尺读取　d）经外径千分尺读取

2.1.3　塞尺实测机床接合面间隙技巧

　　塞尺（见图 2-7）又称厚薄规或间隙片，是一种界限量规，主要用来检验机床特殊紧固面和紧固面、活塞与气缸、活塞环槽和活塞环、十字头滑板和导板、进排气阀顶端和摇臂、齿轮啮合间隙等两接合面之间的间隙大小。

1）用塞尺检测主机与轴系法兰定位的间隙（见图2-8）。先将钢直尺贴附在以轴系推力轴或第一中间轴为基准的法兰外圆的素线上，再用塞尺测量钢直尺同与之连接的柴油机曲轴或减速器输出轴法兰外圆的间隙 Z_X、Z_S，并依次在法兰外圆的上、下、左、右四个位置进行测量。

图2-7 成组塞尺示意

2）用塞尺检验车床尾座紧固面的间隙（见图2-9）。据紧固面间隙的目测值，选0.03mm塞尺片插入间隙，选0.04mm塞尺片不能插入间隙。由此，紧固面的间隙在0.03～0.04mm之间。

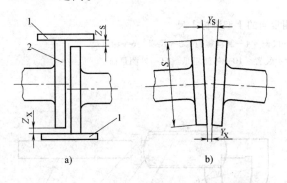

图2-8 用塞尺检测主机与轴系法兰定位的间隙
a）轴偏移 b）轴挠曲
1—钢直尺 2—法兰

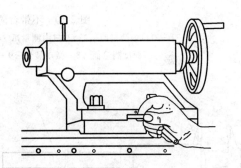

图2-9 用塞尺检验车床尾座紧固面的间隙

2.2 游标读数量具测量实操详解

应用游标读数原理制成的量具主要有：游标卡尺、游标高度卡尺、游标深度卡尺、游标万能角度尺和齿厚游标卡尺等。它们有的可以测量外径、内径、长度、宽度和厚度，有的可以测量高度、深度、角度和齿厚等。

2.2.1 五种游标卡尺的读数与测量技巧

游标卡尺可以测量零件内外径、长度、宽度、厚度、深度和孔距等。据GB/T 21389—2008《游标、带表和数显卡尺》，游标卡尺的结构形式有五种，即不带有台阶测量面的Ⅰ型游标卡尺（见图2-10）、Ⅲ型游标卡尺（见图2-11）和Ⅳ型游标卡尺（见图2-12），以及带有台阶测量面的Ⅱ型游标卡尺（见图2-13）和Ⅴ型游标卡尺（见图2-14）。

1. 游标卡尺的读数

1）分度值为0.10mm的游标卡尺。读数时，先看游标零线左边，读出尺身上尺寸的毫米整数值；再找出游标上与尺身刻线对准的第 n 根刻线，读取尺寸的毫米小数值＝$n×$分度值0.1mm；随后将整数值与小数值相加，即得被测零件尺寸总值。例如：如图2-15所示，游标零线在 2~3mm 之间，其左边的尺身刻线为 2，故被测尺寸毫米整数值是 2mm；再观察游标上与尺身刻线对准的是第 3 根刻线，故被测尺寸毫米小数值为 3×0.1mm＝0.3mm；于是，被测尺寸总值＝2mm+0.3mm＝2.3mm。

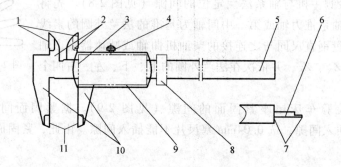

图 2-10　不带台阶测量面的 I 型游标卡尺
1—刀口内测量面　2—刀口内测量爪　3—尺框　4—制动螺钉　5—尺身　6—深度尺
7—深度测量面　8—微动装置　9—指示装置　10—外测量爪　11—外测量面

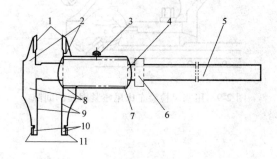

图 2-11　不带台阶测量面的 III 型游标卡尺
1—刀口外测量面　2—刀口外测量爪　3—制动螺钉
4—尺框　5—尺身　6—微动装置　7—指示装置　8—外
测量爪　9—外测量面　10—圆弧内
测量爪　11—圆弧内测量面

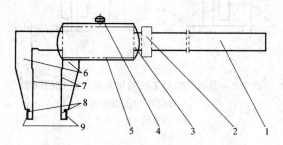

图 2-12　不带台阶测量面的 IV 型游标卡尺
1—尺身　2—微动装置　3—指示装置　4—制动
螺钉　5—尺框　6—外测量爪　7—外测量面
8—圆弧内测量爪　9—圆弧内测量面

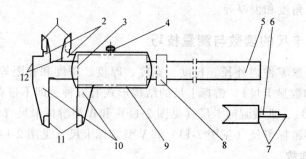

图 2-13　带台阶测量面的 II 型游标卡尺
1—刀口内测量面　2—刀口内测量爪　3—尺框　4—制动螺钉　5—尺身　6—深度尺　7—深度测量面
8—微动装置　9—指示装置　10—外测量爪　11—外测量面　12—台阶测量面

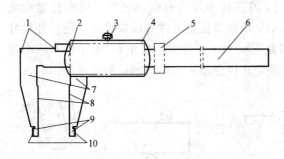

图 2-14 带台阶测量面的 V 型游标卡尺

1—台阶测量面 2—尺框 3—制动螺钉

4—指示装置 5—微动装置 6—尺身 7—外测量爪

8—外测量面 9—圆弧内测量爪 10—圆弧内测量面

图 2-15 分度值为 0.10mm
的游标卡尺读数举例

2）分度值为 0.05mm 的游标卡尺。在此种游标卡尺的游标上，第 20 根刻线对准尺身上的 39mm。例如：如图 2-16 所示，游标零线在 32~33mm 之间，其左边的尺身刻线为 32，故被测尺寸毫米整数值是 32mm。观察游标上与尺身刻线对准的是第 11 根刻线，故被测尺寸毫米小数值为 11×0.05mm＝0.55mm。于是，被测尺寸总值＝32mm+0.55mm＝32.55mm。

3）分度值为 0.02mm 的游标卡尺。在此种游标卡尺的游标上，第 50 根刻线对准尺身上的 49mm。例如：如图 2-17 所示，游标零线在 123~124mm 之间，其左边的尺身刻线为 123，故被测尺寸毫米整数值是 123mm。观察游标上与尺身刻线对准的是第 11 根刻线，故被测尺寸毫米小数值为 11 × 0.02mm ＝ 0.22mm。于是，被测尺寸总值 ＝ 123mm + 0.22mm ＝ 123.22mm。

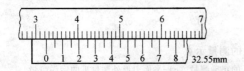

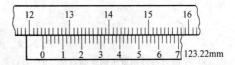

图 2-16 分度值为 0.05mm 的游标卡尺读数举例

图 2-17 分度值为 0.02mm 的游标卡尺读数举例

2．游标卡尺的使用方法

量具使用是否合理，不但影响量具的精度，还直接影响零件尺寸的测量精度，甚至会发生质量事故。因此，必须重视量具的正确使用，对实际测量力求精益求精，以期获得正确的测量结果，进而确保产品质量。

（1）游标卡尺使用注意事项 使用游标卡尺测量零件尺寸时，必须注意以下几点：

1）测量前，应把游标卡尺擦拭干净，检查各测量面和测量刀口是否平直无损。在活动量爪与固定量爪密贴时，游标零线要对准尺身零线，以使量爪间距离为零，此过程称为校对游标卡尺的零位。

2）松开制动螺钉后的尺框沿尺身移动时，要活动自如、平稳且无卡滞，既不能过松或过紧，也不能晃动。用制动螺钉固定尺框时，游标卡尺的读数不能发生变化。

3）测量零件的外尺寸时，应先把活动量爪张开以使其自由地卡住工件，待零件与固定量爪贴靠后，移动尺框并用轻微压力使活动量爪接触零件，最终保证游标卡尺的两个测量面的连线垂直于零件的被测量表面（见图2-18a）。若游标卡尺带有微动装置，可在拧紧微动装置上的制动螺钉后，再转动微动螺母，使活动量爪微量接触零件并读取尺寸。测量外尺寸时，既不可歪斜测量（见图2-18b），以免测量结果 a 大于零件实际尺寸 b；也不能在两个量爪调至接近甚至小于待测外尺寸后强行卡到零件上，以免量爪变形或测量面过早磨损。

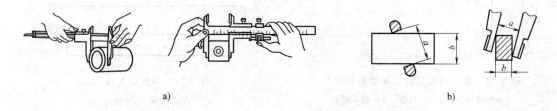

a)   b)

图 2-18   游标卡尺测量外尺寸时正确与错误的位置
a）正确位置   b）错误位置

　　测量沟槽的直径时，应采用平面刃形的外测量爪（见图2-19a），不推荐采用刀口形外测量爪。测量圆弧形沟槽的直径，应采用刀口形外测量爪（见图2-19b），不可采用平面刃形的外测量爪（见图2-19c）。测量沟槽宽度时，务必使两测量刃的连线垂直于沟槽（见图2-20a），决不可歪斜，以免测量结果失准（见图2-20b）。

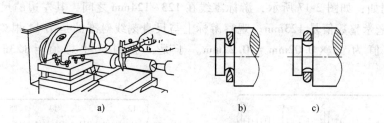

a)   b)   c)

图 2-19   沟槽直径的测量示意
a）平面刃形外测量爪的正确测量   b）刀口形外测量爪的正确测量   c）平面刃形外测量爪的错误测量

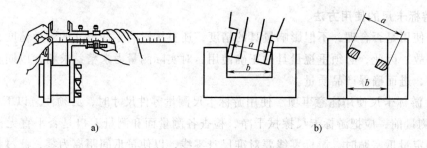

a)   b)

图 2-20   沟槽宽度的测量示意
a）正确测量   b）错误测量

　　4）测量零件内尺寸时，应先将两个量爪间的距离调至小于待测内尺寸后，放入零件内孔中；再慢慢张开并轻轻接触零件内表面，在用制动螺钉锁定尺框后，均匀用力使游标卡尺沿着孔中心线方向滑出；最后读取毫米整数值和毫米小数值，给定内尺寸总值。测量内尺寸时，务必使两测量刃的连线位于孔的直径上（见图2-21a），决不可歪斜（见图2-21b）。

5）用圆弧内测量爪测量零件内尺寸时，所读取的测量结果加上测量爪合并宽度的公称尺寸，才是被测零件的内尺寸，如图2-22所示。在圆弧内测量爪磨损或修理后，公称尺寸的变化值应作为修正值加入读数中。

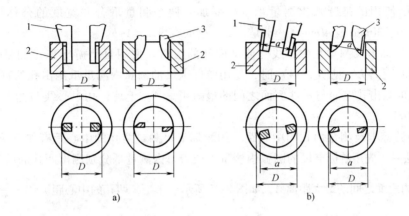

a) b)

图 2-21 游标卡尺测量内尺寸时正确与错误的位置

a）正确位置 b）错误位置

1—圆弧内测量爪 2—被测零件 3—刀口内测量爪

6）用游标卡尺测量零件时，不可过分地施加压力，所用压力应使两个量爪刚好接触零件表面。若所用压力过大，不仅会使量爪弯曲或磨损，还会使量爪在压力作用下产生弹性变形，造成外尺寸小于实际尺寸以及内尺寸大于实际尺寸。

7）在游标卡尺上读数时，应将其水平拿稳并朝向亮光方向，使人的视线尽可能与指示装置的刻线表面垂直，以免视线歪斜造成读数误差。

8）为获得准确的测量结果，一般可在零件同一截面上的不同方向（如旋转90°或180°）进行多次测量，然后取其平均值。

（2）游标卡尺使用方法口诀 为更好地掌握游标卡尺的使用方法，特将上述的几个主要问题整理为口诀（见图2-23），供读者参考。

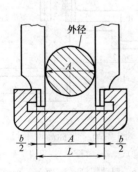

量爪贴合无间隙，尺身游标两对零。
尺框活动能自如，不松不紧不摇晃。
测力松紧细调整，不当卡规用力卡。
量轴防歪斜，量孔防偏歪，
测量内尺寸，爪厚勿忘加。
面对光亮处，读数垂直看。

图 2-22 T形槽宽度测量示意 图 2-23 游标卡尺使用方法口诀

3. 游标卡尺应用举例

（1）用游标卡尺测量 T 形槽的宽度 用游标卡尺测量 T 形槽的宽度（见图 2-22）时，先将测量爪的圆弧内测量面紧贴在零件凹槽的内壁上，再拧紧微动装置上的制动螺钉，转动微动螺母，使圆弧内测量面轻轻地与 T 形槽表面接触；放正两量爪的位置并读出游标卡尺的读数 A。因使用的是圆弧内测量爪，故要加入两个测量爪合并宽度的公称尺寸 b（$b=$ 10mm、20mm、30mm 或 40mm）。于是，T 形槽的宽度 $L=A+b$。

（2）用游标卡尺测量孔中心线与侧平面间的距离 使用Ⅲ型游标卡尺测量孔中心线与侧平面之间的距离 L（见图 2-24）时，先用游标卡尺的圆弧内测量爪测出孔的直径 D，再用刀口外测量爪测出孔壁面与零件侧面之间的最短距离 A。于是，孔中心线与侧平面之间的距离为 $L=A+D/2$。

（3）用游标卡尺测量两孔的中心距 用游标卡尺测量两孔的中心距有如下两种方法：

1）方法一：先用游标卡尺的圆弧内测量爪或刀口内测量爪分别测出两孔的内径 D_1 和 D_2，再测出两孔内表面之间的最大距离 A，如图 2-25 所示。于是，两孔的中心距 $L=A-\frac{1}{2}(D_1+D_2)$。

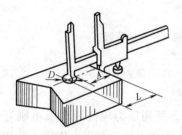

图 2-24 测量孔中心线与侧平面间的距离

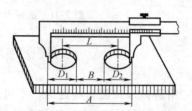

图 2-25 测量两孔的中心距

2）方法二：先用游标卡尺的圆弧内测量爪或刀口内测量爪分别测出两孔的内径 D_1 和 D_2，再用刀口外测量爪测出两孔内表面之间的最小距离 B。于是，两孔的中心距 $L=B+\frac{1}{2}(D_1+D_2)$。

2.2.2 游标高度卡尺的测量与划线要点

游标高度卡尺（见图 2-26）可用于零件高度的测量及精密划线，其划线量爪的长度 l 与卡尺的测量范围上限 H_m 有关（详见 GB/T 21390—2008）。

用游标高度卡尺进行高度测量，应在平台上进行。当划线量爪工作面与底座工作面位于同一平面时，尺身零线与游标零线相互对准。因此，游标高度卡尺上划线量爪工作面的高度就是被测量零件的高度尺寸，并在尺身上读出

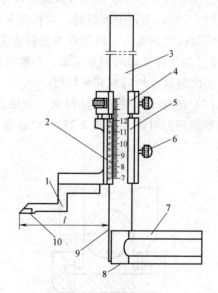

图 2-26 游标高度卡尺

1—划线量爪 2—游标 3—尺身 4—微动装置
5—尺框 6—制动螺钉 7—底座 8—底座工作面
9—尺身基面 10—划线量爪工作面

毫米整数值、在游标上读出毫米小数值，两个数值相加即可。

用游标高度卡尺进行精密划线时，先在平台上调好拟划线的高度，再用制动螺钉把尺框锁紧，最后挪动底座靠近零件划线即可。图 2-27 所示为游标高度卡尺的划线应用。

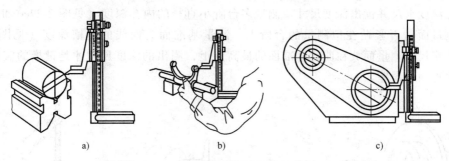

图 2-27　游标高度卡尺的划线应用

a）划偏心线　b）划拨叉轴　c）划箱体

2.2.3　游标深度卡尺实测台阶深度技巧

游标深度卡尺（见图 2-28）可用于零件深度、台阶高低或键槽深度的测量。用游标深度卡尺测量内孔深度（见图 2-29a）时，应先把尺框测量面紧靠在被测孔的基准平面上，使尺身与被测孔的中心线平行，伸入尺身后，尺身测量面与尺框测量面之间的距离即为被测内孔的深度尺寸。经指示装置读取测量结果时，应在其尺身和游标上分别读出毫米的整数值与

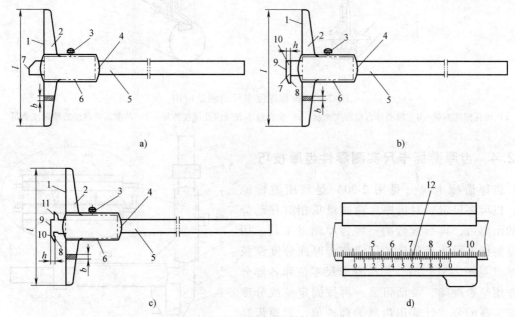

图 2-28　游标深度卡尺

a）Ⅰ型游标深度卡尺　b）Ⅱ型游标深度卡尺（单钩）　c）Ⅲ型游标深度卡尺（双钩）　d）指示装置

1—尺框测量面　2—尺框测量爪　3—制动螺钉　4—指示装置　5—尺身　6—尺框　7—尺身测量面

8—外测量面　9—深度测量面　10—测量爪　11—钩形深度测量面　12—游标

注：图中字母 l 和 b 分别为尺框测量面的长度与宽度，h 为游标尺标记

表面棱边至尺身标记表面间的距离，其推荐值见 GB/T 21388—2008。

小数值，然后两数值相加即可。

测量轴类等台阶的深度（见图 2-29b）时，先将尺框测量面压紧在工件的基准平面上，再移动尺身直至尺身测量面接触到工件的被测量面（即台阶面），用制动螺钉锁定尺框后，提起游标深度卡尺并读出深度尺寸。测量多台阶小直径的内孔深度（见图 2-29c）时，应注意尺身测量面是否紧贴在拟测量的台阶上。测量基准面为曲线的键槽深度（见图 2-29d）时，只有将尺框测量面放在曲线基准面的最高点上，测出的深度尺寸才是键槽的实际深度，否则会出现测量误差。

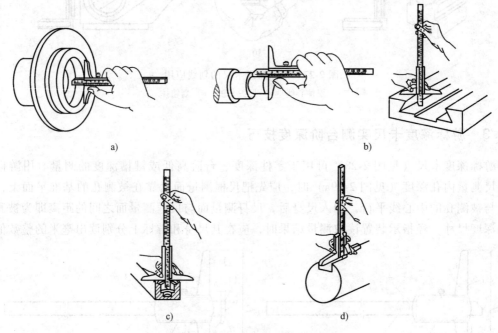

图 2-29 游标深度卡尺的测量应用

a）内孔深度测量 b）轴类等台阶深度测量 c）多台阶小直径内孔深度测量 d）基准面为曲线的槽深度测量

2.2.4 齿厚游标卡尺实测零件齿厚技巧

齿厚游标卡尺（见图 2-30）是利用游标原理，以齿高尺定位对齿厚尺两测量爪相对移动分隔的距离后，再行读数的一种齿厚测量工具。用齿厚游标卡尺测量齿轮的固定弦齿厚或分度圆弦齿厚（见图 2-31）时，先检查卡尺零位和各部分的作用是否准确、灵活可靠，再按固定弦或分度圆弦齿高的公式计算出齿高的理论值，调整齿高尺的读数 A，使齿高尺的测量面沿垂直方向轻轻地与齿轮的齿顶圆接触。测量齿厚时，应使活动量爪和固定量爪沿垂直方向与齿面接触且无间隙后，再行读数；同时注意测量压力不可太大，以免影响测量精度。测量齿厚时，可在每隔 120°的

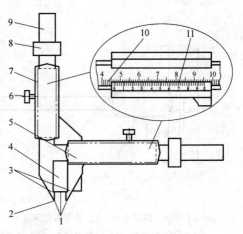

图 2-30 齿厚游标卡尺

1—测量面 2—支承端面 3—测量爪 4—齿高尺
5—齿厚尺尺框 6—紧固螺钉 7—齿高尺尺框
8—微动装置 9—尺身 10—主标尺 11—游标尺

齿圈上测量一个齿，取其偏差的最大者作为该齿轮的齿厚实际尺寸，测得的齿厚实际尺寸 B 与按固定弦或分度圆弦齿厚公式计算出的理论值之差，即为齿厚偏差。

用齿厚游标卡尺测量蜗杆的齿厚（见图 2-32）时，先检查卡尺零位和各部分的作用是否准确、灵活可靠，再按公式"蜗杆齿顶高等于模数 m_s"调整齿高尺的读数至 m_s，使齿高尺的测量面沿垂直方向轻轻地与蜗杆的齿顶圆接触。待活动量爪和固定量爪沿垂直方向与齿廓接触且无间隙后，再行读数为蜗杆中径 d_2 的法向齿厚。在图样上一般给定轴向齿厚时，可按公式 $S_n = \dfrac{\pi m_s}{2}\cos\gamma$（$\gamma$ 为蜗杆的导程角）换算出法向齿厚。

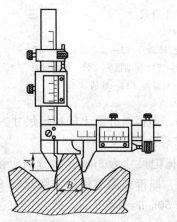

图 2-31　齿厚游标卡尺测量齿轮齿厚的示意

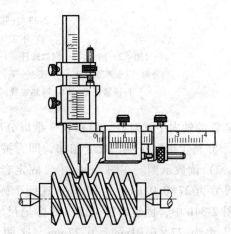

图 2-32　齿厚游标卡尺测量蜗杆齿厚的示意

2.3　千分尺测量实操详解

常用的千分尺的分度值为 0.01mm、0.001mm、0.002mm 或 0.005mm 等。据其测量项点/部位的不同，千分尺可细分为外径千分尺、两点内径千分尺、三爪内径千分尺、公法线千分尺、壁厚千分尺、尖头千分尺、杠杆千分尺和螺纹千分尺等。

2.3.1　外径千分尺的读数与测量技巧

（带计数器）外径千分尺（见图 2-33）是利用螺旋副传动原理，对尺架上两测量面间分隔的距离（用机械式数字显示装置）进行读数的外尺寸测量器具，可用于零件外径、凸肩厚度以及板厚等项点的测量或检验。

1. 外径千分尺的读数

外径千分尺的固定套管上刻有轴向中线，以作为微分筒读数的基准线。此外，为计算测微螺杆旋转的整数转，在固定套管轴向中线的两侧刻有两排间距均为 1mm 的标尺标记，上下两排标记相互错开 0.5mm，上排标记为毫米整数值，下排标记为对应于上排标记的 0.50mm 值。

1）外径千分尺的具体读数方法可分为如下三步。

① 读出固定套管上露出的毫米整数值的标记尺寸，但不可遗漏应读出的 0.50mm 值。

② 读出微分筒上的毫米小数值的标记尺寸。读数时，要看清微分筒圆周上哪一格与固

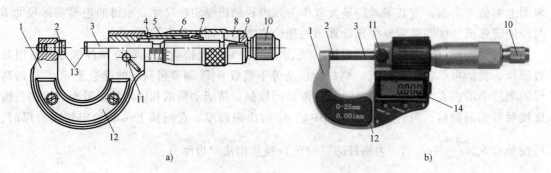

图 2-33　（带计数器）外径千分尺

a）不带计数器　b）带计数器

1—尺架　2—测砧　3—测微螺杆　4—模拟显示（螺纹轴套）　5—固定套管　6—微
分筒　7—调节螺母　8—接头　9—垫片　10—测力装置（制动器）　11—测微螺
杆锁紧装置　12—隔热装置（绝热板）　13—测量面　14—数值显示

定套管的轴向中线对齐，将格数 n 乘以分度值 0.01mm，即得微分筒上的标记尺寸。

③ 将上面两个标记尺寸相加，即为被测零件的实际尺寸。

2）读数示例。在图 2-34a 中，固定套管上读出的标记尺寸为 8mm，微分筒上读出的标记尺寸为 27×0.01mm＝0.27mm，这两个标记尺寸相加，即得被测零件的实际尺寸 8.27mm。在图 2-34b 中，固定套管上读出的标记尺寸为 8mm＋0.50mm＝8.50mm，微分筒上读出的标记尺寸为 27×0.01mm＝0.27mm，这两个标记尺寸相加，即得被测零件的实际尺寸为 8.77mm。

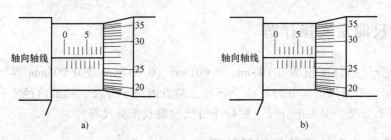

图 2-34　外径千分尺的读数示例

a）示例一　b）示例二

2. 外径千分尺的使用方法

外径千分尺使用是否合理，不但会影响其精度，还直接影响零件尺寸的测量精度，甚至会发生质量事故。因此，用户必须重视外径千分尺的正确使用（如手拿隔热装置等），对实际测量力求精益求精，以期获得正确的测量结果，进而确保产品质量。

使用外径千分尺测量零件尺寸时，必须注意以下几点：

1）使用前，应先把外径千分尺上测砧测量面与测微螺杆测量面擦拭干净，再转动测力装置使两测量面接触（测量上限超过 25mm 时，两测量面间放入校对量杆），接触面不存在间隙和漏光现象，同时微分筒圆周上的"0"标记对准固定套管的轴向中线。

2）转动测力装置时，微分筒应能自由灵活地沿着固定套管活动，不存在卡滞和明显的窜动。若有异常，务必送计量站及时检修。

3）测量前，应把零件的被测量表面擦拭干净，避免脏污影响测量精度。严禁使用外径千分尺测量带有研磨剂的表面，避免损伤测量面的精度。

4）双手使用外径千分尺测量零件时，应当手握测力装置的转帽来转动测微螺杆，使两测量面保持额定测力，即听到"嘎嘎"的棘轮跳动声，随后读取测量结果，既要避免测力不等引起测量误差，又要杜绝用力旋转微分筒来增加测力。否则，过大的测力会使测微螺杆过分压紧零件表面，造成精密螺纹副受力过大而变形，最终破坏千分尺的精度。

5）双手使用外径千分尺测量零件时，应使测微螺杆的中心轴线与零件被测量的尺寸方向一致，并在旋转测力装置的同时，轻轻晃动尺架，使两测量面与零件表面良好接触。例如：在车床上测量棒料外径时，测微螺杆应与零件的轴线垂直且不可歪斜，如图2-35所示。

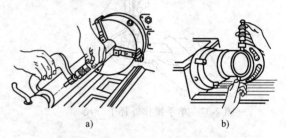

图2-35 外径千分尺在车床上的使用示意
a）正向测量操作 b）反向测量操作

6）双手使用外径千分尺测量零件时，推荐在被测零件上直接读取测量结果，待松开锁紧装置后，再取下千分尺，这样可减少两测量面的磨损。当必须取下千分尺读数时，需用锁紧装置锁住测微螺杆后，再轻轻滑出被测零件。用户切不可视千分尺为卡规般操作，否则两测量面会过早磨损，测微螺杆或尺架也会发生变形而失去精度。

7）读取外径千分尺上固定套管侧的标记尺寸时，务必注意0.50mm是否要记入零件的实际尺寸中，以免发生次品或废品，严重者会造成重大质量事故。

8）为获得正确的测量结果，可在同一位置上再测量一次。尤其是测量圆柱形零件时，可先在同一圆周的不同方向测量数次，以检查零件外圆是否存在圆度误差；再在全长范围内的各个部位测量数次，以检查零件外圆是否存在圆柱度误差等。例如，在铁路货车 RE_{2B} 型车轴的轴颈直径部位实施三面九点测量（见图2-36）：在 $S_1—S_1$、$S_2—S_2$ 与 $S_3—S_3$ 三个断面上，在每个断面上等间隔地在 $M_1—M_1$、$M_2—M_2$ 与 $M_3—M_3$ 三个方向测得三个直径值，九个测量值中的任意两个之差不得大于 0.002mm，任意一个断面上三个测量值的平均值应在尺寸公差范围内，端面 $S_1—S_1$ 应尽可能靠近车轴的外端，以检查轴颈端部是否被镦粗。

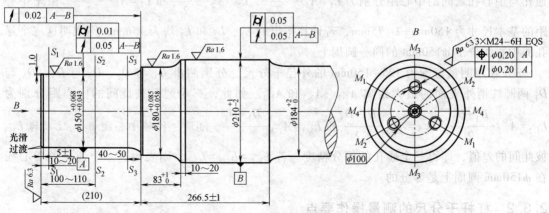

图2-36 RE_{2B} 型车轴轴颈部位三面九点测量示意

9）单手使用外径千分尺测量零件时，可用中指扣住微分筒，小指勾住尺架并压向手掌上，拇指和食指转动测力装置即可测量，如图 2-37 所示。此外，既不能用外径千分尺测量旋转运动中的零件（见图 2-38a），以免测量面磨损及测量不准确；也不能握着微分筒回转（见图 2-38b），使其快速前进或后退，以免破坏千分尺内部结构。

图 2-37　单手操作外径千分尺

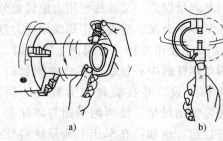

图 2-38　外径千分尺的错误使用示例

a）测旋转中的零件　b）微分筒回转

3. 外径千分尺应用举例

图 2-39 所示夹具上存在尺寸分别为 $\phi14$mm、$\phi15$mm 和 $\phi16$mm 的三个通孔，请使用外径千分尺检验这三个通孔在 $\phi150$mm 圆周上的等分精度。

检验前，先在三个通孔与 $\phi20$mm 的中心孔内配入圆柱销，使圆柱销与其定心间隙配合。等分精度的测量分为如下几步：

1）使用测量范围为 0～25mm 的外径千分尺，分别测出四个圆柱销的外径 D、D_1、D_2 和 D_3。

2）使用测量范围为 75～100mm 的外径千分尺，分别测出 D 与 D_1、D 与 D_2、D 与 D_3 两圆柱销外表面的最大距离 A_1、A_2 和 A_3。如此，三个

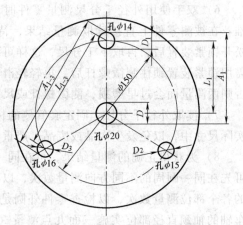

图 2-39　用外径千分尺测量圆
周上三个孔的等分精度

通孔与中心孔之间的中心距分别为 $L_1 = A_1 - \dfrac{D+D_1}{2}$、$L_2 = A_2 - \dfrac{D+D_2}{2}$ 和 $L_3 = A_3 - \dfrac{D+D_3}{2}$。由于中心距的基本尺寸为 150mm÷2＝75mm，若计算得出的 L_1、L_2 和 L_3 均为 75mm，则表明这三个通孔的中心线位于 $\phi150$mm 的同一圆周上。

3）使用测量范围为 125～150mm 的外径千分尺，分别测出 D_1 与 D_2、D_2 与 D_3、D_3 与 D_1 两圆柱销外表面的最大距离 $A_{1\text{-}2}$、$A_{2\text{-}3}$ 和 $A_{1\text{-}3}$。如此，三个通孔彼此间的中心距分别为 $L_{1\text{-}2} = A_{1\text{-}2} - \dfrac{D_1+D_2}{2}$、$L_{2\text{-}3} = A_{2\text{-}3} - \dfrac{D_2+D_3}{2}$ 和 $L_{1\text{-}3} = A_{1\text{-}3} - \dfrac{D_1+D_3}{2}$。随后，比较中心距 $L_{1\text{-}2}$、$L_{2\text{-}3}$ 与 $L_{1\text{-}3}$ 彼此间的差值，即得三个通孔的等分精度。若 $L_{1\text{-}2} = L_{2\text{-}3} = L_{1\text{-}3}$，则表明这三个通孔的中心线在 $\phi150$mm 圆周上是等分的。

2.3.2　杠杆千分尺的测量操作要点

杠杆千分尺（见图 2-40）是利用杠杆传动机构，将尺架上两测量面间的相对轴向运动

变为指示表指针的回转运动，由指示表读取两测量面间的微小位移量的微米级外径千分尺。杠杆千分尺的测量操作要点如下：

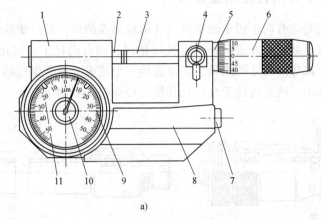

a)

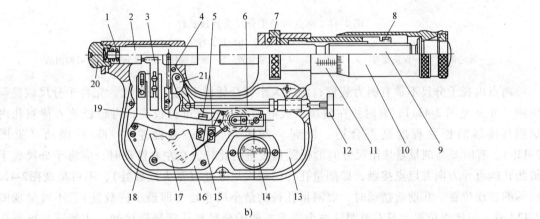

b)

图 2-40 杠杆千分尺

a) 外观示意

1—尺架 2—活动测砧 3—测微螺杆 4—锁紧装置 5—固定套管 6—微分筒

7—退让按钮（拨叉） 8—隔热装置 9—指示表 10—调零装置 11—公差带指示器

b) 内部组成

1—螺旋弹簧 2—活动测砧 3、19—杠杆 4—球形端面销子 5—限制块 6—拨动杆 7—锁紧装置

8—调节螺母 9—测微螺杆 10—微分筒 11—固定套管 12—拨叉 13—尺架 14—标牌

15—指针 16—盖板 17—刻度盘 18—弹簧钢丝 20—盖帽 21—压杆

1）杠杆千分尺既可进行相对测量，也可用作绝对测量。相对测量前，应按被测零件的尺寸，用量块调整好杠杆千分尺的零位。

2）用杠杆千分尺测量工件时，预先按动退让按钮（拨叉），使测砧测量面和测微螺杆测量面轻轻接触工件表面，切不可硬卡，以免测量面受损而影响精度。测量过程中，应不断摆动杠杆千分尺，以指针的转折点读数为正确测量值。

3）杠杆千分尺的测量结果等于微分筒和固定套管上的标记尺寸与刻度盘上的显示尺寸（即指针转折点读数）之和。

4）杠杆千分尺与外径千分尺相比，前者的尺架刚性比后者的大，前者的读数精度与实际测量精度也比后者的高。

2.3.3 两点内径千分尺孔径测量技巧

两点内径千分尺是带有两个用于测量内尺寸的球形面测砧，并以螺旋副作为中间实物量具的内尺寸测量器具，其读数方法与外径千分尺相同。两点内径千分尺用于大孔径、槽宽、机体两个内端面间距离等内尺寸的测量，它可连接一个或多个成套供应的接长杆，以满足不同孔径尺寸的测量要求。两点内径千分尺及其接长杆如图 2-41 所示。

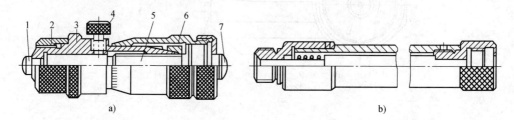

图 2-41　两点内径千分尺及其接长杆

a）两点内径千分尺　b）接长杆

1—固定测砧　2—保护螺母　3—固定套管　4—锁紧装置　5—测微螺杆　6—微分筒　7—可调测砧

两点内径千分尺不带有测力装置，测力大小完全凭借手感。测量时，先将千分尺调整至所测尺寸（见图 2-42a），有时要在量块组成的相等尺寸上进行校准；再轻轻放入待测孔内试测其接触的松紧程度是否合适，做到一端不动、另一端做左/右/前/后摆动（见图 2-42b），有时要与测量量块组尺寸时的松紧程度进行比较。在左右摆动时，应将千分尺放于被测孔的直径方向并以点接触，即测量孔径的最大尺寸处（最大读数处），不可呈现图2-42c所示的错误位置。在前后摆动时，要测量孔径的最小尺寸处（即最小读数处），不可呈现图 2-42d 所示的错误位置。只有遵照这两个要求，使千分尺与孔壁轻轻接触，才能读出被测孔径的正确数值。

注意：测量时不可用力将两点内径千分尺压入被测孔径中，否则测量面会过早磨损，并且细长的测量杆会弯曲变形，进而量具精度受损、测量结果失准。

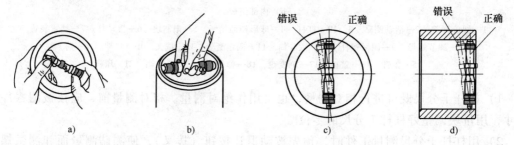

图 2-42　两点内径千分尺的正确使用与错误示意

a）调至所测尺寸　b）放入待测孔内　c）左右摆动示意　d）前后摆动示意

2.3.4 三种内测千分尺内尺寸实测技巧

内测千分尺（见图 2-43）是带有两个用于测量内尺寸的圆弧面测量爪，并以螺旋副作为中间实物量具的内尺寸测量器具。它主要用于150mm以下的小孔径、内侧面槽宽等内尺寸的测量。内测千分尺的读数方法与外径千分尺的相同，但其固定套管上的标尺标记与外径千分尺的相反，其测量方向和读数方向也与外径千分尺的相反。

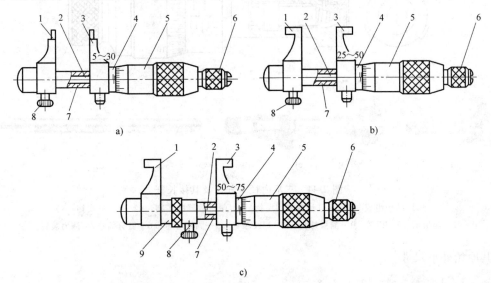

图2-43 内测千分尺

a）Ⅰ型内测千分尺 b）Ⅱ型内测千分尺 c）Ⅲ型内测千分尺

1—固定测量爪 2—测微螺杆 3—活动测量爪 4—固定套管 5—微
分筒 6—测力装置 7—导向套 8—锁紧装置 9—连接套

2.3.5 三爪内径千分尺的正确测量技巧

三爪内径千分尺（见图2-44）是利用螺旋副传动原理，通过旋转塔形阿基米德螺旋体或移动锥体使三个测量爪做径向位移，使其与被测内孔接触，对内孔尺寸进行读数的一种内径千分尺，其读数方法与外径千分尺相同。三爪内径千分尺适用于中小直径的精密通孔、不通孔和台阶孔的测量（尤其是深孔直径）。

图2-44a所示是分度值为0.005mm且测量范围为11~14mm的三爪内径千分尺，周圈旋转测力装置7时，测微螺杆3随之旋转并沿螺纹轴套4的螺旋线方向移动，测微螺杆端部的方向圆锥螺纹便推动三个测量爪1做径向移动。扭簧2的弹力使测量爪紧密贴合于方形圆锥螺纹上，并随测微螺杆的前进（后退）而伸出（缩回）。假若方形圆锥螺纹的径向螺距为0.25mm，则顺时针方向旋转测力装置一周，三个测量爪便沿其半径方向伸出0.25mm，测量爪的圆周直径会随之增加0.50mm。读取测量结果时，将固定套管和微分筒上的标记尺寸相加，即得被测内孔的实际尺寸ϕ17.500mm。

2.3.6 公法线千分尺实测公法线长精析

公法线千分尺（见图2-45）是利用螺旋副传动原理，对弧形尺架上两盘形测量面间分隔的距离进行读数的齿轮公法线测量器具，既可用于模数$m \geqslant 1$mm的外啮合直齿圆柱齿轮的两个不同齿面公法线长度的测量，也可用于切齿机床精度的检验——按被切齿轮的公法线

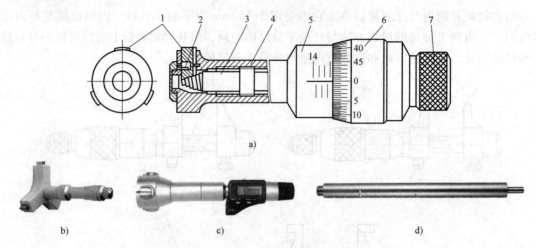

a)

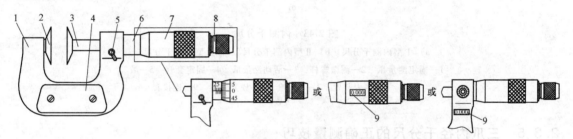

b)   c)   d)

图 2-44　三爪内径千分尺及其接长杆

a）结构组成　b）不带计数器的实物　c）带计数器的实物　d）接长杆实物

1—测量爪　2—扭簧　3—测微螺杆　4—螺纹轴套　5—固定套管　6—微分筒　7—测力装置

检查其原始外形尺寸。

图 2-45　（带计数器）公法线千分尺

1—尺架　2—固定测砧　3—测微螺杆　4—隔热装置　5—锁紧装置

6—固定套管　7—微分筒　8—测力装置　9—数值显示装置

公法线千分尺的应用示例

使用公法线千分尺，可测量模数 $m=1\text{mm}$ 的外啮合直齿圆柱齿轮上两个不同齿面的公法线长度（见图 2-46），并根据测量结果计算公法线长度变动量 ΔF_w 和公法线平均长度偏差 ΔE_w。其中，ΔF_w 用以控制滚齿、磨齿机床的运动偏心误差，ΔE_w 通过齿厚的控制来获得必要的啮合间隙。

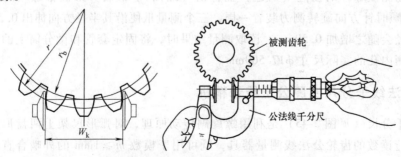

被测齿轮

公法线千分尺

W_k

图 2-46　用公法线千分尺测量齿轮的公法线长度

（1）涉及的计算公式

1）公法线长度变动量 ΔF_w 是指在齿轮一周范围内，实际公法线长度最大值 W_{max} 与最小值 W_{min} 之差，即 $\Delta F_w = W_{max} - W_{min}$。

2）公法线平均长度偏差 ΔE_w 是指在齿轮一周范围内，公法线实际长度的平均值 $\overline{W_k}$ 与公称值 W_k 之差，即 $\Delta E_w = \overline{W_k} - W_k$。

3）直齿圆柱齿轮的公法线长度的公称值为

$$W_k = m\cos\alpha\left[\pi(k-0.5) + z\text{inv}\alpha\right] + 2xm\sin\alpha$$

式中　m——被测齿轮的模数（mm）；

　　　α——齿形角（°）；

　　　k——跨齿数，$\alpha = 20°$ 时，取 $k = \dfrac{z}{9} + \dfrac{1}{2}$ 的整数（四舍五入）；

　　　z——齿数；

　　　$\text{inv}\alpha$——齿轮渐开线函数，即渐开线上那一点的展开角（rad），$\text{inv}\alpha = \tan\alpha - \alpha = \tan\alpha - \dfrac{\pi\alpha}{180}$，算式内的前后两个 α 分别为弧度值和角度值；

　　　x——变位系数。

$\alpha = 20°$ 且 $x = 0$ 时，标准直齿圆柱齿轮的公法线长度的公称值为

$$W_k = m\left[1.476(2k-1) + 0.014z\right]$$

（2）公法线长度的测量步骤

1）根据被测齿轮的 α、x、m 和 z 值，按上述公式计算齿轮的跨齿数 k 和公法线公称长度 W_k。

2）测量前，用标准校对棒或量块校对所用公法线千分尺的零位，将千分尺的测砧面和齿轮被测表面擦拭干净。

3）测量时，先用左手捏住公法线千分尺，将两测砧深入齿槽后夹住齿侧，使测砧面位于齿轮分度圆附近并与左、右齿廓相切；再保持齿轮静止，左右摆动公法线千分尺，同时用右手旋动千分尺的测力装置，使两测砧面合拢并保持额定测力——听到"嘎嘎"的棘轮跳动声。最后，从千分尺的固定套管上读出毫米整数值的标记尺寸，从微分筒上读出毫米小数值的标记尺寸，两个标记尺寸相加即得公法线的实际长度。

4）依次测量齿轮上均布的六处公法线实际长度，记下各读数。

5）获取六个测量值中的最大值 W_{max} 与最小值 W_{min}，计算公法线长度变动量 $\Delta F_w = W_{max} - W_{min}$。

6）获取六个测量值的平均值 $\overline{W_k}$，据公称值 W_k 计算公法线平均长度偏差 $\Delta E_w = \overline{W_k} - W_k$。

7）根据齿轮的技术要求，查出公法线长度变动公差 F_w（见表2-1）、齿圈径向圆跳动公差 F_r、齿厚上极限偏差 E_{sns} 和齿厚下极限偏差 E_{sni}，按下式计算出公法线平均长度的上极限偏差 E_{bns} 和下极限偏差 E_{bni}：

$$E_{bns} = E_{sns}\cos\alpha - 0.72F_r\sin\alpha = E_{sns}\cos20° - 0.72F_r\sin20° = 0.94E_{sns} - 0.25F_r$$

$$E_{bni} = E_{sni}\cos\alpha + 0.72F_r\sin\alpha = E_{sni}\cos20° + 0.72F_r\sin20° = 0.94E_{sni} + 0.25F_r$$

8）按照"$\Delta F_w \leqslant F_w$"和"$E_{bni} \leqslant \Delta E_w \leqslant E_{bns}$"，判断被测齿轮的合格性。

表 2-1　公法线长度变动公差 F_w　　　　　　（单位：μm）

分度圆直径/mm		精度等级										
大于	到	1	2	3	4	5	6	7	8	9	10	11	12
—	125	2.0	3.0	5.0	8.0	12	20	28	40	56	80	112	160
125	400	2.5	4.9	6.5	10	16	25	36	50	71	100	140	200
400	800	3.0	5.0	8.0	12	20	32	45	63	90	125	180	250
800	1600	4.0	6.5	10	16	25	40	56	80	112	160	224	315
1600	2500	4.5	7.0	11	16	28	45	71	100	140	200	280	400
2500	4000	6.5	10	16	25	40	63	90	125	180	250	255	500

注：公法线长度要跨 k 个齿，包含（$k-1$）个基节和 1 个基圆齿厚，故公法线长度偏差包括基节偏差和齿厚偏差。

2.3.7　奇数沟千分尺检测丝锥中径精析

奇数沟千分尺又称 V 形砧式千分尺，是应用螺旋副传动原理和采用 V 形测砧的一种长度计量器具，主要用于具有奇数等分槽/齿的制件（如丝锥、铰刀等）外径尺寸的测量。根据被测件沿圆周均匀分布的沟槽数量为 3、5、7，奇数沟千分尺可分为三沟千分尺、五沟千分尺和七沟千分尺三种，如图 2-47 所示。其中，三沟千分尺的测微螺杆螺距为 0.75mm，两 V 形测砧间夹角 $\beta=60°$，适宜测量沟槽数目为 3、9、…、3（$2n-1$）的等分槽/齿类工件；五沟千分尺的测微螺杆螺距为 0.559mm，两 V 形测砧间夹角 $\beta=108°$，适宜测量沟槽数目为 5、15、…、5（$2n-1$）的等分槽/齿类工件；七沟千分尺的测微螺杆螺距为 0.5275mm，两 V 形测砧间夹角 $\beta=128°34'17''$，适宜测量沟槽数目为 7、21、…、7（$2n-1$）的等分槽/齿类工件。

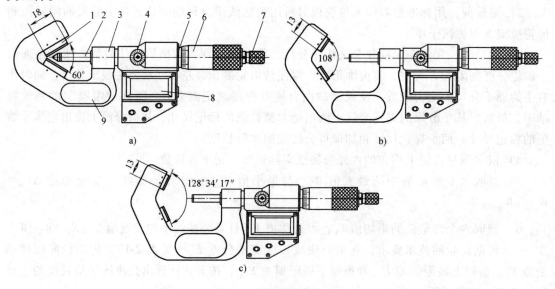

图 2-47　奇数沟千分尺
a）三沟千分尺　b）五沟千分尺　c）七沟千分尺
1—测砧　2—测微螺杆　3—尺架　4—锁紧装置　5—固定套管
6—微分筒　7—测力装置　8—数值显示装置　9—隔热装置

采用基于奇数沟千分尺的单针法——即奇数沟千分尺和单一测针（见图 2-48），对普通圆柱内螺纹的攻螺纹加工用丝锥中径进行现场测量，以做好螺纹产品加工前的刀具检验，做到螺纹产品质量的主动控制。

1）测量前，用校对量柱校对所用奇数沟千分尺的零位，将千分尺的测砧面和丝锥的被测表面擦拭干净。

2）使用奇数沟千分尺测量丝锥的大径 d，待听到"嘎嘎"的棘轮跳动声后，先从千分尺的固定套管上读出毫米整数值的标记尺寸，再从微分筒上读出毫米小数值的标记尺寸，然后两个标记尺寸相加，即得丝锥大径的实际尺寸 d。

3）在丝锥螺纹牙与千分尺的测微螺杆测量面之间加垫一件圆柱形测针（见图 2-48），接触点在中径圆柱附近。待各测量面与丝锥被测表面稳定接触后，读取奇数沟千分尺标记尺寸为 M'。测针直径 d_D 务必接近于最佳直径 d_0，依据 JJF 1345—2012《圆柱螺纹量规校准规范》，有 $d_0 = \dfrac{P}{2} \times \dfrac{1}{\cos(\alpha/2)}$，式中 P 为丝锥的螺距（即相邻两牙体上的对应牙侧与中径线相交两点间的轴向距离），α 为丝锥的牙型角（即螺纹牙型上两相邻牙侧间的夹角，普通圆柱内螺纹的牙型角多为 55°和 60°）。

4）图 2-49 所示为推导基于奇数沟千分尺的单针法测量丝锥中径计算公式所使用的几何示意图，图中圆柱形测针 2 的比例被放大，以方便观察和分析。分析图 2-49 并结合上述测量步骤，可知：丝锥大径（圆心 R）对应的奇数沟千分尺在 G 点的读数值为 d，单针法测量时在 H 点奇数沟千分尺的读数值为 M'，同时得到几何关系 $\overline{RG} = \overline{RS} = \dfrac{d}{2}$、$\overline{QH} = \overline{QT} = \dfrac{M'}{2}$，以及

$$\overline{RQ} = \overline{OQ} - \overline{OR} = \frac{\overline{QT}}{\sin\dfrac{\beta}{2}} - \frac{\overline{RS}}{\sin\dfrac{\beta}{2}} = \frac{M' - d}{2\sin\dfrac{\beta}{2}}$$

式中　β——奇数沟千分尺上两 V 形测砧间夹角，依据 GB/T 9058—2004《奇数沟千分尺》，三沟千分尺、五沟千分尺和七沟千分尺的 β 值分别为 60°、108°与 128°34′17″。

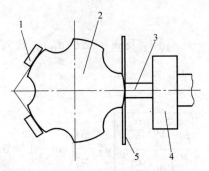

图 2-48　奇数沟千分尺的单针法测丝锥中径
1—V 形测砧　2—丝锥　3—测微螺杆
4—尺架　5—圆柱形测针

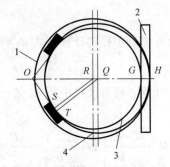

图 2-49　丝锥中径计算公式推导用几何示意图
1—虚拟三针测量法的 m 值外圆（圆心 R）
2—圆柱形测针　3—丝锥大径外圆（圆心 R）
4—在 H 点奇数沟千分尺读数值对应的外圆（圆心 Q）

5）查 JJF 1345—2012《圆柱螺纹量规校准规范》，获知丝锥中径 d_2 值的综合计算公式的参数值。

虚拟三针法测量丝锥大径（圆心 R）时的 $\Delta L = 2\,\overline{RH} = 2(\overline{QH} + \overline{RQ})$，即 $\Delta L = M' + \dfrac{M'-d}{\sin\dfrac{\beta}{2}}$。

螺纹升角 ψ 的近似修正值 $A_1 = \dfrac{d_D}{2}\tan^2\psi\cos\dfrac{\alpha}{2}\cot\dfrac{\alpha}{2} = \dfrac{d_D}{2}\left(\dfrac{P}{\pi d_2}\right)^2\cos\dfrac{\alpha}{2}\cot\dfrac{\alpha}{2}$。

测针和平面接触的变形 ω_0 修正的近似公式为 $\omega_0 = \sqrt[3]{\dfrac{9F^2}{d_D}\left(\dfrac{1-v_1^2}{E_1}+\dfrac{1-v_2^2}{E_2}\right)^2}$，式中 v_1 为钢制丝锥的泊松比且 $v_1 = 0.28$，E_1 为钢制丝锥的弹性模量且 $E_1 = 2\times10^{11}\,\mathrm{N/m^2}$，$v_2$ 为红宝石测针的泊松比且 $v_2 = 0.25$，E_2 为红宝石测针的弹性模量且 $E_2 = 4\times10^{11}\,\mathrm{N/m^2}$，$F$ 为垂直于测量面的测力且 $F = 5\sim10\mathrm{N}$，d_D 为测针直径且 $d_D \approx d_0 = \dfrac{P}{2}\times\dfrac{1}{\cos(\alpha/2)}$。把相应的参数值代入 ω_0 的计算公式内，计算并简化后得到 $\omega_0 \approx 4.071\times10^{-4}\times\sqrt{\dfrac{F^2}{P}\cos\dfrac{\alpha}{2}}$，单位为 mm。

将螺旋线形的牙侧简化为 V 形槽，则 V 形槽中球的变形 $\omega_{V0} = \left(\sin\dfrac{\alpha}{2}\right)^{-\frac{5}{3}}\left(\dfrac{1}{2}\right)^{\frac{2}{3}}\omega_0$。将简化后的 ω_0 代入 ω_{V0} 的计算公式内，计算并简化后得到 $\omega_{V0} \approx 2.564\times10^{-4}\times\sqrt{\dfrac{F^2}{P}\dfrac{\cos\dfrac{\alpha}{2}}{\left(\sin\dfrac{\alpha}{2}\right)^5}}$，单位为 mm。

奇数沟千分尺所施加测力 F 的修正值 $A_2 = 2\omega_{V0} \approx 5.129\times10^{-4}\times\sqrt{\dfrac{F^2}{P}\dfrac{\cos\dfrac{\alpha}{2}}{\left(\sin\dfrac{\alpha}{2}\right)^5}}$，单位为 mm。

结合外螺纹中径的计算公式 $d_2 = m - \dfrac{d_D}{\sin\dfrac{\alpha}{2}} + \dfrac{P}{2}\cot\dfrac{\alpha}{2}\cdot A_1 + A_2$ 及 $m = (\Delta L - d_D)$，代入相关参数值并计算，可得丝锥中径 d_2 的一元三次方程为

$$d_2 - \left[M' + \dfrac{M'-d}{\sin\dfrac{\beta}{2}} - \left(1+\dfrac{1}{\sin\dfrac{\alpha}{2}}\right)\times\dfrac{P}{2\cos\dfrac{\alpha}{2}} + 5.129\times10^{-4}\times\sqrt{\dfrac{F^2}{P}\dfrac{\cos\dfrac{\alpha}{2}}{\left(\sin\dfrac{\alpha}{2}\right)^5}}\right]d_2^2 - \dfrac{P^4}{\pi^2}\left(\cot\dfrac{\alpha}{2}\right)^2 = 0$$

随后，求解一元三次方程，即得 d_2（$d_2 > 0$）。

2.3.8 电子数显深度千分尺的使用技巧

电子数显深度千分尺（见图 2-50）是综合应用螺旋副传动原理（将回转运动变为直线运动）与电子数显装置（即用角度传感器、电子和数字显示技术，计算并显示千分尺的螺

旋副位移的装置），对底板测量面和测微螺杆测量面间分隔的距离进行读数的一种测量器具，主要用来测量孔深、槽深和台阶高度等。其使用技巧如下：

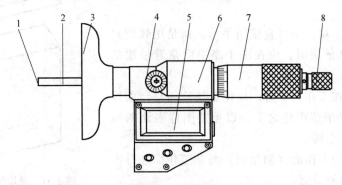

图 2-50　电子数显深度千分尺
1—测量面　2—可调换式测量杆　3—底板　4—锁紧装置
5—电子数显装置　6—固定套管　7—微分筒　8—测力装置

1）使用前，先将深度千分尺擦干净，再检查其各活动部分是否灵活可靠：在全行程内微分筒的转动要灵活，微分筒的移动要平稳且不可旋出固定套管，锁紧装置的作用要可靠。校对起始值是否正确，以免影响测量结果。

2）根据被测的深度或高度选择并换上适合的测量杆，并用锁紧装置锁紧。

3）测量范围为 0~25mm 的深度千分尺可直接校对零位：采用 00 级平台，将平台与千分尺的两测量面擦干净，旋转微分筒使其端面退至固定套筒的零标记之外，然后将千分尺的测量面贴在平台的工作面上，左手压住底板，右手慢慢旋转测力装置的棘轮，使测量面与平台的工作面接触后检查零标记。也就是，微分筒圆周上的零标记对准固定套管的轴向中线，微分筒圆锥面的端面棱边与固定套管上的零标记相切。

4）测量范围大于 25mm 的深度千分尺需用校对量具或量块校对零位：把校对量具和平台的工作面擦干净后，将校对量具放在平台上，使深度千分尺的测量面贴在校对量具上校对零位。

5）测量孔深时，把底板测量面紧贴在被测孔光洁、平整的端面上，保证被测孔的中心线与该端面垂直，且使深度千分尺的测量杆与被测孔的中心线平行。此时，测量杆平面至底板测量面的距离，即为被测孔的深度。在被测孔的口径或槽宽大于深度千分尺的底板宽度时，可借助一定位基准板进行测量。

2.4　量块及其附件测量实操详解

2.4.1　（长度）量块结构与操作要点

（长度）量块又称块规（见图 2-51），是用耐磨材料制造的，横截面为矩形，并具有一对相互平行测量面的实物量具。量块的测量面既可以和另一量块的测量面研合而组合使用，也可以和具有类似表面质量的辅助体表面相研合而用于量块长度的测量。（长度）量块在使用时必须注意以下几点：

1）量块使用前，先在汽油中洗去防锈油，再用清洁的麂皮或软绸擦干净。严禁使用棉纱头擦拭量块测量面，以免损伤工作面。

2）清洗后的量块，不可直接用手拿，而是用软绸衬起来拿。必须手拿量块时，应在洗干净手后拿着量块的侧面（非工作面）。

3）把量块放在工作台上时，应使量块侧面与台面接触。量块不可放置于蓝图样之上，以免蓝图样表面的残留化学物致使量块生锈。

4）杜绝量块的工作面（测量面）与非工作面进行推合，以免擦伤量块测量面。

5）量块使用后，应及时在汽油中清洗干净，并用软绸擦干后涂上防锈油，放于专用盒子里。若量块的使用频率较高，则可在洗净后不涂防锈油，放于干燥缸内保存。严禁将量块长时间粘合在一起，以免金属粘结造成测量面损伤。

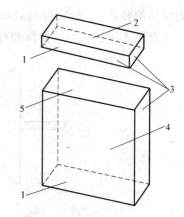

图 2-51 量块结构及各表面
1—下测量面 2—标记测量面
3—侧面 4—标记侧面 5—上测量面

2.4.2 成套量块及其附件选用技巧

1. 成套量块

量块是成套供应的，且每套装成一盒。每盒中放有各种不同尺寸的量块，其尺寸编组有一定的规定。成套量块的包装盒上标有产品名称、制造厂厂名或注册商标、出厂时的级别与量块编号，盒内放置量块的槽上标有量块的标称长度 l_n，盒内还放置一张标有标准号、成套量块编号、级别和出厂序号的产品合格证。

（1）选择原则 在利用量块测量面的可粘合性进行量块组合时，为使量块组的块数为最少，应按"先选择可去除最小位数尺寸的量块"原则选择量块尺寸，并保证组成量块组的块数不超过 5 块（减小误差）。

（2）选择示例 在组成 87.545mm 的量块组时，其量块尺寸的选择顺序为：选用第 1 块量块尺寸 1.005mm→剩余量块组尺寸 86.54mm→选用第 2 块量块尺寸 1.04mm→剩余量块组尺寸 85.5mm→选用第 3 块量块 5.5mm→剩余量块组尺寸 80mm→选用第 4 块量块 80mm。

2. 量块附件

为了扩大量块的应用范围，便于各种测量工作，可采用成套的量块附件——夹持器、夹块、底座、夹紧滑块、三棱直尺和夹子。将量块组与量块附件组装后，可用于校准量具尺寸，测量轴径、孔径以及高度划线等，如图 2-52 所示。

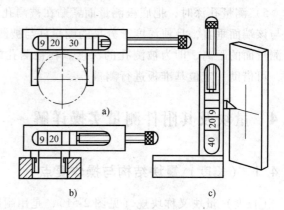

图 2-52 量块附件应用示意
a）测量轴径 b）测量孔径 c）高度划线

2.5 指示式量具测量实操详解

指示式量具是以指针指示出测量结果的量具，主要用于找正零件的安装位置、检验零件的尺寸和几何精度，以及测量零件内径等。生产现场常用的指示式量具有：指示表（十分表、百分表和千分表）、杠杆指示表、内径指示表、厚度指示表和深度指示表等。

2.5.1 指示表正确测量技巧精析

指示表可用来找正零件或夹具的安装位置及检验零件的尺寸和形状、位置误差等。根据分度值（分辨力）大小，指示表可分为十分表、百分表和千分表。按指示装置，指示表又可分为指针式和电子数显式两大类。其中，指针式指示表是利用齿轮传动机构——齿条与齿轮或杠杆与齿轮传动，将测杆的直线位移转变为指针角位移的计量器具（见图2-53）；电子数显指示表是将测杆的直线位移以数字显示的计量器具（见图2-54）。

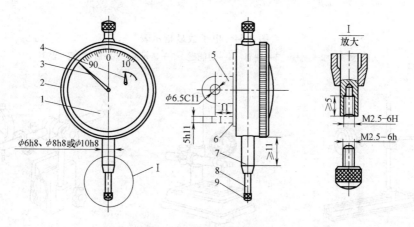

图 2-53　指针式指示表
1—度盘　2—表圈　3—指针　4—转数指针　5—凸耳　6—后盖　7—轴套　8—测杆　9—测头

指示表使用是否合理，不但影响自身精度，还直接影响零件找正和检验的精度，严重者引发质量事故。因此，用户务必重视指示表的正确使用。指示表的使用注意事项有以下几点。

1）使用指示表前，须检查其测杆活动的灵活性。在轻轻推动测杆时，测杆可在套筒内平稳且灵活移动，无任何卡滞现象；在每次放松后，指针能恢复到先前的分度位置。

2）使用指示表时，须将其固定于可靠的夹持架上，如图2-55所示。夹持架应平稳安放，以免测量结果失准或摔坏指示表。对夹持指示表的套筒不可施加过大的夹紧力，以免套筒变形造成指示表的测杆活动不灵活。

3）使用指示表测量零件时，指示表的测杆必须垂直于零件的被测表面，即测杆的轴线与被测量尺寸的方向要一致，否则测量结果不准确、测杆活动不灵活。指示表的正确安装示意如图2-56所示。

4）使用指示表测量零件时，测杆的行程不可超过其测量范围，测头不可剧烈撞击被测零件，测头下零件不可被强行推入测量位置，指示表不能受到剧烈振动与大力碰撞，否则指

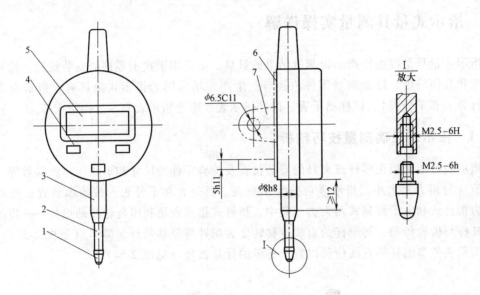

图 2-54　电子数显指示表

1—测头　2—测杆　3—轴套　4—功能键　5—显示屏　6—后盖　7—凸耳

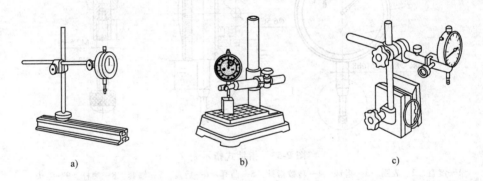

图 2-55　固定指示表的专用夹持架

a）指示表量座　b）指示表测量台　c）指示表磁性座

示表会因其零部件损坏而失去精度。所以，严禁使用指示表测量表面粗糙或有显著凹凸不平的零件。

5）使用指示表找正与检验零件（见图 2-57）时，测杆应有一定的初始测量力。

① 在测头与零件表面接触时，百分表的测杆须有 0.3～1mm 的压缩量（千分表为 0.1mm），使其指针转过 0.5 圈左右。

② 转动表圈，使度盘上的"零"

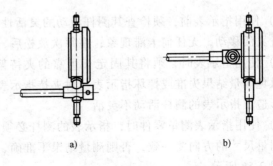

图 2-56　指示表的正确安装示意

a）夹持测杆　b）凸耳连接

标尺标记对准指针。

③ 用手多次轻轻拉动和放松测杆上方的圆头，观察指针所指的零位是否改变。

④ 在指针所指的零位稳定后，开始找正或检验工作。

⑤ 在找正零件时，改变零件的相对位置并读出指针的偏摆值，即为零件安装的偏差数值。

图 2-57　使用指示表找正与检验零件示意

a）找正零件安装位置　b）检验零件加工精度

6）使用指示表检查工件的圆度、圆柱度或跳动等几何误差（见图 2-58）时，先将被测工件放于平台上，使指示表的测头与工件表面接触，调整指针使其摆动 1/3 ~ 1/2 圈；再使度盘上标尺标数 "0" 指示的标尺标记对准指针；随后缓慢转动工件或轻轻移动指示表的夹持架，观察指针的偏摆值。指针顺时针方向摆动，表明工件位置偏高或尺寸偏大；指针逆时针方向摆动，表明工件位置偏低或尺寸偏小。注意：进行轴测时，以指针摆动的最大数字（即最高点）为读数；测内孔时，以指针摆动的最小数字（即最低点）为读数。

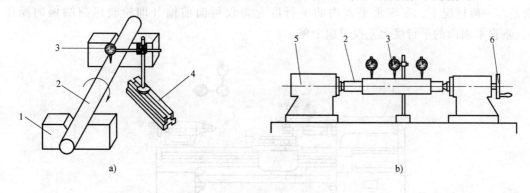

图 2-58　使用指示表检查轴类零件的几何误差示意

a）工件放于 V 形架上　b）工件放于专用检验架上

1—V 形架　2—工件　3—指示表　4—夹持架　5—检验架　6—夹持手轮

① 用指示表在两顶尖上测量较小偏心距的方法（见图 2-59）。测量前，先将被测轴装于两顶尖之间，使指示表的测头接触在被测轴的偏心部位上。随后用手转动被测轴，指示表的指针所摆动的最大数字和最小数字之差的 1/2 即为实际偏心距。此外，偏心套的偏心距也可使用此方法测量，前提是先将偏心套装于心轴上。

② 用指示表在 V 形架上测量较大偏心距的方法（见图 2-60）。受指示表测量范围的限

制，对于工件较大的偏心距，无法在两顶尖上使用指示表直接测量获取，只能在 V 形架上使用指示表间接测量获取。测量前，先用外径千分尺测出被测轴上基准轴直径 D 和偏心轴直径 d，再将 V 形架放在平板上并将被测轴放于 V 形架中。随后，用手转动被测轴，经指示表测出被测轴的最高点，保持被测轴不动并水平移动指示表，测出偏心轴外圆到基准外圆之间的最小距离 a。最后，将 D、d 和 a 代入公式 $e = \dfrac{D}{2} - \dfrac{d}{2} - a$，计算得出被测轴的偏心距 e。

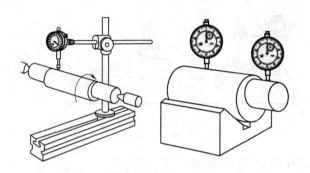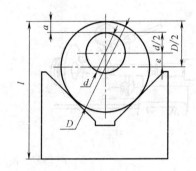

图 2-59 在两顶尖上直接测量偏心距 图 2-60 在 V 形架上用指示表间接测量偏心距

7）使用指示表检查车床主轴轴线对刀架移动的平行度误差（见图 2-61）时，先在主轴锥孔中插入一根检验棒；再将指示表通过夹持架固定在刀架上，使指示表的测头接触检验棒的外表面；随后移动刀架，分别对侧素线 A 和上素线 B 进行检测，记录指针所指示读数的最大差值。为消除检验棒轴线与旋转轴线不重合对测量结果的影响，需将主轴旋转 180°，再同样检测一次 A 和 B。前后两次测量结果的代数和除以 2 即为主轴轴线对刀架移动的平行度误差。一般情况下，车床水平面内的平行度允差仅可向前偏（即检验棒前端偏向操作者），垂直平面内的平行度允差仅可向上偏。

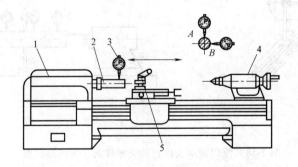

图 2-61 使用指示表检查车床主轴轴线对刀架移动的平行度误差示意
1—主轴箱 2—检验棒 3—指示表 4—尾座体 5—刀架

8）使用指示表检查刀架移动在水平面内的直线度误差（见图 2-62）时，先在主轴和尾座顶尖间夹持一根检验棒；再将指示表通过夹持架固定在刀架上，使指示表测头顶在检验棒的侧素线上（图中位置 A）；随后调整尾座，使指示表在检验棒靠近主轴侧和尾座侧的读数相等。准备就绪后，移动刀架并在检验棒的全行程上进行检测，指示表的指针在全行程上所指示读数的最大差值即为刀架移动在水平面内的直线度误差。

9）指示表在使用过程中，要严格防止水、油和灰尘渗入表内，切不可向测杆加/注油（防止粘有灰尘的油污渗入表内），也不可野蛮操作指示表等。指示表不使用时，要使其测杆处于自由状态，以免表内弹簧失效。

2.5.2 杠杆指示表测量技巧精析

杠杆指示表与指示表相似，主要用来找正零件或夹具的安装位置及测量被测件的几何误差，尤其适合于指示表难以测量或不可能测量的表面，如小孔、

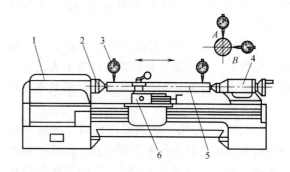

图 2-62 使用指示表检查刀架移动在水平面内的直线度误差示意
1—主轴箱 2—主轴顶尖 3—指示表
4—尾座体 5—检验棒 6—刀架

凹槽、孔距及坐标尺寸等。根据分度值（分辨力）大小，杠杆指示表可分为杠杆百分表和杠杆千分表；按指示装置，杠杆指示表又可分为指针式和电子数显式两大类。其中，指针式杠杆指示表是利用机械传动系统——杠杆与齿轮传动，将杠杆测头的摆动位移量转变为指针在度盘上的角位移，并由度盘上的标尺进行读数的测量器具（见图 2-63）；电子数显杠杆指示表是利用机械传动系统，将杠杆测头的摆动位移量通过传感器转化为电子数字显示的测量器具（见图 2-64）。

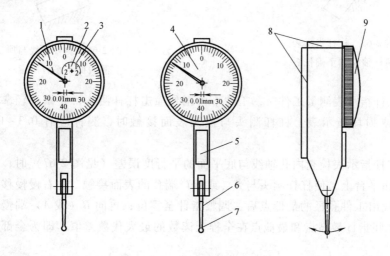

图 2-63 指针式杠杆指示表
1—指针 2—转数指针 3—转数指示盘 4—度盘
5、8—燕尾 6—测杆 7—杠杆测头 9—表蒙

杠杆指示表的使用注意事项有以下几点：

1）使用杠杆指示表前，须检查其杠杆测头与指针转动的灵活性，以及杠杆测头的球面是否被磨平。用手捏住杠杆测头，上下、左右轻轻推动，观察指针摆动或显示屏数字的变

化，若左右摆动超过半个标尺标记，则不可再用。

2）使用杠杆指示表时，须将其固定于可靠的夹持架上。测量前务必检查杠杆指示表是否夹牢，并多次提拉测杆与工件接触，观察其重复指示值是否相同。

3）使用杠杆指示表测量工件时，测量的运动方向应与杠杆测头的中心线垂直，即测杆轴线与所测表面平行（见图 2-65）。若因工件的特殊形状，无法使测杆轴线与所测表面平行（存在夹角 β，见图 2-66），杠杆长度会减小，造成表的读数值 b 大于正确测量值 a，此时可按公式 $a=b\cos\beta$ 对测量结果 b（即杠杆指示表的摆动距离）进行修正。

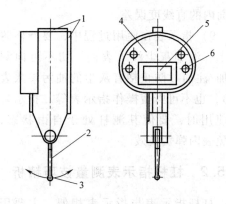

图 2-64　电子数显杠杆指示表
1—燕尾　2—测杆　3—杠杆测头
4—电子显示器　5—显示屏　6—功能键

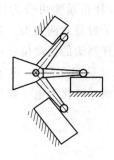

图 2-65　杠杆指示表
测杆轴线的正确位置

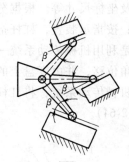

图 2-66　测杆轴线与所
测表面不平行示意

4）使用杠杆指示表测量工件时，工件不可剧烈撞击杠杆测头，要做到轻拿轻放，以免影响测量精度或损坏指示表。杠杆测头与被测表面接触时，测杆应有 0.3～0.5mm 的压缩量。

5）使用杠杆指示表检查内孔轴线与底平面的平行度误差（见图 2-67）时，先将工件的底平面放于检测平台上，使杠杆测头与 A（或 B）端孔的表面接触，左右慢慢移动紧固指示表的夹持架，找出工件孔径的最低点后，调整指针至零位；再向 B（或 A）端慢慢推进夹持架，获取 A、B 间指针最高点和最低点在全程上读数的最大代数差值，即为全部长度上的平行度误差。

6）使用杠杆指示表检查工件上键槽的直线度误差（见图 2-68）时，先在键槽上插入一检验块，并将工件放在 V 形架上；再使杠杆指示表的杠杆测头触及检验块表面进行调整，做到测杆轴线与检验块表面平行；随后，杠杆测头接触 A 端平面并调整指针至零位，向 B 端慢慢移动紧固指示表的夹持架，获取 A、B 间指针最高点和最低点在全程上读数的最大代数差值，即为水平面内的直线度误差。

7）使用杠杆指示表检查机床主轴轴向窜动量（图 2-69 中位置 A）时，先在主轴锥孔内插入一根短锥检验棒，并在检验棒的中心孔内放入一颗直径适合的钢珠；再使用夹持架等专用夹具将杠杆指示表固定于机床上，并使杠杆测头顶在钢珠上；随后，沿主轴轴向施加一作用力 F 并低速连续旋转主轴，获取指针摆动的最大数值和最小数值的最大代数差，即为主轴轴向窜动量。作用力 F 用以消除主轴轴承的轴向间隙对测量结果的影响，其大小一般为 $(0.5\sim1)$ G（G 为主轴重力）。

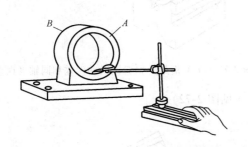

图 2-67　使用杠杆指示表检查内孔轴
线与底平面的平行度误差示意

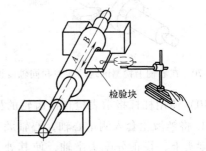

图 2-68　使用杠杆指示表检查工件
上键槽的直线度误差示意

8）使用杠杆指示表检查机床主轴轴肩支承面的跳动量（图 2-69 中位置 B）时，先将杠杆指示表使用夹持架等专用夹具固定于机床上，使其杠杆测头顶在主轴轴肩支承面并靠近边缘处；再沿主轴轴向施加一作用力 F 并低速连续旋转主轴，获取指针摆动的最大数值和最小数值的最大代数差，即为主轴轴肩支承面的跳动量。作用力 F 用以消除主轴轴承的轴向间隙对测量结果的影响，其大小一般为 $(0.5\sim1)$ G。

9）使用杠杆指示表检查内/外圆的同轴度误差时，基于排除内/外圆自身形状误差的前提下，可用其径向圆跳动量的 $1/2$ 来计算。

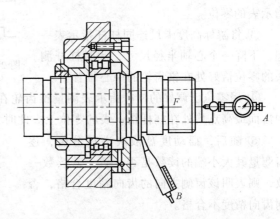

图 2-69　使用杠杆指示表检查机床主轴
轴向窜动量和轴肩支承面的跳动量示意

① 外圆同轴度误差的检测：以内孔为基准时，先把被测件装于心轴上，心轴通过两个顶尖安装在检测平台上；再使杠杆测头与被测件的外圆面接触，用手缓慢且均匀地转动被测件一圈；随后，观察指针的摆动，取最大读数 M 与最小读数 M_i 差值的一半，作为该截面的同轴度误差（见图 2-70），即 $\Delta = \dfrac{M-M_i}{2}$。转动被测件，按上述过程继续测量 $3\sim5$ 个不同截面，取各截面所测同轴度误差的最大值（绝对值），作为被测件的同轴度误差。

② 内圆同轴度误差的检测：以外圆为基准时，须先把被测件放于 V 形架上（见图 2-71），再用杠杆指示表进行检测；其他步骤可参照外圆同轴度误差的检测。此方法适用于无法装于心轴上测量的工件。

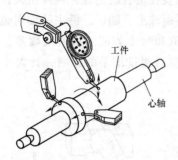

图 2-70　在心轴上检测圆跳动误差和同轴度误差

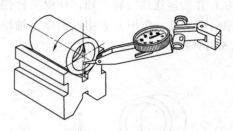

图 2-71　在 V 形架上检验圆跳动误差和同轴度误差

10）使用杠杆指示表检查锥齿轮的齿向精度（见图 2-72）。

① 将锥齿轮套入测量心轴，心轴装夹于分度头上，找正分度头主轴，使其处于准确的水平位置。

② 将杠杆指示表固定于游标高度卡尺上，测出心轴上素线的最高点，调整杠杆指示表的零位。

③ 将游标高度卡尺连同杠杆指示表一起，下降一个心轴半径尺寸，此时杠杆测头的零位恰好处在锥齿轮的中心位置上。

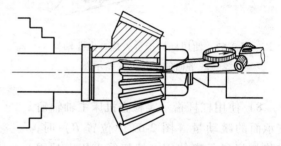

图 2-72　使用杠杆指示表检查锥齿轮齿向精度示意

④ 用零位已调好的杠杆指示表测量锥齿轮在水平方向上的某一个齿面，使该齿大小端的齿面最高点均处在杠杆指示表的零位上。此时，该齿面的延伸线与齿轮轴线重合。

⑤ 随后，摇动度盘依次进行分齿，逐齿测量其大小端的读数是否一致。若读数一致，则表明该齿侧方向的齿向精度合格，否则齿向精度不合格。

⑥ 轮齿左侧的齿向精度测量完毕后，将杠杆测头改为反方向，用相同方法测量轮齿右侧的齿向精度。

2.5.3　内径指示表测量与维护技巧

内径指示表是利用机械传动系统——杠杆传动机构，将活动测量头的直线位移转变为指针在圆形度盘上的角位移，并由度盘进行读数的两触点式内尺寸测量器具（见图 2-73）。内径指示表主要用相对测量法来检测零件内孔或深孔的直径及其形状精度，其使用方法如下：

（1）内径指示表的组合与校对零位　因

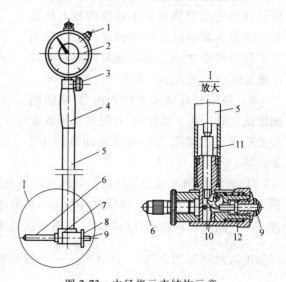

图 2-73　内径指示表结构示意

1—表圈保持装置　2—指示表　3—锁紧装置
4—手柄　5—直管　6—可换测量头　7—三
通管　8—定位护桥　9—活动测量头
10—传动杠杆　11—中间传动杆　12—弹簧

内径指示表测量内径是一种相对的比较测量方法，故在开始测量之前，须对其可换测量头进行组合，并用外径千分尺或标准环等校对其零位。

1）安装指示表。先将指示表的测头、测杆和轴套等擦拭干净后，安装在内量杠杆式测量架上；再使转数指针指在 0~1 的位置上，待指针转过一圈后，用锁紧装置紧固指示表。

2）选择可换测量头。根据被测内尺寸，选择一个相应尺寸的可换测量头装在内量杠杆式测量架的三通管上。安装前，应检查可换测量头和活动测量头的测量面磨损情况，若圆弧形测量面已磨出平面，则不可继续使用。大尺寸内径指示表的可换测量头是用螺纹拧至主体上的，其伸出距离可调整；小尺寸内径指示表的可换测量头不可调整。在选用可换测量头长度及其伸出距离时，要使被测内尺寸处于活动测量头总移动量的中间位置，此刻杠杆传动误差最小。

3）校对零位。内径指示表在测量前，使用外径千分尺、标准环或量块及量块附件的组合体来校对零位（又称调整尺寸）。校对零位的过程如下：

① 检查内径指示表的灵敏性和稳定性，按压几次活动测量头，观察指针摆动情况。

② 手抓定位护桥，先使活动测量头进入标准环内，再放入可换测量头。

③ 受定位护桥的作用，两个测量头可自由地在标准环的直径方向上定位，为使测量头中心线与孔壁垂直，将内径指示表在孔的轴线方向上微微地来回摆动，找到指针在度盘上的拐点（即最小数值），即为测得的正确数值。

④ 转动指示表的表圈，使度盘上零标尺标记与指针的拐点处相重合。

⑤ 摆动内径指示表数次，检查零位是否稳定。待调好零位后，自标准环内轻轻取出内径指示表。

⑥ 操作时，务必一只手拿住直管上方的手柄（带隔热套），另一只手扶住直管下方的定位护桥处。

（2）测量内孔直径（见图 2-74） 使用内径指示表测量内孔直径时，务必使量具直管内中间传动杆的中心线与被测孔的中心线平行，切不可歪斜；同时，应在工件圆周上测量多个截面，获取内孔直径的实际尺寸。具体操作方法与校对零位的相同，指针在度盘上拐点处的最小数值即为被测孔内径 D 与标准环孔径 D_0 之差。若指针恰好在零标尺标记处，则表示 $D = D_0$；若指针的拐点顺时针方向超过零标尺标记，则表示 $D < D_0$；若指针的拐点逆时针方向超过零标尺标记，则表示 $D > D_0$。

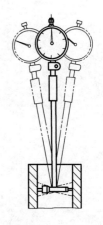

图 2-74 内孔
测量示意

（3）测量槽宽 使用内径指示表测量槽的宽度时，可调测量头和活动测量头要沿着槽壁在垂直和水平两个方向上轻微摆动，以便找出指针在度盘上拐点处的最小数值。若指针所示最小数值与度盘上的零标尺标记重合，则表示槽宽 L 与标准环孔径 D_0 相等（$L = D_0$）；若指针的拐点顺时针方向超过零标尺标记，则表示 $L < D_0$；反之则表示 $L > D_0$。

（4）测量形状误差 使用内径指示表测量内孔的形状误差时，若检测圆度，则可在同一径向平面内的几个不同方向上测量；若检测圆柱度，则可在几个不同的径向截面内多次测量。随后，将多次测量结果进行比较并取其平均值，即得被测孔的圆度误差和圆柱度误差。

（5）维护保养 内径指示表除了遵守测量器具维护保养的一般事项外，还应注意以下五点。

1）内径指示表属于细长形测量器具，严禁受到撞击和摔碰，直管上不准压放其他物品。

2）不可使用内径指示表测量薄壁被测件的孔径，以免活动测量头的测量力和定位护桥的接触压力引起被测件变形，造成测量结果不正确。

3）用内径指示表测量被测件内尺寸时，适宜测量精加工表面，不适宜测量粗加工表面（推荐用游标卡尺或内卡钳测量）。

4）检查时，小心按压活动测量头，不可用劲过大或过快测量，不可使活动测量头受到剧烈振动。

5）测量完毕，须把指示表和可换测量头自内量杠杆式测量架上取下，擦拭干净后，在两个测量头上涂抹防锈油，放入量具盒内保管。

2.6 角度量具测量实操详解

2.6.1 万能角度尺读数与测量技巧

万能角度尺是利用两测量面相对移动所分隔的角度进行读数的通用角度测量器具，可用来测量精密零件的内外角度以及进行角度划线。万能角度尺主要有Ⅰ型游标万能角度尺、Ⅱ型游标万能角度尺、带表万能角度尺和数显游标万能角度尺四种（分别见图2-75～图2-78），前三种的分度值为2′（常用）或5′，后者的分辨力为30″。

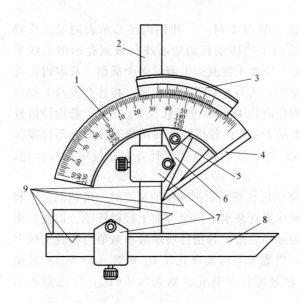

图2-75 Ⅰ型游标万能角度尺

1—尺身 2—直角尺 3—游标 4—基尺 5—锁紧
装置 6—扇形板 7—卡块 8—直尺 9—测量面

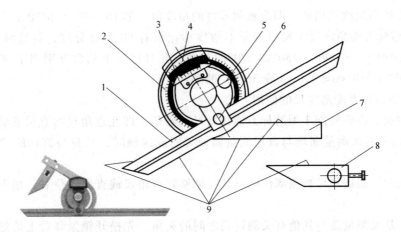

图 2-76　Ⅱ型游标万能角度尺

1—直尺　2—尺身　3—游标　4—放大镜　5—微动轮

6—锁紧装置　7—基尺　8—附加量尺　9—测量面

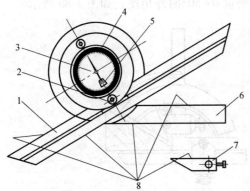

图 2-77　带表万能角度尺

1—直尺　2—锁紧装置　3—指示表　4—"分"度盘

5—"度"度盘　6—基尺　7—附加量尺　8—测量面

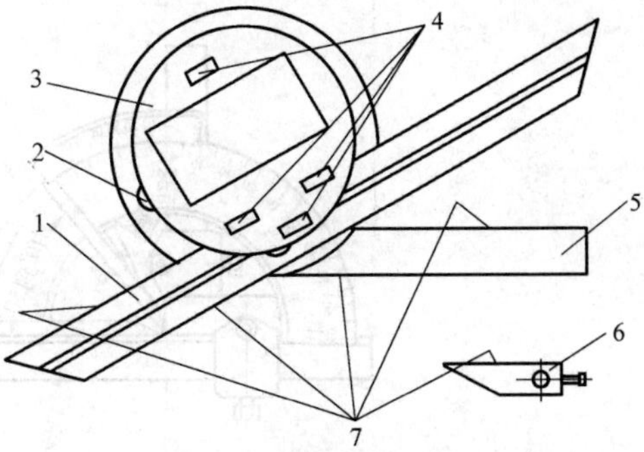

图 2-78　数显万能角度尺

1—直尺　2—锁紧装置　3—电子数显器

4—功能键　5—基尺　6—附加量尺　7—测量面

（1）游标万能角度尺的读数　Ⅰ型、Ⅱ型游标万能角度尺的读数可分为如下三步。

1）先从尺身上读出"度"的数值。观察游标上零标记左边对应尺身上最靠近的那条标记（即刻线）的数值，读出被测角"度"的整数部分，图 2-79 中被测角"度"整数部分为 16°。

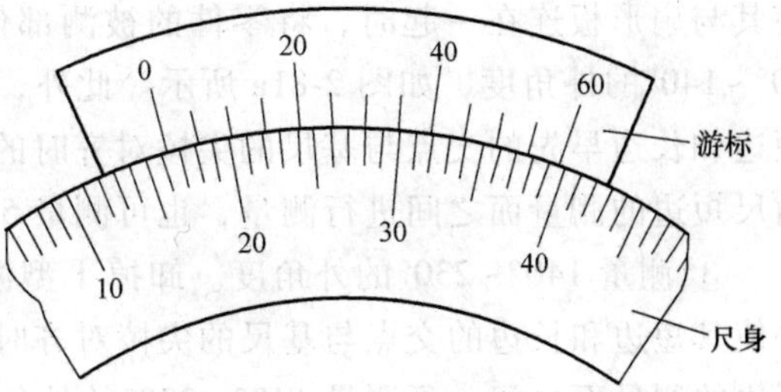

2）再从游标上读出"分"的数值。观察游标上哪条标记（之前的格数为 n）与尺

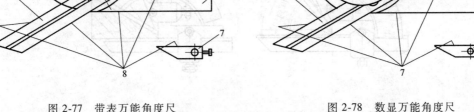

图 2-79　游标万能角度尺（分度值 5′）的读数示意

身相应标记对齐，自游标上直接读出被测角"度"的小数部分，即"分"的数值=分度值×n。图 2-79 中游标上第 6 格标记与尺身上标数为 28 的标记对齐，故小数部分为 5′×6=30′。

3）将上述两次读数相加，即为被测零件的角度值，如 16°+30′＝16°30′。

此外，游标万能角度尺上尺身的基本角度标记仅有 90 个等分度，若被测角度 $\alpha>90°$，则在读数时须加上一个 90°、180° 或 270° 的基数，并且这三个基数分别用于 $90°<\alpha\leqslant180°$、$180°<\alpha\leqslant270°$ 与 $270°<\alpha\leqslant320°$（或 360°）的场合。

（2）Ⅰ型游标万能角度尺的使用方法

1）测量前，需先校准Ⅰ型游标万能角度尺的零位，即在直角尺与直尺安装后，且直角尺的底测量面和基尺测量面均与直尺测量面做无间隙接触时，尺身与游标的"零"标尺标记对齐。

2）测量时，根据零件被测部位的形状，调整好直角尺或直尺的位置，用卡块上的螺钉将其紧固。

3）调整基尺测量面与其他有关测量面之间的夹角。先松开锁紧装置上的螺母，移动尺身进行粗调整；再转动扇形板背面的微动装置进行精调整，使万能角度尺的两个测量面与零件的被测表面在全长上良好接触；最后拧紧锁紧装置上的螺母，取下万能角度尺进行读数。

① 测量 0~50° 的外角度。在Ⅰ型游标万能角度尺的直角尺和直尺全装上时，将零件的被测部位放在基尺测量面和直尺测量面之间，可测量 0~50° 的外角度，如图 2-80 所示。

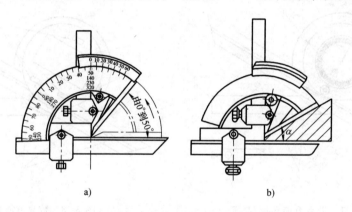

图 2-80　Ⅰ型游标万能角度尺测量 0~50° 的外角度
a）角度示意　b）测量应用

② 测量 50°~140° 的外角度。卸掉Ⅰ型游标万能角度尺的直角尺和卡块，仅安装直尺并使其与扇形板连在一起时，将零件的被测部位放在基尺测量面和直尺测量面之间，可测量 50°~140° 的外角度，如图 2-81a 所示。此外，卸掉直尺和卡块，仅安装直角尺并使其下移至短边和长边早先的交点与基尺的尖棱对齐时的位置，将零件的被测部位放在基尺测量面和直角尺短边的测量面之间进行测量，也可测量 50°~140° 的外角度，如图 2-81b 所示。

③ 测量 140°~230° 的外角度。卸掉Ⅰ型游标万能角度尺的直尺和卡块，仅安装直角尺并使其短边和长边的交点与基尺的尖棱对齐时，将零件的被测部位放在基尺测量面和直角尺短边的测量面之间，可测量 140°~230° 的外角度，如图 2-82 所示。

④ 测量 230°~320° 外角或 40°~130° 内角。卸掉Ⅰ型游标万能角度尺的直尺、直角尺和卡块，仅保留扇形板和带基尺的尺身时，将零件的被测部位放在基尺测量面和扇形板测量面之间，可测量 $\alpha=230°~320°$ 的外角或 $\beta=40°~130°$ 的内角，如图 2-83 所示。注意：在测量零件的内角 β 时，应从 360° 减去万能角度尺上读出的数值 A，即 $\beta=360°-A$。

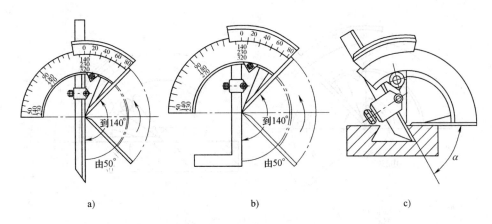

图 2-81　Ⅰ型游标万能角度尺测量 50°～140°的外角度
a）角度示意一　b）角度示意二　c）测量应用

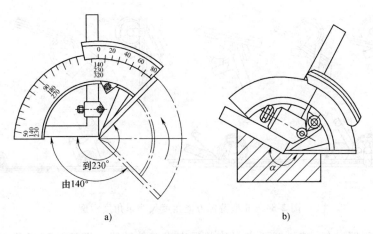

图 2-82　Ⅰ型游标万能角度尺测量 140°～230°的外角度
a）角度示意　b）测量应用

　　4）测量完毕，将Ⅰ型游标万能角度尺洗净、擦干、涂上防锈油后，装入存放盒内。

　　（3）Ⅱ型游标万能角度尺的使用方法　用Ⅱ型游标万能角度尺测量零件时，先将直尺插入卡块中，并用卡块上的螺母将直尺牢固地固定在尺身边缘的切面上；其次调整万能角度尺的角度至稍大于零件的被测角度后，将零件的被测部位放于基尺测量面和直尺测量面之间，使零件的一个被测表面与基尺测量面良好接触；再者利用微动轮，使直尺测量面与零件的另一个被测表面密贴；最后紧固锁紧装置并进行读数，即先从尺身和游标上分别读出"度"与"分"的数值，再将两次读数相加，即为被测零件的角度值（0°～360°）。此外，可将附加量尺固定在基尺上，以代替基尺进行适合角度的测量。Ⅱ型游标万能角度尺测量角度示例如图 2-84 所示。

2.6.2　中心规的作用

　　中心规有 55°、60°两种规格。使用中心规既可检验螺纹及螺纹车刀角度（见图 2-85），又可校正螺纹车刀的安装位置（见图 2-86），还可校验车床顶尖的准确性（见图 2-87）。例

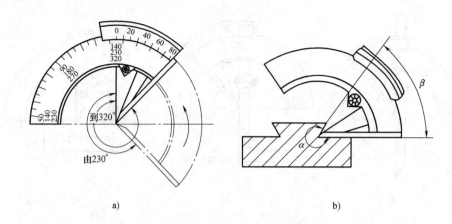

a) b)

图 2-83 Ⅰ型游标万能角度尺测量 230°~320°外角和 40°~130°内角

a）角度示意 b）测量应用

图 2-84 Ⅱ型游标万能角度尺测量角度示例

如：在车削普通螺纹时，其牙型要求对称并垂直于工件轴线，即两牙型半角相等，故螺纹车刀的安装务必使用中心规进行校正。

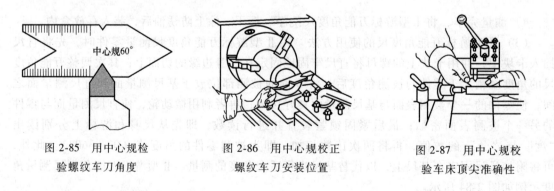

图 2-85 用中心规检
验螺纹车刀角度

图 2-86 用中心规校正
螺纹车刀安装位置

图 2-87 用中心规校
验车床顶尖准确性

2.7 水平仪角度测量实操详解

水平仪是一种测量小角度变化的常用量具。它既可测量机件相对于水平位置的倾斜角，也可测量设备安装时的平面度误差、直线度误差和垂直度误差，还可测量零件的微小倾角。常用的水平仪有条式水平仪、框式水平仪、合像水平仪和电子水平仪等。

2.7.1 条式水平仪实测水平度要点

条式水平仪是在地心引力作用下，其水准泡会朝水准器最高一侧移动并停留于最高侧，自水准器标尺上读出两端高低的差值。使用规格为 200mm 且分度值为 0.05mm/m 的条式水平仪（见图 2-88）测量 400mm 长的平面的水平度。

1）先把条式水平仪放于被测平面的左侧。假设此时的水准泡向右移动 2 格，即在被测量长度为 1m 时，理论上中间部位比左端高出 2 × 0.05mm/m × 1m = 0.10mm，因现场实际测量长度为 0.2m（即水平仪的工作面长度 $L = 200mm$），故实际上中间部位比左端高出 2×0.05mm/m×0.2m = 0.02mm。

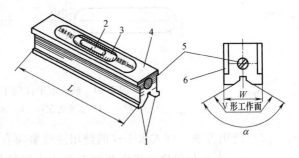

图 2-88 条式水平仪
1—底工作面 2—水准泡 3—水准器
4—主体 5—调整机构 6—隔热板

2）再把条式水平仪放于被测平面的右侧。假设此时的水准泡向左移动 3 格，即在被测量长度为 1m 时，理论上中间部位比右端高出 3×0.05mm/m×1m = 0.15mm，因现场实际测量长度为 0.2m，故实际上中间部位比右端高出 3×0.05mm/m×0.2m = 0.03mm。

3）两次测量表明，被测平面是中间高、两侧低的凸平面，中间比左端和右端分别高出 0.02mm、0.03mm，中间比左右两端高出的平均值为（0.02mm+0.03mm）÷2 = 0.025mm。

2.7.2 框式水平仪的读数与测量技巧

在地心引力的作用下，框式水平仪的主/副水准泡会朝弧形玻璃管的最高一侧移动并停留于最高处，据其移动的距离（格数），可直接或计算获知被测部位角度的变化。

（1）读数方法 框式水平仪的读数方法有两种，即直接读数法和平均读数法。

1）直接读数法：以水准泡两端的长标尺标记为零标记，水准泡相对零标记移动的格数作为读数值。图 2-89a 表示框式水平仪处于水平位置，水准泡两端位于长标尺标记上，读数为"0"。图 2-89b 表示框式水平仪逆时针方向倾斜一定角度，水准泡向右移动，图示读数为"+2"。图 2-89c 表示框式水平仪顺时针方向倾斜一定角度，水准泡向左移动，图示读数为"-3"。

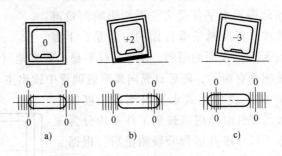

图 2-89 框式水平仪的直接读数法示意
a）水平位置 b）逆时针方向倾斜 c）顺时针方向倾斜

2）平均读数法：在环境温度变化较大的影响下，水准泡会变长或缩短，从而引起读数误差及测量的正确性。此时宜采用平均读数法读取测量值，也就是分别从左、右基准线起，向水准泡移动方向读至水准泡端点为止，随后取两次读数的平均值作为该次测量的读数值。图 2-90a 表示水准泡在较高的环境温度下变长而向左移动，自左基准线起向左读至水准泡左端点的读数为 "-3"，自右基准线起向左读至水准泡右端点的读数为 "-2"，取两次读数的平均值作为该次测量的读数值为 $[(-3)+(-2)]\div2=-2.5$ 格。图 2-90b 表示水准泡在较低的环境温度下缩短而向右移动，自左基准线起向右读至水准泡左端点的读数为 "+2"，自右基准线起向右读至水准泡右端点的读数为 "+1"，取两次读数的平均值作为该次测量的读数值为 $[(+2)+(+1)]\div2=+1.5$ 格。

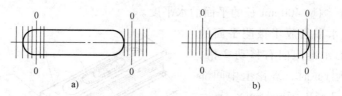

图 2-90　框式水平仪的平均读数法示意
a）水准泡左移　b）水准泡右移

（2）使用方法　框式水平仪的使用注意事项有如下几点：

1）框式水平仪的底工作面和侧 V 形工作面是几何精度测量的基准。测量前，要保证水平仪工作面和零件被测表面的清洁，防止脏污影响测量准确性。安放时，务必小心轻放，以免工作面划伤而损坏水平仪，并引起较大的测量误差。测量中，严禁水平仪的工作面与粗糙的零件被测表面接触或摩擦。

2）使用框式水平仪测量水平面时，在同一个测量位置上，应将水平仪调过相反的方向（即旋转 180°）再次测量；移动时，需将其自测量位置提起后旋转，严禁水平仪工作面与零件被测表面发生摩擦，如图 2-91 所示。

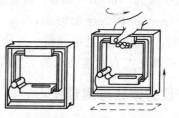

同一位置测量完后提起并旋转180°　　　原位未提起便旋转180°
a)　　　　　　　　　　　b)

图 2-91　框式水平仪测量水平面示意
a）正确测量　b）错误测量

3）使用框式水平仪测量垂直面时，不可手握侧 V 形工作面相对的侧工作面部位，用力向工件的被测垂直面推压，如此造成水平仪受力变形而影响测量准确性。正确测量垂直面的方法是：手握侧 V 形工作面的两侧，使水平仪平稳、垂直地（将副水准泡调整至中间位置）贴在工件的被测垂直面上，随后自纵向弧形玻璃管中读出主水准泡所移动的格数。

4）使用框式水平仪测量长度较大的工件时，应将被测工件平均分为若干尺寸段并进行分段测量后，根据各段的测量读数，绘制误差坐标图来确定其误差的最大格数。例如：在一台床身纵向导轨长度 $l_0 = 1600\mathrm{mm}$ 的卧式车床上，使用规格为 200mm（即工作面长度 L）且分度值 $i =$

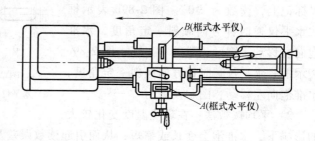

图 2-92　床身纵向导轨在垂直平面内的直线度检验

0.02mm/m的框式水平仪，检测床身纵向导轨在垂直平面内的直线度误差δ，如图2-92所示。

① 先将床身纵向导轨长度$l_0 = 1600$mm等分为8段，使每段导轨长度l等于该框式水平仪的工作面长度L，即$l = L = 200$mm。

② 将框式水平仪纵向放置在刀架上靠近前导轨的位置A处（见图2-92），从刀架处于主轴箱一侧的极限位置（0）起，自左向右分8段移动刀架，每次移动距离的增量$l = 200$mm，8段顺次移动的距离值（即分段测量的长度位置数）依次为200mm、400mm、…、1400mm、1600mm。

③ 对应记录刀架在每一测量长度位置时的水平仪读数：+1、+2、+1、0、-1、0、-1、-0.5格。

④ 根据这8个依次排列的水平仪读数，用适当的比例画出纵向导轨在垂直平面内的直线度误差曲线图（见图2-93）。作图时，横轴方向表示水平仪的逐段测量长度（即8段导轨长度），纵轴方向每1格表示水平仪的水准泡移动1格的数值；以刀架在极限起始位置的水平仪读数为起点，由坐标原点作一折线段，其后每次读数均以前一折线段的终点为起点，作出所有对应的折线段。各折线段组成的曲线，即为纵向导轨在垂直平面内的直线度误差曲线。

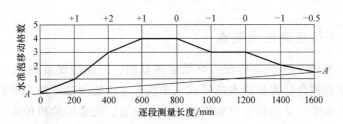

图2-93　纵向导轨在垂直平面内直线度误差曲线图

⑤ 直线度误差曲线的首尾（两端点）连线为$A—A$，则曲线相对其两端连线的最大纵坐标值即为导轨全长的直线度误差，曲线上任一局部测量长度内的两端点相对曲线两端点的连线坐标差值即为导轨局部的直线度误差。经由曲线的最高点作垂直于横轴（水平方向）的垂线与连线相交的那段距离n，就是导轨的直线度误差的格数。由图2-93看出，纵向导轨在全长范围内呈现为中间凸的状态，且凸起值的最大在导轨长度600~800mm处。

⑥ 将水平仪测量的水准泡移动格数换算为标准的直线度误差值δ，换算公式为$\delta = nil$。纵向导轨在全长范围内的直线度误差$\delta = 3.5 \times 0.02$mm/m$\times 200$mm$= 0.014$mm。

5）使用框式水平仪测量机床工作台面的平面度误差（见图2-94）时，先将工作台和床鞍分别置于其行程的中间位置，并在工作台面上放一桥板，其上放置框式水平仪；再分别沿图示各测量方向移动桥板，每隔桥板跨距d记录一次水平仪的读数。随后，通过工作台面上A、B、D三点建立基准平面，据水平仪的读数求出各测点处平面度的坐标值。平面度误差以任意300mm测量长度上的最大坐标值计算。

6）使用框式水平仪测量大型零件的垂直度误差（见图2-95a）时，先粗调零件的基准表面至水平状态，再分别在基准表面和被测表面上分段逐步测量并用类似图2-93所示的曲线图确定基准方位，最后求出被测表面相对于基准表面的垂直度误差。使用框式水平仪测量小型零件的垂直度误差（见图 2-95b）时，先将水平仪放在基准表面上，用直接读数法读出水准泡相对零标记移动的格数；再将水平仪的侧 V 形工作面紧贴竖直的被测表面，水准泡偏离第 1 次（基准表面）的读数值就是被测表面的垂直度误差。

7）框式水平仪使用完后，应均匀涂抹防锈油并妥善保管好。

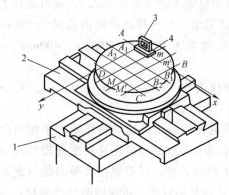

图 2-94　使用框式水平仪测量机床
工作台面的平面度误差

1—工作台　2—床鞍　3—框式水平仪　4—桥板

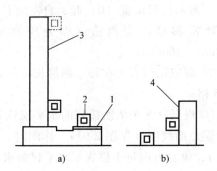

图 2-95　使用框式水平仪测量零件的垂直度误差
a）大型零件　b）小型零件

1—基准表面　2—框式水平仪　3、4—被测表面

2.7.3　合像水平仪正确使用要点

合像水平仪（见图 2-96）是具有一个基座测量面，以测微螺旋副相对基座测量面调整水准泡，并由光学原理合像读数的水准器式水平仪。它既能测量零件表面的直线度误差、平面度误差和同心度误差，又能找正设备安装的水平位置，还能检验机械零件的较小倾角。合像水平仪的使用方法如下：

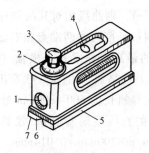
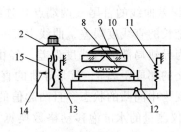

图 2-96　合像水平仪

1、4—观察窗　2—刻度盘　3—刻度盘旋钮　5—水平仪基座　6—V 形工作面　7—平工作面
8—水准器　9—放大镜　10—光学合像棱镜　11、13—弹簧　12—杠杆架　14—指针　15—测微螺杆

1）使用合像水平仪之前，先用无腐蚀性的汽油洗净其工作面上的防锈油，再用脱脂棉纱擦拭干净。在使用环境中须将水平仪置于平板上，以使测量温度与环境温度相同。

2）在合像水平仪的基座测量面处于水平位置时，水准器内气泡合像成光滑半圆弧的位置称为水平仪零位。零位示值为其示值范围的中点，如量程为 $0 \sim 10$ mm/m 与 $0 \sim 20$ mm/m 的合像水平仪的零位示值分别为 5mm/m 和 10mm/m。

3）使用合像水平仪时，将其平稳放置于零件的被测表面上，徒手转动刻度盘旋钮且目视图 2-96 中的观察窗 1，直至半气泡影像 A 和 B 完全重合（见图 2-97）并静止后，读取合像水平仪的测量值。

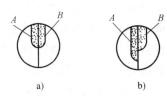

图 2-97 合像水平仪
半气泡影像示意
a）A、B 重合 b）A、B 不重合

① 读数时，先从图 2-96 中的观察窗 4 读出毫米的整数值，再从刻度盘上读出毫米的小数值，两次读数之和即为合像水平仪测量的被测零件表面在 1m 长度上的倾斜度。注意：刻度盘的旋向决定了读数的正与负，通常符号"+"和"-"会标记在刻度盘上。

② 在被测零件表面的长度 $L \leqslant 1\text{m}$ 时，合像水平仪测量的实际倾斜度 $\delta = iL|\delta_0|$，i 为合像水平仪的分度值，单位为 mm/m，δ_0 为合像水平仪上观察窗和圆刻度盘的读数之和。

4）合像水平仪使用完毕，须先将其工作面擦拭干净后，再涂以无水无酸的防锈油，并覆盖防潮纸装入盒中，置于清洁干燥处保管。

5）应用示例。

① 使用合像水平仪测量水平位置下零件表面的倾斜度时，若水平仪的分度值 $i = 0.01\text{mm/m}$，零件被测表面的长度 $L = 166\text{mm}$，合像水平仪刻度盘读数 $\delta_0 = 7$，则被测表面在 L 上的实际倾斜度 $\delta = iL|\delta_0| = \dfrac{0.01\text{mm}}{1000\text{m}} \times 166\text{mm} \times 7 = 11.62\mu\text{m}$。

② 使用合像水平仪测量平板或导轨等件的平面度误差时，第 1 次测量得到的实际值为 δ_1，第 2 次测量得到的实际值为 δ_2，则两次测量得到的实际值 δ_1 与 δ_2 之差的绝对值 N 就是被测件的平面度误差，即 $N = \dfrac{|\delta_1 - \delta_2|}{2}$。

2.7.4 电子水平仪实测技巧精析

电子水平仪是具有一个基座测量面，并以电容摆或电感摆的平衡原理来测量被测面相对于水平面的微小倾角的一种小角度测量器具，其测量值通过指针式指示装置或数显式指示装置给定。它既可用来测量相对水平面的倾斜角度，也可用来测量两部件的平行度误差、导轨的直线度和工作平面的平面度误差。电子水平仪的使用方法如下：

1）使用电子水平仪之前，务必进行温度平衡，即在其工作环境内放置 1h 以上。在使用过程中，若要经常变换工作环境，则要预留出足够长的温度平衡时间。假若仅检测数字显示式电子水平仪的绝对零点，则不需要温度平衡，但要执行绝对零点标定操作。

2）对于高精度的受检工件，所在地基要坚固，不得存在振动等影响因素。

3）使用过程中，电子水平仪要轻拿轻放，避免传感器等高灵敏度的敏感元件受到剧烈振动。

4）在数字显示式电子水平仪所显示的数字超过其规定的测量范围时，显示数据会闪烁，此时可通过相对零位测量（量程扩展）方法使其正常工作。

5）电子水平仪不可在灰尘较多的环境下使用，不可存放于潮湿的环境内。电子水平仪的底工作面要注意防锈，若长时间不使用，则应在其底座上涂抹防锈油，并用油纸包裹。

6）使用电子水平仪调整工作面的水平度（见图 2-98）时，先将被测工作面调整至大致水平位置，再将电子水平仪放于被测工作面上，执行绝对零点标定操作成功后，电子水平仪当前显示的数值即为被测平面的倾斜角度。随后，调整被测工作面至电子水平仪在图中两处的读数均为 0，则工作面被调整至水平位置。若要获取更高的水平精度，可在当前工作面上重新执行绝对零点标定操作。

7）使用电子水平仪检测工作面的直线度误差时，一般采用"节距法"进行（见图2-99）。也就是，先用桥板对被测截面的实际线进行分段，再用电子水平仪读取前、后两点测量线相对于测量基准的倾斜角度或高度差，通过数据处理而求出直线度误差。直线度误差的数据处理方法有图解法、旋转法和计算法等，实际使用中可灵活选用。

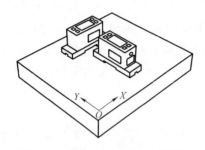

图 2-98　用电子水平仪调整工作面水平度

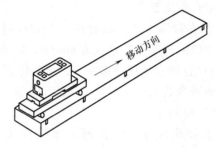

图 2-99　用电子水平仪检测工作面直线度误差

8）使用电子水平仪检测工作面的平面度误差时，先按被检工作面选定合适的桥板跨距，再将桥板放于被检工作面各截面的一端，电子水平仪放置在桥板上，依次将桥板沿直线从工作面一端移动至另一端（每次移动桥板的原则为首尾衔接），获取水平仪在各截面每个位置的读数。最后，根据评定原则进行数据处理，求出被检工作面的平面度误差。注意：平面度误差数据处理的繁简程度及其所得误差值的准确度，与测量时的布线、布点方式（米字型或网格型）及误差有关。按米字型布点方式检测工作面的平面度误差如图2-100所示。

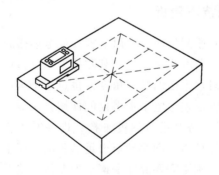

图 2-100　按米字型布点方式检测工作面的平面度误差

第3章

数控维修的仪器仪表操作实战

维修人员在安装、调试和维修各种供配电电路、电气设备时，都离不开各种仪器仪表。常用的仪器仪表有万用表、钳形电流表、绝缘电阻表（兆欧表）、示波器、光栅尺检测仪等。

3.1 两种万用表测量实操详解

万用表是一种多功能、多量程的便携式电工测量仪表，主要有指针式万用表（见图3-1）和数字式万用表两类。其中，指针式万用表适用于测量强电回路的电压、电流和电阻等，可判断二极管、三极管、晶闸管和电解电容等元件的好坏以及测量集成电路引脚的静态电阻值等；数字式万用表为直接读数，用来测量电压、电流、电阻、三极管放大倍数和电容，同时可用其蜂鸣器档测量电路的通断，以判定印制电路的走向。

图 3-1 MF-47C 型指针式万用表
1—表笔插孔 2—晶体管插孔 3—读数装置（表头） 4—机械调零旋钮
5—欧姆调零旋钮 6—档位旋钮

3.1.1 指针式万用表的测量技巧

（1）使用前的检查与调整 使用指针式万用表测量前，应进行如下检查与调整：

1）指针式万用表的外观应完好无损，在其轻轻摇晃时，指针应摆动自如。旋动档位旋钮，应切换灵活无卡阻，且档位准确。

2）在测量前，先检查红、黑表笔插接的位置是否正确。红表笔接红色接线柱或插在标有"+"的插孔内，黑表笔接黑色接线柱或插在标有"-"的插孔内。若红、黑表笔反接，则在检测直流电时正负极反接，指针反转并损坏表头部件。

3）在红、黑表笔接至被测电路前，务必查看所选档位与测量对象是否相符，避免档位和量程的误用造成无法获取测量结果，甚至损坏万用表。

4）水平放置指针式万用表，转动表头下方的机械调零旋钮，使指针对准弧线刻线左边的零位线，避免读数出现较大的误差。

5）测量电阻前，需经由欧姆调零旋钮实施调零操作（每换档 1 次均应进行调零操作）。调零操作时，先将档位旋钮扳至欧姆档适合位置，再使红、黑表笔短接，转动欧姆调零旋钮，使指针对准欧姆刻线右边的零位线（见图 3-2）。若指针始终不能指向零位线，则应更换万用表的后备电池。

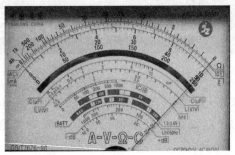

图 3-2 欧姆调零操作示意

（2）万用表使用方法口诀

1）先水平放置万用表，并机械调零。

2）根据测量参数要求，插入红、黑表笔，黑表笔接入 COM 公用端，红表笔接入 +、2500V、10A 或 mA 插孔。

3）选择档位及量程（电压、电流或电阻等）。每选择 1 次欧姆档时，均应进行欧姆调零操作。

4）将万用表红、黑表笔连接于被测电路中，注意串联或并联、直流参数的极性等。

5）根据选择的档位及量程读取数值。

6）测量完毕，将档位旋钮扳至交流电压最大档、空档或 OFF 档。若长时间不用，应取出内部电池。

（3）电阻测量的关键步骤

1）断开被测电路的电源及连接导线。若所测电阻位于通电状态的电路中，带电测量会造成万用表的损坏，在路测量会影响测量结果的准确性。因此，被测电阻所处电路务必断电，并使之与其他元器件的连接导线断开，即被测电阻不能存在并联支路。

2）档位及量程的选择。先粗略估计所测电阻的阻值，再选择合适的量程。若不能估计被测电阻的值，一般将档位旋钮扳至 ×100Ω 或 ×1kΩ 的位置初测后，观察指针是否停在欧姆刻度线中心值附近：若是，则表示档位合适，指针太靠零表示档位需要减小，指针太靠无穷大（∞）表示档位需要增大。

3）正确测量电阻。将量程选定且欧姆调零完毕的指针式万用表的红、黑表笔分别紧密接触被测电阻的两端，双手不可同时触及表笔的金属部分及电阻被测端，以免引入的人体电阻造成较大的测量误差。

4）正确读数并计算出实测值（见图 3-3）。将视力专注于电阻刻度上，直接使用欧姆标度读出指针所指的数，根据量程值"心算"并与单位 Ω 结合后，得出被测电阻的阻值 R，R = 指针无视差读数 × 电阻档量程。

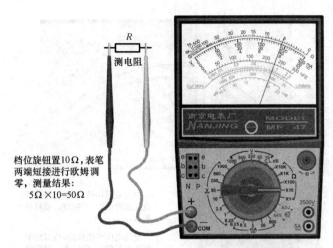

图 3-3　用指针式万用表正确测量电阻的示例

（4）电压测量的关键步骤

1）正确选择档位。测量交流电压时，应将档位旋钮扳至相应的交流电压档（ACV）；测量直流电压时，应将档位旋钮扳至相应的直流电压档（DCV）。

2）合理选择量程。若已知被测交流（直流）电压的数值，则可根据被测数值选择合适的交流（直流）电压量程，并使量程略高于电路中可能出现的最高交流（直流）电压。若被测交流（直流）电压无法估计，可先选择交流（直流）电压量程的最高档进行评测，再视指针的偏摆情况进行调整——根据所测交流（直流）电压的大小选择合适的电压量程进行测量。

3）安全地测量电压。

① 测量交流电压时，红、黑表笔可在不区分正负的情况下，分别接触被测电压的两端，使万用表并联于被测电路两端。

② 测量直流电压时，不仅要将万用表并联于被测电路两端，还要注意正、负极性，即将红（黑）表笔接至被测直流电压的正极（负极）。若不知被测电压的极性，可先将档位旋钮置于直流电压的量程的最高档位进行点测，观察指针的偏转方向以确定极性。点测直流电压时，表笔应迅速地轻触被测电路，以防严重过载的表头将反偏指针打弯。

③ 被测交流（直流）电压在 1000～2500V 时，可将红表笔插入万用表右下侧的 2500V 量程扩展孔进行测量。此时，将档位旋钮扳至交流（直流）电压 1000V 档，操作者戴绝缘手套并站在绝缘垫上。

4）测量电压时，红、黑表笔应与带电体保持安全的间距，手不得触及表笔的金属部分及电压被测端。测量过程中如需转换量程，必须在表笔离开电路后才能进行，否则扳动档位旋钮产生的电弧易烧坏旋钮的触点，引发接触不良故障。

5）正确读数并计算出实测值。将视力专注于交流（直流）电压刻度上，直接使用对应标度（见图 3-4）读出指针所指的数，根据量程值"心算"并与单位 V 结合后，得出被测交流电压值 U（直流电压值 $\overline{U}$），U=指针无视差读数×交流电压档量程，$\overline{u}$=指针无视差读数×直流电压档量程。用指针式万用表正确测量直流电压的示例如图 3-5 所示。

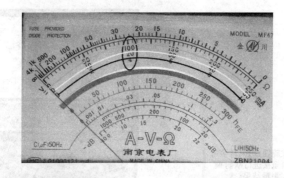

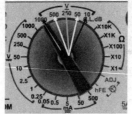

交流电压10档和100档对应于电压刻度的0~10标度，量程分别为1.0、10.0

交流电压50档和500档对应于电压刻度的0~50标度，量程分别为1.0、10.0

交流电压250档对应于电压刻度的0~250标度，量程为1.0

图 3-4　交流电压档位与电压标度的对应关系

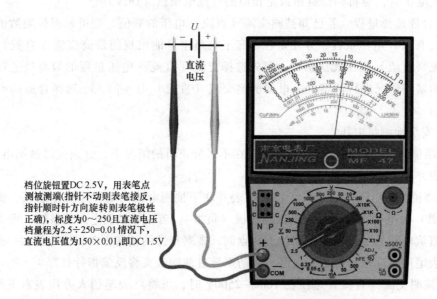

档位旋钮置DC 2.5V，用表笔点测被测端(指针不动则表笔接反，指针顺时针方向旋转则表笔极性正确)，标度为0~250且直流电压档量程为2.5÷250=0.01情况下，直流电压值为150×0.01，即DC 1.5V

图 3-5　用指针式万用表正确测量直流电压的示例

（5）电流测量的关键步骤

1）断开被测电路的电源及单侧连接线，将指针式万用表串联于被测电路中。串联时，务必区分正负极性，即红表笔接电路正极性端，黑表笔接电路负极性端，不可接反，否则指针反向偏转。

2）档位及量程的选择。若已知被测电流的范围，则可将档位旋钮扳至略大于被测电流值的电流档位（DCmA）。若不知被测电流的范围，则可选择电流量程的最大档进行点测后，根据指针的偏转选择合适的量程。

3）被测电流在 500mA~5A 时，可将红表笔插入万用表右下侧的 5A 量程扩展孔中进行测量。此时，应将档位旋钮扳至 500mA 档。

3.1.2　数字式万用表的测量技巧

数字式万用表具有测量精度高、显示直观、功能齐全、过载能力强、便于操作和携带等优点，现已成为电工测量仪表的主流。数字式万用表的使用方法如下：

（1）交、直流电压的测量步骤

1）将万用表的黑表笔插入 COM 插孔内，红表笔插入 V 插孔内。交、直流电压测量示意如图 3-6 所示。

2）将档位旋钮扳至 V≈电压测量档，按 SELECT 选择所需测量的交流电压 V~ 或直流电压 V ⎓；随后，将红、黑表笔并联至待测电源或负载上。此外，有的万用表直接经由档位旋钮选择交流电压或直流电压，并经 200mV、2V、20V、200V、750V 或 1000V 档设置量程。

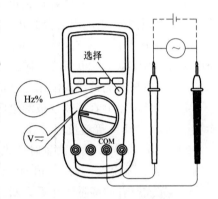

图 3-6　交、直流电压测量示意

3）自显示器上直接读取被测电压值。若屏显符号"−"，则表示红表笔测量的直流电压为负极性，应调换表笔，将其接至高电位。若屏显符号"0L"等，则表示被测电压超出档位量程，应将选定的电压量程调高。

4）某些数字式万用表可读取交流电压的在线频率值或占空比，前提是按下前面板的"Hz%"键。

5）完成交、直流电压测量后，断开表笔与被测电源或负载的连接。

（2）交、直流电流的测量步骤

1）将万用表的黑表笔插入 COM 插孔内，红表笔插入 μA、mA 或 A 插孔内。交、直流电流测量示意如图 3-7 所示。

2）将档位旋钮扳至电流测量档 μA、mA 或 A，按 SELECT 选择所需测量的交流或直流电流量程；随后，在关断待测回路电源的基础上，将红、黑表笔串联至待测回路中。此外，有的万用表直接经由档位旋钮选择交流电流或直流电流及彼此的适合量程——2mA、20mA、200mA 或 10A 等。

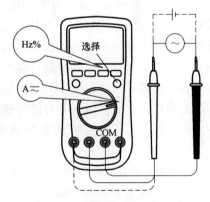

图 3-7　交、直流电流测量示意

3）自显示器上直接读取被测电流值。若屏显符号"−"，则表示红表笔测量的直流电流为负极性，应调换表笔，将其接至高电位。若屏显符号"0L"等，则表示被测电流超出档位量程，应将选定的电流量程调高。

4）某些数字式万用表可读取交流电流的在线频率值或占空比，前提是按下前面板的"Hz%"键。

5）完成交、直流电流测量后，先切断被测电流源，再断开表笔与被测电路的连接。此操作在大电流测量时尤为重要。

（3）电阻的测量步骤

1）将万用表的黑表笔插入 COM 插孔内，红表笔插入 Ω 插孔内。两表笔短接后，电阻值不小于 0.5Ω 时，应检查表笔是否松脱或存在其他异常。

2）旋动档位旋钮至欧姆档的合适位置——200Ω、2kΩ、2MΩ 或 20MΩ 等。

3）将红、黑表笔并联在被测电阻的两端（不得带电测量）。若被测电阻为散装带引脚电阻或贴片电阻，则配用适合的转接插头座进行测量更为方便。在线测量电阻时，应在测量前切断被测电路内的所有电源，并放尽所有电容器的残余电荷，以保证测量操作的安全和正确。测量 1MΩ 以上的电阻时，需持续接触几秒后，读数才会稳定（高电阻值测量的正常现象），选用较短的测试线或配用适合的转接插头座，读数稳定效果更佳。

4）自显示器上直接读取被测电阻值。在被测电阻开路或阻值超过仪表最大量程时，显示器会显示"OL"等超量程符号。

5）采用 200MΩ 量程测量时，先将红黑表笔短路，若其读数不为零（即固定偏移值），则测量时的实际读数 = 显示数值 - 固定偏移值。

6）完成所有的测量操作后，断开表笔与被测电路的连接。

（4）电路通断的测量步骤

1）将万用表的黑表笔插入 COM 插孔内，红表笔插入 Ω 插孔内。电路通断测量示意如图 3-8 所示。

2）旋动档位旋钮至电路通断测量档"•))"。

3）将红、黑表笔并联在被测电路负载的两端。若被测两端间的电阻值小于 10Ω，则认为电路良好导通，蜂鸣器连续声响；若被测两端间的电阻值大约超过 35Ω，则认为电路断路，蜂鸣器不发声。当检查在线电路通断时，应在测量前切断被测电路内的所有电源，并放尽所有电容器的残余电荷。

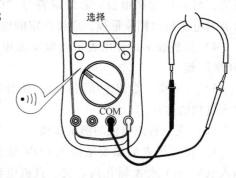

图 3-8　电路通断测量示意

4）自显示器上直接读取被测电路负载的电阻值。

5）完成所有的测量操作后，断开表笔与被测电路的连接。

（5）二极管的测量步骤

1）将万用表的黑表笔插入 COM 插孔内，红表笔插入 Ω 插孔内。红表笔极性为"+"，黑表笔极性为"−"。二极管测量示意如图 3-9 所示。

2）旋动档位旋钮至二极管测量档"▷⊢"。

3）将红表笔接至被测二极管的正极，黑表笔接至二极管的负极。若被测二极管为散装带引脚二极管或贴片二极管，则配用适合的转接插头座进行测量更为方便。当检查在线二极管时，应在测量前切断被测电路内的所有电源，并放尽所有电容器的残余电荷。

4）自显示器上直接读取被测二极管的近似正向 PN 结电压值。若屏显"OL"等超量程符号，则表示被测二极管开路（测试开路电压约为 2.8V）或极性反接不可导通；若屏显

"000"，则表示二极管正向状态下短路；若屏显近似正向 PN 结电压值 0.5~0.8V，则表示硅 PN 结正常；若屏显近似正向 PN 结电压值 0.2~0.3V，则表示锗 PN 结正常。

5）完成所有的测量操作后，断开表笔与被测二极管的连接。

（6）三极管 h_{FE} 的测量步骤　先旋动档位旋钮至三极管测量档"h_{FE}"；再按被测三极管的类型 NPN 或 PNP，将其 B、C、E 极插入相应的插孔中；随后，自显示器上直接读取数值，即为被测三极管的 h_{FE} 近似值。

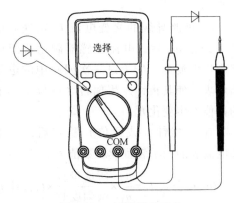

图 3-9　二极管测量示意

（7）电容的测量步骤　先将万用表的黑表笔插入 COM 插孔内，红表笔插入┤├插孔内；再旋动档位旋钮至电容档的合适位置——20nF、$2\mu F$、$200\mu F^{\ominus}$；随后，自显示器上直接读取数值 A。由于仪表的电容档位选定后，显示器会显示一个固定读数 B——仪表内部固定的分布电容值，故被测电容值 $=A-B$，方可保证测量精度。注意：测试前，务必将电容全部放尽残余电荷后再输入仪表进行测量，这一点对于高压电容尤为重要。

3.2　钳形电流表测量交/直流电流技巧

钳形电流表简称钳形表（见图 3-10），是一种将开合的磁路套在载流导体上测量电流值的手持工具型多功能测量仪表，它可在不断开回路的情况下进行被测电路的电流在线测量。

1. 钳形电流表使用方法

钳形电流表在不断开回路的情况下在线测量交/直流大电流的使用方法如下：

1）测量前，根据被测电流的种类和电压等级，正确选择钳形电流表。若测量高压线路的电流，则应选用与其电压等级相符的高压钳形电流表。若测量直流电流，则应选用交直流两用钳形电流表。

2）选中钳形电流表后，要在测量前检查其外观情况，查看钳口闭合及指示装置等是否正常。若指针式钳形电流表的指针不在零位，则应进行机械调零。

3）使用钳形电流表测量电流的正确步骤：

① 根据被测电流的大小选择合适的量程，所选量程要稍大于被测电流的数值。若无法估计被测电流的大小，则应先从最大量程开始测量，逐步向小量程变换。

② 右手握紧开合手柄，使可开合钳口张开后，将单根被测导线自铁心缺口引入至铁心中央。

③ 释放开合手柄，使可开合钳口自动紧密闭合。若有明显噪声或指针（数字）大幅度振动（变化），可将钳口重新开合几次，或转动手柄以改变当前测量角度至被测导线与铁心

　　⊖　电容单位换算关系：1F = 1000mF，1mF = 1000μF，1μF = 1000nF，1nF = 1000pF。

垂直。

④ 被测导线的交变电流 I_1 在铁心中产生磁通 ϕ_2 后,电流互感器副边绕组中感应出电流 I_2。I_2 流过二次回路中的电流指示表,使其指针发生偏转(或显示屏上的数值发生变化)。

⑤ 待指针(或数值)稳定后,经钳形电流表的指示装置读取数值 I_2。

⑥ 按公式 $I_1 = \dfrac{n_2}{n_1} \times \dfrac{\text{所选量程}}{\text{满刻度数}} \times I_2$,计算被测导线的电流值 I_1。其中,n_1 为一次线圈匝数,即被测导线在铁心上缠绕的圈数;n_2 为电流互感器二次线圈匝数。

⑦ 当用最小量程测量的电流读数不明显时,可将被测导线在钳形电流表的铁心上缠绕几圈,圈数 $n_1 \geq 2$ 且不可超过钳口中央的匝数。此时的实际电流值应为钳形电流表的读数除以圈数 n_1。

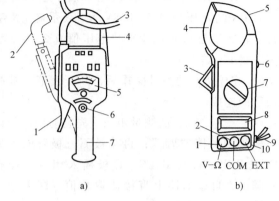

图 3-10 钳形电流表
a)指针式钳形表
1—开合手柄 2—可开合钳口 3—被测导线 4—钳形铁心
5—指针式指示装置 6—量程选择开关 7—手柄
b)数字式钳形表
1—电压电阻输入插孔 2—公共地插孔
3—开合手柄(钳口扳机) 4—固定钳口 5—活动钳口
6—保持开关 7—量程选择开关 8—电子显示装置
9—手提带 10—绝缘测试附件插孔

4)测量完毕,使可开合钳口张开,将被测导线退出,量程选择转换开关置于电流最大量程处。

2. 钳形电流表使用注意事项

在不断开线路的情况下,用钳形电流表在线测量交/直流电流时,务必注意以下事项,以免发生测量失准、仪表损坏,甚至伤亡事故。

(1)测量之前的注意事项

1)测量前,严格按电压等级和被测电流的种类,正确选择钳形电流表。测量高压(低压)线路的电流时,选用与其电压等级相符的高压(低压)钳形电流表,以防绝缘击穿和人身触电。

2)选中钳形电流表后,要在测量前检查其外观是否良好,绝缘无破损,手柄清洁干燥,钳口清洁无锈蚀,钳口闭合后没有明显的缝隙。调整指针式钳形电流表的指针至零位。

3)钳入被测导线前,要估计被测电流的大小以选择合适的量程,使所选量程稍大于被测电流值。若无法估计被测电流的大小,则应先从最大量程开始测量,逐步向小量程变换。严禁用小量程测量导线的大电流。

4)测量者务必戴好绝缘手套或干净的线手套,有时还要系好安全带。

5)测量低压可熔保险器或水平排列的低压母线电流之前,用绝缘材料将可熔保险器或母线隔离保护,以免测量时引起相间短路。

(2)测量过程中的注意事项

1)测量者务必注意身体各部分与带电体保持一安全距离(0.4m),以免发生触电事故。

2）测量中不得切换钳形电流表的量程档位，以免产生高压电伤人和设备损坏事故。切换量程档位时，应先将被测导线从钳口中退出。

3）测量中注意钳口是否夹紧，以防钳口不紧造成读数不准。

4）被测导线尽量位于钳口的中央，并垂直于钳口，以提高测量精度。

5）钳形电流表每次测量仅可钳入一根导线。

6）钳形电流表一般不测量裸导线的电流，必须测量时，应注意防止相间短路。

7）在配电箱等较小空间内测量时，要防止钳口的张开引发相间短路。

8）在低压架空线路上测量时，测量者应戴好绝缘手套、系好安全带，做到一人工作、一人监护。当电缆有一相接地时，严禁测量，以防电缆头的绝缘水平低引发对地击穿爆炸而危及人身安全。

9）在高压回路上测量时，禁止用导线从钳形电流表另接其他仪表，严禁使用低压钳形电流表，各相电缆头的间距要在 300mm 以上。测量应由两人操作，测量者要戴好绝缘手套并站在绝缘垫上，不得触及其他设备，以防短路或接地。

10）若用最小量程测量的电流读数不明显，则可将被测导线在钳形电流表的铁心上缠绕几圈，圈数 $n_1 \geqslant 2$ 且不可超过钳口中央的匝数。此时的实际电流值应为钳形电流表的读数除以圈数 n_1。

（3）测量完毕的注意事项

1）测量完毕，应将量程选择转换开关置于电流最大量程处，以防下次使用时，因疏忽大意而造成仪表的意外损坏。

2）测量完毕，将钳形电流表保存于干燥的室内。

3）钳形电流表应按照 JJF 1075—2015《钳形电流表校准规范》定期检验，严禁使用不合格的仪表。

3.3　两种绝缘电阻表的选择与使用技巧

绝缘电阻表又称兆欧表、绝缘电阻测试仪，是一种测量大电阻值——兆欧姆（MΩ）或吉欧姆（GΩ）的便携式仪表，专门用来检测变压器、电动机、电缆、供电线路、电气设备和绝缘材料的绝缘电阻。它的外部有三个接线端子/柱，较大的 L 端子为线路端子（又称相线），用以连接被测绝缘电阻 Rx 的导体部分；较大的 E 端子为接地端子，用以连接被测绝缘电阻 Rx 的外壳或大地；较小的 G 端子为屏蔽端子（又称保护环），用以连接被测对象的屏蔽环（如电缆壳芯之间的绝缘层上）或不需测量的部分。绝缘电阻表的分类见表 3-1。

1. 绝缘电阻表选择原则

被测电气设备和线路的工作电压、工作环境和湿度不尽相同，使得它们对绝缘程度的高低要求也不相同。因此，务必按额定电压等级和测量范围来选择合适的绝缘电阻表，以使被测绝缘电阻值在表的测量范围内。

（1）额定电压等级的选择　绝缘电阻表的额定电压等级一定要与被测电气设备或线路的工作电压相适应，但不可超过被测对象的绝缘承受能力。一般情况下，测量额定电压在500V 以下的设备或线路（如普通线圈和发电机线圈）的绝缘电阻时，可选择 500~1000V 的

表 3-1　绝缘电阻表的分类

序号	分类依据	普通绝缘电阻表(摇表)	电子式绝缘电阻表
1	额定电压	50V,100V,250V,500V,1000V,2000V,2500V,5000V,10000V	
2	测量范围上限电阻值	50MΩ、100MΩ、200MΩ、250MΩ、500MΩ、1000MΩ、2000MΩ、5000MΩ、10000MΩ、50000MΩ、100000MΩ	10MΩ、20MΩ、50MΩ、100MΩ、200MΩ、500MΩ、1000MΩ、2000MΩ、2500MΩ、5000MΩ 10GΩ、20GΩ、50GΩ、100GΩ、200GΩ、500GΩ、1000GΩ
3	准确度等级	1,1.5*,2,2.5*,3*,5,10,20 (优先采用不带*的等级指数)	0.2,0.5,1.0,2.0,5.0,10.0,20.0
4	标称使用范围 (工作范围)	—	Ⅱ组和Ⅲ组,1级、2级和3级
5	供电电源	内附手摇发电机供电	化学电源供电(如干电池)或交流电网供电
6	测量机构的 工作原理	磁电系电流表或磁电系比率表	磁电系电流表或数字式万用表
7	被测量的输出 或显示(指示) 的表示形式	指针式	模拟式和数字式
8	执行标准	JB/T 9290—1999,JJG 622—1997	DL/T 845.1—2004,JJG 1005—2005

注：电阻值单位间的换算关系 $1T\Omega = 10^3 G\Omega$，$1G\Omega = 10^3 M\Omega$，$1M\Omega = 10^3 k\Omega$，$1k\Omega = 10^3 \Omega$。

绝缘电阻表；测量额定电压在 500V 以上的设备或线路（如变压器和电动机线圈）的绝缘电阻时，可选择 1000~2500V 的绝缘电阻表；测量瓷瓶、高压电缆和刀闸的绝缘电阻时，可选择 2500~5000V 的绝缘电阻表。

（2）测量范围的选择　绝缘电阻表的测量范围（上限电阻值）一定要大于被测绝缘电阻的电阻值，以免引起较大的测量误差。一般情况下，测量低压电气设备或线路的绝缘电阻时，可选择 0~200MΩ 的绝缘电阻表；测量高压电气设备或线路的绝缘电阻时，可选择 0~2000MΩ 的绝缘电阻表。此外，某些起始刻度值或显示值不为零（约 1MΩ）的绝缘电阻表，不能用来测量处于潮湿环境中的低压电气设备的绝缘电阻，其原因是小于 1MΩ 的被测绝缘电阻值会造成绝缘电阻表无法读数或读数不准确。

2. 绝缘电阻表使用方法

（1）绝缘电阻表在使用前的检查

1）对已选好的绝缘电阻表进行外观检查。

①普通绝缘电阻表的零部件完整，无松动，无裂缝，无明显残缺或污损。在倾斜或轻摇仪表时，内部没有撞击声。对有机械调零器的绝缘电阻表，在向左右两方向转动机械调零器时，指示器转动灵活，左右对称，指针不弯曲，与标度盘表面的距离适当。

②电子式绝缘电阻表的外表整洁美观，无变形、缩痕、裂纹、划痕、剥落、锈蚀、油污、变色等缺陷，文字、标志等清晰无误（如计量单位和数字、计量器具制造许可证标志和编号、准确度等级等）。相关零部件装配正确，牢固可靠。控制调节机构和指示装置运行平稳，无阻滞和抖动现象。模拟显示的指针表的表罩无色透明，无妨碍和影响读数的缺陷、

现象和损伤；刻度盘平整光洁，各标志清晰可辨；指针指示端的长度至少能覆盖刻度线的1/4。数字显示的数码显示部分无重叠和缺划现象，并正常显示超量程。

2）绝缘电阻表在测量前的开路和短路试验（又称校表），用以判定绝缘电阻表是否完好。

① 测量前的开路试验（见图 3-11）。在绝缘电阻表未连接被测绝缘电阻之前，即测量端子 L 和 E 开路的情况下，将绝缘电阻表放置在适当的水平位置，摇动手柄使发电机达到额定转速（或接通电源），完好状态的普通绝缘电阻表与模拟显示型电子式绝缘电阻表的指针均应指在标

图 3-11　绝缘电阻表的开路试验

度尺"∞"位置，且不会偏离标度线中心位置±1mm；完好状态的数字显示型电子式绝缘电阻表在 1min 内开路电压（即开路状态下 L、E 间的端电压）的最大值与最小值的差不大于额定电压的±5%。带有无穷大调节旋钮的绝缘电阻表，应能调节至"∞"分度线且有余量。

若普通绝缘电阻表与模拟显示型电子式绝缘电阻表的指针不能达到"∞"位置，则说明测试引线绝缘不良或绝缘电阻表自身受潮，可用干燥清洁的软布，擦拭端子 L 和 E 间的绝缘，必要时将绝缘表放置于绝缘垫上；若还达不到"∞"位置，则应更换测试引线。

② 测量前的短路试验（见图 3-12）。在绝缘电阻表未连接被测绝缘电阻之前，将其测量端子 L 和 E 短接，摇动手柄使发电机达到额定转速（或接通电源），完好状态的普通绝缘电阻表与模拟显示型电子式绝缘电阻表的指针均应指在标度尺"0"位置，且不会偏离标度线中心位置±1mm；完好状态的数字显示型电子式绝缘电阻表使用准确度不低于 1.5 级的直流电流表所检测的输出短路电流（即短路状态下接地端子 E 的输出电流）不小于 0.1mA、0.2mA、0.3mA、0.5mA、0.6mA、0.8mA、1mA、1.2mA、1.5mA、2mA、

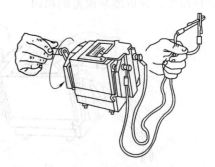

图 3-12　绝缘电阻表的短路试验

2.5mA、3mA、4mA、5mA、8mA、10mA 序列中的一确定值。晶体管型绝缘电阻表无须进行短路试验。

若普通绝缘电阻表与模拟显示型电子式绝缘电阻表的指针不能达到"0"位置，则说明测试引线未接好或绝缘电阻表有问题。

（2）绝缘电阻表实施测量的步骤

1）绝缘电阻表实施测量之前，务必先切断被测电气设备或线路的电源，对接线部位进行清洁处理。大电感和电容性设备在断电后，必须对地充分放电才能测量。

2）用绝缘电阻表测量绝缘电阻时，一般仅通过绝缘良好的多股软线分开连接线路端子 L 和接地端子 E，但在测量电缆对地的绝缘电阻或被测设备的漏电流较大时，屏蔽端子 G 必须连接屏蔽层或外壳。测量照明或电力线路对地的绝缘电阻时，端子 E 接地，端子 L 与被测线路相连，如图 3-13a 所示；测量电动机的绝缘电阻时，端子 E 接机壳，端子 L 接电动机的绕组，如图 3-13b 所示；测量电缆的线芯和外壳的绝缘电阻时，端子 E 接外壳，端子 L 接

线芯，端子 G 接中间的绝缘层，如图 3-13c 所示。

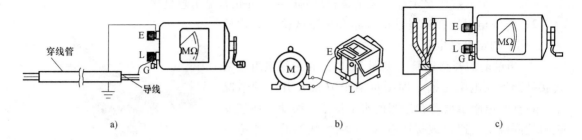

图 3-13　绝缘电阻表的正确接线示意

a）测量照明或电力线路对地的绝缘电阻　b）测量电动机的绝缘电阻　c）测量电缆线芯和外壳的绝缘电阻

3）水平放置绝缘电阻表后，摇动发电机手柄，使普通绝缘电阻表在额定转速下持续测量 1min，以等待指针偏转稳定（见图 3-14）。测量过程中，若发现指针指在标度尺"0"位置，应停止转动手柄，以防普通绝缘电阻表内部线圈过热而烧毁。电子式绝缘电阻表需在接通电源后持续测量 1min，以等待指针偏转或数字显示稳定。

4）待指针偏转或数字显示稳定（一般为 1min，见图 3-14b）后，读取被测电气设备或线路的绝缘电阻值；同时记录测量时的温度、湿度、被测对象现状等，以便比较不同时间的测量结果，分析测量误差的原因。

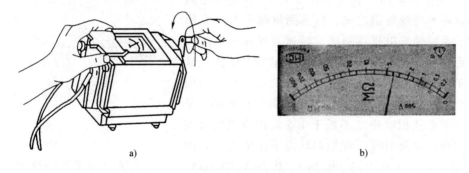

图 3-14　普通绝缘电阻表的摇测和读数

a）匀速摇动绝缘电阻表　b）测量结果显示

（3）绝缘电阻表测量完毕的操作

1）测量完毕后，按相关要求退出测量。普通绝缘电阻表要先将 L 端子引线与被测对象的测试极断开，再停止手柄转动，以防被测对象的电容对绝缘电阻表反充电。

2）对被测对象进行对地放电后，方可徒手拆除其他测量引线（原则是按有电作业处理）。

3）用绝缘电阻表对已检测过的被测对象进行再次测量时，被测对象务必对地放电后，方可接线并实施测量。

3. 绝缘电阻表测量应用示例

使用绝缘电阻表测量 1kV 以下电力电缆的线芯和外壳的绝缘电阻，过程大致如下：

1）运行中的电力电缆要先停电再验电，以免断电错误造成被测电缆仍然带电。

2）对已退出运行（断电后）的电力电缆按逐根线芯对地放电。电缆越长，放电时间越长，直至看不见火花或听不到放电声为止。

3）拆除电力电缆两端的电气设备或其他相连线路。

4）测量 U 相对 V、W、N 三相及外皮的绝缘电阻时，先将 V、W、N 三相线芯用裸导线封接并与电缆外壳连接；再将绝缘电阻表的端子 L 连接电缆的 U 相线芯（测量前先不连接，但用绝缘杆将其挑起），端子 E 连接电缆外壳，端子 G 连接电缆的 U 相绝缘皮。正确接线示意如图 3-13c 所示。

5）两人共同操作完成 U 相对 V、W、N 三相及外皮的绝缘电阻的测量。一人操作绝缘电阻表，另一人经绝缘杆将 L 端测试引线搭接在 U 相线芯上。待指针偏转或数字显示稳定后，读取测量结果并记录。测量结束，先将 L 端测试引线自 U 相线芯上拆下，再停止绝缘电阻表，随后 U 相线芯对地放电，最后拆除其他测量引线。

6）按上述方法，依次测量 V 相对 U、W、N 三相及外皮的绝缘电阻，W 相对 U、V、N 三相及外皮的绝缘电阻，N 相对 U、V、W 三相及外皮的绝缘电阻。

4．绝缘电阻表注意事项

正确使用绝缘电阻表，既能避免仪表的非正常损坏或烧毁，又能保证被测电气设备或线路的正常状态，还能确保测量者的人身安全。正确使用绝缘电阻表的注意事项如下：

1）正确选择绝缘电阻表。所选绝缘电阻表的额定电压等级应与被测电气设备或线路的耐压水平相适应，以免测量中击穿被测对象的绝缘防护。

2）严禁带电测量电气设备、双回路架空线路或母线的绝缘电阻，以免引发触电事故和仪表烧毁。当一路架空线带电时，禁止测量另一路的绝缘电阻，以防高压感应电危害人身和仪表的安全。同时，杜绝雷电天气在已停电的高压线路上测量绝缘电阻。

3）绝缘电阻表实施测量时，务必遵照"断电→放电→接线→测量→读数→放电→拆线"的步骤进行。普通绝缘电阻表应按照"先摇动后搭接，先撤掉后停摇"的原则进行测量。测量电感性或电容性设备，既要在测量之前放电处理，又要在测量结束后充分放电再拆线。

4）绝缘电阻表与被测对象间的连接导线应采用绝缘良好的多股铜芯软线，不可采用双股绝缘线或绞线；连接导线要分开独立连接，不得缠绕在一起，以免影响测试结果的准确性。

5）在带电设备附近测量绝缘电阻时，测量者和绝缘电阻表的位置必须选择适当，保持与周围带电体的安全距离，并远离大电流导体和强磁场。移动测试引线时要注意监护，测量者不得触碰裸露的接线端或被测对象的金属部分，以防触电。实施测量时，以两人共同操作为最佳。

6）摇测电容器、电力电缆、大容量变压器和电机等容性设备时，普通绝缘电阻表须工作在额定转速状态下，方可将测试引线接触或离开被测对象，以免容性设备放电而损坏仪表。也就是，预先持续摇动一段时间，让普通绝缘电阻表对容性负载充电；待指针稳定后，读取测量结果；测量完毕后，先去除搭接引线再停止摇动。

7）测量过程中，若发现指针指在标度尺"0"位置，则说明被测对象的绝缘层可能被击穿而短路，此时应立即停止摇动手柄。

8）一般情况下，在绝缘电阻表没有停止转动或被测设备/线路没有放电之前，严禁用手触及被测对象或绝缘电阻表的测量端子以及进行导线拆除工作。

9）除记录被测设备或线路的绝缘电阻值外，还应记录测量时的温度、湿度、被测对象现状等，以便比较不同时间的测量结果，分析产生测量误差的原因。

10）绝缘电阻表要定期检验其准确度，至少做到每年检验一次。普通绝缘电阻表遵照 JJG 622—1997《绝缘电阻表（兆欧表）检定规程》检验，电子式绝缘电阻表遵照 JJG 1005—2005《电子式绝缘电阻表检定规程》检验。

11）采用化学供电或交流供电的绝缘电阻表，除遵照上述的相关注意事项外，还应在测试完毕后，及时关闭高压并切断工作电源；读数完毕后，先按下按钮关断高压（高压指示熄灭），再将功能选择开关置于档位 ON，以关闭电源；测量高绝缘电阻时，应在被测设备两测量端间的表面套上一个导体保护环。

3.4　三种接地电阻表的测量操作技巧

接地电阻表又称接地电阻测试仪，它是一种用于测量接地导体和大地之间电阻的仪表，主要用来直接测量各种接地装置的接地电阻和土壤电阻率。按电源供电方式的不同，可将接地电阻表细分为手摇发电机供电式和电池供电式；按显示装置的不同，可将其细分为指针式和数字式；按测量方式的不同，可将其细分为打地桩式和钳式；按其工作原理的不同，可将其细分为基准电压比较式和基准电流、电压降式。目前，采取手摇发电机供电的传统型指针式接地电阻表（见图 3-15）仅有少量应用，采取电池供电的新型数字式接地电阻表（见图 3-16）正被大量使用，而在电力和电信等系统中应用较多的是数字式钳形接地电阻表（见图 3-17）。

图 3-15　传统型指针式接地电阻表

1—电位器刻度盘　2—接线柱
3—检流计　4—摇柄　5—外壳
6—倍率旋钮

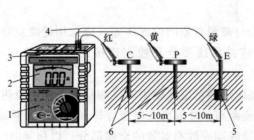

图 3-16　数字式接地电阻表

1—功能键区　2—指示装置
3—外壳　4—测试引线
5—被测接地导体　6—辅助接地探测针

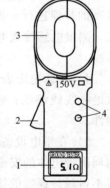

图 3-17　数字式钳形
接地电阻表

1—液晶显示屏　2—扳机
3—钳口　4—功能键

1. 接地电阻表使用方法

（1）指针式接地电阻表的使用方法

1）测量前，先将接地电阻表放置于水平位置，再经调整器调零，以使检流计指针指在中心红线。

2）取出探测针和测试引线，按图 3-18 所示正确接线，保证 E′、P′、C′ 的间隔距离符合要求。

3）将档位旋钮旋至最大档位（×10 档），逐渐加快发电机摇柄的转速至额定转速。在检流计指针向某一方向偏转时，旋动测量标度盘（即电位器），使检流计指针稳定地恢复至零点位置。此时，被测接地导体的接地电阻值＝测量标度盘读数×档位倍数。

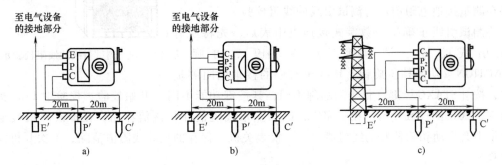

图 3-18　指针式接地电阻表的接线示意

a）仪表有三个接线柱的接线　b）仪表有四个接线柱的接线　c）仪表测量小电阻的接线

4）如果测量标度盘的读数小于 1，则应将档位旋钮置于较小的档位，直至将检流计指针调至完全平衡后，重新进行测量。

5）在被测接地导体的接地电阻小于 1Ω 时，推荐采用四个接线柱的接地电阻表进行接地电阻测量，以消除引线电阻和接触电阻的影响。测量时，应去掉接线柱 C_2 和 P_2 间的短接片，并分别用测试引线接至被测导体上，保证 P_2 靠近接地电极 E' 侧，如图 3-18c 所示。

6）测量完毕，将探测针拔出，擦净泥土，涂抹防锈油后装袋收藏。同时，接地电阻表的档位旋钮置于最大档位，并整理好随表的测试引线。

（2）数字式接地电阻表的使用方法

1）仪表的开关机。旋转［FUNCTION］功能档位旋钮，使数字式接地电阻表开机，旋钮指示"OFF"位置为关机。有的数字式接地电阻表经由［ON］、［OFF］功能键对应实现仪表的开机和关机，有的数字式接地电阻表具有自动关机功能，即仪表在某功能下持续开机且一段时间内没有任何操作，则会自动关机，以节省电池电量。

2）电池电压检查。仪表开机后，若 LCD 显示电池电压低符号（如 █╋ 或 ▢ 等），表示电池电量不足，请按随表说明书及时更换电池，以免影响测量精度。

3）接地探测针的插入和连接。按图 3-16 所示，先将被测接地导体 5 和辅助接地探测针 6 顺次埋入大地，三者成一条直线且依次间隔 5～10m；再将仪表接地测试引线（绿、黄、红）自仪表的 E、P、C 接口开始，对应连接至被测接地电极 E、辅助电位极 P 和辅助电流极 C 上。

4）接地电压测量。在接地探测针和测试引线连接好后，旋动［FUNCTION］功能档位旋钮，切换至"EAXGH VOLTAGE"接地电压档，LCD 显示对地电压值（该值必须处在仪表测量范围内，以免损坏仪表）。一般情况下，测量接地电压仅连接 E、P 接口的对应测试线即可。

在测量接地电阻时，务必先确认对地电压值在 10V 以下，若此电压值高于 10V，则接地电阻的测量值可能会产生误差。此时，应先将被测接地导体的设备断电，待其接地电压下降后，再进行接地电阻的测量。

5）测试引线的线阻校验。为了提高现场测量接地电阻的精密性和稳定性、避免测试引线长时间使用后线阻变化引起的误差、避免测试引线未完全插入仪表接口或接触不良引起的误差以及避免更换或加长测试引线引起的误差，务必在测量接地电阻前进行测试引线的线阻校验。

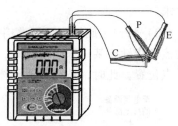

图 3-19　测试引线的线阻校验示意

待测试引线正确接至数字式接地电阻表后，先将所有测试引线的另一端短接（见图 3-19），再旋动〔FUNCTION〕功能档位旋钮，切换至对应的接地电阻测量档位，按〔STAXG〕键（仪表的品牌不同，其按键功能不同）开始校验。校验中 LED 指示灯闪烁，LCD 倒计数显示。校验完毕，LCD 显示线阻值并将该值存储，在本次开机接地电阻测量中会自动扣除校验的线阻值。一旦仪表关机，保存的校验线阻值清除，下次开机需重新校验。

6）接地电阻的精密测量。在确认测试引线和接地探测针正确连接后，旋动〔FUNCTION〕功能档位旋钮，切换至 "2000Ω" 档位，按〔STAXG〕键开始接地电阻的测量。测量中 LED 指示灯闪烁，LCD 倒计数显示。测量完成后，LED 指示灯熄灭，LCD 显示接地电阻的测量值。若显示值过小，则依次切换〔FUNCTION〕钮至 "200Ω" 和 "20Ω" 档位，以选择最合适的测量档位。按〔MODE〕键查看本次接地电阻测量中的最大值、最小值和平均值，按〔CLR〕键清除当前测量值。

7）测量完毕，将探测针拔出，擦净泥土，涂抹防锈油后装袋收藏。同时，旋转〔FUNCTION〕钮至 "OFF" 位置以关机，并整理好随表的测试引线。

（3）数字式钳形接地电阻表的使用方法

1）仪表开机。先扣压扳机 1～2 次，确保钳口闭合良好；再按〔POWER〕键进入仪表开机状态。

2）开机自检。仪表开机后，先是自动测试 LCD，其符号全部显示（见图 3-20a）；随后开始自检，自检过程中依次显示 CAL6、CAL5、…、CAL0 和 0LΩ 等符号（见图 3-20b）；在出现符号 0LΩ 后，自检完成并自动进入接地电阻测量模式（见图 3-20c）。注：仪表的品牌不同，其开机自检不同。

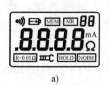
a)

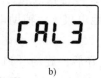
b)

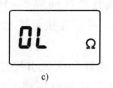
c)

图 3-20　ETCR2000 型钳形接地电阻表的开机自检

a）自测 LCD 并全显　b）自检过程中　c）自检后的测量模式

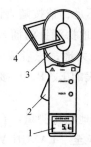

图 3-21　测试环检验钳形接地电阻表

1—LCD　2—扳机　3—钳口　4—测试环

3）电阻测量。仪表开机自检完毕，LCD 显示符号 0LΩ，即可进行接地电阻的测量。此时，扣压仪表的扳机，打开钳口后钳住待测回路，自 LCD 上读取接地电阻值。必要时，可先用图 3-21 所示的随机测试环，在 20℃ 环境中检验一下仪表，其显示值应与测试环的标称值一致（如 5.1Ω）。在接地电阻测量中，仪表显示符号 0LΩ（见图 3-20c），表示被测接地电阻超出了上量限；仪表显示符号 ⅢⅭ 等（见图 3-22a），表示钳口处于张开状态，其原因可能为人为扣压扳机或钳口已严重污染而不能继续测量；仪表显示符号 L0.01Ω（见图 3-22b），表示被测接地电阻超出了下量限。仪表在 HOLD（数据锁定）状态（见图 3-22c）下，要先按［HOLD］键退出 HOLD 状态，才能继续测量。

图 3-22　钳形接地电阻表测量中显示的符号

a）钳口张开状态　b）超出下量限　c）数据锁定状态　d）正常测量显示状态

① 多点接地系统中接地电阻的测量。对多点接地系统（如输电系统杆塔接地、通信电缆接地系统或某些建筑物等），它们通过架空地线（通信电缆的屏蔽层）连接后，组成了图 3-23 所示的接地系统。使用钳形接地电阻表测量时的等效电路如图 3-24 所示，图中 R_0 为所有其他杆塔的接地电阻并联后的等效电阻，R_x 为预测的接地电阻。钳形接地电阻表测量所显示的数值 R_T 应包括被测接地电阻 R_x 在内的整个回路的电阻，即 $R_T = R_0 + R_x$。通常，从工程的角度假设 $R_0 = 0$ 以使 $R_T \approx R_x$，这是因为每一个杆塔的接地半球相比杆塔之间的距离要小很多以及接地点的数量很大，使得 $R_0 \ll R_x$。这一假设已多次在不同环境、不同场合下，通过与传统的方法对比试验后，证明是合理的。

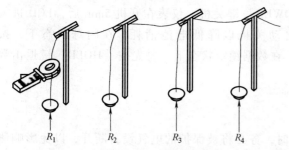

图 3-23　多点接地系统中接地电阻的测量

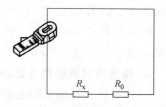

图 3-24　使用钳形接地电阻表测量时的等效电路

② 单点接地系统中接地电阻的测量。从测试原理来说，钳形接地电阻表仅能测量回路电阻，无法检测单点接地系统的接地电阻。此时，应通过一根测试引线及接地系统附近的 1~2 接地极，人为制造一回路后再进行测试。

a. 两点法测量单点接地系统中接地电阻。如图 3-25 所示，先在被测接地导体 R_A 附近找一个独立的接地较好的接地导体 R_B（如临近的自来水管或建筑物等）；再将 R_A 和 R_B 用一根测试引线连接起来。钳形接地电阻表测量所显示的数值 R_T 是两个接地电阻（R_A 和 R_B）与测试引线阻值 R_L 的串联值，即 $R_T = R_A + R_B + R_L$，式中 R_L 应在测试引线头尾相连后用钳形接地电阻表测得。

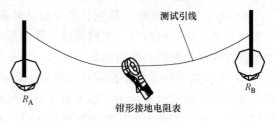

图 3-25　单点接地系统中接地电阻的两点法测量

b. 三点法测量单点接地系统中接地电阻。如图 3-26 所示，在被测接地导体 R_A 附近找到两个独立的接地导体 R_B 和 R_C 后，先将 R_A 和 R_B 用一根测试引线连接起来，用钳形接地电阻表测得第 1 个数据 R_1；再将 R_B 和 R_C 用一根测试引线连接起来，用钳形接地电阻表测得第 2 个数据 R_2；随后将 R_C 和 R_A 用一根测试引线连接起来，用钳形接地电阻表测得第 3 个数据 R_3。在这三步连线测量中，每一步所测的读数均是两个接地电阻的串联值，即 $R_1 = R_A + R_B$，$R_2 = R_B + R_C$，$R_3 = R_C + R_A$。综合这三个等式，可计算出每个接地电阻值：$R_A = \dfrac{R_1 + R_3 - R_2}{2}$、$R_B = \dfrac{R_2 + R_1 - R_3}{2}$、$R_C = \dfrac{R_3 + R_2 - R_1}{2}$。为方便公式的记忆，可将三个接地导体看作一个三角形，则被测电阻值等于邻边电阻之和减去对边电阻后除以 2。

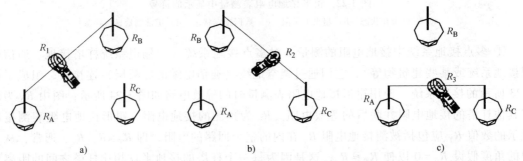

图 3-26　单点接地系统中接地电阻的三点法测量
a) 连接 R_A 和 R_B　b) 连接 R_B 和 R_C　c) 连接 R_C 和 R_A

4）仪表关机。仪表在开机后，按［POWER］键关机。仪表在开机 5min 后，LCD 进入闪烁状态；闪烁状态持续 30s 后，仪表自动关机以降低电池消耗。在闪烁状态下，按［POWER］键可延时关机，仪表继续工作。在数据锁定状态下，要先按［HOLD］键退出数据锁定状态，再按［POWER］键关机。

2. 接地电阻表使用注意事项

（1）指针式接地电阻表的注意事项

1）测量电气设备保护接地的接地电阻时，务必将被保护的电气设备断开，以免影响测量准确性。

2）被测物表面擦拭干净，不得有污物（如油漆等），以免造成测量数据不准确。

3）接地电阻表要放置在测试点 1~3m 处，放置应平稳，便于操作。

4）接地电阻表上每个接线柱必须接触良好，连接测试引线要牢固。

5）测量时，辅助电流极 C 要注入较大的电流，故电流回路须有较大的导线截面，同时 C 处应设有专人监护，以免引发触电事故。

6）电流探测针和电位探测针要分别设置在距离被测接地导体 40m 与 20m 的位置，若用一直线连接这两个探测针，被测接地导体应基本在此直线上。若以接地电阻表为圆心，则两个探测针与接地电阻表之间的最小夹角不得小于 120°，也不可同方向设置。

7）电流探测针和电位探测针设置的土质必须坚实，不可设在泥地、回填土、树根旁或草丛等处，并在雨后连续多个晴天后进行接地电阻的测试。在遇到混凝土路面致使探测针无法打入时，既可用冲击电钻装上长柄钻头后，在混凝土路面上钻削两个孔，以插入探测针；也可采用平铺两块钢板（250mm×250mm）替代探测针的方法进行测量。在测量地区的土壤为两层结构，即有两种不同的土壤电阻率时，可适当加大电流探测针的距离。

8）测量过程中，在缓慢转动接地电阻表的摇柄时，若检流计指针自中间的 0 平衡点迅速向右偏转，则说明倍率旋钮（原量程档位）选择过大，可将档位旋至×1 档；若偏转方向继续向右偏转，可将档位旋至×0.1 档。若检流计指针自中间的 0 平衡点缓慢向左偏转，则说明测量标度盘（电位器）所处阻值小于实际接地电阻值，此时可缓慢逆时针方向旋转标度盘，以调大仪表电阻指示值。若检流计指针跳动不定，则说明两个探测针设置的地面土质不密实或某个接头的连接点不良，应重新检查两个探测针设置的地面或各处接头。

9）接地电阻表要保存于周围空气温度为 0～40℃ 且相对湿度不超过 85% 的地方，空气中不得含有腐蚀性气体。

10）接地电阻表要参照 JJG 366—2004《接地电阻表检定规程》定期检验其准确度，至少做到每年检验一次。

（2）数字式接地电阻表的注意事项

1）在胶壳破裂、探测针断开、金属件外露等非正常情况下，严禁进行接地电阻的测试工作。同时，严禁接触正在测量的回路。

2）仪表外壳的清洁：酒精、稀释液等对外壳尤其是视窗有腐蚀作用，故清洁外壳时用少量水轻轻擦拭即可。

3）数字式接地电阻表不能存放于可能被水溅湿或有高度灰尘的地方、含有高浓度盐或硫黄的空气中、带有其他气体或化学物质的空气中、高温高湿度（40℃，90%RH 以上）或阳光直射的地方。

4）数字式接地电阻表的 LCD 显示"0L"或"----"，表示接地电阻值超出上量限，可能原因有所选仪表的量程太小、探测针的电阻值太大、测试引线连接异常或探测针未可靠接地等。

5）测量接地电压时，不可向测试端施加超过 220V 的电压，以免仪表烧毁。

6）测量接地电阻时，接地电极 E 和电流极 C 之间会产生最高约 50V 的电压，对人存在电击隐患。

7）测量接地电阻时，务必先确认对地电压值在 10V 以下，若此电压值高于 10V，则接地电阻的测量值可能会产生误差。此时，应先将被测接地导体的设备断电，待其接地电压下降后，再进行接地电阻的测量。

8）电流探测针（C）和电位探测针（P）应插入潮湿的泥土中，以降低辅助接地电阻值，进而减小指示误差。遇干燥泥土、砂地、碎石地时，须加水以保持辅助探测针插入处潮湿；遇水泥地时，将辅助探测针平放加水，并将湿毛巾等覆盖于探测针上再测量。

9）测量接地电阻时，测试引线不可缠绕在一起，应将测试引线分开后再测量。

10）数字式接地电阻表的最大工作误差 B 是额定工作条件下，由使用仪表存在的固有误差 A 和变动误差 E_i 计算得出的，其计算公式为 $B=\pm(|A|+1.15\sqrt{E_1^2+E_2^2+E_3^2+E_4^2+E_5^2+E_6^2+E_7^2})$。式中，$E_1$ 是改变位置引起的误差，E_2 是改变供电电压引起的误差，E_3 是温度改变引起的误差，E_4 是串联介质的改变引起的误差，E_5 是探测针和辅助地接头电阻改变引起的误差，E_6 是系统频率变化引起的误差，E_7 是系统电压变化引起的误差。

11）接地电阻表要参照 JJG 366—2004《接地电阻表检定规程》定期检验其准确度，至少做到每年检验一次。

（3）数字式钳形接地电阻表的使用注意事项

1）测量前外观检查。钳形接地电阻表的外壳或铭牌上要有以下主要标志：产品名称、型号、制造厂名称或商标、出厂编号、测量范围、计量器具制造许可证标志，其外壳要完好，钳头张合灵活无阻滞，钳口清洁无锈蚀且两端面接触良好。

2）测量前通电检查。钳形接地电阻表的供电电源、显示器、自检功能和开关能够正常工作。

3）钳形接地电阻表在开机自检过程中，不能扣压扳机，不能张开钳口，不能钳任何导线。自检过程中，要保持钳表的自然静止状态，不能翻转钳表，不能对钳口施加外力，否则不能保证测量准确度。自检过程中，若钳口钳绕了导体回路，测量结果会不准确，应去除导体回路重新开机。若开机自检后，LCD 未出现符号 0LΩ 而显示一个较大阻值（如 680Ω），但用测试环检测时，仍能给出正确结果，这说明仪表仅在测大阻值（如 100Ω 以上）时有较大误差，而在测小阻值时仍保持原有准确度。

4）用钳形接地电阻表与传统的电压电流法进行对比测试时，可能会出现较大的差异。此时，应考虑传统的电压电流法测试时是否解扣——把被测接地导体自接地系统中分离出来，若未解扣，则测量的接地电阻值是所有接地导体接地电阻的并联值；若解扣，则测得接地电阻值仅是接地导体电阻。然而，钳形接地电阻表测量的是每条接地支路的综合电阻，它包括所测支路至公共接地线的接触电阻、引线电阻和接地导体电阻。

5）测量点的选择。钳形接地电阻表在某些接地系统中（见图 3-27），应选择一个正确的测量点进行测量，否则会得到不同的测量结果。在 A 点测量时，所测支路未形成回路，仪表显示符号 0LΩ（即被测接地电阻超出了上量限），应更换测量点。在 B 点测量时，所测支路为金属导体形成的回路，仪表显示符号 L0.01Ω（即被测接地电阻超出了下量限）或金属回路的电阻值，应更换测量点。在 C 点测量时，所测的是该支路下的接地电阻值，为正确测量点。

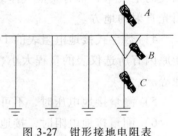

图 3-27 钳形接地电阻表
测量点的选择

6）钳形接地电阻表要参照 JJG 1054—2009《钳形接地电阻仪检定规程》定期检验其准确度，至少做到每年检验一次。

3.5 示波器及探头测量实操详解

示波器是形象地显示信号幅度随时间变化的波形显示仪器，是一种综合的信号特性测试仪。它既能观测信号的波形，也能测量信号的电压、电流、频率、相位差和失真度等，还具有很多其他的功能。因此，正确掌握示波器的使用，能够为设备调试和维修工作带来高效率。

3.5.1 示波器探头的选用技巧

在构成示波器的器件中，探头（探极）是将被测电压信号⊖按照一定的规律连接至示波

⊖ 电流、光或声音等被测信号需要通过相应的传感器转换为电压信号。

器输入端的一种独立的输入部件，其实质是在一个测试点或信号源与一台示波器之间进行物理和电路的传输线式连接。彼此连接的充分程度由物理连接、对电路操作的影响和信号的传递三个关键因素决定。

1. 探头的分类

示波器的探头有很多种类型，它们各有不同的特性，以适应各种不同工作的需要。按测量的信号类型，可分为电压探头、电流探头、逻辑探头和其他探头等，如图 3-28 所示。按是否包含有源器件，可分为无源探头和有源探头，前者不含有源器件且无须外部供电即可正常工作，后者包含有源器件且需要外部供电方可正常工作。通常，有源探头的输入电容和输入电阻均较小，可以减小对被测电路的干扰，达到较宽的测量带宽。

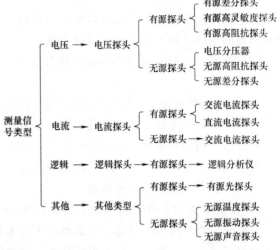

图 3-28　示波器探头的信号类型

2. 探头的恰当选择

探头是连接被测电路和示波器输入端的重要媒介，它对示波器的准确测量至关重要。测量者只有选择与示波器和被测电路均良好匹配的探头，才能全面利用示波器的测量功能，使探头对被测电路的影响达到最小，从而使观测的波形保持足够的信号保真度。理想的探头既要做到连接简单和便利，以满足各种各样的应用和物理连接的需要，又要做到在给定的操作带宽内可将信号无失真地传送至示波器输入端；既要最大限度地减小负载信号源的载入量，以期做到负载零信号源，又要在小信号测量时做到完全的噪声抗干扰性。

（1）探头选择应遵守示波器制造商的探头建议　这是因为不同的示波器具有不同的带宽、上升时间、灵敏度和输入阻抗等性能参数。为避免猜测性的工作，最好选择附件清单中包括的可广泛选择的探头及适配器。在遇到新的测量要求时，一定要与示波器制造商核对新推出的、可能扩展示波器功能的探头。

（2）探头选择应考虑测量需要（即评估待探测的信号类型）　被测信号的类型可划分为电压信号、电流信号、逻辑信号和其他信号。测量者只有选择适合信号类型的探头，才能更快地获得直接测量结果。

1）电压信号和电流信号。电压信号是电子器件测量中最经常遇到的信号类型，所以电压传感探头是最常用的示波器探头类型。此外，由于示波器在输入上要求电压信号，故其他类型的示波器探头在本质上是把传感到的现象转换成相应电压信号的传感器，其常见实例是电流探头将电流信号转换成电压信号后，在示波器上查看波形数据。

2）逻辑信号。逻辑信号实际上是特殊类型的电压信号。虽可使用标准电压探头查看逻辑信号，但更常见的是查看特定的逻辑事件，即先把逻辑探头设为规定的逻辑组合，再触发至示波器显示屏上。

3）其他信号。除电压信号、电流信号和逻辑信号外，测量者还会遇到其他信号类型，如光源、机械源、热源、声源和其他来源发出的信号。此时，可使用各种变频器把这些待测信号转换成相应的电压信号，再经适合探头传送至示波器上，以进行波形显示和数据测量。

（3）探头选择应考虑测量的信号幅度　被测信号必须位于示波器的动态范围内，若不在，则需选择动态范围可调节的探头。一般来说，这通过使用衰减因数为10×或更高的探头进行信号衰减来实现。对于大多数的通用用途，首选衰减因数为10×的电压探头，因为它们具有最高的电压范围及较少的信号源负载。

（4）探头选择应保证探头尖端上的带宽（或上升时间）超过计划测量的信号频率（或上升时间）

1）信号频率成分。任何类型的信号都有频率成分。DC信号频率为0Hz；纯正弦曲线拥有单一的频率，频率值为正弦曲线周期的倒数；所有其他信号均包含多个频率，频率值取决于信号波形。例如，对称方波的基础频率（f_0）是方波周期的倒数，其谐波频率是基础频率的奇数倍（$3f_0$、$5f_0$、$7f_0$……）。基础频率是波形的基础，谐波频率与基础频率相结合，增加了结构细节，如波形转换和拐角。

2）探头带宽和上升时间限制。为使探头把信号传送至示波器并保持足够的信号保真度，探头必须具有足够的带宽，以最小的干扰来传送信号的主要频率成分。因此，在方波和其他周期信号中，一般规定探头带宽必须比被测信号的基础频率高3~5倍（即常说的带宽5倍规则），进而在不衰减其相对幅度基础上，准确地传送信号的基础频率和前几个谐波。类似的，示波器系统的上升时间[注]应比被测信号的上升时间快3~5倍。探头输入带宽B_W（单位为MHz）与上升时间T_r（单位为ns）的转换关系为$T_r \approx 0.35/B_W$或$T_r \approx 350/B_W$。

（5）探头选择应考虑可能导致的信号负荷并尽量使用高电阻、低电容的探头

1）信号负荷阻抗。探头阻抗（输入电阻）与信号源阻抗相结合，产生新的信号负荷阻抗。它在一定程度上会影响信号幅度和信号上升时间。对于大多数测试，为使负荷阻抗减至最小（甚至为零），衰减因数1×的探头通常内阻为1MΩ，衰减因数10×的探头典型内阻为10MΩ。在探头阻抗明显高于信号源阻抗时，探头对信号幅度的影响可忽略不计。

2）电容阻抗。探头尖端电容又称输入电容，它影响着信号的上升时间展宽。这是由于把探头的输入电容自10%提高至90%所需的时间t_r导致的，其公式为$t_r = 2.2R_S C_p$（R_S为示波器的分压电阻，即输入阻抗；C_p为探头自身的寄生电容）。

3）探头指标。输入电容和输入电阻是探头的典型指标，通常高阻抗低电容的探头是最佳选择。在脉冲上升时间的测量中，输入电容比输入电阻起到更重要的角色，最小的输入电容会降低上升时间的测量误差。在脉冲幅度的测量中，较高的输入电阻将会更精确。在正弦波幅度的测量中，输入电阻受到频率的影响。使用尽可能短且直的接地线或使用ECB/探头尖适配器来降低接地线的感应。

（6）探头选择应考虑信号测试点的位置和形状　期望目标是选择最适合特定应用的探头规格、形状和附件，以便迅速、简便、牢固地把探头连接至测试点上，并保证可靠地测量。在要求探头恰好接触到测试点上并由示波器观察信号时，适宜采用针式探头尖端。在要求探头必须连接测试点并由示波器监测信号，同时进行各种电路调节时，适宜采用可收缩的挂钩式探头尖端。在探测连接器针脚、电阻器引线和背板时，适宜采用标准规格的探头和附件。在探测表面封装电路时，适宜采用配有专业附件的小型探头。

⊖　对于有源探头，示波器系统上升时间^2=示波器上升时间^2+探头上升时间^2。对于无源探头，此公式不适用。

综上所述，对任何的给定应用，仅有"合适的"示波器/探头组合选项，它们首先取决于界定的信号测量要求：信号类型（电压、电流或光接口等）、信号频率成分（带宽问题）、信号上升时间、信号源阻抗（电阻和电容）、信号幅度（最大值和最小值）、测试点形状（带引线的器件与表面封装等）。

3. 探头使用及注意事项

（1）正确连接和断开探头 将待测信号正确接入示波器是测试工作的第一步。正确使用探头，既可避免造成人身伤害，也可防止损坏测试设备或连接至测试设备上的任何产品。

1）先把探头连接至示波器上，再将探头连接到任何测试点。在接至测试点之前，还应使探头正确接地，即探头接地线仅可连接到接地端，如图3-29所示。

2）在从被测电路上断开探头时，先从电路中拔下探头尖端（即探钩），再断开地线。

3）除探头尖端和探头连接器中心导线外，探头上可以接触的所有金属（包括接地夹）均要连接至连接器外壳上。

（2）相关注意事项

1）测试者的手或身体任何其他部位均不得接触暴露的电路或器件，以防发生触电危险。

2）测试者不应在没有保护盖或保护外壳的情况下使用示波器和探头，不应在潮湿的环境中使用示波器和探头，不应在爆炸性的空气⊖中使用示波器和探头，不应在示波器或探头存在电子/物理问题时继续使用（资质人员定检后方可使用）。

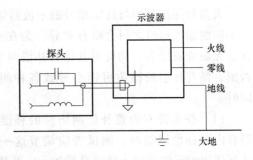

图3-29 示波器、探头与地线相连接示意

3）探头与被测电路连接时，探头接地线务必与被测电路的地线相连。否则，在悬浮状态下，示波器与其他设备或大地间的电位差可能导致触电或损坏测试设备。

4）探头尖端和接地夹的连接方式一定要保证其不会意外碰上或碰到被测电路的其他部分。

5）探头应尽量避免RF熔固。在存在RF功率时，共振和电抗效应可能会把小电压转换成可能有害的电压或危险电压。若必须在存在RF熔固危险的区域中使用探头，则应先关闭信号源的电源，再连接或断开探头引线，并在电路活动时，不得处理输入引线。

6）测量建立时间短的脉冲信号和高频信号时，应尽量使探头的接地导线邻近被测点的位置，并推荐使用探头的专用接地附件（带有标准附件的典型通用电压探头如图3-30所示）。接地导线过长，可能会引起振铃或过冲等波形失真。

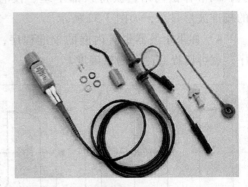

图3-30 带有标准附件的典型通用电压探头

⊖ 使用或存放汽油、溶剂、乙醚、丙烷和其他挥发性物质时，或是悬浮于空气中的某些细尘和粉末，均可能会产生爆炸性的空气。

7）对于高压测试，应使用专用高压探头，分清楚正负极并确认连接无误，方可通电测量。"高压"是相对概念，在半导体行业中视为高压，在电源行业中则没有任何意义，但从探头角度看，所谓高压是指超过典型的通用 10×无源探头可安全处理的电压的任何电压。一般来说，通用无源探头的最大电压在 400~500V（DC+峰值 AC），但高压探头的最大额定电压可高达 20kV。

8）在两个测试点均没有处于接地电位时，要进行浮动测量，即浮置信号的差分测量，此时需要使用专业的差分探头。一般来说，浮动测量均会与功率系统测量有关，如开关电源、电动机驱动装置、镇流器、不间断电源等。

9）探头在测量前务必进行检验和校准，以免产生测量误差。

10）测试者应按《探头说明书》中规定的程序清洁探头，做到探头表面清洁干燥，以保证测量的安全和精度。这是因为探头上的水汽、尘土和其他杂质均会提供一条传导路径。

4. 探头补偿

大多数探头是为与特定型号的示波器输入而设计的，但在示波器之间，甚至是同一示波器不同的输入通道之间会略有差异。为在首次连接或必要时处理这一差异，许多探头（尤其是无源衰减探头）均应对其进行补偿调节，以使探头的电气特性与给定的示波器相平衡。否则，没有补偿的探头可能会导致各种测量误差，特别是在测量脉冲上升时间或下降时间时。

（1）探头带有内置补偿网络时的补偿方法　探头带有内置补偿网络时，测试者应调节这一网络，针对计划使用的示波器输入通道补偿探头。补偿方法如下：

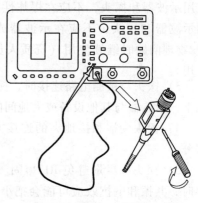

1）把探头连接至示波器上。

2）把探头尖端连接到示波器前面板上的探头补偿测试点，如图 3-31 所示。

3）使用探头自带的调整工具或其他无感调节工具，调节补偿网络，获得顶部平坦、没有过冲或圆形的校准波形显示，如图 3-32 所示。

4）如果示波器带有内嵌的校准程序，运行这一程序，就可以提高测试的精确度。

图 3-31　探头补偿的连接示意

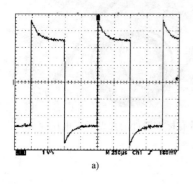
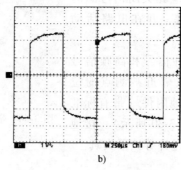
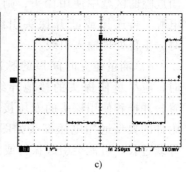

a)　　　　　　　　　b)　　　　　　　　　c)

图 3-32　探头补偿对方波的影响

a）补偿过渡　b）补偿不足　c）补偿正确

（2）探头不带内置补偿网络时的补偿方法 无源衰减探头在 UTD1000 型手持式数字存储示波器上的补偿方法如下：

1）先将数字示波器上的探头倍率衰减系数设定为 10×，再将探头上的开关置于 10×，并将探头与数字示波器 A 通道连接。

2）把探头的探钩和接地夹连接至函数信号发生器输出口上，选择输出频率为 1kHz、幅度为 3Vpp 的方波（方波上升时间不大于 100μs）。

3）打开示波器通道 A 后，按［AUTO/自动］键。

4）观察示波器屏幕上的显示波形，参见图 3-32。

5）若显示波形为"补偿不足"或"补偿过渡"，则用探头附件中非金属手柄的改锥调节探头上的可变电容，直至显示波形为"补偿正确"。

3.5.2 示波器的测量实操详解

在此以泰克品牌的 TDS2000B 系列数字存储示波器（见图 3-33）为例，介绍信号测量的实际应用，以帮助维修人员借助示波器解决现场测试问题。

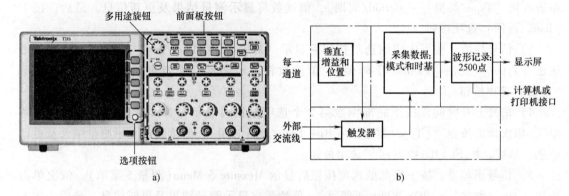

图 3-33 TDS2000B 系列数字存储示波器外观及方块图

a）外观 b）方块图

1. 测量简单信号

观测电路中幅值或频率未知的某个信号（见图 3-34），迅速显示并测量其频率、周期和峰值幅度（见图 3-35）。

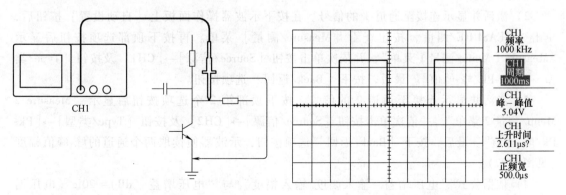

图 3-34 测量简单信号的连接示意   图 3-35 测量简单信号的波形示意

（1）使用"自动设置"以快速显示某个信号的步骤

1）先按下示波器操作面板上［CH1 MENU/CH1菜单］按钮，再单击按钮"探头→电压→衰减→10×"。

2）先将P2220探头上的开关设为10×后，把探头连接至示波器的通道1；再将探头接地夹正确接地后，探头尖端接触电路中的测试点。

3）按下示波器操作面板上［自动设置］按钮后，显示屏的波形区域中显示相应的自动测量结果。

（2）自动测量信号频率、周期、峰值幅度、上升时间和正频宽的操作步骤

1）信号频率。先按下［MEASURE/测量］按钮查看［Measure/测量］菜单，再按下顶部选项按钮后显示"Measure 1 Menu/测量1菜单"，然后依次单击按钮［Type/类型］→［Frequency/频率］，值读数将显示测量结果及更新信息。若值读数中显示"?"，则表明信号在测量范围之外，需将［（Volts/DIV）/（伏/格）］旋钮调整至适当的通道以减小灵敏度，或更改［（SEC/DIV）/（秒/格）］设置。最后，按下［Back/返回］选项按钮。

2）信号周期。按下顶部第2个选项按钮后显示"Measure 2 Menu/测量2菜单"，依次单击按钮［Type/类型］→［Period/周期］，值读数将显示测量结果及更新信息。最后，按下［Back/返回］选项按钮。

3）信号峰值。按下中间的选项按钮后显示"Measure 3 Menu/测量3菜单"，依次单击按钮［Type/类型］→［Pk-Pk/峰-峰值］，值读数将显示测量结果及更新信息。最后，按下［返回］选项按钮。

4）信号上升时间。按下底部倒数第2个选项按钮后显示"Measure 4 Menu/测量4菜单"，依次单击按钮"［Type/类型］→［Rise Time/上升时间］，值读数将显示测量结果及更新信息。最后，按下［Back/返回］选项按钮。

5）信号正频宽。按下底部的选项按钮后显示Measure 5 Menu（测量5菜单），依次单击按钮［Type/类型］→［POS Width正频宽］，值读数将显示测量结果及更新信息。最后，按下［Back/返回］选项按钮。

（3）测量两个信号的电平并用测量结果计算增益大小 使用TDS2000B系列数字存储示波器，测量音频放大器的电平，并据测量结果计算增益的大小。具体步骤如下：

1）先将示波器的两个通道经电压探头分别连接至音频放大器的输入端和输出端，如图3-36所示。

2）激活并显示连接至通道1的信号。在按下示波器操作面板上［自动设置］按钮后，单击［MEASURE/测量］按钮查看［Measure/测量］菜单。再按下顶部选项按钮后显示"Measure 1 Menu/测量1菜单"，并依次单击按钮［Source/信源］→［CH1］及按钮［Type/类型］→［Pk-Pk/峰-峰值］。最后，按下［Back/返回］选项按钮。

3）激活并显示连接至通道2的信号。按下顶部第2个选项按钮后显示"Measure 2 Menu/测量2菜单"，并依次单击按钮［Source/信源］→［CH2］及按钮［Type/类型］→［Pk-Pk/峰-峰值］。最后，按下［Back/返回］选项按钮，示波器便读取两个通道的峰-峰值幅度（见图3-37）。

4）依据公式"电压增益=输入幅度/输入幅度"与"电压增益（dB）= 20lg（电压增益）"，计算放大器的电压增益。

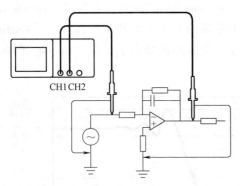

图 3-36 测量两个信号电平的连接示意

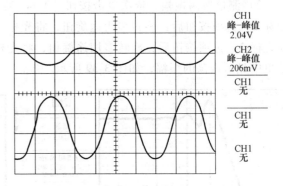

图 3-37 测量两个信号电平的波形示意

2. 使用自动量程来检查一系列测试点

在现场设备的工业控制计算机出现故障时，需要借助示波器的自动量程，来查找若干测试点的频率和 RMS 电压，并将这些值与理想值相比较。相关操作步骤如下：

（1）示波器侧参数设定

1）在按下示波器操作面板上［CH1 MENU/CH1 菜单］按钮后，依次单击按钮［Probe/探头］→［Voltage/电压］→［Attenuation/衰减］，对其进行设置，使其与连接至通道 1 的探头衰减因数相匹配。

2）按下［自动量程］按钮以激活示波器的自动量程，并选择［垂直和水平］选项。

3）按下［MEASURE/测量］按钮查看［Measure/测量］菜单后，单击顶部选项按钮后显示"Measure 1 Menu/测量 1 菜单"，并依次单击按钮［Source/信源］→［CH1］及按钮［Type/类型］→［Frequency/频率］。最后，按下［Back/返回］选项按钮。

4）单击顶部第 2 个选项按钮后显示"Measure 2 Menu/测量 2 菜单"，并依次单击按钮［Source/信源］→［CH1］及按钮［Type/类型］→［RMS/均方根值］。最后，按下［Back/返回］选项按钮。

（2）连接测试点并读取数值

1）将探头尖端和接地夹连接至第 1 个测试点后，读取示波器显示的频率和周期均方根测量值，并与理想值相比较。

2）对每个测试点依次测量并读取数值，直至找到引发故障的组件。

3）在自动量程有效时，每当探头移至另一个测试点，示波器均会重新调节水平刻度、垂直刻度和触发电平，以提供有用的显示。

3. 使用光标快速对波形进行时间和振幅测量

（1）测量振荡的频率和振幅 测量某个信号上升沿的振荡频率和振荡振幅，相关步骤如下：

1）测量振荡频率。按下示波器操作面板上［CURSOR/光标］按钮查看［Cursor/光标］菜单，依次单击按钮［Type/类型］→［Time/时间］及按钮［Source/信源］→［CH1］；按下［Cursor 1/光标 1］选项按钮后，旋转多用途旋钮，将光标置于振荡的第 1 个波峰上；按下［Cursor 2/光标 2］选项按钮后，旋转多用途旋钮，将光标置于振荡的第 2 个波峰上；在［Cursor/光标］菜单中查看时间和频率的增量，如图 3-38 所示。

2）测量振荡振幅。依次单击按钮 ［Type/类型］→［Amplitude/幅度］ 并按下 ［Cursor 1/光标 1］ 选项按钮后，旋转多用途旋钮，将光标置于振荡的第 1 个波峰上；在按下 ［Cursor 2/光标 2］ 选项按钮后，旋转多用途旋钮，将光标置于振荡的最低点上；在 ［Cursor/光标］ 菜单中显示振荡的振幅，如图 3-39 所示。

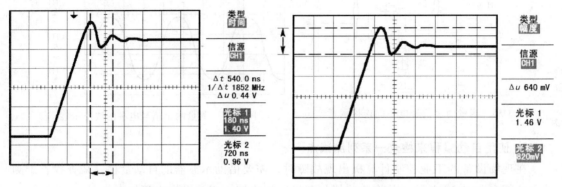

图 3-38　测量振荡频率的波形示意　　　　　图 3-39　测量振荡振幅的波形示意

（2）测量脉冲宽度　测试者正在分析某个脉冲波形并要获知脉冲的宽度，相关步骤如下：

1）按下示波器操作面板上 ［CURSOR/光标］ 按钮查看 ［Cursor/光标］ 菜单，依次单击按钮 ［Type/类型］→［Time/时间］ 及按钮 ［Source/信源］→［CH1］；三是按下 ［Cursor 1/光标 1］ 选项按钮后，旋转多用途旋钮，将光标置于脉冲的上升沿；按下 ［Cursor 2/光标 2］ 选项按钮后，旋转多用途旋钮，将光标置于脉冲的下降沿。

2）在图 3-40 所示的 ［Cursor/光标］ 菜单中，可以查看相应的测量结果：光标 1 处相对于触发的时间、光标 2 处相对于触发的时间、表示脉冲宽度测量结果的时间（增量）。

（3）测量上升时间　测量脉冲宽度后，可按如下步骤检查脉冲的上升时间（通常是测量波形电平的 10%～90% 的上升时间）：

1）旋转 ［（SEC/DIV）/（秒/格）］ 旋钮以显示波形的上升边沿，旋转 ［（Volts/DIV）/（伏/格）］ 和垂直的 ［Position/位置］ 按钮，将波形振幅大约五等分。

2）按下面板上 ［CH1 MENU/CH1 菜单］ 按钮后，依次扳动旋钮 ［（Volts/DIV）/（伏/格）］→［Vertical Position Accuracy/细调］→［（Volts/DIV）/（伏/格）］，将波形振幅精确地五等分。

3）扳动垂直的 ［Postion/位置］ 旋钮使波形居中，将波形基线定位至中心刻度线以下 2.5 等分处。

4）按下 ［CURSOR/光标］ 按钮查看 ［Cursor/光标］ 菜单，依次单击按钮 ［Type/类型］→［Time/时间］ 及按钮 ［Source/信源］→［CH1］。

5）按下 ［Cursor 1/光标 1］ 选项按钮后，旋转多用途旋钮，将光标置于波形与屏幕中心下方第 2 条刻度线的相交点处，此为波形电平的 10%。

6）按下 ［Cursor 2/光标 2］ 选项按钮后，旋转多用途旋钮，将光标置于波形与屏幕中心上方第 2 条刻度线的相交点处，此为波形电平的 90%。

7）在图 3-41 所示的 ［Cursor/光标］ 菜单中，查看 Δt（增量）读数即为波形的上升时间。

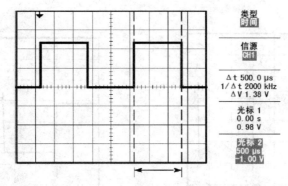

图 3-40 测量脉冲宽度的波形示意

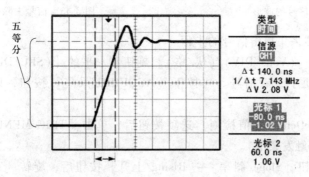

图 3-41 测量上升时间的波形示意

4. 分析噪声信号的详细信息

（1）观察噪声信号 在信号显示为噪声（见图 3-42）时，测试者会怀疑噪声导致电路出现了问题。为更好地分析噪声，可执行如下步骤：

1）按下［ACQUIRE/采集］按钮，以查看［Acquire/采集］菜单；按下［Peak Detect/峰值检测］选项按钮。

2）必要时，按下［DISPLAY/显示］按钮，以查看［Display/显示］菜单。使用［Display Contrast/调节对比度］选项按钮，经多用途旋钮调节显示屏，以更清晰地查看噪声。

（2）将信号从噪声中分离 在分析信号形状时，需要降低示波器显示屏中被测信号上的随机噪声。相关步骤如下：

1）按下［ACQUIRE/采集］按钮，以查看［Acquire/采集］菜单。

2）按下［Average/平均值］选项按钮，以查看改变运行平均操作的次数对显示波形的影响。

3）平均操作可降低随机噪声，并易于查看信号的详细信息。在图 3-43 所示信号波形中，显示了去除噪声后信号上升边沿和下降边沿上的振荡。

5. 捕获单次脉冲信号

数字示波器的优势和特点在于：它可以方便地捕获脉冲、毛刺等非周期性的信号。例如：某台设备中簧片继电器的可靠性非常差，初步怀疑是电器接通的瞬间簧片触点出现拉弧现象。继电器打开和关闭的最快速度是每分钟一次，测试者可以继电器的电压作为一次单触发信号来采集波形。

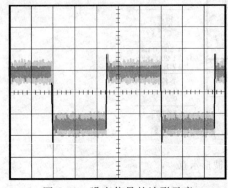

图 3-42　噪声信号的波形示意

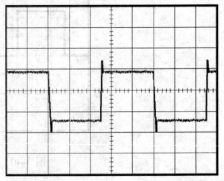

图 3-43　信号去除噪声后的波形示意

（1）设置示波器采集单击信号的步骤

1）先将垂直的 ［（Volts/DIV）/（伏/格）］ 旋钮和水平的 ［（SEC/DIV）/（秒/格）］ 旋钮扳至适当位置，以便于查看信号。再按下 ［ACQUIRE/采集］ 按钮，以查看 ［Acquire/采集］ 菜单。

2）按下 ［Peak Detect/峰值检测］ 选项按钮后，单击 ［TRIG MENU/触发菜单］ 按钮，查看 ［TRIG MENU/触发菜单］。

3）依次单击按钮 ［Slope/斜率］→［Rising/上升］ 按钮后，旋转 ［Trigger Level/触发电平］ 旋钮，将触发电平调整为继电器打开和关闭电压之间的中间电压。

4）按下 ［SINGLE SEQ/单次序列］ 按钮后，继电器打开时，示波器触发并采集单击信号（见图 3-44）。

（2）优化单击信号采集的步骤　初始采集信号显示继电器触点在触发点处开始打开，随后的一个大尖峰表示触点回弹且电路中存在电感，电感使触点拉弧而致继电器过早失效。在采集下一个单击事件之前，可使用垂直控制、水平控制和触发控制来优化设定。使用新设置捕获至下一个采集信号后（再次按下 ［SINGLE SEQ/单次序列］ 按钮），可看到在打开触点时，触点回弹多次。

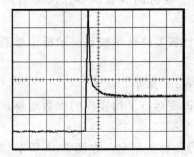

图 3-44　继电器打开时的单击信号波形

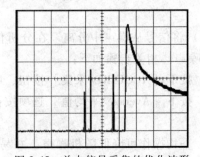

图 3-45　单击信号采集的优化波形

3.5.3　示波器的选择与维护技巧

1. 选择示波器时应考虑的因素

自示波器问世以来，它一直是最重要、最常用的电子测试工具之一。而随着电子技术的发展，示波器的功能正不断得到提升，市场上的品种也多种多样，不同规格的示波器的性能与价格也各具特色。为此，必须正确选择示波器，以获取良好的性价比。选择示波器时，需要考虑的最重要的六个指标依次是带宽、采样率、存储深度、通道数、波形捕获率和触发，需要考虑的其他六个指标依次是显示质量、串行总线应用、测量和分析、连接和文档、探头系统、价格与趋势。

（1）根据被测信号的种类和特点选择示波器　选择示波器时，主要依据以下参数进行选择：

1）待捕捉并观察的信号类型（低频信号、高频信号、快速脉冲信号等），信号是否具有复杂特性。

2）信号是重复信号还是单次/击信号。

3）要测量的信号过渡过程或带宽，或者上升时间的长短，用何种信号特性来触发短脉冲，脉冲宽度的量级，窄脉冲的量级，需要同时显示的信号个数，是模拟信号还是数字信号。

4）数字示波器的测量能力正不断增强，实用功能更强，尤其是捕捉瞬时信号和记忆信号。

（2）所选示波器要有足够的带宽

示波器带宽一般定义为正弦输入信号衰减至其实际幅度的70.7%时的频率值，它决定着示波器对信号的基本测量能力。随着信号频率的增加，示波器对信号的准确显示能力将下降（见图3-46）。如果没有足够的带宽，示波器将无法分辨高频分量的变化。幅度将出现失真，边缘将会消失，细节数据将会丢失。如果没有足够的带宽，得到的关于信号的所有特性、响铃和振鸣等都毫无意义。

1）在选择示波器时，将被测信号的最高频率成分乘以5作为示波器所需的带宽。为了保证测试信号的幅度和上升沿的精度，所选示波器的带宽一般为被测信号频率的3~5倍，精确测量要8~10倍或以上。

2）在某些应用场合，虽不知道信号带宽，但应了解其最快上升时间。

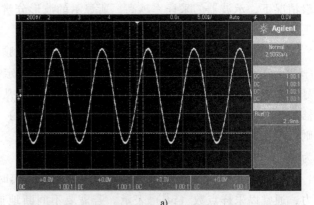

a)

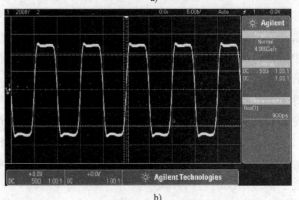

b)

图3-46　100MHz时钟信号在不同带宽示波器中显示的形状
a）100MHz带宽示波器观测到的波形
b）500MHz带宽示波器观测到的波形

大多数示波器的等效带宽可按如下步骤计算：

① 判断被测信号的最快上升时间 T_r。T_r 为波形或选通区域的最快脉冲的前导边沿自最终值的低值（高速信号为脉冲幅度的20%，其他信号为10%）上升至高值（高速信号为脉

冲幅度的 80%，其他信号为 90%）所需的时间。

② 判断最高信号频率 f_{knee}。高速信号的最高信号频率为 $f_{\text{knee}} = 0.4/T_r$，其他信号的最高信号频率为 $f_{\text{knee}} = 0.5/T_r$。

③ 判断所需的测量精度（见表 3-2）并计算所需示波器的等效带宽 BW。

表 3-2　示波器等效带宽与测量精度的关系

所需精度	高斯频响方式	最大平坦频响方式
20%	$BW = 1.0 \times f_{\text{knee}}$	$BW = 1.0 \times f_{\text{knee}}$
10%	$BW = 1.3 \times f_{\text{knee}}$	$BW = 1.2 \times f_{\text{knee}}$
3%	$BW = 1.9 \times f_{\text{knee}}$	$BW = 1.4 \times f_{\text{knee}}$

3）更高的带宽往往意味着更高的价格，故应根据成本、投资和性能进行综合考虑。

（3）采样率是数字示波器的重要指标　采样率又称数字化速率，是指示波器在单位时间内对模拟输入信号的采样次数，常以 MSa/s 或 GSa/s 表示。如果示波器的采样率不够，则会出现混叠现象，例如一个 100kHz 的正弦输入信号在示波器上显示的频率仅为 50kHz。一般情况下，示波器的采样率越高，所显示的波形分辨率和清晰度越高，重要信息和随机信号丢失的概率就越小。

根据奈奎斯特采样定律，被测信号的等距采样频率 f_s 必须高于最高频率 f_{max} 的 2 倍（即 $f_s > 2f_{\text{max}}$），才能保证信号被无混叠地重构出来。此定律的前提是基于无限长时间和连续的信号，加之示波器不能提供无限时间的记录长度，且从定义上看低频干扰是不连续的，故示波器采用 2 倍于最高频率成分的采样率通常是不够的。为此，给出选择示波器的一个经验法则：示波器可内插时，采样率对信号带宽的比值至少为 4；无正弦内插时，该比值至少为 10。

（4）存储深度　存储深度表示示波器在最高实时采样率下连续采集并存储采样点的能力，通常以采样点数（pts）表示。若需要不间断地捕捉一个脉冲串，则要求示波器具有足够的存储空间，以便捕捉整个过程中偶然出现的信号。存储深度对应数码相机或录像机的像素。在连续不间断采集信号时，示波器所需存储深度等于采样时间窗口宽度乘以采样率，其中采样时间窗口宽度一般基于最慢的模拟信号或数据包周期，采样率一般基于信号的最快边沿速率。在仅采集存储被测信号中最关心的部分（即分段存储）时，示波器所需存储深度等于分段存储段数中最后一个分段的时间标签乘以采样率，这适合于捕获信号的突发，如偶发毛刺和包封装的串行数据、包与包之间有较长的静寂时间等。

（5）通道数　示波器的通道数取决于同时观测的信号数。最常见的是 2 通道和 4 通道的数字示波器，多用在电子产品的开发和维修等行业；超过 4 个通道的应用场合多为模拟与数字信号系统的科研环境。

（6）波形捕获率　波形捕获率也就是波形刷新率，是示波器的重要参数之一。波形捕获率高，示波器便可组织更大数据量的波形质量信息，尤其是在动态复杂信号和隐藏在正常信号下的异常波形的捕获方面。

（7）触发及其信号　示波器的触发可使信号在正确的位置开始水平同步扫描，决定信号波形的显示是否清晰。触发控制按钮可稳定重复地显示波形并捕获单次波形。多数通用示波器的用户仅采用边沿触发方式，尤其是新设计产品的故障查询。现今很多示波器具有先进的触发能力，可根据幅度定义的脉冲（如短脉冲）、由时间限定的脉冲（脉冲宽度、窄脉冲等）和由逻辑状态或图形描述的脉冲（逻辑触发）进行触发。扩展和常规的触发功能的组合也可帮助显示视频和其他难以捕捉的信号。

2. 示波器使用注意事项

1）初次使用者应仔细阅读说明书，了解示波器操作面板上的各旋钮、按键、连接器的功能，并在较短时间内掌握其使用方法。

2）电源电压的检查　使用示波器前，首先要检查一下所需的电源电压，尤其是将进口示波器调整至 AC 220V 供电状态。在不同的交流电压情况下使用示波器，可通过改变电源变压器的接法来满足使用要求。

3）示波器外观检查　使用示波器前，应详细检查各旋钮、开关、电源线和随机附件等有无问题，如有损坏或断裂，须及时修理或换新件。

4）信号输入幅度要求　一般示波器的信号输入端会有一定的幅度要求，如 LBO-522/523 示波器的输入信号最大不得超过 600V（ACp-p+DC）。其中，ACp-p 是指交流信号的峰值，+DC 是指加直流分量。也就是说，该示波器的输入信号可为交流信号，也可为交流信号包含有直流分量，但最大值不得超过 600V。一旦超过最大允许值，示波器的电路元件可能会损坏，甚至测试者会发生触电危险。此时，可借助高压探头等适配附件，先将信号衰减后再输入示波器。对于 UTD1102C 手持式数字存储示波器，其输入信号最大不得超过 300V CAT Ⅲ，即示波器可在 CAT Ⅰ、Ⅱ和Ⅲ区域内安全使用，在这三个区域内受到最高 300V 的电压冲击时，不会对人体安全产生威胁。

5）示波器接地或隔离　一般情况下，要求示波器和被测电路可靠地连接参考地，若不能满足，可使用隔离系统进行隔离，如使用隔离变压器、示波器，使用电池供电或使用隔离探头等。

6）避免强磁干扰　示波器在强磁场环境下使用，有可能引起测试波形失真或摆动，使测量信号误差较大。

7）避免高温和高湿环境　示波器的使用环境温度通常为 0～±40℃，相对湿度为 10%～90%。

8）浮置信号测试　若所测电子设备的浮置信号与市电 AC 220V 不能隔离，务必使用高压隔离差分探头，或示波器使用电池供电。

第4章

数控机床机电部件拆装实战

每当数控机床出现控制动作失灵、数据通信中断、机械部件碰撞、元器件烧毁、液压油/压缩空气/冷却液等工作介质供应不畅或停止供给、电气线路短路等故障时，若以维修者的动作为中心、以没有浪费的操作顺序有效地实施维修作业，则可改善维修作业质量，缩短维修作业时间，避免或减少维修作业事故的发生，提高维修作业管理水平，做到简化故障分析过程并快速恢复机床运转，最终体现出维修者的职业技能和岗位贡献。

4.1 主轴部分的拆解与组装

主轴部分是机床主运动的动力部件，切削过程中处于高速旋转状态并承担较大的扭转载荷，其旋转精度和轴向窜动量等均会影响工件的加工质量，因此主轴部分的维修精度对机床的良好运转相当重要。当主轴支承等故障造成主轴不转或轴向窜动量超差、旋转精度下降时，需要对主轴部分进行拆解、维修；更换不良配件后重新组装主轴，并以恢复机床的主轴精度为最终目标。

4.1.1 主轴部分的拆解要点

拆卸前，要准备好必备工具和辅助用品，如锤子、錾子、纯铜棒、活扳手、内六角扳手、软吊带、加长套筒、撬棍以及记号笔、塑料存放盒、煤油和白布等。另外，还得细致分析随机资料——主轴装配图，理顺拆卸顺序（可拆卸的轴承须标记好内外圈和对应位置，可调头装配的轴承需标记好方向），避免野蛮、错误拆卸造成主轴零部件的非正常损坏。下面以THK6380加工中心主轴组件（见图4-1）为例，讲解主轴的拆解过程。

1）切断机床的动力电源，卸下主轴上的刀具。

2）拆下主轴前端盖、主轴后端防护罩。

3）拆下与主轴相连的气管、油管等，排尽余油并用白布等包扎好管口，以防铁屑等污物进入。

4）拆下液压缸支架19的固定螺钉，取出液压缸支架19及隔圈，包扎好管口。

5）测量并记录碟形弹簧18的安装高度，拆卸右端圆螺母，分别取出套筒21、垫圈22和碟形弹簧18。

6）拆卸锁紧螺母和圆螺母13后，测量连接弹簧16的压缩量或连接座螺钉17头部端面到连接座15端面的距离尺寸。

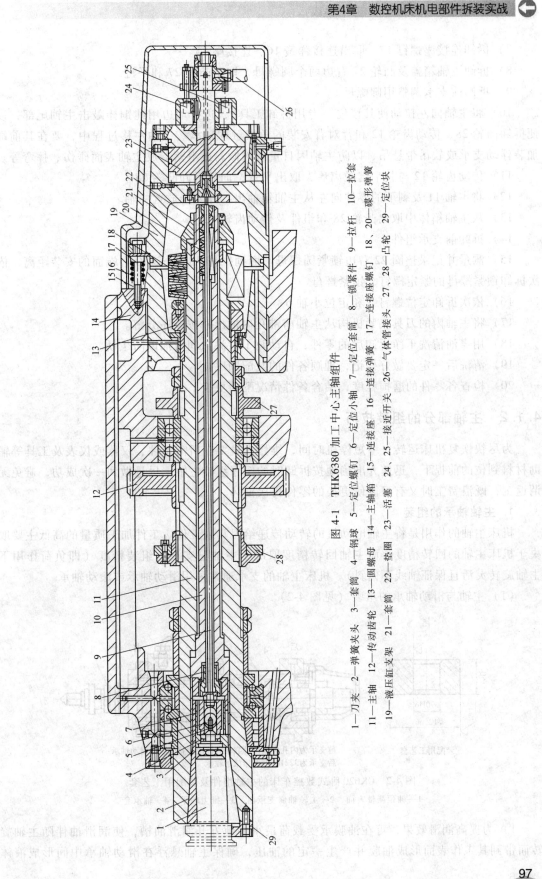

图 4-1 THK6380 加工中心主轴组件

1—刀夹 2—弹簧夹头 3—套筒 4—钢球 5—定位螺钉 6—定位小轴 7—定位套筒 8—锁紧件 9—拉杆 10—拉套
11—主轴 12—传动齿轮 13—主轴箱 14—圆螺母 15—连接座 16—连接弹簧 17—连接座螺钉 18、20—碟形弹簧
19—液压缸支架 21—套筒 22—垫圈 23—活塞 24、25—套筒 26—气体管接头 27、28—凸轮 29—定位块

7）拆卸连接座螺钉 17，取出连接弹簧 16、连接座 15。

8）拆卸主轴箱盖及凸轮 27 右边两个圆螺母，取下凸轮 27 和平键。

9）拆卸前支承调整用圆螺母。

10）将主轴向左拉动使其移位（专用拆卸工具），边拉动边用纯铜棒敲击主轴尾部，以便拆卸凸轮 28、传动齿轮 12 和背对背安装的角接触球轴承。主轴左移过程中，要在其前端加装浮动支承或软吊带悬吊，以防主轴因自重忽然倾斜或滑落造成主轴表面碰伤、摔弯等。

11）传动齿轮 12 与其平键脱离后，取出平键，向后拆卸凸轮 28。

12）将主轴 11 及剩下的零件向左从主轴箱抽出，并妥善放置主轴。

13）从主轴箱体中取出凸轮 28 和组件及传动齿轮 12。

14）拆卸前支承组件。

15）测量并记录垫圈 22 右边锁紧圆螺母端面到拉杆 9 或拉套 10 右端面的安装距离，依次拆卸锁紧螺母的紧定螺钉、锁紧螺母。

16）依次拆卸定位螺钉 5 和定位小轴 6。

17）将主轴内的刀具夹紧机构从主轴前锥孔内抽出并按顺序分解。

18）用煤油清洗干净拆卸后的零件，自动晾干后涂抹润滑油以防生锈。

19）清洗后一定要做好标记，理顺各件的装配顺序。

20）检查各零件的磨损程度，结合备件情况酌情更换。

4.1.2 主轴部分的组装技巧

为尽快恢复机床运转，缩短停机时间，维修人员要在所需备件、仪器或仪表及工具等辅助材料到位的前提下，迅速并准确地按拆卸时的倒序组装主轴。尽量做到一次成功，避免无谓返工，既浪费工时又有可能使更换的零件再次损坏。

1. 主轴轴承的组装

机床主轴的作用是将主轴电动机的转动传递给刀具或工件。工件加工质量的高低主要取决于机床主轴的回转精度，而主轴回转精度取决于主轴与支承的组装精度（即负荷作用下主轴旋转灵活且保证轴线不偏斜）。机床主轴的支承通常采用滑动轴承或滚动轴承。

（1）主轴与滑动轴承的组装（见图 4-2）

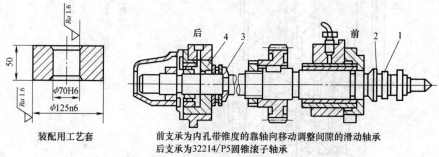

图 4-2　CK620 卧式数控车床的主轴组件及装配用工艺套
1—轴颈测量表面　2—主轴轴肩支承面　3—推力轴承　4—轴承套

1）为提高润滑效果，可在油膜承受载荷最小的地方开润滑油槽，使润滑油伴随主轴旋转而带到其工作表面形成油膜并产生一定的油压，确保主轴悬浮在滑动轴承中间形成液体摩擦。

2）制作装配用工艺套，临时代替后支承，以方便前支承的刮削。

3）用煤油清洗主轴及滑动轴承等被装配的零件，要求所有零件的工作表面光洁无划痕、主轴键槽内无杂物、螺纹能自如地拧上螺母等。

4）把滑动轴承装入箱体主轴孔内，检查其外壁与箱体接触是否严密，应无间隙、外圆圆度误差小于0.01mm。

5）接触不严密时，先刮削箱体孔使之配合紧密，再以此为基准刮削滑动轴承内孔。

6）刮削时，主轴箱最好直立以使主轴竖直，由此可得到真实的研点。

7）刮削分为提高刮削效率的粗刮削和保证回转精度的精刮削两步。

① 粗刮削时，主轴锥度轴颈处均匀涂一薄层涂料→后支承用装配工艺套代替并把主轴装入主轴箱里→适当旋紧调整螺母并转动主轴→松开螺母抽出主轴，便可在滑动轴承内表面上得到需要刮削掉的接触印痕（即工作表面上的高点）→刮削滑动轴承内表面上的高点→用干净棉纱擦拭主轴和滑动轴承内表面→在主轴锥度轴颈处涂一薄层涂料，重复上述过程，逐次把高点和次高点刮去，以使两者表面的接触点逐渐增加。

② 精刮削时，在滑动轴承内表面涂一薄层涂料，如粗刮削一样，使主轴与滑动轴承内表面相对转动，根据着色情况进行滑动轴承内表面的精刮削。精刮削要按一定方向刮第一遍，再反方向刮第二遍，反复交叉刮削避免产生波纹；刮刀落刀要轻、起刀时挑起，尽量深一点以便存油，每刀一点、不重复刮削；每刮完16~20个点，使接触面积占全轴承面积的15%~20%即可。

8）刮削时，要有意使滑动轴承靠近小头的那一段与主轴的配合间隙稍大一些，中间再稍大一点，彼此相差的数值极微小（可用着色法鉴定其程度的轻重以区别不同），以保证主轴的回转精度。

9）刮削达到要求后，拆卸装配工艺套，将后支承、斜齿轮和推力轴承等装在主轴上。

10）调整前支承（松开顶紧螺钉，调整螺母，使带锥度的滑动轴承轴向移动以调整主轴间隙）和后支承（调整螺母以调节间隙），使主轴与轴承的间隙保持在0.02~0.03mm；手转主轴应无阻滞。

11）边调整边用指示表检查主轴的径向圆跳动、轴向窜动和主轴轴肩支承面的跳动，直至符合要求为止。

① 检查图4-2中轴颈测量表面1的外圆面径向圆跳动误差小于0.01mm：因前支承通过刮削已调整到位，故重点调整后支承。

② 检查主轴轴向窜动量小于0.01mm（见图4-3）：平头指示表3顶住钢球2和轴向窜动工具1，手转主轴4。超差时，调整图4-2中的轴承套4、止推垫圈及推力轴承3。

③ 检查图4-2中主轴轴肩支承面2的跳动量小于0.02mm：待总装后精车修整。

（2）主轴与滚动轴承的组装

1）组装前的检查。

① 轴承外径与轴承套孔的配合尺寸、轴承内径与主

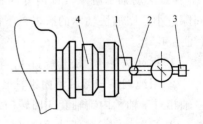

图4-3　主轴轴向窜动的测量示意

1—轴向窜动工具　2—钢球

3—平头指示表　4—主轴

轴轴颈的配合尺寸需符合过盈配合要求。

② 各个零件要修复碰伤、划伤和毛刺等,并检查以符合原图样要求,尤其是圆锥度和椭圆度等影响主轴旋转精度和轴向窜动量的环节。

③ 重点检查轴承的状态(精度等级和游隙等),多数主轴拆解后全部更换轴承再组装。

2) 用煤油清洗各零部件,自然晾干后涂抹润滑脂;还可在润滑脂中加入抗磨剂等,以延长轴承等零件的使用寿命。

3) 按与拆解相反的顺序,运用正确的组装方法,依次组装轴承等各零部件。可用机械安装或冷压、热装、冷装、手工安装等方法组装滚动轴承。

① 机械安装或冷压:对于过盈量较大的配合,采用压力机借助专门压具或在过盈配合环上垫以铜棒和衬套,将滚动轴承以 2~5m/s 的速度压入主轴箱孔内或轴颈上;冷压过盈配合最好使用润滑剂,以免压入时拉毛或刮伤;零件前端加工成 8°~10° 的导向斜角。

② 热装:对于过盈量较大的配合,应将滚动轴承放在油或水(加热塑料保持架)为介质的容器中加热,使轴承孔内径膨胀变大后直接套装在主轴轴颈上;若要把轴承装入主轴箱内孔,则应加热主轴箱体使其内孔扩大。包容件的加热温度应控制在 100℃ 左右且不超过 140℃,否则滚动轴承的耐磨性将下降,同时保温 15~20min 使均匀膨胀。热压方式的紧固性比冷压方式强。

除油介质或水介质加热外,还有电炉加热、盐炉加热、电阻法加热和感应电流加热等方式,根据过盈量的大小,将加热温度均匀控制在 75~200℃。

③ 冷装:对于薄壁套筒类过盈配合的零件,可用液氮(-180℃)、干冰(-75℃,见图 4-4)或液态空气(-180~-200℃)等气体冷却主轴轴颈,使其变小后把轴承内圈套装上。

④ 手工安装:严禁用锤子通过轴承的滚动体和保持架直接传递压力或打击力,组装后轴承内圈端面应紧靠主轴轴肩,同时保证转动灵活、轻便和无卡滞等。对于圆锥滚子轴承和推力轴承,与主轴轴肩的距离不大于 0.05mm;其他类型的轴承与主轴轴肩的距离不大于 0.1mm。

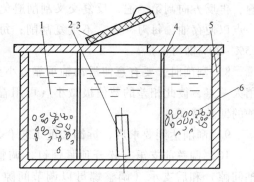

图 4-4　干冰冷却箱
1—冷却液(酒精)　2—被冷却工件　3—压盖
4—带小孔的薄壁　5—绝缘材料制成的外壳　6—干冰

4) 滚动轴承游隙(即内外圈相互靠近的程度)的调整:轴承游隙过大,易产生振动;间隙过小,则加快轴承的磨损。下面以某卧式数控车床主轴为例,说明轴承游隙的调整过程(见图 4-5)。

① 拆卸法兰 4,松开螺钉 1,转动螺母 2,以放松轴承内锥轴套 3。

② 用纯铜棒轻敲轴承内锥轴套 3,使其稍微后移;根据主轴轴颈与轴承的跳动方向,使主轴相对于轴承内锥轴套 3 回转一定角度。

③ 拧紧螺母 2,使轴承内锥轴套 3 与主轴紧密配合。

④ 边调整边用指示表检查主轴的径向圆跳动、轴向窜动和主轴轴肩支承面的跳动,直至符合要求为止。

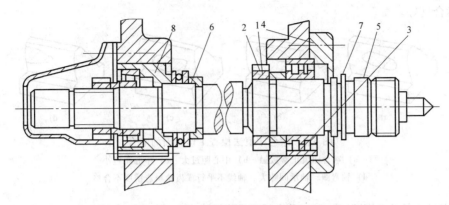

图 4-5　CK620-1 型卧式数控车床的主轴组件

1—螺钉　2—螺母　3—轴承内锥轴套　4—法兰　5—轴颈测量表面　6—止推垫圈　7—主轴轴肩支承面　8—轴承套

⑤ 检查主轴（轴颈测量表面 5 外圆面）的径向圆跳动量应小于 0.01mm：超差时，根据主轴轴颈与轴承的径向圆跳动方向，按 4）介绍的步骤调整轴承游隙，同时调整后支承。

⑥ 检查主轴的轴向窜动量应小于 0.01mm：用平头指示表顶住钢球和轴向窜动工具，手转主轴。超差时，调整轴承套 8、止推垫圈 6 及推力轴承。

⑦ 检查主轴轴肩支承面 7 的跳动量应小于 0.02mm：待总装后精车修整。

2. 变速齿轮的组装

变速齿轮的组装对主轴的传动精度影响较大，同时齿轮的啮合会影响齿轮的使用寿命，旋转时主轴将产生较大的噪声。

（1）圆柱齿轮的组装

1）组装前，检查新、旧齿轮的啮合情况、齿数、齿表面粗糙度和硬度。在备件允许的前提下，齿轮最好成对更换；更换前，可用硬度计或锉刀（顺着齿端自上而下锉削时锉刀打滑，见图 4-6a）来检查齿轮齿面的硬度。

2）组装前，检查、找正主轴，不允许有弯曲，并修光键槽边缘的毛刺。

3）为保证圆柱齿轮的正确啮合，组装前应检查齿轮箱各轴孔的相互平行度（见图 4-6b）：将两根检验棒放进对应的箱体孔内，用卡尺或指示表测量，读数一致即为轴孔平行。

4）按与拆卸时相反的顺序组装圆柱齿轮，每装完一对齿轮，检查其工作面的啮合情况和齿侧间隙，以使齿轮工作齿面上形成润滑油膜，防止齿轮在运行中卡死。齿侧间隙是指相

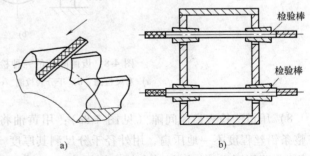

图 4-6　圆柱齿轮组装时齿面硬度和轴孔平行度的检查

a）用锉刀检查齿面的硬度　b）用检验棒检查轴孔的平行度

互啮合的一对牙齿在非工作面间沿法线方向的距离。

5）涂色印痕法检查工作齿面的啮合情况：在小齿轮的齿面上涂一薄层涂料→正、反向转动齿轮→另一齿轮的齿面上留下印痕→根据斑点接触面的大小判断组装质量的好坏（见图 4-7）。通常，接触面在齿高方向≥45%、齿长方向≥60%，且斑点分布在节圆附近和齿长

中间为啮合良好。

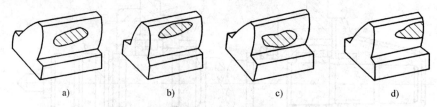

图 4-7 涂色印痕法检查工作齿面的啮合

a）啮合印痕正常接触 b）中心距过大 c）中心距过小

d）轴弯曲、轴承间隙大、轴线不平行或齿轮制造精度不合格

6）塞尺法检查齿侧间隙（应用广泛，见图 4-8a）：用塞尺直接插入两齿之间，分别测出齿的工作侧和非工作侧的厚度，两侧厚度相加即为齿侧间隙。

7）指示表法检查齿侧间隙（见图 4-8b）：将指示表架安放在箱体上，检验杆装在轴 I 上，指示表触头顶住检验杆；然后使其中一个齿轮不动，转动另一个，记下指示表的读数 δ_0，并按以下公式计算齿侧间隙 δ_1：

$$\delta_1 = \frac{\delta_0 R}{L}$$

式中 R——转动齿轮的节圆半径（mm）；

L——检验杆的旋转中心线到检验杆被表触头碰触点的距离（mm）。

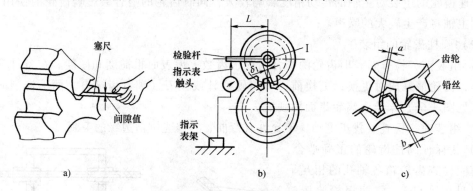

图 4-8 齿侧间隙的三种检测方法

a）塞尺检测 b）千分表检测 c）压铅检测

8）压铅法检查齿侧间隙（见图 4-8c）：用黄油将铅丝贴在小齿轮上，均匀转动齿轮，将整条铅丝程度不一地压扁，用外径千分尺测其厚度（薄的 a 处为工作侧，厚的 b 处为非工作侧），两侧厚度相加即得啮合处齿侧间隙 δ_0，所测几段齿侧间隙相同则组装正确。圆柱斜齿轮或人字形齿轮的齿侧间隙 δ_1 为

$$\delta_1 = \frac{\delta_0}{\cos\beta}$$

式中 β——斜齿轮或人字形齿轮的斜角。

当 δ_1 不均匀时，可将齿侧间隙最小处的齿轮转动 180° 后重新啮合，使其间隙尽可能趋于一致；否则对齿轮、齿轮轴及箱体进行检查。

（2）锥齿轮的组装

1）组装前，应检查两锥齿轮中心线的相交度以及是否相交在同一平面内（见图4-9a）：将检验棒1、2分别插入箱体孔内，若检验棒2的小轴颈能顺利穿入检验棒1的孔中，则说明两锥齿轮的中心线处在同一平面内。另外，还可把检验棒的一端沿中心线方向切去一半，做成半圆状，检验时把检验棒1、2分别插入箱体孔中，用塞尺3测定两检验棒切断面的间隙是否在允许范围内。

2）组装前，应检查两锥齿轮中心线夹角的正确性（见图4-9b）：将检验棒1和检验样板4放置妥当，若两孔的中心线互成直角，则用塞尺测定检验样板4的a、b两点与检验棒1之间的间隙应为一致。

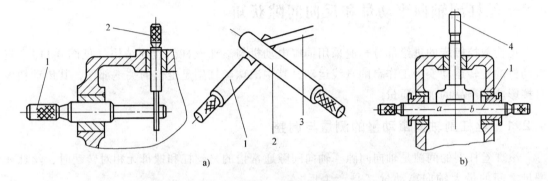

图4-9 组装前两锥齿轮中心线相交度和夹角的检测

a）两锥齿轮中心线相交度的检测 b）两锥齿轮中心线夹角的检测

1、2—检验棒 3—塞尺 4—检验样板

3）按与拆卸时相反的顺序组装锥齿轮，并检查工作面的啮合情况和齿侧间隙。

4）用涂色印痕法检查工作面的啮合情况（见图4-10）：在主动锥齿轮的齿面上涂一薄层涂料→正、反方向转动齿轮→在从动锥齿轮齿面上留下印痕→根据斑点接触面的大小判断组装质量的高低。通常，接触面在齿高方向≥60%、齿长方向≥60%，且接触面略靠近轮齿小端为啮合良好。

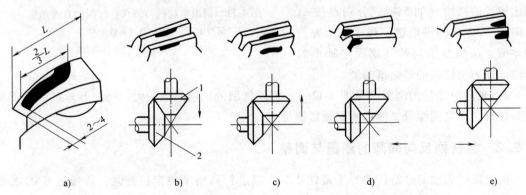

图4-10 用涂色印痕法检查工作面的啮合

a）啮合印痕正常接触 b）齿顶接触 c）齿根接触 d）单边接触且印痕分布在轮齿小端

e）单边接触且印痕分布在轮齿大端

1—主动锥齿轮 2—从动锥齿轮

① 齿顶接触（见图 4-10b）。因中心距不准而齿顶接触，可按图示箭头方向移动主动锥齿轮 1，使其靠近从动锥齿轮 2。

② 齿根接触（见图 4-10c）。因中心距不正确而齿根接触，向外移动主动锥齿轮 1，使其远离从动锥齿轮 2。

③ 单边接触且印痕分布在轮齿小端（见图 4-10d）。因中心线歪斜而单边接触，使接触印痕分布在轮齿小端，向外移动从动锥齿轮 2，使其远离主动锥齿轮 1。

④ 单边接触且印痕分布在轮齿大端（见图 4-10e）。因中心线歪斜而单边接触，使接触印痕分布在轮齿大端，移动从动锥齿轮 2，使其靠近主动锥齿轮 1。

4.2 丝杠副轴向窜动量和反向间隙获知

现代数控机床的进给部分普遍采用伺服电动机与滚珠丝杠副直连结构（见图 4-11），将电动机的旋转运动变为工作台的直线运动，其中滚珠丝杠副是定位的关键部件，其传动精度直接影响着产品的加工质量。

4.2.1 丝杠副轴向窜动量的测量与调整

滚珠丝杠副的间隙是轴向间隙。轴向间隙通常指的是丝杠和螺母无相对转动时，丝杠和螺母之间的最大轴向窜动量（是产生反向死区的主要原因）；除了结构本身所有的游隙外，还包括施加轴向载荷后丝杠弹性变形造成的轴向窜动量。

1）轴向窜动量的测量（见图 4-12a）。找一粒滚珠置于滚珠丝杠的端部中心，用指示表的表头顶住滚珠。将机床操作面板运行模式开关置于 JOG（手动进给）方式，进给倍率调节旋钮扳至比较低的档位（如 5%），分别点按 +X 方向和 -X 方向的进给键，观察指示表的偏差值，该偏差值为丝杠副固定轴承的间隙，即为丝杠副的轴向窜动量。

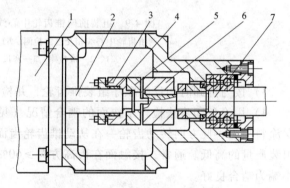

图 4-11 伺服电动机与滚珠丝杠副的直连结构

1—伺服电动机　2—电动机轴　3、6—轴套

4—锥环　5—联轴器　7—滚珠丝杠副

2）轴向窜动量的调整（见图 4-12b）。若丝杠副的轴向间隙较大，可松开丝杠副端部的锁紧螺母，预紧圆螺母，然后紧固锁紧螺母。

4.2.2 丝杠副反向间隙的测量与调整

使机床伺服轴的进给传动处于最佳状态，以进行高精度的定位控制，需通过 CNC 参数对机床切削进给方式和快速进给方式下滚珠丝杠副的反向间隙进行补偿（见图 4-13）。

1）进给间隙补偿量的测定。机床返回参考点→用切削进给速度（如 G91 G01 X100. F150）使被测轴移动至测量点→安装指示表并将其表针调至 0 刻度位置→用切削进给速度使机床沿相同方向再移动 100mm→用相同的切削进给速度从当前点返回到测量点→读取指示表的刻度值→分别测量被测轴中间及另一端的间隙并取三次测量的平均值，该值即为切削进给间隙的补偿量 A。

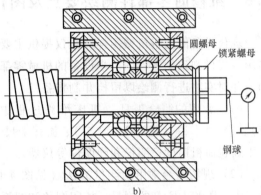

图 4-12　丝杠副端部固定轴承间隙的测量与调整

a）实际测量图　b）调整示意

2）快速进给间隙补偿量的测定。机床返回参考点→以快速进给速度（如 G91 G00 X100.）移动至测量点→安装指示表并将其表针调至 0 刻度位置→用快速进给速度使机床沿相同方向再移动 100mm→用相同的快速进给速度从当前点返回到测量点→读取指示表的刻度值→分别测量被测轴中间及另一端的间隙并取三次测量的平均值，该值即为快速进给间隙的补偿量 B。

3）FANUC 18/18i/0i/30i 系统反向间隙补偿量控制功能的 CNC 参数设定。将运行模式开关置于 MDI 方式→按面板［OFFSET/SETTING］功能键→按［SETTING］软键→设定参数写入 PARAMETER WRITE = 1→按［SYSTEM］功能键→按［PARAM］软键→修改 CNC 参数#1800.4/RBK = 1，使系统对切削进给和快速进给的反向间隙补偿量分别进行控制→返回［SETTING］界面，将参数写入 PARAMETER WRITE = 0。

4）FANUC 18/18i/0i/30i 系统反向间隙补偿量的 CNC 参数设定。对上面测得的间隙补偿量 A 和 B，按机床的检测单位折算成具体数值，将折算后的数值分别设定在 CNC 参数#

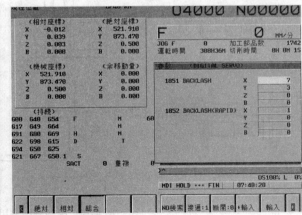

图 4-13　滚珠丝杠副反向间隙的测量与补偿

1851（切削进给方式的反向间隙补偿量）和#1852（快速进给方式的反向间隙补偿量）中，补偿量符号与移动方向相同。

4.3 维修时零部件测绘要点及图样

现代设备的随机机械图样一般仅提供主要部件的装配示意图，不再像早先的设备一样，向用户提供细致的零件图。当设备的机械零部件第一次发生故障时，维修人员需对其进行拆卸，并对实物进行测绘以留档并制作备件。

（1）常用的测绘工具 机床维修过程中，常用的测绘工具有：钢直尺（见第 2.1.1 节）、内/外卡钳（见第 2.1.2 节）、游标卡尺（见第 2.2.1 节）、内/外径千分尺等。有时还会用到表面粗糙度检测仪和硬度仪等仪器。

（2）现场测绘常用的测量方法（见图 4-14） 包含直线尺寸的测量，内径和深度的测量，中心距和中心高的测量，拓印圆角和圆弧后用圆弧样板测量或绘图计算等。

（3）绘制零件图 分为徒手画草图和利用计算机绘图软件形成正式图两个阶段。

1）徒手画草图。

① 设备零件的实物测绘工作通常是在设备附近或维修站进行的，并且损坏的零件急需图样去制作备品，以尽快恢复机床的正常运转，甚至由于单一、关键性设备不能停机，迫使精度下降的零件重新装回设备以维持其运转，因此维修人员需要用最短的时间，边徒手画草图边使用钢直尺、游标卡尺和千分尺等测量工具，获取零件的原始尺寸并简单标注在草图上，为后续使用计算机形成正式图样奠定基础。

② 实物测绘时，要特别注意尺寸测量的正确性和尺寸标注的完整性，以及相关零件之间配合尺寸与关联尺寸的一致协调性，杜绝草图尺寸的缺失或错误导致无法形成完整的正式图及备件的错误制作，从而无法用于设备的维修等。

③ 测量相互配合的两个零件的配合尺寸时，仅测量其中一个零件的尺寸即可，如孔、轴配合的直径或内外螺纹旋合的大径等。

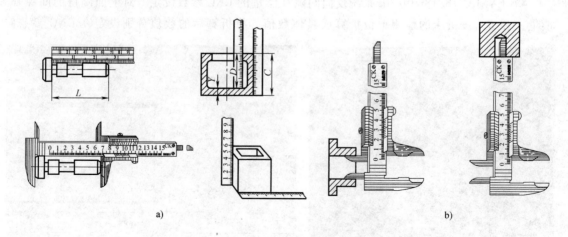

a)   b)

图 4-14　现场测绘常用的测量方法

a）直线尺寸的测量　b）内径和深度的测量

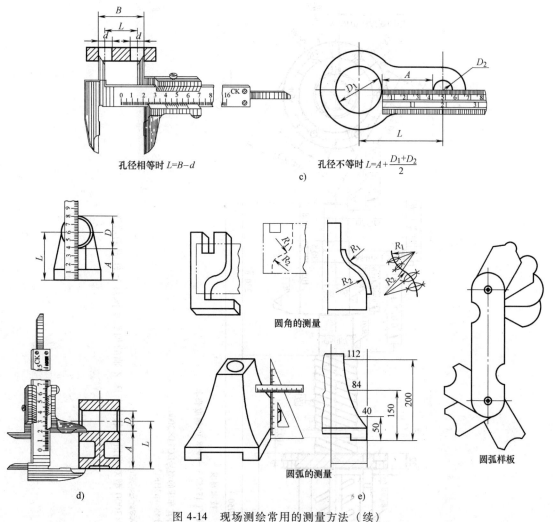

孔径相等时 $L=B-d$

孔径不等时 $L=A+\dfrac{D_1+D_2}{2}$

c)

圆角的测量

圆弧的测量

圆弧样板

d)

e)

图4-14 现场测绘常用的测量方法(续)

c)中心距的测量 d)中心高的测量(均为 $L=A+\dfrac{D}{2}$) e)拓印法测量圆角和圆弧

④ 对于被测零件上的重要尺寸,如相互啮合的齿轮中心距等,不能仅靠测量获取,还要通过计算来校验;获取的数据(如模数等)应取标准规定的数值,不重要的尺寸取整数即可。

⑤ 对于被测零件上的倒角、圆角、键槽、退刀槽和螺纹的大径等标准结构尺寸,测绘时获取的数值要按照标准规定的数值执行。

⑥ 实物测绘时,要根据被测零件上各尺寸的作用,注写待制零件的尺寸公差、几何公差和表面粗糙度及其他技术要求。

2)利用计算机绘图软件形成正式图。

① 根据徒手画的草图,结合机械制图的相关要求,利用 AutoCAD 或 Solidworks 等绘图软件来选择合适比例和图纸等形成正式图(见图4-15),并在正式图上标注尺寸及技术要求。

② 标注尺寸时,先选择尺寸基准,以便于零件的加工和测量;再考虑被测零件的装配要求,以标明配合尺寸和定位尺寸;最后确定零件的总体尺寸。

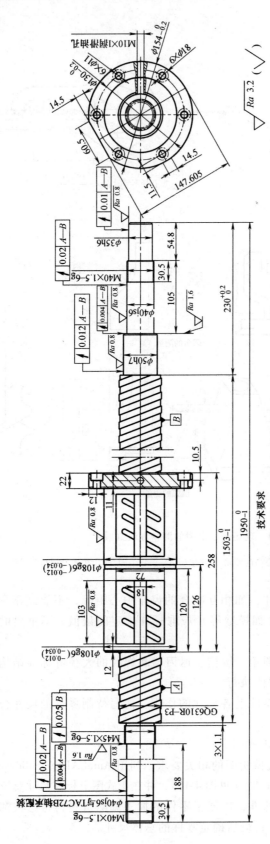

图 4-15 LC34×3000 型双端卧式数控车床 Z 轴的加长型滚珠丝杠副测绘图

技术要求
1.其余应符合GB/T 17587.3—1998 P3精度要求。
2.未注倒角C1。
3.适用于数控卧式车床的型号LC34×3000。
4.滚珠螺纹部分58～63HRC。

4.4 FANUC 数控系统硬件拆装精析

4.4.1 部件更换和数据 Ghost 要点

1. FANUC 数控系统硬件构成特点

FANUC 数控系统本体由主板、轴控制卡、FLASH ROM/SRAM 模块、LCD 显示和控制、风扇、电池以及电源等组成。轴控制卡和电源位置如图 4-16a 所示，FLASH ROM/SRAM 模块位置如图 4-16b 所示。

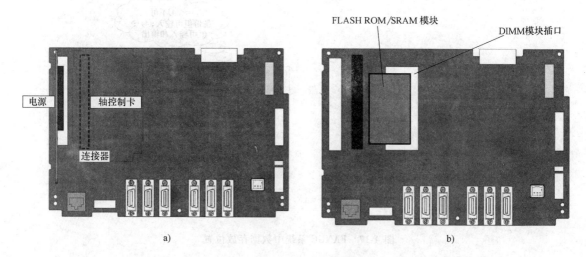

图 4-16 FANUC 数控系统硬件
a）轴控制卡和电源位置 b）FLASH ROM/SRAM 模块位置

系统内部的电路板、控制卡等上集成了大量的电路，一般出现问题时，建议直接更换相应的板卡，如需进行板级维修，可向 FANUC 公司咨询。

2. 部件的更换要求

更换印制电路板时，需要注意如下几点：

1）选项参数被作为选项信息文件（文件名为 OPRM_INF）保存在 FLASH ROM 内。该文件只能在本系统内使用，不允许复制到其他 FANUC 系统中，否则会出现报警。更换印制电路板之前，除了要备份 SRAM 数据和用户文件外，还需要备份选项信息文件。更换印制电路板时，若不慎损坏选项信息文件，则可用先前的备份数据进行恢复操作。

2）更换完印制电路板后，系统数据可能会丢失，故可根据需要执行 SRAM 数据和用户文件的恢复。

3）更换 FLASH ROM/SRAM 模块时，需要恢复存储在 FLASH ROM 中的选项信息文件。在恢复完之后，通电时会产生报警"PS5523 选项认证等待状态"，应在有效期限内（报警发生后 30 日之内）联系北京 FANUC 公司，获取认证文件。报警 PS5523 可在有效期限内通过复位操作予以取消。

4）更换印制电路板后，CNC 设别号有时会发生变化。如此，需在 CNC 画面上确认 CNC 设别号。若与数据表的记载事项不同，则需修改数据表的记载事项。

3. 数据备份和恢复要求

需要备份的数据分为易失性数据和非易失性数据两类，易失性数据包括系统参数、加工程序、补偿参数、用户变量、螺距补偿值和 PMC 参数等，非易失性数据包括 PMC 程序、C 语言执行程序、宏执行程序（机床厂二次开发软件）等。数据存放的区域如图 4-17 所示。

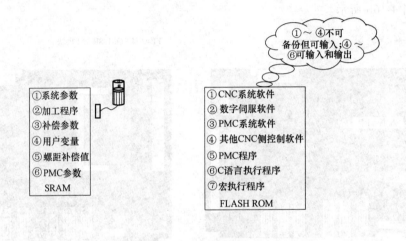

图 4-17　FANUC 系统中数据存放位置

在 FANUC 系统出现以下状况时，维修人员对其进行数据备份的恢复。

1）当 SRAM 的电池电压低造成 SRAM 中资料丢失时（SRAM 中资料需要恢复）。

2）更换 FLASH ROM/SRAM 模块时（SRAM、FLASH ROM 中资料需要恢复）。

3）更换主板时（SRAM 中资料需要恢复）。

4）当系统内部数据被更改时（SRAM、FLASH ROM 中资料需要恢复）。

4. 电池更换注意事项

偏置数据和系统参数都存储在控制单元的 SRAM 存储器中。SRAM 存储器由安装在控制单元上的锂电池供电，故在主电源断开时，这些数据也不会丢失。锂电池是机床制造商在发货之前安装的，它可使 SRAM 存储器内保存的数据保持一年。

当电池电压下降时，LCD 上 CNC 状态显示区的⑥处闪烁显示警告信息"BAT"（见表 4-1），同时向 PMC 输出电池报警信号。出现电池报警信号后，应在 1～2 周⊖内尽快更换电池。若电池电压进一步下降，则不能对 SRAM 存储器提供电源。此时，不接通控制单元的外部电源，就会导致 SRAM 存储器中保存的数据丢失，系统警报器将发出报警。在更换完电池后，需要清除 SRAM 存储器的全部内容，然后重新输入数据。因此，FANUC 公司建议用户不管是否产生电池报警，每年均要定期更换一次电池。

⊖　仅是一个大致标准，实际能够使用多久，则因不同的 FANUC 系统配置而有所差异。

表 4-1 FANUC 系统的 CNC 状态显示区及内容

显示区序号	显示内容	详细内容		
	CNC 状态显示区示意	<div>（模态） G01 G40 G54 F M G97 G25 G64 S G91 G22 G18 G69 G00 G50.2 T G94 G98 G13.1 G71 G67 SACT 0 ⑨ 运行时间664H44M 循环时间0H0M0S 数据超限 ⑤ MDI STOP DWL FIN ALM 16:11:50 输入 绝对 [相对][综合][手轮][操作] ① ② ③ ④ ⑥ ⑦ ⑧</div><div>注：⑤会显示在③、④所显示的位置； ⑩会显示在⑧所显示的位置。 F 0 MM/M 加工件数 21349 ⑩</div>		
①	当前工作方式	MDI：手动数据输入、MDI 运行	MEM：自动运行（存储器运行）	RMT：自动运行（DNC 运行）
		EDIT：存储器编辑	HND：手轮进给	JOG：手动方式进给
		INC：步进进给	REF：手动返回参考点	＊＊＊＊：上述之外的方式
②	自动运行状态	＊＊＊＊：复位状态（接通电源或终止程序的执行，自动运行完全结束的状态）		
		STOP：自动运行停止状态（结束一个程序段的执行并停止自动运行的状态）		
		HOLD：自动运行暂停状态（中断一个程序段的执行并停止自动运行的状态）		
		STRT：自动运行起动状态（系统正在执行自动运行的状态）		
③	轴移动中状态、暂停状态	MTN：轴在移动之中	DWL：处在暂停状态	＊＊＊：非 MTN 和 DWL 状态
④	正在执行辅助功能的状态	FIN：正在执行辅助功能的状态（等待来自 PMC 的完成信号）	＊＊＊：其他状态	—
⑤	紧急停止状态或复位状态	-EMG-：处在紧急停止状态	-RESET-：正接收复位信号的状态	
⑥	报警状态	ALM：报警的状态	BAT：电池（CNC 的后备电池）电压降低	APC：绝对脉冲编码器后备电池的电压降低
		FAN：风扇异常的状态	空格：其他状态	—
⑦	当前时间	hh:mm:ss 表示小时:分:秒		
⑧	程序编辑状态/运行状态	输入：正在输入数据的状态	输出：正在输出数据的状态	搜索：正在进行搜索的状态
		EDIT：正在进行其他编辑操作的状态（插入、修改等）	LSK：输入数据时标头状态	再开：程序再起动的状态
		COMPARE：正在核对数据的状态	偏置：处在刀具长度补偿量测量方式（M 系列）或者刀具长度补偿量写入方式（T 系列）的状态	WOFS：处在工件原点补偿量测量方式状态

（续）

显示区序号	显示内容	详细内容		
⑧	程序编辑状态/运行状态	AICC：处在 AI 轮廓控制方式下的运行状态，仅限 M 系列且 CNC 参数 #3241~#3247	AI APC：处在 AI 先行控制方式下的运行状态，仅限 M 系列且 CNC 参数 #3241~#3247	APC：处在先行控制方式下的运行状态，仅限 T 系列且 CNC 参数#3251~#3257
		WFST：处在工件位移量写入方式状态	空白：其他状态	—
⑨	数据设定或输入/输出的报警显示	在设定数据时，键入的数据有误（错误格式、超出设定范围的数值等）以及处在不能输入的状态（错误方式、禁止写入等）时，会显示相应的报警信息		
⑩	路径名称	显示状态的路径号，如路径 1 表示所显示的状态为路径 1 的状态。此外，还可用其他名称，这取决于 CNC 参数#3141~#3147 的设定。路径名称的显示位置与⑧相同		

5. 系统风扇的散热要求

系统风扇用于系统散热。FANUC CNC 控制单元内装有一个风扇，空气由控制单元底部进入，通过安装在顶部的风扇排出。图 4-18 中的空间 A 必须留出，以保证空气的流动。同时，任何时候都要尽可能将图 4-18 中的空间 B 留出。若不能留出空间 B，则不要在其附近放置任何器件阻碍空气的流通。

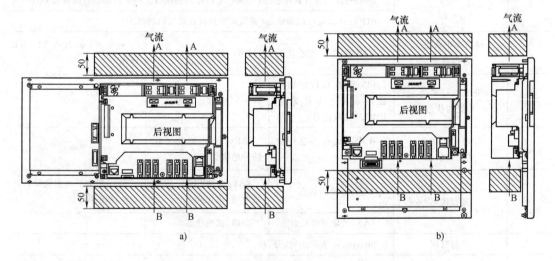

图 4-18　FANUC 系统中风扇的散热要求
a）水平安装单元　b）垂直安装单元

4.4.2　轴控制卡更换技巧

更换轴控制卡时，小心不要接触高压电路部分（此部分带有标记并配有绝缘盖），以免发生触电事故。取下盖板并更换轴控制卡前，需对 SRAM 存储器的内容（参数、程序等）进行备份，防止 SRAM 存储器的内容在更换过程中丢失。

1. 拆卸轴控制卡的步骤

1）将固定着轴控制卡的垫片（2处）的卡爪向外拉，拔出闩锁，如图4-19a所示。

2）将轴控制卡向上方拉出，如图4-19b所示。

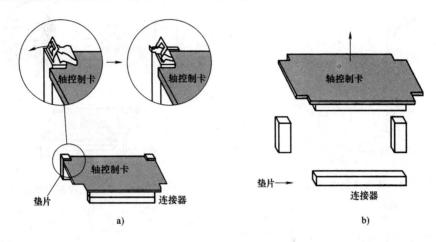

图4-19 FANUC系统中轴控制卡的拆卸示意

a）拆卸步骤一 b）拆卸步骤二

2. 安装轴控制卡的步骤

1）确认垫片配件已经被提起。

2）为对准轴控制卡基板的安装位置，使垫片抵接于轴控制卡基板的垫片固定端面上，对好位置，如图4-20所示（此时若将连接器一侧稍抬高而仅使垫片一侧下垂，则较容易使轴控制卡基板抵接于垫片并定好位置）。

3）在使轴控制卡基板与垫片对准的状态下，慢慢地下调连接器一侧，使得连接器相互接触。

4）若使轴控制卡基板沿着箭头方向稍向前、向后移动，则较容易确定嵌合位置。

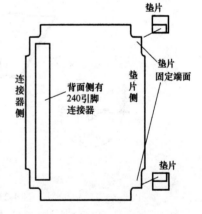

图4-20 轴控制卡基板的安装示意

5）慢慢地将轴控制卡基板的连接器一侧推进去。此时，应推压连接器背面附近的轴控制基板。插入连接器大约需要98N的力。若已超过98N但仍难以嵌合，则位置偏离的可能性较大，此情况会导致连接器破损，故应重新进行定位操作。注意：不可按压集成电路块上面贴附的散热片，否则将导致其损坏。

6）将垫片配件推压进去。

7）确认垫片（4处）的卡爪已被拉向外侧并被锁定，将轴控制卡插入连接器，如图4-21所示。

8）将垫片（4处）的卡爪向下按，固定住轴控制卡，如图4-22所示。

4.4.3 存储卡更换技巧

打开机柜更换存储卡时，千万不要触到高压电路部分（此部分带有标记并配有绝缘盖），以免发生触电事故。更换存储卡前，需要对 SRAM 存储器的内容（参数、程序等）进行备份。

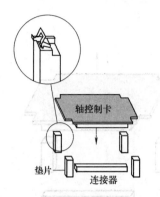

图 4-21　将轴控制卡插入连接器示意

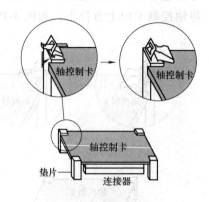

图 4-22　固定轴控制卡示意

1. 拆卸存储卡的步骤

1）将插口的卡爪向外打开，如图 4-23a 所示。

2）向斜上方拔出存储卡，如图 4-23b 所示。

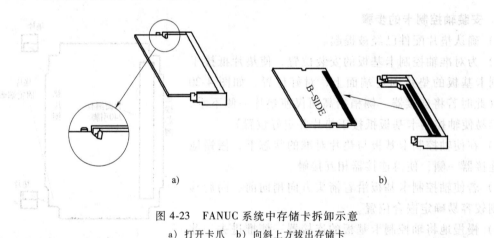

a)　　　　　　　　　　　　　　　b)

图 4-23　FANUC 系统中存储卡拆卸示意

a）打开卡爪　b）向斜上方拔出存储卡

2. 安装存储卡的步骤

1）B 面向上，将存储卡斜着插入存储卡插口。

2）放倒存储卡，直至将其锁紧，如图 4-24 所示。

4.4.4　系统主板更换技巧

更换系统主板前，需要对 SRAM 存储器中的内容（参数、程序等）进行备份，防止 SRAM 存储器中的内容在更换过程中丢失。同时不要触到高压电路部分。更换主板的步骤如下：

1）拧下固定着壳体的两个螺钉，如图 4-25 中①所示。若主板上连接有电缆，应拆除电缆后再作业。

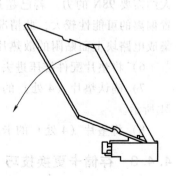

图 4-24　放倒存储卡示意

2）一边拆除闪锁在壳体上部两侧的基座金属板上的卡爪，一边拔出壳体。可以在壳体上安装着后面板、风扇和电池的状态下拔出，如图 4-25 中②所示。

3）将电缆从主板上的连接器、CA88A（PCMCIA 卡接口连接器）、CA79A（视频信号接口连接器）、CA122（用于软键的连接器）上拔下，拧下固定主板的螺钉，如图 4-26 所示。主板与逆变器 PCB 通过连接器 CA121 直接连接，以向下错开主板的方式拆卸主板。

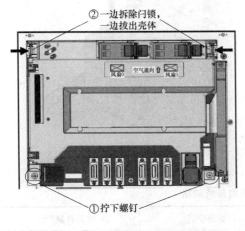

图 4-25　FANUC 系统壳体的拆卸示意

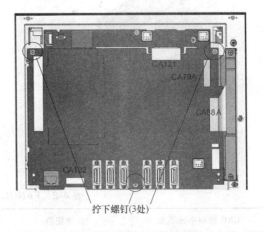

图 4-26　拧下固定主板的螺钉

4）更换主板。

5）对准壳体的螺钉以及闪锁的位置，慢慢地嵌入。通过安装壳体，壳体上附带的 PCB 便可与主板和连接器相互接合。一边确认连接器的接合状态，一边以不施加过猛外力为原则按压盖板。

6）确认壳体的闪锁挂住以后，拧紧壳体的螺钉。轻轻按压风扇和电池，确认已经接合。若已经拆除了主板的电缆，则应重新装设电缆。

4.4.5　系统电池更换技巧

FANUC 系统电池是安装在 CNC 控制单元内的锂电池。该电池的更换步骤如下：

1）先准备锂电池，规格为 A02B-0309-K102。

2）接通机床电源，等待约 30s 后再关断电源。

3）拔出位于 CNC 装置背面右下方的电池（抓住电池的闪锁部位，一边拆下电池盒中的卡爪，一边向上拔出），如图 4-27 所示。

4）安装事先准备好的新电池（一直将卡爪按压到卡入电池盒内为止，确认闪锁已经钩住壳体），如图 4-28 所示。

4.4.6　系统风扇更换技巧

更换风扇前，先准备好备件。FANUC 系统风扇备货规格见表 4-2。注意：打开机柜更换系统风扇时，千万不要触到高压电路部分（此部分带有标记并配有绝缘盖），以免发生触电事故。

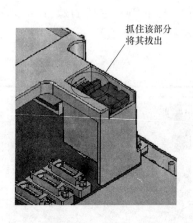

图 4-27 拔出电池示意

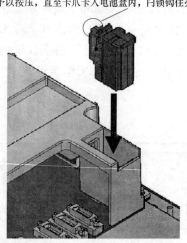

图 4-28 安装新电池示意

表 4-2 FANUC 系统风扇备货规格

CNC 控制单元类型	备货规格	安装位置	所需数量/个
不带选项插槽的单元	A02B-0309-K120	风扇 1(右)	1
	A02B-0309-K120	风扇 0(左)	1
带 2 个选项插槽的单元	A02B-0309-K120	风扇 1(右)	1
	A02B-0309-K121	风扇 0(左)	1

更换风扇的步骤如下：

1) 在更换风扇之前，关掉 CNC 电源。

2) 拉出要更换的风扇（抓住风扇的闩锁部分，一边拆除壳体上附带的卡爪，一边将其向上拉出），如图 4-29 所示。

3) 安装新的风扇（予以推压，直至风扇的卡爪进入壳体），如图 4-30 所示。

图 4-29 拉出系统风扇

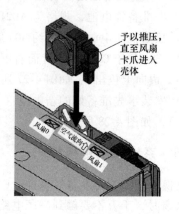

图 4-30 安装新风扇

4.5 SINUMERIK 数控系统硬件拆装精析

4.5.1 840D 系统 NCU 模块更换技巧

在数控机床的日常维修过程中，维修人员应严格按照"四步到位法"的要求，合理运用原理分析法、状态指示灯和报警信息分析法、数据/状态检查法、系统自诊断法、直观检查法（望闻问切）、备板置换（替代）法、交换（同类对调）法、敲击法、升温法、功能程序测试法、隔离法和测量比较法及强迫闭合法（用于液压元件或接触器）等现代诊断分析方法，迅速查明机床故障原因并及时排除，尽快恢复数控机床的正常运转，同时制订有针对性的预防措施，防止类似故障的再次发生。

配置了 SINUMERIK 840D 系统的数控机床维修也应遵循上述维修原则。在此，以国内某公司自德国进口的数控落地镗铣床（采用 SINUMERIK 840D 系统，其 HMI 人机界面由 PCU50、OP015 和 PP012 组成）为例，介绍 NCU573.4 模块的更换过程。

1）更换 NCU573.4 模块前，在机床的 PCU50（装入内嵌式 HMI 软件）上进行 NC 数据和 PLC 数据的系列备份，备份存储在随机硬盘或 NC 卡上。具体操作步骤为：按下 OP 单元上的［Menu Select］区域转换键→依次按［Start-up］开机调试软键及［Set password］设置口令软键，进入密码输入画面→输入保护等级为 3 以上的口令后按［OK］垂直软键以激活存储权限→再按［Menu Select］区域转换键→依次按［Service］服务软键、最右侧扩展键［>］（又称 ETC 键）和［Series Start-up］批量调试软键→显示数据的系列备份画面（见图 4-31）→在画面中分别选择存档内容 MMC、NC（同时选中螺距误差补偿）和 PLC，并用系统默认的文件名加上日期来定义文档名称→单击垂直软键［Archive］或［NC Card］（选择［V24］或［PG］时，应按［Interface］软键以设定 V24 接口参数）→分别选择硬盘驱动器或 NC 卡为批量调试数据的存储目标并开始系列备份。

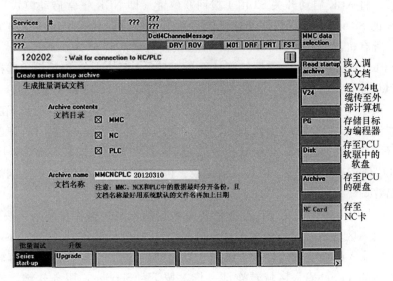

图 4-31 SINUMERIK 840D 系统数据的系列备份画面（内嵌式 HMI）

2）切断机床电源→将 NCU 模块上的电缆插头做好记号并一一拔掉→用螺钉旋具松开 NCU 模块的紧定螺钉→将 NCU 模块从 NCU Box 中抽出→将同型号的 NCU573.4 模块正确插入至 NCU Box 中→按标记将电缆插头对应接至 NCU 模块上。

3）重启机床电源后，观察 NCU573.4 模块上两列状态显示灯中的+5V、PR、PS 和 PFO 灯全部点亮且 PF 灯闪亮。同时 OP 单元的显示屏上出现一个视窗：

Regie：

Warning：Application 'MMC0' didn't post init complete！

Press <enter> and continue....

4）按下 OP 单元上的［Input］键后，系统继续加载并显示#120202 Wait for connection to NC/PLC 报警。依次压下［Menu Select］区域转换键和［Start-up］水平软键，输入口令"SUNRISE"后显示：

Define password

Communication to NC failed

Password entry only possible for MMC

Please enter password

5）根据提示再次输入口令"SUNRISE"后，显示如下信息：

Start up

Communication error

If the error still occurs，trigger a NCK power on reset

If the error still occurs，switch the MMC and NCK off and on again。

Current access level：Manufacture（for MMC only）

6）进行 NC 总清：用一字螺钉旋具将 NCU573.4 模块上的 NCK 启动开关 S3 由 0 旋至 1（即 NCK 默认值启动模式），机床断电重启。若 NC 处于启动过程中，则可按一下 NCU573.4 模块上的 RESET/复位按钮 S1，控制系统和驱动复位并重新引导启动。待模块上的 7 段 LED 显示数字 6 后，将 NCK 启动开关 S3 由 1 拨回 0 位置（即 NCK 正常启动模式），此时 NC 总清完成，NCK 的 SRAM 内用户数据（如机床参数、刀具数据和固定循环及加工程序等）被全部清除掉，所有机器数据（Machine Data）被预置为默认值。

7）进行 PLC 总清：利用一字螺钉旋具将 NCU573.4 模块上的 PLC 模式选择开关 S4 由 0 旋至 2（即 PLC 停止运行模式），此时右列状态显示灯中的 PS 灯点亮呈红色。将 S4 由 2 旋至 3（即 PLC 模块复位模式）并保持约 3s 直至 PS 灯先熄灭再点亮呈红色。在 3s 内用螺钉旋具快速操作 S4，依次为 2→3→2，此时 PS 灯先闪烁再点亮呈红色，PF 灯也点亮呈红色（有时 PF 灯不亮）。将 S4 由 2 旋至 0 位置直至 PS 灯和 PF 灯熄灭，而 PR 灯点亮呈绿色（表示内装 PLC 处于运行状态）。PLC 总清完成，机床控制面板 MCP 不停地闪烁，面板上的功能键操作无效。

8）在机床的 PCU50 上进行 NC 数据和 PLC 数据的恢复，操作步骤为：按下 OP 单元上的［Menu Select］区域转换键→依次按［Start-up］开机调试软键及［Set password］设置口令软键进入密码输入画面→输入保护等级为 3 以上的口令后，按［OK］垂直软键以激活存储权限→再按［Menu Select］区域转换键→依次按下［Service］服务软键、最右侧扩展键［>］（又称 ETC 键）和［Series Start-up］批量调试软键及［Read Start-up Archive］读入调试文档垂直软键→进入数据恢复画面（见图 4-32）并弹出归档文件夹的所有档案文件→移动光标分别选择 NC 和 PLC 存档文件→依次按下 ［Start］ 和 ［Yes］ 垂直软键开始数据的恢复。

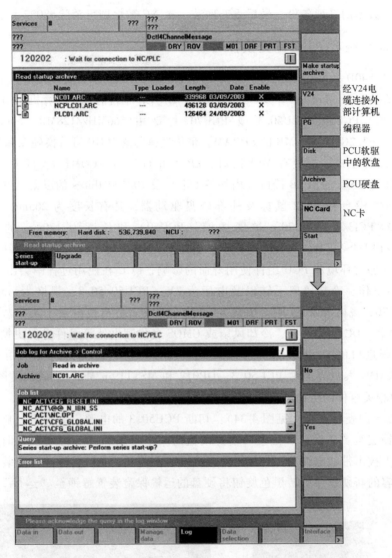

图 4-32　SINUMERIK 840D 系统数据恢复画面（内嵌式 HMI）

9）对于安装了海德汉直线光栅尺的全闭环控制的数控落地镗铣床，回装 NC 数据时各伺服轴的绝对位置参考点随之被重新装入新更换的 NCU573.4 模块中，待 PLC 数据回装完毕且机床正常启动后，操作者可直接进行空负荷试机而无须重设参考点。

10）当使用高版本的 NCU 模块替换存在故障的 NCU 模块时，回装数据后 OP 单元的显示屏上可能会出现 "#8022 Option 'activation of more than %1kB SRAM' not set" 报警（即选件 "大于%1kB SRAM 的激活" 未设置）。

① 出现#8022 报警的原因：原有 NCU 模块中 SRAM 对应的 MD18230 MM_USER_MEM_BUFFERED（即 SRAM 中的用户存储器）较小，与新更换的高版本 NCU 模块中 SRAM 对应

的 MD18230 不一致，用原有的备份数据回装系统时就会出现该报警。

② 解决办法：更换高版本的 NCU 模块后，执行 NC 总清和 PLC 总清并记录 MD18230 的设定值 a。然后用原有的备份数据回装系统，回装结束后将记录的设定值 a 输入 MD18230 中，并进行 NC 数据的系列备份。最后重新回装一次 NC 数据即可消除 #8022 报警。

4.5.2　840D 系统 PCU 组件更换技巧

SINUMERIK 840D 系统选择配置的 PCU50、PCU50.3 或 PCU70，实际是一台带有多点通信接口（MPI）的基于 Windows NT4.0US 或 Windows XP 操作平台的工业计算机，OP 单元是该计算机的显示器。PCU50、PCU50.3 或 PCU70 主要由 566MHz/128MB、566MHz/256MB、1.2GHz/512MB 或 1.2GHz/1024MB 的 SDRAM，带传送机构的 10GB 可替换硬盘和 DC 24V 电源及冷却风扇等组件组成；配置有 MPI 接口、LPT1 并行端口、COM1（V24/TTY）和 COM2（V24）串行端口、2 通道的 USB 接口（内外各 1 个）及 10/100Mbit/s 的以太网可选 RJ45 接口等，可连接 PS/2 键盘和 PS/2 鼠标及外部磁盘驱动器；具有长度为 265mm 的 1×PCI3/4（PCU50）或 3×PCI3/4（PCU70）扩展插槽（PCU50）和长度为 170mm 的 1×PCI/25A（PCU50）或 1×PCI/ISA（PCU70）短形共享扩展插槽及 1×PC 卡（类型Ⅲ）扩展插槽。

受工业现场恶劣环境和 PCU 组件使用寿命的影响，PCU 在使用过程中会出现硬盘损坏、DC 24V 电源不工作、冷却风扇不转以及电压为 3V（PCU50/50.3，规格为 A5E00331143）或 3.6V（PCU70，规格为 W79084-E1003-B1）的 CMOS 后备电池电量不足等故障，并需要对 PCU 中的硬盘、DC 24V 电源、冷却风扇或 CMOS 备份锂电池等组件进行更换。下面以国内某公司自德国进口的 Oerlikon C50 型垂直式弧齿锥齿轮切齿机为例（采用 SINUMERIK 840D 系统，其 HMI 人机界面由 PCU50.3、OP012 和 MSTT19in MCP 组成，见图 4-33），介绍 PCU50.3 中相关组件的更换过程。

1）PCU50.3 的硬盘更换（见图 4-34）：切断 PCU50.3 的电源→旋转黑色旋钮将硬盘的运输保险装置锁定至 "非运行" 位置→松开硬盘的 4 个紧固螺钉→将硬盘 4 向上折叠起来→从主板插座上拔出带状电缆 5、供电电缆 6 和锁定电缆 7→按相反的顺序安装同型号或与被替换硬盘兼容的新硬盘→旋转黑色旋钮将硬盘的运输保险装置解锁至 "运行" 位置即可。

a)

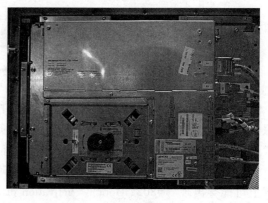

b)

图 4-33　Oerlikon C50 型垂直式弧齿锥齿轮切齿机及其 PCU50.3

a）Oerlikon C50 型垂直式弧齿锥齿轮切齿机　b）PCU50.3 背面图

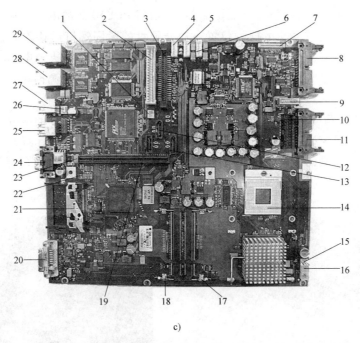

c)

图 4-33 Oerlikon C50 型垂直式弧齿锥齿轮切齿机及其 PCU50.3（续）

c）PCU50.3 主板接口

1—硬盘状态锁定接口 X607 2—电源输入接口 X13 3—可选并行 ATA 驱动接口 X3 4—串行 ATA0 的电源接口 X25

5—串行 ATA1 的电源接口 X26 6—串行 ATA2 的电源接口 X602 7—X45 8—I/O 接口 X44（连接 OP 单元）

9—带 USB2.0 的操作面板接口 X42 10—X402 11—LVDS 接口 X400（连接 TFT 显示器） 12—串行 ATA2 接口 X52

13—串行 ATA0 接口 X50 14—中央处理器接口 X1 15—机箱风扇电源接口 X128 16—CMOS 备份电池接口 X24

17—Memory 接口 X20 18—Memory 接口 X19 19—串行 ATA1 接口 X51 20—DVI—I 接口 X302 21—CF 卡插槽 X4

22—USB 接口 X43 23—Bus 扩展插槽 X10 24—Profibus DP/MPI 接口 X600 25—USB4 接口 X41

26—CPU 风扇电源接口 X129 27—USB0 接口 X40 28—Ethernet2 接口 X500 29—Ethernet1 接口 X501

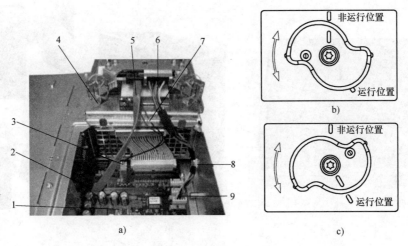

图 4-34 PUC50.3 的硬盘更换

a）硬盘的连接 b）硬盘的锁定 c）硬盘的解锁

1—PCU50.3 的主板 2—接口 X50 3—接口 X607 4—硬盘 5—带状电缆

6—供电电缆 7—锁定电缆 8—电缆紧固夹 9—接口 X602

2）PCU50.3 的电源模块更换（见图 4-35）：切断 PCU50.3 的电源→旋转黑色旋钮将硬盘的运输保险装置锁定至"非运行"位置→松开硬盘的紧固螺钉后移除硬盘→松开盖板的紧固螺钉 3 并取下电源盖板 4→松开电源模块的 2 个紧固螺钉 5→拔掉电源模块上的连接电缆→从箱体中向上取出电源模块 7→按相反的顺序安装同型号的电源模块→正确安装硬盘并旋转黑色旋钮将硬盘的运输保险装置解锁至"运行"位置即可。

3）PCU50.3 机箱冷却风扇的更换（见图 4-36）：切断 PCU50.3 的电源→松开箱体盖板螺钉并打开箱体→拔掉机箱冷却风扇上的连接电缆→松开风扇外壳后面的 4 个黑色塑料铆钉→取出损坏的冷却风扇→按相反的顺序安装同型号的机箱冷却风扇并确保气流方向正确。

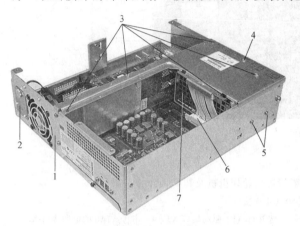

图 4-35　PCU50.3 的电源模块更换

1—PCU50.3 机箱　2—电池盒　3、5—紧固螺钉
4—电源盖板　6—主板上电源输入接口 X13　7—电源模块

图 4-36　PCU50.3 的机箱冷却风扇更换

1—安装风扇的膨胀铆钉　2—机箱风扇电源线（X128）
3—机箱冷却风扇

4）PCU50.3 备份锂电池的更换（见图 4-37）：打开 PCU50.3 机箱后面的电池盒→松开电池固定器→断开电池与主板的连接电缆→从固定器上取下待更换的旧电池→在 1min 内将

图 4-37　PCU50.3 备份锂电池的更换

a）备份电池在主板上的位置　b）打开电池盒　c）松开电池固定器　d）断开电池连接线

1—机箱冷却风扇　2—风扇电源线（X128）　3—备份锂电池　4—电池连接线（X24）
5—Memory 接口 X20 的底座　6—模块导座的固定孔　7—Memory 接口 X19

新电池安装在固定器上（否则 CMOS 上的时间和日期等备份数据将丢失）→重新插接电池与主板的连接电缆→将电池盒装在机箱后端。

4.5.3 机床面板旋钮开关更换技巧

在 MDA 方式或 Auto（自动）运行方式下，操作人员或维修人员可使用 MCP310C/483C PN 上的主轴倍率旋钮开关和进给倍率旋钮开关来分别控制主轴和进给轴的实际速度，即通过旋钮开关选择的百分比来提高或降低主轴和进给轴的编程速度。如程序设定主轴速度为 1000r/min 时，主轴倍率旋钮开关选择 80%，则主轴实际转速为 1000r/min×80% = 800r/min。

当倍率旋钮开关出现断线或自身损坏等故障时，将不能继续修调主轴和进给轴的编程速度，此时应及时更换故障旋钮开关。下面以主轴倍率旋钮开关为例，介绍旋钮开关的拆卸和安装过程（见图 4-38）。

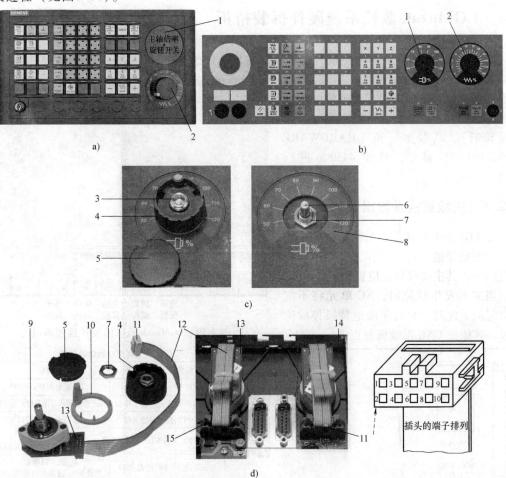

图 4-38　MCP310C/483C PN 上倍率旋钮开关的更换过程

a）MCP310C PN 实物　b）MCP483C PN 实物　c）旋钮开关的拆卸　d）旋钮开关的安装

1—主轴倍率旋钮开关　2—进给倍率旋钮开关　3—夹紧螺母　4—旋钮　5—顶盖

6—立柱　7—固定螺母　8—刻度盘　9—O 形环　10—指示环　11—连接插头

12—连接导线　13—连接电路板　14—第 2 个旋钮开关的背面　15—与插头耦合的插座

1）旋钮开关的拆卸：取下旋钮 4 的顶盖 5（卡扣式连接）→用宽 10mm 的扳手松开夹紧螺母 3→拔出整个旋钮 4→用宽 14mm 的扳手松开旋钮开关立柱 6 上的固定螺母 7→从与插头耦合的插座 15 中拔出旋钮开关电缆末端的连接插头 11→取出旋钮开关。

2）旋钮开关的安装：将 O 形环 9 作为密封圈套在旋钮开关立柱 6 上→将旋钮开关卡入正面的开口中并压紧 O 形环→用宽 14mm 的扳手以 3N·m 的力矩从正面拧紧旋钮开关立柱 6 上的固定螺母 7→将指示环 10 卡入旋钮 4 后套在旋钮开关立柱 6 上→旋转指示环 10 使其箭头对准刻度盘的 0 位置→用 10mm 的扳手以 2N·m 的力矩拧紧夹紧螺母 3→将顶盖 5 卡在旋钮 4 上→按插头端子排列顺序连接并固定连接导线 12→在 MDA 方式下编程控制主轴旋转并选择几个百分比（%），观察屏幕上的主轴实际速率与主轴倍率修调速率是否一致，一致则更换完毕→按相同步骤安装进给倍率旋钮开关即可。

4.6 LGMazak 数控系统硬件拆装精析

LGMazak 数控系统本体由主板、电源板、基本 I/O 板、I/O 扩展板、PCMCIA I/F、风扇、电池等组成。系统的版本不同，硬件配置会不同，每台 LGMazak 机床的硬件配置明细可通过硬件监控画面（依次单击菜单键［诊断］、［版本］和［HARDWARE MONITOR］后显示，见图 4-39）进行查阅。

4.6.1 主板更换及数据 Ghost 详解

在 LGMazak 机床上，数控系统的主板用于实现数据的运算、保存、发布控制和运行指令，其主要接口及位置如图 4-40 所示。当主板发生故障时，NC 单元将不能正常起动。此时，只有正确地替换掉故障主板，才能使 CNC 系统恢复正常。

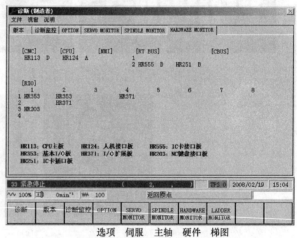

图 4-39　LGMazak 机床的硬件监控画面

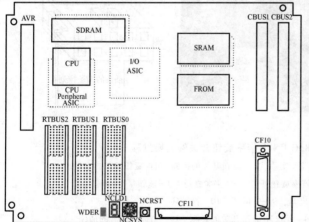

图 4-40　LGMazak 系统主板的接口位置及接口功能

主要接口的功能说明

接口名称	接口功能	备注
AVR	电源板接口	安装电源板HR083
CBUS1	盒式存储卡接口1	加工程序和梯图存储扩展卡接口
CBUS2	盒式存储卡接口2	选项卡安装接口
CF10	基本I/O板接口	电缆CF10接口（主板至基本I/O板HR353）
CF11	NC键盘接口	电缆CF11接口（主板至NC键盘接口板HR203）
RTBUS0	人机接口板接口	安装人机接口板HR122/HR124等
RTBUS1/2	扩展板接口	安装IC卡HR555等
NCSYS	系统工作方式选择开关	0:标准，系统正常运行 7:清除RAM区，初始化机床参数
NCLD1	显示主板状态	正常显示为"9"
WDER	看门狗	故障时点亮为红色

1. 主板交换前的准备工作

在拆卸系统主板前，维修人员务必将所有的 NC 数据（包含系统版本、SRAM 数据和 PLC 数据等）事先备份至随机硬盘上，以便后续恢复数控系统。

（1）系统版本和 SRAM 数据的备份操作

1）打开维护工具。移动鼠标，使其箭头移至屏幕的最下端；单击右键，显示快捷菜单；移动鼠标至左下角的［开始］项，单击右键后选择［资源管理器］项，用左键打开；在资源管理器中点选 "C：\ main \ mainte. exe"，启动维护工具并显示维护工具窗口（见图 4-41）。

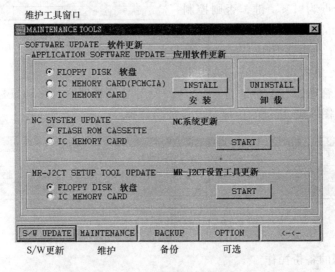

图 4-41 LGMazak 机床的维护工具窗口

2）备份 NC 版本信息（出厂时通常已备份，仅进行确认即可）。单击窗口下方的［MAINTENANCE］维护键，进入图 4-42 所示的画面。在画面左上角 "NC" 区内，显示主板上 FROM 的数据。单击画面右侧的［>］键，将 FROM 的数据备份至随机硬盘上。注意：备份时不可错点成［<］键，否则控制单元内的现有数据被重写掉。

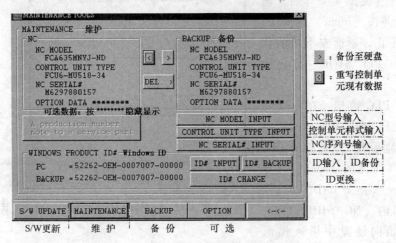

图 4-42 FROM 数据备份至硬盘的操作画面

3）备份 SRAM 数据。待 NC 版本信息备份完毕后，单击图 4-42 所示画面最下方的 [BACKUP] 备份键，进入图 4-43 所示的 SRAM 数据备份/还原画面。单击 "EXT-DATA I/O" 左侧 [>] 键后，会在 "mainte" 文件夹内生成一个名为 "srambkf. dat" 的文件。此时，NC 内的数据将以此文件的形式备份至随机硬盘上。注意：备份时不可错点为 [<] 键，否则控制单元内当前 SRAM 的数据被重写掉。

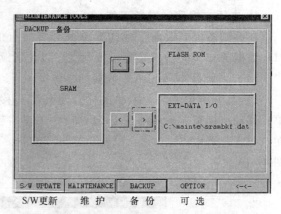

图 4-43 SRAM 数据备份/还原画面

4）结束维护工具并关闭快捷菜单。单击各窗口/画面右上角的符号 [×]，关闭维护窗口；单击资源管理器右上角的符号 [×]，关闭资源管理器；移动鼠标至屏幕的任意部分，左键单击后，图 4-44 所示的快捷菜单将被隐藏掉。

图 4-44 LGMazak 机床的快捷菜单

（2）PLC 数据的备份操作

1）打开梯形图监控。依次单击按键 [诊断]→[维护]→[LADDER MONITOR]→[NC File]→[NC File]→[OPEN]→[OK]→[<]后退2次→[LADDER]，打开梯形图监控；单击画面下方的 [TOOL] 工具键，切换显示工具窗口。

2）停止梯形图运行。单击左侧起的第 3 个按键 [RUN/STOP]，使其颜色反衬（见图 4-45）后，输入数值 "1" 并按 [input] 键输入，梯形图运行停止，画面左下角的状态栏内出现 "PLC STOP" 红色提示信息。

3）备份 PLC 数据。在图 4-45 所示的工具窗口内，单击 [NC→HD] 键后，显示 NC 至硬盘的 PLC 数据备份窗口（见图 4-46）；选择目的地目录 "C：\ LADDER \" 后，单击窗口内 [NC->HD SAVE] 按钮，以开始向硬盘中拷入梯形图；待拷贝结束后，单击窗口右下角的 [Exit] 按钮，关闭 PLC 数据备份窗口；单击工具窗

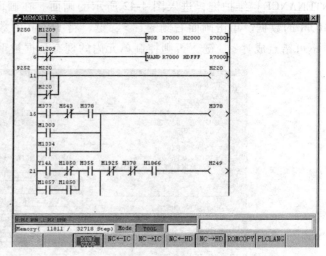

图 4-45 LGMazak 机床梯形图监控的工具窗口

口内 ［RUN/STOP］ 键，使其颜色反衬后，输入数值 "0" 并按 ［input］ 键输入；用鼠标左键单击屏幕下方 最右侧的 ［END］ 键，结束 PLC 数据的备份操作。

4）关闭梯形图画面。单击最左侧 ［<］ 键，返回 梯形图画面的初始菜单，鼠标左键单击 ［END］ 键， 关闭梯形图画面。

图 4-46　NC 至硬盘的 PLC 数据备份窗口

2. 主板交换

（1）拆卸故障主板

1）关闭 NC 电源和主电源后，松开操作面板的紧固螺栓，打开操作面板。

2）拆下 NC 单元下部与其连接的全部插头。

3）拆下 NC 单元右下侧用螺钉固定的地线。

4）主板安装于 NC 单元的最下层，按照 "自上而下" 的顺序，将主板上安装的所有电路板拆掉。拆卸时，记录好各印制板的顺序，并注意插针/插头的正确拆下。

（2）安装备用主板

1）用同型号的备用主板替换掉故障主板。

2）按照与拆卸相反的顺序安装备用主板。

3）将整个 NC 单元安装至操作面板上，并正确连接所有接头。

4）接通主电源和 NC 电源。通电前，务必再次确认各处电缆是否正确连接。

3. 主板更换后的数据恢复/还原

在更换系统主板后，维修人员务必将先前备份在随机硬盘上的 NC 数据还原至新主板中，以免 LGMazak 机床因数据缺失而不能正常工作，甚至无法起动。LGMazak 机床的数控系统组件实物如图 4-47 所示。

图 4-47　LGMazak 机床的数控系统组件实物
1—前盖　2—IC 卡接口板 HR555/HR556　3—NC 电池
4—PCMCIA I/F 板 HR841　5—主板 HR113
6—电源板 HR083

（1）还原系统版本信息和 SRAM 数据

1）打开维护工具。操作方法同上述 "系统版本和 SRAM 数据的备份操作"，维护工具窗口如图 4-41 所示。

2）还原 FROM 数据。通过单击维护工具窗口下方的 ［MAINTENANCE］ 维护键，进入图 4-42 所示的画面；在画面左上角 "BACKUP" 区内，显示硬盘的备份数据；单击画面左侧的 ［<］ 键后，显示密码输入画面；待输入更改 NC 序列号的密码[⊖]并单击 ［OK］ 按钮后，随机硬盘上的备份数据便被还原至主板的 FROM 中；备份数据还原结束后，在图 4-42 所示的画面内，确认 "NC" 区和 "BACKUP" 区的信息必须相同。注意：还原时不可错点为 ［>］ 键，否则硬盘上备份的 FROM 数据被更改掉。

3）还原 SRAM 数据。待 FROM 数据还原完毕后，单击图 4-42 所示画面最下方的

　⊖　此处的密码为非公开的机床信息。

［BACKUP］备份键，进入图 4-43 所示的 SRAM 数据备份/还原画面。单击"EXT-DATA I/O"左侧［<］键，随机硬盘上备份的 SRAM 数据被还原至主板的 SRAM 中。注意：还原时不可错点为［>］键，否则硬盘上备份的 SRAM 数据被更改掉。

4）结束维护工具并关闭快捷菜单（见图 4-44）。操作方法同上述"系统版本和 SRAM 数据的备份操作"。

（2）还原 PLC 数据

1）打开梯形图监控。操作方法同上述"PLC 数据的备份操作"。

2）还原 PLC 数据。在图 4-45 所示的工具窗口内，单击自右侧起第 5 个按键［NC← HD］后，显示硬盘至 NC 的 PLC 数据还原窗口（见图 4-48）；在"Source Directory"栏经［Select］按钮点选备份数据的来源地，单击［NC←HD LOAD］按钮，以开始向"NC"区还原 PLC 数据，同时运行目录下的梯形图语言文件同时被更新；待还原结束后，单击窗口右下角的［Exit］按钮，关闭 PLC 数据还原窗口。

3）关闭梯形图画面。操作方法同上述"PLC 数据的备份操作"。

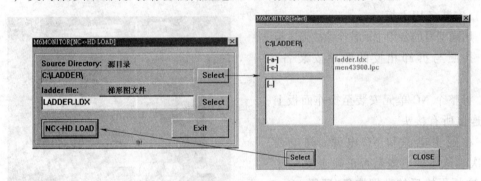

图 4-48　硬盘至 NC 的 PLC 数据还原窗口

（3）正确设定系统的日期和时间，以满足 LGMazak 机床运行监控机能的要求　双击屏幕右下角显示时间的部位，出现图 4-49 所示的画面；先在年、月、日的小窗口中选定当前的日期，再在时间的小窗口中设定时、分、秒，设定结束后，单击窗口内的［确定］按钮，关闭日期时间设定窗口；检查屏幕右下角的日期和时间，确认是否设置正确。

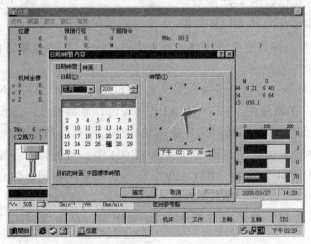

图 4-49　LGMazak 机床的日期时间设定窗口

（4）向新主板的 FROM 中备份"用户参数、机械参数和梯形图"等数据

1）打开维护工具。操作方法同上述"系统版本和 SRAM 数据的备份操作"，维护工具窗口如图 4-41 所示。

2）向 FROM 中备份数据。单击维护工具窗口最下方的［BACKUP］备份键，进入图 4-43 所示的 SRAM 数据备份/还原画面。单击 FLASH ROM 左侧［>］键，新主板上 SRAM 内数据将备份至 FROM 中。

3）单击画面右上角的符号［×］，关闭维护工具窗口。

（5）向新主板的 FROM 中备份梯形图语言

1）打开梯形图监控。操作方法同上述"PLC 数据的备份操作"。

2）向 FROM 中备份梯形图语言。在图 4-45 所示的工具窗口内，单击自右侧起第 2 个按键［PLCLANG］后，显示梯形图语言至 FROM 的备份窗口（见图 4-50）；单击备份窗口中左侧的［LANG→FLROM］按钮，梯形图语言便备份至 FROM 中；单击右上角的符号［×］，关闭备份窗口；单击最左侧［<］键，返回梯形图画面的初始菜单，同时单击［END］键，关闭梯形图画面。

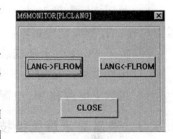

图 4-50 梯形图至 FROM 的备份窗口

3）在向 FROM 中备份梯形图语言时，因梯形图语言容量过大且多数为不使用的，故应事先删掉 MPLC 文件夹（见图 4-51）内英语和汉语之外的语言文件。具体操作步骤如下：

① 在关闭梯形图画面后，移动鼠标使其箭头移至屏幕的最下端，单击右键，显示快捷菜单。

② 移动鼠标至左下角的［开始］项，单击右键后选择［资源管理器］项，用左键打开。

③ 在资源管理器中点选"C：\ m6y＿ ymw \ MPLC"（车床为 TPLC），显示其中文件。

④ 在 MPLC 文件夹的右侧文件中，选择"Mch＊＊.lpc"和"Men＊＊.lpc"（车床为 Tch＊＊.lpc）之外的所有文件，单击右键并单击下拉菜单中的［删除］按钮。

⑤ 单击右上角的符号［×］，关闭资源管理器；移动鼠标至屏幕的任意位置，左键单击后隐藏掉快捷菜单。

⑥ 返回梯形图画面，执行"向 FROM 中备份梯形图语言"的操作。

图 4-51 资源管理器下 MPLC 文件夹中的内容

4.6.2 NC 冷却风扇更换技巧

LGMazak 机床为了保证 NC 单元的正常运行，在 NC 单元的外壳上安装有冷却风扇（见图 4-52）。该风扇既要定期保养——清理掉黏附在风扇盖和扇叶上的污物并防止污物落至印制板上，还要在风扇寿命到达（以风扇转速下降 50% 为判断标准）或风扇损坏时更换新件。冷却风扇更换的步骤如下：

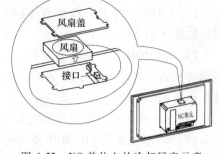

图 4-52 NC 单位上的冷却风扇示意

1）关闭 NC 电源和主电源后，松开操作面板的紧固螺栓，打开操作面板。

2）拆下 NC 单元上部安装的风扇盖子，取出故障风扇并拔下其插头。

3）用同型号的备用风扇替换掉故障风扇，按照与拆卸相反的顺序安装备用风扇。

4）接通主电源和 NC 电源。通电前，务必再次确认风扇电缆是否正确连接。

4.6.3 液晶显示屏更换技巧

LGMazak 机床在运行过程中，常会出现液晶显示屏自身故障（逐渐变暗、发红或黑屏）造成 NC 单元显示模糊或无法显示的问题。此时，维修人员应在了解液晶显示屏结构组成并掌握日常维护注意事项的前提下，对其进行整体更换（见图 4-53）。

1. 更换液晶显示屏的步骤

1）关闭 NC 电源和主电源后，松开操作面板的紧固螺栓，打开操作面板。

2）拆下相关联的插头，将液晶显示屏及其上的 NC 单元一起拆下。

3）在安全、干净的位置，拆下液晶显示屏上的 NC 单元，将 NC 单元安装至新的液晶显示屏上。

4）按照与拆卸相反的顺序，将部件依次安装回操作面板即可。

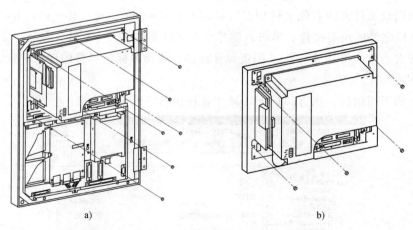

a)   b)

图 4-53 LGMazak 机床上液晶显示屏的更换示意

a）操作面板后视图　b）液晶显示屏和 NC 单元

2. 液晶显示屏的日常维护注意事项

1）LCD 怕进水。若发生进水，可将 LCD 放在温暖的地方或用热吹风机等设备对其烘烤，以期将 LCD 内的水分逐渐蒸发掉。当潮气较严重（会腐蚀液晶电极）且 LCD 经烘烤仍无法使用时，应委派专业人员对其拆卸或送专业维修厂家修理。

2）LCD 怕粗暴对待。在使用清洁剂进行清洁时，应避免把清洁剂直接喷到屏幕上，否则清洁剂可能流入屏幕内而造成短路。LCD 的液晶晶体和灵敏电气元件等抗撞击能力非常小，因此不能用手指按压液晶屏或用尖锐物品在屏幕上比划，否则会出现屏幕的玻璃面破损、屏角碎裂或液晶模块损坏等故障。

3）LCD 怕野蛮拆卸。厚度不到 10mm 的 LCD 面板内不仅包含液晶盒这一关键部件（它是在两片玻璃基板间安装彩色滤光片、偏振片、配向膜和玻璃基板及液晶分子等材料后封装而成的一个模块），还有一根用作背光源的细长易碎冷阴极荧光灯管（见图 4-54），因此野蛮拆卸 LCD 会造成故障的扩大，甚至使 LCD 报废。

图 4-54　野蛮拆卸致背光管折断的示例
1—电路板　2—液晶显示屏　3—玻璃板　4—冷阴极荧光灯管

4）此外，LCD 在关机很长时间后内部依然会带有高达 AC 1kV 的电压，非专业人士对其拆卸时有可能会被电击而发生伤亡事故。所以，在 LCD 发生故障时，可利用备件置换法或同类对调法整体更换 LCD，以在最短时间内排除故障和尽快恢复机床运行，然后委派专业人员对有故障的 LCD 进行拆卸或直接送专业维修厂家修理。

4.7　Mazak 编码器更换详解

（1）Mazak 机床所配编码器的型号　见表 4-3。

表 4-3　Mazak 机床所配编码器的型号

机床类型	移动轴编码器型号	刀库编码器型号	换刀机械手编码器型号
VCN	OSA17-060	OSA17-020	OSA17-020
VTC	OSE105S2	OSA17-020	OSA17-020
QTN	OSA17-060	OSA17-020	—
QT	OSE105S2	OSA17-020	—

（2）作业准备环节

1）确认新编码器与待更换的旧/坏编码器是同一型号。

2）旧/坏编码器的型号通过图 4-55 所示的诊断画面获知。

3）新编码器的型号通过图 4-56 所示的编码器标签获知。

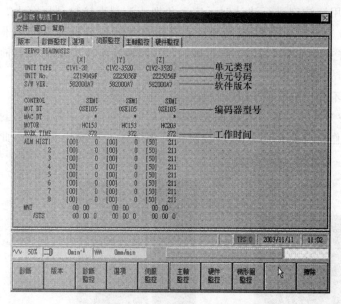

图 4-55　Mazak 机床的诊断画面　　　　　　　图 4-56　编码器及其标签

（3）更换编码器作业步骤

1）切断机床电源后，用专用工具拆下即将更换的旧编码器的航空插头（见图 4-57a）。拆卸时用力要均匀，防止拧裂螺纹接口。

2）松开旧编码器的固定螺栓，垂直向上（或向外）取下编码器。取下时，先不要变换方向，观察编码器内部定位箭头（见图 4-57b）在塑料承套凹槽那一边的安装（见图 4-57c），并做好标识。

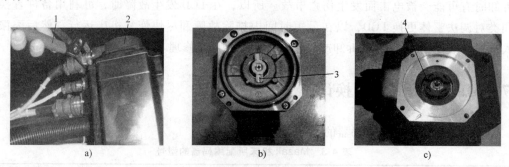

图 4-57　旧/坏编码器的拆卸过程

a）拆卸航空插头　b）编码器内部定位箭头　c）塑料承套凹槽内部定位箭头

1—专用工具　2—待换旧编码器　3—内部定位箭头　4—塑料承套

3）确认新编码器的防水密封圈安装是否正确，如图 4-58 所示。

4）按照拆卸时的箭头标记，安装新编码器并紧固于电动机上，保证编码器的出线口方向与电动机动力电缆的相同（见图 4-59）。

5）机床通电。

图 4-58　确认新编码器的防水密封圈

出线口方向保持一致

图 4-59　编码器出线口示意

（4）更换编码器后确认参考点位置

1）刀塔、刀库和 ATC 单元的编码器在更换结束后，需要重新调整电气原点。调整方法参见第 4.9 节内容和厂家提供的有关技术资料。

2）进给轴的编码器在更换结束后，需要确认机械参考点（即机床坐标系 MCS 的原点，属于 CNC 机床制造和加工的一个固定不变的基准点，又称机床原点）位置以及原点返回栅格值（GRID，见图 4-60）。若进给轴电动机被拆下重装，则务必重新调整机械参考点位置以及原点返回栅格值，GRID 值范围为（5±2.5）mm。

3）编码器更换作业完毕。

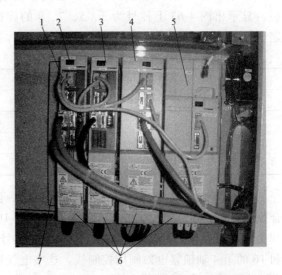

图 4-60　诊断画面下进给轴的原点返回栅格值

4.8　VTC 机型第 4 轴安装详解

1）在装有 MITSUBISHI M640 系统的 VTC 机型上安装第 4 轴伺服模块。

① 安装第 4 轴伺服模块前的伺服连接状况如图 4-61 所示。

② 拆下图 4-61 中的盖板 7，将第 4 轴伺服模块装于此处。

③ 拆下图 4-61 中的防护板 6，查看伺服模块间的相互连接状况（见图 4-62）。

④ 使用直流母线排和软电缆（AC 200V），将第 4 轴伺服模块与其他伺服模块按图 4-63 连接起来。

⑤ 将 Y/Z 轴伺服模块上 CN1A 接口处的插头 X121（图 4-61 中件号 1）拔下，将其连接于第 4 轴伺服模块的 CN1A 接口。

⑥ 使用一根白色的电缆，将第 4 轴伺

图 4-61　VTC 机型未装第 4 轴伺服模块的伺服连接示意

1—X121 插头　2—Y/Z 轴伺服模块　3—X 轴伺服模块
4—主轴伺服模块　5—电源模块　6—防护板　7—盖板

服模块上 CN1A 接口右侧的 CN1B 接口与 *Y/Z* 轴伺服模块上的 CN1A 接口连接起来。

⑦ 将第 4 轴伺服电动机的编码器电缆插头连接在第 4 轴伺服模块上的 CN2 接口（图 4-63中件号 14）处。

⑧ 将第 4 轴伺服电动机的动力电缆 U7、V7 和 W7 连接在第 4 轴伺服模块下部的动力电缆接线端子（图 4-63 中件号 11）处。将黄绿颜色的接地线连接于第 4 轴伺服模块的底部，连接完成后的状态如图 4-63 所示。

图 4-62 拆掉防护板后伺服模块间相互连接示意
1—直流母线排 2—软电缆

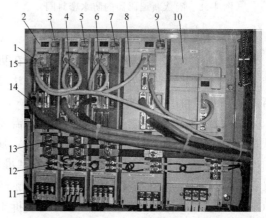

图 4-63 VTC 机型安装第 4 轴伺服模块的伺服连接示意
1—CN1A 接口 2—第 4 轴伺服模块 3、5、7、9—旋钮开关
4—*Y/Z* 轴伺服模块 6—*X* 轴伺服模块 8—主轴伺服模块
10—电源模块 11—动力电缆接线端子 12—软电缆
13—直流母线排 14—CN2 接口 15—CN1B 接口

⑨ 打开第 4 轴伺服模块、*Y/Z* 轴伺服模块、*X* 轴伺服模块和主轴伺服模块上方的盖板，显示出图 4-63 上件号为 3、5、7、9 的旋钮开关，并按表 4-4 所列给定旋钮开关的设定值。

表 4-4 VTC 机型安装第 4 轴时旋钮开关的设定值

序号	伺服模块名称	旋钮开关设定值
1	第 4 轴伺服模块	3
2	*Y/Z* 伺服模块	左侧（L）= 1，右侧（M）= 2
3	*X* 轴伺服模块	0
4	主轴伺服模块	4

2）其他电气接线的连接。安装第 4 轴时，除了连接伺服模块外，还需要连接相关的配合控制线路。涉及的控制线路有线号为 2L+的 DC 24V 电源线、线号为 427 的第 4 轴参考点开关线、线号为 434 的第 4 轴选择信号线、线号为 445 的第 4 轴锁紧检测信号线、线号为 82 和 16 的第 4 轴锁紧电磁阀用控制线。这些电气连接线的连接位置位于电控柜右下角继电器电盘中的接线端子排上。

3）第 4 轴气管的连接。第 4 轴气管用于向该轴的制动气阀提供工作气源，安装在 VTC 机床后部的气源分流块部位。

① 在 VTC16A 加工中心上安装第 4 轴气管时，先拆下机床后部的防护罩，再在气源分流块 4 和机床进气电磁阀 1 之间增加一个三通接头 3，最后将第 4 轴气管 2 连接于三通接头 3 之上，如图 4-64 所示。

② 在 VTC20B/20C 加工中心上安装第 4 轴气管时，先拆下机床后部的防护罩，再在三通接头 2 上增加一个三通接头 3，最后将第 4 轴气管 4 连接于三通接头 3 上，如图 4-65 所示。

图 4-64　VTC16A 加工中心上第 4 轴
气管的连接示意
1—机床进气电磁阀　2—第 4 轴气管
3—三通接头　4—气源分流块

图 4-65　VTC20B/20C 加工中心上第 4 轴
气管的连接示意
1—气源分流块　2、3—三通接头
4—第 4 轴气管　5—机床进气电磁阀

4）第 4 轴的安装。将第 4 轴向工作台上安装时，先将 4 轴定位键安装在 4 轴的底部，再将第 4 轴调装于工作台上，使 4 轴定位键镶嵌在工作台中间的 T 形槽中。若 4 轴定位键无法镶入 T 形槽内，可经由磨床将定位键磨掉少许，再进行安装。VTC 机型第 4 轴的安装示意如图 4-66 所示。

a)

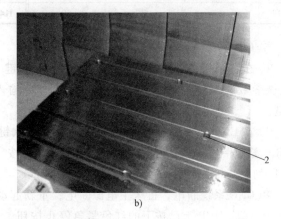

b)

图 4-66　VTC 机型第 4 轴的安装示意
a）第 4 轴本体　b）机床工作台
1—4 轴定位键　2—装定位键的 T 形槽

5）将第 4 轴的连接插头、气管与第 4 轴本体连接。

6）接通 VTC 机床电源，开始 CNC 参数的设定工作。

① 基于安全考虑，操作机床之前，务必按下 MCP 上红色紧急停止按钮。

② 在 CNC 系统的位置画面下，按［参数］软键→按［机械参数］软键左侧的空白键→按［机械参数］软键右侧的菜单选择键［⇨］→输入数字"1131"→按 MCP 上的［INPUT］按键。

③ 在 CNC 系统的位置画面下，按［诊断］软键→按［版本］软键 2 次→屏显系统参数→将 CNC 参数 01、03 分别设定为 3 和 4。

④ 在 CNC 系统的位置画面下，按［参数］软键显示参数画面→根据表 4-5 所列的第 4 轴 CNC 参数依次进行设定。

表 4-5　VTC 机型安装第 4 轴时相关 CNC 参数及设定值

参数号	名称/内容	标准型设定	高增益型设定值	参数号	名称/内容	标准型设定	高增益型设定值
01	轴数	3	3	03	同时控制轴数	4	4
F85	—	BIT2 = 0,BIT3 = 1		R2100	4 轴有效（PLC）	BIT0 = 1	BIT0 = 1
M1	快速速度	按第 4 轴说明书要求		M2	原点回归速度	按第 4 轴说明书要求	
M3	切削速度上限	5000	5000	M4		0	0
M5	—	0	0	M6		0	0
M7	—	0	0	M8		1	1
M9		1	1	M10	指令单位	10	10
M11	轴名（绝对值）	&41<A>	&41<A>	M12	轴名（增量值）	&41<A>	&41<A>
M13		10010000	10010000	M14		0	0
M15		0	0	M16		0	0
M17	加减速方式选择	10001	10001	M18		0	0
N1	G00 时间常数	设定与 N2 相同的值		N2	切削进给时间常数	设定与 X/Y/Z 轴相同的值	
N7	OT 时间	100	100	N8	原点回归速度	200	200
N10	栅格量	3000	3000	S13	—	200	200
S14		50	50	I14		100	100

⑤ CNC 系统断电后重新起动。

⑥ 在 CNC 系统位置画面下，按［参数］软键→按［机械参数］软键左侧的空白键→按［机械参数］软键右侧的菜单选择键［⇨］→输入数字"1131"→按 MCP 上的［INPUT］按键。

⑦ 在 CNC 系统位置画面下，按［诊断］软键→按［版本］软键→按［SERVOMONITOR］软键→按 MCP 上的向下翻页键［↓］→按［参数］软键出现第 4 轴伺服参数→据表 4-6 所列第 4 轴伺服参数依次进行设定。

⑧ CNC 系统断电，机床主电源断电；重新起动。

⑨ 释放 MCP 上已按下的红色紧急停止按钮。若有异常，务必立即按下紧急停止按钮；若无异常，则表示机床准备好的灯点亮。

⑩ 使用磁座指示表检测并调整第 4 轴的垂直度和水平度，随后经压块将第 4 轴锁定。

表4-6 VTC机型安装第4轴时相关伺服参数及设定值

参数号	名称/内容	标准型设定	高增益型设定值	参数号	名称/内容	标准型设定	高增益型设定值
SV1	电动机侧齿轮比	4轴本体手册附属		SV2	机械侧齿轮比	4轴本体手册附属	
SV3	位置环增益1	与X/Y/Z轴同值		SV4	位置环增益2	与X/Y/Z轴同值	
SV5	速度环增益1	150	150	SV6	速度环增益2	0	0
SV7	速度环滞后补偿	0	0	SV8	速度环前进补偿	1364	1900
SV9	电流环q轴前进补偿	1024	4096	SV10	电流环d轴前进补偿	2048	4096
SV11	电流环q轴增益	256	768	SV12	电流环d轴增益	512	768
SV13	电流限制值1	500	500	SV14	电流限制值2	0	0
SV15	加速度前馈增益	与X/Y/Z轴同值		SV16	反向间隙补正增益	0	0
SV17	伺服系统式样	&0000	&0000	SV18	滚珠丝杠螺距	360	360
SV19	位置检出器分解能	1000	1000	SV20	速度检出器分解能	1000	1000
SV21	过负荷时间常数	60	60	SV22	过负荷检出基准	150	150
SV23	误差过大幅度1（伺服ON时）	2	2	SV24	定位幅度	0	50
SV25	电动机类型	&22B1	&22B1	SV26	误差过大幅度（伺服OFF时）	2	2
SV27	伺服机能1	&4000	&4000	SV29	速度环增益变更开始速度	0	0
SV31	超差补正增益	0	0	SV32	螺距补偿增益	0	0
SV33	伺服机能2	&0000	&0000	SV34	伺服机能3	&0000	&0000
SV35	伺服机能4	&0000	&0000	SV36	电源类型	&0000	&0000
SV37	电机换算负荷惯量	0	0	SV38	机械共振抑制过滤器	0	0
SV41	LMC补正增益2	0	0	SV42	OVERSHOOTING补正增益2	0	0
SV43	观测器频次	0	0	SV44	观测器增益	0	0
SV47	感应电压补正	100	100	SV49	主轴同期位置环增益1	同SP9值	
SV50	主轴同期位置环增益2	0	0	SV57	高增益控制常数	与X/Y/Z轴同值	

4.9 Mazak 刀塔/库原点设定详解

1. QT300/350车床刀塔原点设定详解

在设定刀塔原点之前，需要确定是电气原点丢失还是机械参考点丢失。若电气原点丢失，则非法断电会造成机床已记忆的原点丢失，但刀塔的实际机械位置仍正确；若机械参考点丢失，则刀塔的实际机械位置会发生偏离。

（1）车床刀塔电气原点丢失的设定步骤

1）按 MCP 上的［HOME］操作模式键，CNC 系统屏幕上单击［刀箱拆散］软键，使之红色反衬显示。

2）在机床位置画面中，将光标放置于左下角，单击后出现开始菜单图标 ▭ 。

3）从开始菜单中，依次单击按钮［开始］［程式集］和［MR-J2-CT Setup］，进入 CNC 系统预先嵌装好的 MR-J2-CT Setup 软件画面。单击画面中的［Test operation］测试操作按钮后，出现提示对话框并单击［确定］，进入图 4-67 所示画面。

4）在画面中，点选［Operation］按钮，使操作模式为"Jog"。

5）在画面中，单击［Absolute position initial set（A）］左侧的 □，使其变为"×"，即绝对位置初始化设定有效。

6）在画面中，单击［Origin-Set（S）］按钮，进行刀塔电气原点的初始化设定。

7）在画面中，按住［Normal Rot（G）］或［Reverse Rot（R）］按钮中的任意一个并持续 2s 以上。

8）在画面中，框选区域内显示"Completion"，以提示调试者刀塔电气原点设定完成。

9）在画面中，单击［End（Q）］按钮，以结束原点设定操作。

10）在画面中，单击右上角的［×］按钮，关闭并退出 MR-J2-CT Setup 软件。

11）单击 MCP 上［刀塔旋转］按钮，使之回到原点位置，切断主电源并重启机床。

12）确认画面上显示的刀号是否与实际刀号一致。若不一致，需将 1 号刀位旋转至当前刀位，随后重复上述步骤。

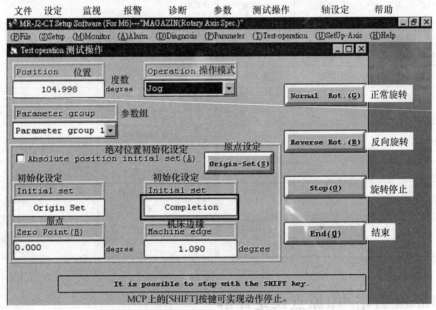

图 4-67　MR-J2-CT Setup 软件中在 JOG 模式下设定刀塔电气原点

（2）车床刀塔机械参考点丢失的设定步骤

1）先将刀塔沿 Z 坐标轴移至 -470mm 位置，选择一镗刀座为当前刀位。再在主轴上用杠杆指示表测量主轴中心与该镗刀座中心孔的偏差，并确认偏差方向，以给定刀塔电动机旋转的方向。

2）按 MCP 上的［HOME］操作模式键，在 CNC 系统屏幕上单击［刀箱拆散］软键，使之红色反衬显示。

3）在机床位置画面中，将光标放置于左下角，单击后出现开始菜单图标 ▭。

4）从开始菜单中依次单击按钮［开始］［程式集］和［MR-J2-CT Setup］，进入 CNC 系统预先嵌装好的 MR-J2-CT Setup 软件画面。单击画面中的［Test operation］测试操作按钮后，出现提示对话框并单击［确定］，进入图 4-68 所示画面。

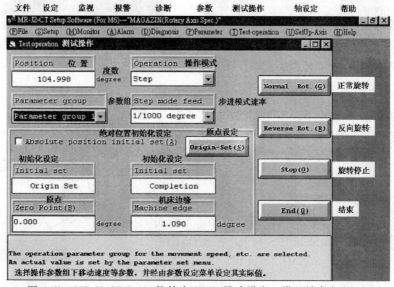

图 4-68　MR-J2-CT Setup 软件中 STEP 模式设定刀塔机械参考点

5）在画面中，点选［Operation］按钮，使操作模式为"Step"。

6）在画面中，单击［Setp mode feed］按钮，设定刀塔每次单击可旋转的角度。

7）按第 1 步给定的电动机旋转方向，选择刀塔正向旋转或者反向旋转，转至需要的角度位置。

8）在画面中，单击［End（Q）］按钮，以结束原点设定操作。

9）在 CNC 系统屏幕上单击［刀箱锁紧］软键后，使用杠杆指示表检测镗刀座与主轴中心的偏差。

10）松开刀塔端面的 12 颗螺栓，用橡皮锤向偏差调整方向敲击刀塔。可将第 2）～10）步结合并重复操作，直至测量偏差值在要求的范围内。

11）按"刀塔电气原点丢失的设定步骤"重新设定刀塔的电气原点。

12）机床主电源切断后重新接通即可。

2. VTC 二位数机型 ATC 原点设定详解

（1）刀库原点确认

1）执行主轴定向操作，移动刀库和机床各轴至图 4-69 所示位置。

2）在手动状态下，单击［MACHINE］菜单键，出现带有［2#参考点返回］软键的菜单。点亮［2#参考点返回］软键后，手动移动 X、Y 和 Z 坐标轴至换刀原点位置，依次单击软键［ATC 菜单］和［刀库门打开］，出现图 4-70 所示的画面。

3）按［▷］扩展键选择刀库前进，手动移动 Z 坐标轴至机床原点位置，取消主轴定向。

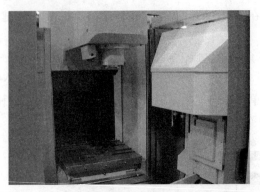

图 4-69　VTC 二位数机型主轴定向操作的位置示意

图 4-70　刀库门打开后机床位置示意

4）在刀库换刀位置安装一把刀具后，将磁座指示表固定于主轴上并手动旋转主轴（图 4-71），使指示表杆与刀库防护罩不干涉。测出主轴中心与刀柄中心的偏差。

5）在机床位置画面下，将光标放置于左下角，单击后出现开始菜单图标 ⌐。

6）从开始菜单中依次单击按钮［开始］［程式集］和［MR-J2-GT-M6 SETUP S_W］，进入 CNC 系统预先嵌装好的 MR-J2-GT-M6 SETUP S_W 软件画面（见图 4-72）。

7）在图 4-72 所示画面中，鼠标依次单击按钮［（U）Setup-Axis］→［AXIS SELECT（C）］→［MAGAZINE（1）］后，单击按钮［（T）Test-Operation］→［确定］，进入类似图 4-67 所示的 Test-Operation 画面。

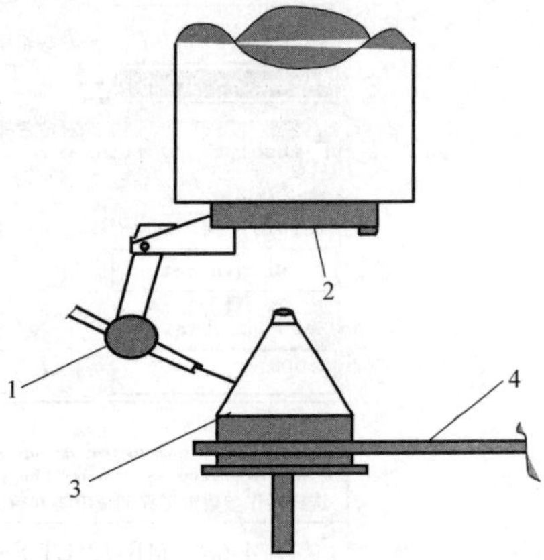

图 4-71　杠杆指示表检测主轴与刀库的偏差
1—磁座指示表　2—主轴　3—刀柄　4—刀夹

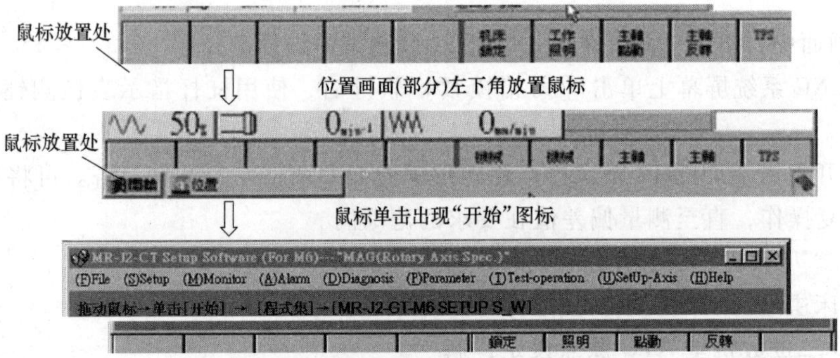

图 4-72　MR-J2-GT-M6 SETUP S_W 软件画面

8）在图 4-67 所示画面中，点选［Operation］按钮，使操作模式为"Step"；在［Setp mode feed］下，经下拉菜单选择［1/1000］［1/100］［1/10］或［1］，设定刀盘每次单击的分度角度，以用于后续调整刀盘旋转角度。相关参数设定后的画面参见图 4-68。

9）单击按钮［Normal Rot(G)］或［Reverse Rot(R)］，逐步旋转刀盘至正确位置，同时注意磁座指示表。

10）单击右上角的［×］按钮，分别关闭 Test-Operation 画面和 MR-J2-GT-M6 SETUP S_W 软件画面，完成刀盘原点的调整工作。

（2）刀盘电气原点记忆存储的设定

1）重复上述步骤4）~7），再次进入类似图 4-67 所示的 Test-Operation 画面。

2）在 Test-Operation 画面中，单击［Absolute position initial set（A）］按钮左侧的□，使其变为"×"，即绝对位置初始化设定有效。

3）单击［Origin-Set］按钮，进行刀盘电气原点的初始化设定。点住按钮［Normal Rot（G）］，直至框选区域内显示"Completion"，以提示调试者刀盘电气原点记忆完成。

4）单击画面右下侧［End（Q）］按钮，以结束原点记忆操作。

5）单击右上角的［×］按钮，分别关闭 Test-Operation 画面和 MR-J2-GT-M6 SETUP S_W 软件画面。

6）切断 CNC 系统电源和机床主电源，重新通电起动后，依次单击 MCP 上的［MACHINE］菜单键→［自动刀具交换］键→［刀库原点返回］键。

7）在主轴上安装一把刀具，手动换刀并观察刀库前进时刀夹和主轴刀柄的配合状态（见图 4-73）。两者配合不好时，需要重复先前的步骤重新进行调整。

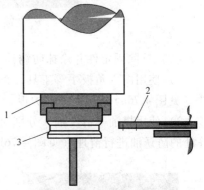

图 4-73　刀夹和主轴刀柄
配合状态示意
1—主轴　2—刀夹　3—刀柄

4.10　整机单元现场装调详解

在交钥匙工程中，很多机床/设备都是以整机单元的形式，由制造厂家运输至用户现场。随后，由装调人员进行现场安装并调试，完成工件的试加工和操作维修人员的培训工作。具有熟练经验的装调人员，通常是按流程化、习惯化的步骤进行整机单元的现场装调，以期提高装调效率并减少调机故障或报警。下面以 LGMazak VCN 型加工中心为例，介绍其整机单元的现场装调作业步骤。

（1）机床就位并清点随机零部件

1）利用叉车、吊车等工具，将已到达客户现场的机床放置于指定位置，确认每个地脚螺栓均稳固地放进垫铁凹坑内。VCN 型加工中心就位稳固示意如图 4-74 所示。

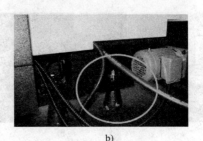

a)　　　　　　　　　　　　　　b)

图 4-74　VCN 型加工中心就位稳固示意
a）机床就位　b）螺栓进垫铁凹坑

2）与机床用户一起，对照机床装箱单清点随机零部件，确认零部件的完整性和准确性（见图 4-75）。核对无误后，双方均在装箱单/清点单据上签字认可。

图 4-75　清点随机零部件示意

（2）拆除固定件并涂抹防锈油

1）使用内六角扳手等工具，拆掉 X、Y、Z 坐标轴的护板，卸下机床前门和吊装固定等件（见图 4-76a）。安装 Y 轴护板、工作台前方钣金件等。

2）使用煤油等清洗剂，分别对机床导轨、滚珠丝杠副、滑板、主轴端部和主轴内锥孔等处的防锈油进行清理（见图 4-76b）。

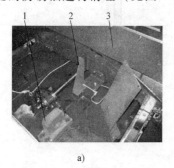

a)　　　　　　　　　　　　　　b)

图 4-76　拆除固定件并涂抹防锈油示意

a）拆除固定件　b）涂抹防锈油

1—吊装固定件　2—Y 轴固定件　3—Y 轴护板　4—主轴端部防锈油　5—护板防锈油

（3）连接电源和气源并确认机床动作

1）分别连接机床 Z 轴电动机连线（见图 4-77a）、编码器线和抱闸线。

2）使用万用表的电压档，确认机床主电源的电压在合适范围内。随后，连接接地线和机床主电源线（见图 4-77b、c），确认机床相序是否正确。主电源线径横截面积单根为 $10mm^2$，接地线线径横截面积单根不小于 $6mm^2$，接地电阻小于 100Ω。在确认机床相序时，

a)　　　　　　　　b)　　　　　　　　c)　　　　　　　　d)

图 4-77　VCN 型加工中心上各线路的连接示意

a）Z 轴电动机连线　b）接地线连接　c）主电源线连接　d）主轴降温空调数字显示

若机床主轴降温空调的数字显示为温度数值（见图 4-77d），则相序正确；若显示为英文"ERROT"，则相序接反。

3）连接干燥气源，确认气源的气压不低于 0.5MPa，如图 4-78 所示。

4）将 Z 轴向上移动，确认机床 X、Y、Z 轴和主轴的动作，如图 4-79 所示。

图 4-78　确认气源气压

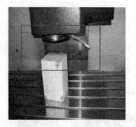
图 4-79　确认机床动作

（4）安装水箱和排屑器并调整水平

1）将排屑器放入水箱，将排屑器轮子调整至合适位置（见图 4-80a）。

2）将水箱顺利地推入机床给定区域，并确认机床高度合适。

3）使用地脚扳手调整地脚螺栓（见图 4-80b），边调整边观察条式水平仪的读数，直至水准泡恰好处于中间位置（即水平位置），然后通过锁紧螺母紧固地脚螺栓（见图 4-80c）。条式水平仪应在工作台面 X、Y 方向分别放置读数，水准泡均要处于中间位置方可（见图 4-80d）。

4）水泵接线、水管连接、排屑器接线等，以确保机床连续运转。

a)

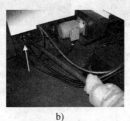
b)

c)

d)

图 4-80　安装水箱和排屑器并调整水平

a）排屑器高度调整　b）调整地脚螺栓　c）锁紧地脚螺栓　d）条式水平仪检测水平度

（5）机床试运行并检验精度

1）机床试运行。编制的试运行程序中，必须有主轴转速、X/Y/Z 轴移动、切削液运行（见图 4-81a）、机械手换刀（见图 4-81b）等动作，试运行时间须在 6h 以上。

a)

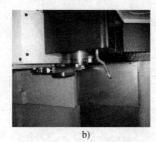
b)

c)

图 4-81　机床试运行并检验精度的示意

a）切削液运行　b）机械手换刀　c）检测机床静态精度

2）试运行完成后，精调机床水平，根据机床合格证要求检测机床静态精度（见图 4-81c）至合格。

（6）管线整理并最终确认

1）将水泵和排屑器管路和线路进行整理，如图 4-82 所示。

2）对机床进行最终确认：刀库旋转确认、手动装刀确认，紧急停止按钮动作确认、排屑器正反转确认、电控柜门联锁确认、螺旋排屑器动作确认、操作者站立台稳固确认等，如图 4-83 所示。

图 4-82　管线整理示意

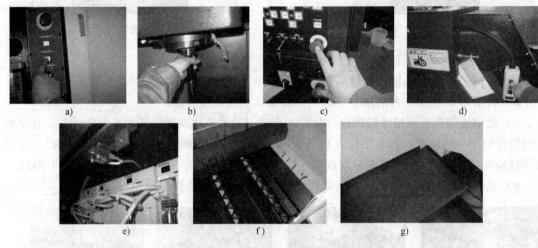

a)　　　　　　　　b)　　　　　　　　c)　　　　　　　　d)

e)　　　　　　　　　f)　　　　　　　　　g)

图 4-83　VCN 型加工中心装调最终确认示意

a）刀库旋转确认　b）手动装刀确认　c）紧急停止按钮动作确认　d）排屑器正反转确认

e）电控柜门联锁确认　f）螺旋排屑器动作确认　g）操作者站立台稳固确认

第5章

数控机床维修典型案例精析

当下，中国经济发展进入具有中高速、优结构、新动力和多挑战特征的新常态阶段。随着劳动年龄人口的大量减少、"智能化制造"为主导的工业4.0大潮的涌入，国内众多企业正按"中国制造2025"的总体规划要求，快速实施智能化制造——如现有生产线的"机器换人"式升级改造、新建生产线中大量配置智能化机器人和智能机床等，向构建高柔性高效率的智能工厂迈进。众多的设备因具有高精度、高效率、柔性化、大容量及加工灵活可变等特点，被配置于产品加工链的关键环节，其加工精度高低直接决定着大部件的装配精度，甚至会影响产品交付后的运用安全，其故障的排除速度直接关系着零/部件的生产进度，甚至会影响产品的整个生产链。针对设备上 CNC 系统、伺服装置、辅助装置或供电线路等环节的故障，维修人员应遵照"故障记录到位→诊断分析到位→故障维修到位→维修记录到位"的四步到位法维修要求，综合运用模块化维修思想下的三大维修方法——电信号演绎法、工作介质流向法和机械动作耦合法，力求 2h 之内发现故障真因并快速恢复设备运转，从而达到"简化故障分析过程、提高维修效率、缩短停机时间"的目标。

5.1 FANUC 系列机床维修案例精析

5.1.1 FANUC 0i-TB 卧式车床无规律扎刀致工件报废

1. 故障现象

一台配置 FANUC 0i-TB 系统并用于 RE_{2B} 型车轴半精车削（见图 5-1）的 LC34-300 CNC 卧式车床（下称 34MT），加工过程中频发无规律扎刀故障，多数位于车轴端面附近（见图 5-2），少数位于车轴轴颈根部、防尘板座根部或防尘板座上。扎刀车轴绝大多数不能修复再用而报废，据统计 1 年内废轴数量达 12 根，经济损失近 7 万元（5600 元/根×12 根）。

2. 诊断分析

基于四步到位法维修要求，先用隔离法依次排除 X 轴滚珠丝杠副传动精度异常、联轴器松动的故障可能性，再用替代法更换 X 轴增量式编码器 $\alpha iA1000$（见图 5-3），但无规律扎刀故障仍存在。遂更换 X 轴编码器线，34MT 运行一段时间未出现扎刀故障。由此，判定 34MT 无规律扎刀是由数据线抗干扰性能下降或中间偶发断线致数据传输异常造成的。

3. 解决措施及维修效果

（1）解决措施 在更换 X 轴编码器线消除故障后，基于 RE_{2B} 型车轴全长多为

145

2181.8mm 且扎刀多数位于端面附近，对半精车削程序 O0212 进行了优化，以使扎刀引起废轴的危害降至最低。优化内容如下：

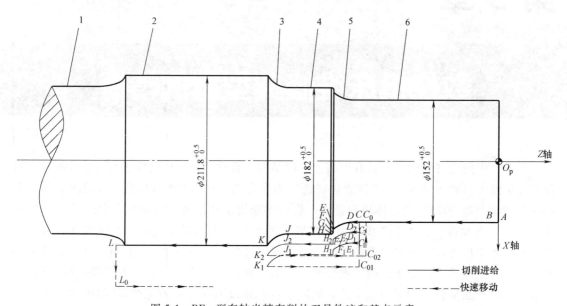

图 5-1 RE₂B 型车轴半精车削的刀具轨迹和基点示意

1—轴身 2—轮座 3—防尘板座根部 4—防尘板座 5—轴颈根部 6—轴颈

图 5-2 车轴半精车削扎刀示意

图 5-3 X 轴编码器 $\alpha iA1000$ 示意

1）车刀沿 $-Z$ 向切削 0.4mm 后，退刀并用指令 M00 等待操作者粗测车轴直径。

2）若直径小于规定值 $\phi152^{+0.5}_{0}$mm，则将 0.4mm 厚的截面车削掉，重铣中心孔后车轴可继续使用。

3）优化后的半精车程序 O0212 如图 5-4 所示。

（2）维修效果 FANUC 0i-TB 卧式车床运行数个月时间，再也没有发生"无规律扎刀致工件报废"故障，操作者熟悉了优化的零件程序并做到熟练操作。

```
:0212 (RE2B-152.25-212.05);
M31;
M10;                  G01 X152.25 F200;
G40;                  Z-0.4 F80;            ┐
G28 U0 W0;            G01 Z3.0 F120;        │
T0404;                M00;                  │增加的
M08;                  S350 M03;             │程序段
G97 S350 M03;         G04 X5.0;             │
G00 Z1.0;             G01 X149.85 F200;     ┘
X175.0;               G42 Z0. ;
G98;                  G03 X152.25 Z-1.2 R1.2 F120;
X155. ;               ......
```

图 5-4 优化后的半精车程序 O0212

5.1.2 FANUC 0i-TD 立式车床液位开关坏 2050 报警

1. 故障现象

一台配置 FANUC 0i-TD 系统并用于从动锥齿轮切削的 PUMA V405 立式数控车床（下称405MT），在运行过程中，屏显报警"AL2050：LUB.LEVEL LOW OR PRESSURE DOWN"。405MT 不能继续工作，锥齿轮生产进度受到影响。

2. 诊断分析

按照四步到位法维修要求，在充分掌握 405MT 模块化组成结构的基础上，采用电信号演绎法，对 2050 报警的原因展开排查。PUMA V405 立式数控车床上润滑系统的梯形图如图5-5 所示。

屏显报警 AL2050 说明润滑油液位低或润滑压力低→查 PMC 梯形图的辅助线圈 R606.1 由正常的不得电状态转为接通状态→辅助线圈 R668.7 由正常的不得电转为得电状态且其常开触点闭合→辅助线圈 R676.0 由正常的不得电转为得电状态且其常开触点闭合→保持型继电器 K4.6 = 1→输入信号 X5.1 常闭触点由液位正常的断开状态转为闭合状态→进行集中润滑的 X VERSA Ⅲ 型电动润滑油泵 43457 的液位开关动作→查其油罐内润滑油量正常→手动强行开启润滑液动作正常。由此，判断故障真因是润滑泵的液位开关损坏。

3. 解决措施及维修效果

根据诊断分析结果，先在生产任务比较紧急且不影响机床润滑的情况下，将 K4.6 由"1"改为"0"，以快速屏蔽 AL2050，机床正常运转；然后立即购置同型号的电动润滑油泵，或单独购买泵内润滑液位开关，更换部件/零配件后恢复 K4.6 = 1，使 405MT 的润滑油液位监控再次生效。

5.1.3 FANUC 0i-TD 卧式车床液压尾座夹紧不松件

1. 故障现象

一台配置 FANUC 0i-TD 双系统并用于铸造桥壳中段左、右端面及法兰部位粗精车削的YX168 中间驱动卧式双端数控车床（下称 YX168，见图5-6），在锁紧于导轨上的左尾座和液压驱动的右尾座的共同支承并夹紧工件时，右尾座顶尖不能后退而无法松开工件，FANUC 显示器没有任何报警。点按 MCP 上［右顶尖进/退］按键 SB48 或踩一下脚踏开关FS1，均不能使液压右尾座的顶尖回退。

2. 诊断分析

按照四步到位法维修要求，在充分掌握 YX168 模块化组成结构的基础上，采用电信号演绎法和工作介质流向法，对 YX168 液压右尾座夹件后不能松开的可能原因展开排查。

1）YX168 中间驱动卧式双端数控车床液压右尾座的结构图如图5-7 所示。

2）YX168 中间驱动卧式双端数控车床液压右尾座的 PMC 梯形图如图5-8 所示。

3）YX168 中间驱动卧式双端数控车床液压右尾座的电气主回路和辅助控制回路如图5-9所示。

4）YX168 中间驱动卧式双端数控车床的液压原理图如图5-10 所示。

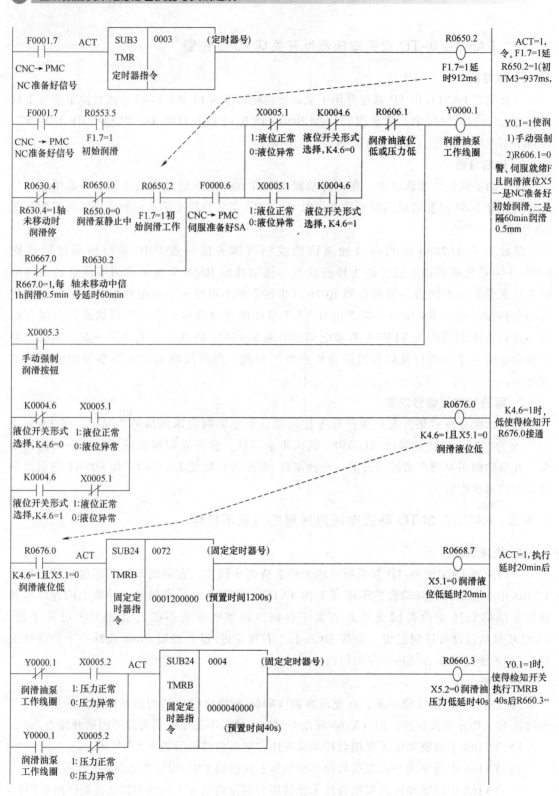

图 5-5 PUMA V405 立式数控车床上

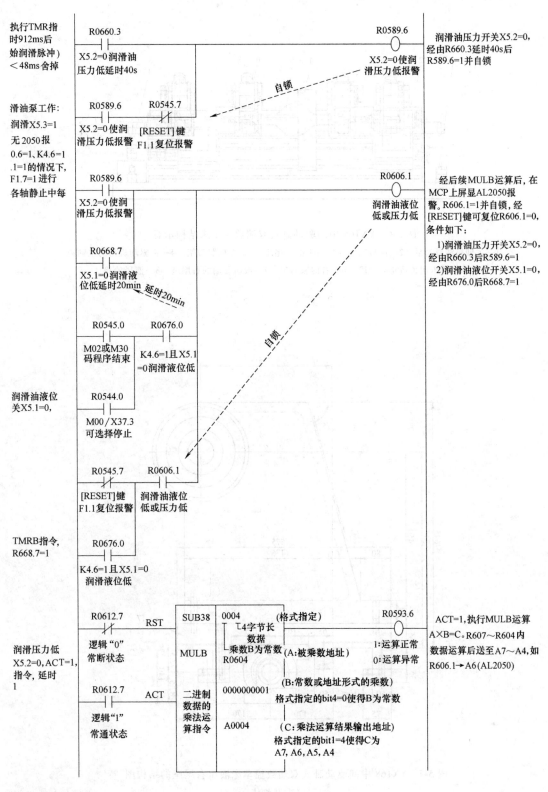

润滑系统的梯形图（FANUC PMC）

图解数控机床维修必备技能与实战速成

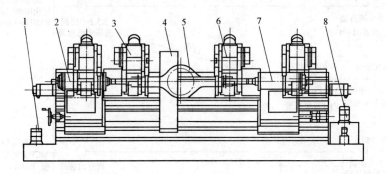

图 5-6　YX168 中间驱动卧式双端数控车床结构示意

1—主轴箱润滑油泵　2—压板锁紧在导轨上的左尾座　3—左伺服刀架　4—带驱动机构的主轴箱

5—重卡用铸造桥壳中段　6—右伺服刀架　7—液压驱动的右尾座　8—液压油箱

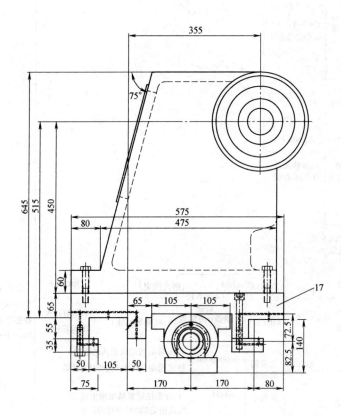

图 5-7　YX168 中间驱动卧式双端数控车床液压右尾座的结构图

17—右尾座鞍体

150

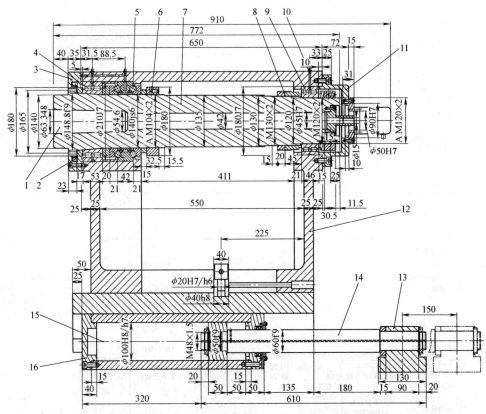

图 5-7　YX168 中间驱动卧式双端数控车床液压右尾座的结构图（续）

1—配装支承顶尖的莫氏 6 号圆锥孔　2—带副唇外露骨架型旋转轴唇形密封圈（180mm×210mm×16mm）

3—前端盖　4—双列圆柱滚子轴承（NN3028TBKRE44CC0P4）　5—双向推力角接触球轴承（FAG 234428BM/UP）

6—轴向锁定精密螺母（M140×2）　7—右尾座套筒/芯轴　8—锁紧螺母和防松螺母（M130×2）

9—双列圆柱滚子轴承（NN3024TBKRE44CC0P5）　10—直通式压注油杯　11—后端盖　12—右尾座本体

13—固定支座　14—活塞杆　15—尾座液压缸　16—液压缸缸盖

5）液压右尾座顶紧和松开工件的控制机理。在车削加工桥壳中段的端面和法兰部位之前，操作者必须手动按下 ［右顶尖进/退］按键 SB48 或踩一下脚踏开关 FS1，以使液压右尾座顶紧工件。待桥壳中段车削完毕后，操作者需再次按下 SB48 或脚踩 FS1，以使液压右尾座松开工件。

① 右尾座顶紧工件的控制。

a. 内置于 CNC 中的 PMC 接收来自机床 MT 侧 SB48 或 FS1 的输入信号，分别使其内部地址 X28.4＝1、X2.6＝1。在 FANUC 计数器指令 CTR（SUB5）的逻辑运算下，保持型继电器 K0.0＝0，进而输出线圈 Y5.6 通电保持并经 I/O 单元向外输出至 MT 侧。

b. MT 侧的中间继电器 KA30 接收到 PMC 输出信号 Y5.6 后，其线圈（DC 24V）得电常开触点闭合，同时按键 SB48 的指示灯 HL48 因接收到 PMC 输出信号 Y28.4 而点亮。

c. KA30 的常开触点闭合后，三位四通型电磁换向阀 SWH-G03-C2-D24-20 的线圈 YV2 得电（DC 24V），其推杆将阀芯推向左端，进而阀口 P_1 与 A_1、B_1 与 T_1 接通。如此，来自变量叶片泵的液压油自阀口 P_1、A_1 和双液控单向阀 10 进入右尾座液压缸的 E 腔，缸内活塞向外伸出并推动右尾座本体连同支承顶尖向左移动，以顶紧桥壳中段右端 6mm×30°的倒

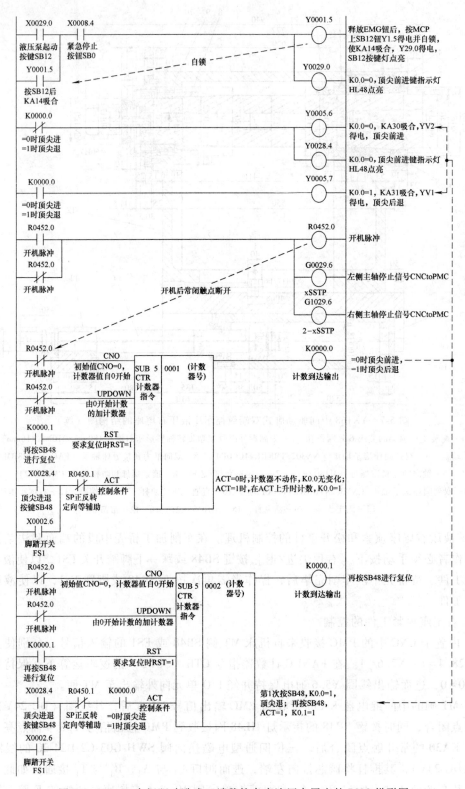

图 5-8 YX168 中间驱动卧式双端数控车床液压右尾座的 PMC 梯形图

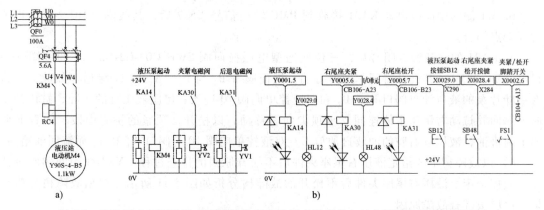

图 5-9　YX168 中间驱动卧式双端数控车床液压右尾座的电气主回路和辅助控制回路

a）电气主回路　b）辅助控制回路

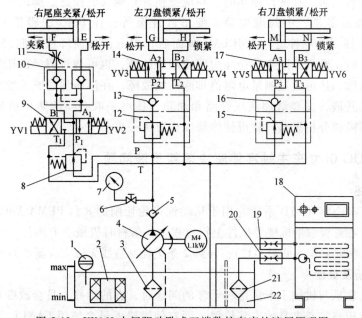

图 5-10　YX168 中间驱动卧式双端数控车床的液压原理图

1—液位计（YWZ-80T）　2—环形磁铁（φ160mm×φ60mm×20mm）　3—吸油过滤器（WU-100×100-J）

4—变量叶片泵（VPVC-F30-A3-02）　5—管式单向阀（CIT-04-05-10）　6—压力表开关

7—耐振压力表（YN63/10MPa）　8、12、15—叠加式减压阀（MRP-02P-K-1-20）

9—三位四通型电磁换向阀（SWH-G03-C2-D24-20）　10—双液控单向阀　11—节流阀

13、16—叠加式单向阀（MC-02P-05-30）　14、17—三位四通型电磁换向阀（SWH-G02-D2-D24-20）

18—YK20P 型油冷却机　19、20—A20 液压快速接头　21—吸油过滤器（WU-40×100-J）　22—油箱

角孔。随着 E 腔的不断进油，液压缸左腔的油液自油口 F、双液控单向阀 10 与阀口 B_1 和 T_1 而流回油箱内。

② 右尾座松开工件的控制。

a. 内置于 CNC 中的 PMC 接收来自机床 MT 侧 SB48 或 FS1 的输入信号，分别使其内部地址 X28.4=1、X2.6=1。在 FANUC 计数器指令 CTR（SUB5）的逻辑运算下，保持型继电器 K0.0=1，进而输出线圈 Y5.7 通电保持并经 I/O 单元向外输出至 MT 侧。

b. MT 侧的中间继电器 KA31 接收到 PMC 输出信号 Y5.7 后，其线圈（DC 24V）得电常开触点闭合。

c. KA31 的常开触点闭合后，三位四通型电磁换向阀 SWH-G03-C2-D24-20 的线圈 YV1 得电（DC 24V），其推杆将阀芯推向右端，进而阀口 P_1 与 B_1、A_1 与 T_1 接通。如此，来自变量叶片泵的液压油自阀口 P_1、B_1 和双液控单向阀 10 进入右尾座液压缸的 F 腔，缸内活塞向内缩回并拉动右尾座本体连同支承顶尖向右移动，以松开被顶紧的桥壳中段。随着 F 腔的不断进油，液压缸右腔的油液自油口 E、双液控单向阀 10 与阀口 A_1 和 T_1 而流回油箱内。

6）以故障树形式给定液压右尾座夹件后不松开原因的排查过程。YX168 中间驱动卧式双端数控车床上液压右尾座夹件后不松开的故障树分析如图 5-11 所示。根据故障树分析结果，逐层级排查故障原因。

3．解决措施及维修效果

根据诊断分析结果，在配件损坏时，对应更换并正确安装按键、脚踏开关、电动机、电磁换向阀、交流接触器、中间继电器、变量叶片泵等；在 PMC 逻辑信号异常时，可经［PMCLAD/PMC 梯图］软件进入 PMCLAD 画面后，按电信号演绎法逆向推理真因并排除；在供电线路异常时，既可经隔离法排除短路或断路故障，也可通过测量电压值逐级递进式排除缺相或失电故障，还可通过测量电阻值排除断线故障；在液压油过脏或滤网堵塞时，既要过滤油液或更换新液，又要清理液压管路和油箱，还可采取必要的防护措施。无论何种故障，只要掌握故障树分析思路，就可使维修工作万无一失。

5.1.4　FANUC 0i 立车主轴准停解决落料干涉问题

1．问题描述

某公司配置 FANUC 0i-TD 系统并用于从动锥齿轮切削的 8 台 PUMA V405 立式数控车床（下称 405MT），在悬臂双爪机械手抓件上料过程中，落料时机械手卡爪与 405MT 液压自定心夹具的 3 件软爪发生干涉（见图 5-12），导致 2 条柔性制造线无法完成新产品的试制工作。

2．问题分析及处理

在处理夹具软爪与机械手卡爪落料干涉的问题时，有的维修人员会改变机械手卡爪的安装底座或调整液压自定心夹具的安装位置，而有的维修人员会使用 FANUC 等数控系统的主轴准停功能⊖。前两种方法需要对安装底座和夹具本体进行机械加工，操作比较繁琐；后者仅需设定 CNC 参数和修改加工程序，操作简便快捷。在此，给出主轴准停功能解决落料干涉问题的步骤。

1）判定机床是否具有主轴准停功能。在 MDI 方式下单击 MCP 上的［Program/编程］功能键，进入 MDI 编程画面。随后，按键输入含有 M19 指令的测试程序 O0000，并单击［Cycle Start/循环起动］绿色按钮。若立车主轴旋转一定角度后停止，则立车具有主轴定向功能；反之缺少此项功能。

2）查找主轴准停控制的 CNC 参数，确定所用准停控制方式。

① 经由 MCP 上［SYSTEM/系统］功能键，进入类似于图 5-17 所示的 CNC 参数画面。

⊖　即主轴准确的周向定位功能，又称主轴定向功能。当 CNC 系统接收到准停指令 M19 或 MCP 上［主轴准停］按钮触发的主轴准停信号时，主轴会按规定的方向和速度旋转，在检测到主轴一转信号后，主轴旋转一个固定角度后停止。

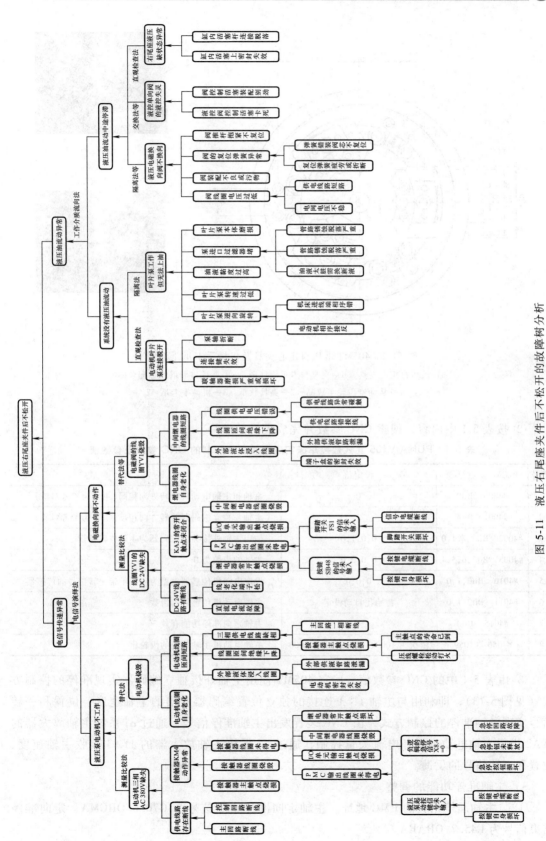

图 5-11 液压右尾座夹件后不松开的故障树分析

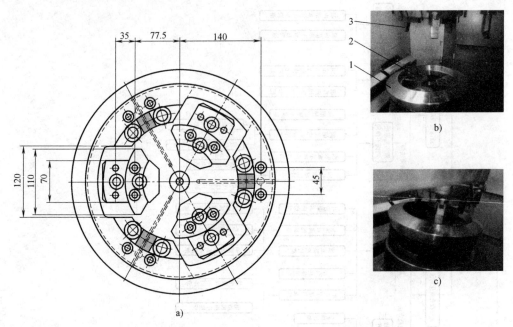

图 5-12　405MT 液压自定心夹具及机械手卡爪干涉图

a）液压自定心夹具　b）夹具与卡爪干涉图　c）夹具与卡爪理想配合图

1—从动锥齿轮半成品　2—夹具软爪　3—机械手卡爪

② 按表 5-1 中内容，搜索 CNC 参数并完成表格的填写。

表 5-1　PUMA V405 立式数控车床实现主轴准停控制的 CNC 参数及参数值

序号	CNC 参数号	设定值	说　明
1	#4000　Bit0	0	主轴和主轴电动机旋转方向相同（主轴为参考对象）
2	#4001　Bit4	1	主轴与独立编码器旋转方向相反（主轴为参考对象）
3	#4002　Bit3,2,1,0	0,0,1,0	使用主轴外接独立编码器为主轴位置反馈
4	#4003　Bit7,6,5,4	0,0,0,0	主轴的齿数为 0
5	#4010　Bit2,1,0	0,0,0	设定电动机传感器类型为内装不带一转信号的传感器
6	#4011　Bit2,1,0	初始化自动设定	主轴电动机传感器的齿数
7	#4015　Bit0	1	主轴定向准停功能有效
8	#4056~#4059	依次为 1000、1000、2000 和 1000	主轴电动机主轴各档的齿轮比

③ 由表 5-1 中的 CNC 参数值，确定 405MT 使用主轴外接独立编码器实现准停的控制方式（见图 5-13），即利用与主轴 1∶1 连接的独立位置编码器发出的主轴速度、位置和一转信号实现主轴准停的控制方式，由 CNC 装置发出主轴准停信号，通过 αi 系统主轴放大器的 JYA2 进行主轴电动机闭环电流矢量控制，通过 αi 系统主轴放大器的 JYA3 接收主轴速度、位置和一转信号的反馈。

3）主轴准停功能的调整。

① 与主轴准停相关的 PMC 地址。主轴定向准停指令信号为 G70.6/ORCMA，定向准停结束信号为 F45.7/ORARA。

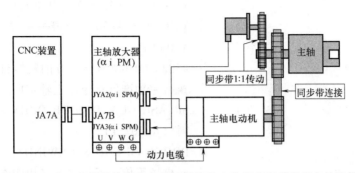

图 5-13 PUMA V405 立式数控车床上主轴外接独立位置编码器实现主轴准停的控制

② 主轴定向准停时旋转方向的设定。因 CNC 参数#4003 的 Bit3 和 Bit2 均为 "0"，故主轴定向准停时的旋转方向为主轴前次旋转的方向（通电第 1 次为 CCW）。

③ 主轴定向准停速度和控制角度的设定。CNC 参数#3732 给定主轴定向时的主轴转速值为 10，其转速单位因参数#3705/GST 的 Bit1 = 0（据 SOR 信号进行主轴定向），故主轴定向转速为 10r/min。CNC 参数#4077 设定主轴定向时停止位置偏移量，取值范围为−4096 ~ 4096。在夹具软爪与机械手卡爪落料干涉时，#4077 = 0。

④ 修改参数#4077。在 MDI 方式下，先经 MCP 上 ［OFFSET/SETTING］ 功能键，进入图 5-14 所示的设定画面后，修改参数写入 PWE = 1 取消写保护；再经 ［SYSTEM］ 功能键进入参数画面后，将 CNC 参数#4077 由 "0" 改为 "210"。

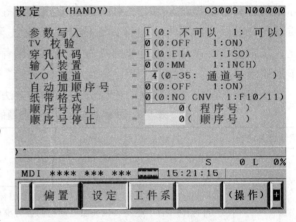

图 5-14 FANUC 0i-TD 系统的设定画面

4）在 MDI 编程画面下，经含有 M19 指令的测试程序 O0000 执行主轴准停后，核对机械手卡爪与夹具软爪的相对位置不再干涉，如图 5-12c 所示。

5）修改产品加工程序。在程序结束 M30 指令前添入 M19 指令，执行主轴准停以防上下料时发生干涉。修改后的产品加工程序如下：

O0596（810-35120-0596）；

M53；

IF［#502 GT 60］GOTO 1；

IF［#503 GT 120］GOTO 2；

T0909；

……

SPLASH GUARD DOOR CLOSE ／操作门关闭（R0507.2）

09 号车刀寿命管理的公共变量#502>60 则跳至 N1，#502≤60 继续向下执行

12 号车刀寿命管理的公共变量#503>120 则跳至 N2，#503≤120 继续向下执行

调用 09 号车刀及 09 号刀具补偿量（假想刀尖号为 3）

#503＝0；	12号车刀寿命#503自0重新计数
#3000＝2；	CNC屏显 AL3002 报警——12号车刀寿命计数120已到
N3；	#502≤60与#503≤120的跳转目的顺序号 N＝3
M19；	执行主轴准停指令使主轴定向
M52；	SPLASH GUARD DOOR OPEN/操作门开启以下料（R0507.1）
M30；	PROGRAM END & REWIND/程序结束且405MT向机械手传送下料请求（R0504.3）

3. 推广效果

经数控机床的主轴准停功能快速解决机械手向机床夹具落料时的干涉问题，既可在FANUC 0i系列的数控机床上推广，也可在 FANUC 系统之外的其他数控系统上借鉴。

5.1.5 FANUC 卧式车床上外螺纹车削问题及其处理

在配有 FANUC 0i-TD 等系统的数控卧式车床上，车削外螺纹是现代数控螺纹加工最常用的基本方法。数控车削外螺纹的精度可达4~6h，其表面粗糙度值可达 $Ra0.4~3.2\mu m$。实际车削过程中，螺纹车刀、工装夹具或数控车床等常会出现异常问题，造成被加工件的实物质量与产品图样的要求不相符，致使产品不良甚至报废，以致增加了零部件制造成本。因此，非常有必要制订合理有效的措施，帮助操作者和维修人员改善被加工件上外螺纹部位的车削质量。

外螺纹车削中常见问题的原因分析与处理方法见表5-2。

表 5-2　外螺纹车削中常见问题的原因分析与处理方法

序号	常见问题	原　因　分　析	处　理　方　法
1	啃切现象	1）螺纹车刀安装过高，使其切削至一定深度时，后面顶住工件，导致摩擦力增大而啃切	应通过增加垫片等措施，及时调整螺纹车刀的高度，使其刀尖与工件的轴线等高（可利用尾座顶尖对刀）。通常，刀尖位置比工件的中心高出 D×1%左右（D 为被加工件直径）
		2）螺纹车刀安装过低，使切屑不易排出，因车刀径向力方向指向工件中心及 Z 轴伺服电动机的强力推进，迫使切深不断自动趋向加大，从而把工件抬起，出现啃切	
		3）工件装夹不牢固，由于工件自身的刚性不能承受螺纹车削时的切削力而产生过大的挠度，使得螺纹车刀与工件的中心高度发生改变（工件被抬高），随之切深突增而啃切	检查工件装夹情况，采取有效措施提高装夹刚度，如采用尾座顶尖、提高尾座的顶紧力、更换端面驱动顶尖的驱动销、增大主轴液压卡盘的夹紧力等。对于刚性较弱的工件，可在车刀的相对方向增设不影响工件旋转的辅助支承装置
		4）螺纹车刀刀尖磨损过大，引起切削力增大而顶弯工件，出现啃切	应及时更换螺纹刀片
2	螺纹乱牙	1）主轴位置编码器的同步带磨损，导致数控系统不能检测到主轴的真实转速，使得 X、Z 轴接收到数控系统的不同步指令，进而主轴转一转时刀具不能移动一个螺纹导程的距离，第二刀车削螺纹就会乱牙	车削螺纹时，主轴转速恒定不变，X 轴、Z 轴会根据螺纹导程和主轴转速来调整移动速度。因此，数控系统须检测到主轴的同步真实转速，方可向 X 轴、Z 轴发送正确指令以使其移动。由此，更换主轴的同步带并适当预紧

（续）

序号	常见问题		原因分析		处理方法
2	螺纹乱牙		2) 螺纹车削程序段不正确。在使用非循环式螺纹加工指令进行多刀车削螺纹时，前、后两刀的起点位置或F指令的螺纹导程不同甚至错误，使得后一刀轨迹不能与前一刀轨迹重合，继而乱牙。由此，必须保证前、后2刀的车削轨迹重合。还有，主轴采用了G96指令的切削点恒线速度方式（m/min），使得F指令的螺纹导程发生变化而造成乱牙		数控车床车螺纹时，用程序控制刀具车削第一刀后，退刀并使第二刀的起点位置与上一刀的起点位置重合（相当于普通车床车螺纹时刀具退回至前一刀车出的螺旋槽内）。车螺纹时，主轴务必采用G97指令的恒转速方式（r/min）
			3) X轴或Z轴的滚珠丝杠副磨损出现间隙		更换磨损的滚珠丝杠副
3	单线螺纹螺距或多线螺纹导程不正确		1) 主轴编码器送回数控系统的数据不准确		更换主轴编码器、同步带等
			2) X轴或Z轴的滚珠丝杠副或主轴的窜动过大		用数控系统的间隙自动补偿功能补偿，更换磨损滚珠丝杠副，调整主轴轴向窜动
			3) 用于螺纹车削的程序中，F指令的螺距/导程与图样要求不一致		核对加工程序，务必使F指令的螺距/导程与图样要求一致
			4) 螺纹起始段的局部螺距/导程有变化。数控车床车削螺纹时有一个升速段，此过程中刀具自零开始加速，直至主轴每转一圈刀具移动一个导程值的走刀速度，随后保持匀速进给。螺纹车刀自动升速未结束就投入加工，此时螺纹起始端螺距/导程便产生误差		编程时合理选择螺纹车削的起始点，通常X向每侧最小间隙约为2.5mm，粗牙螺纹的间隙适当大一些；Z向间隙为螺纹导程长度的3~4倍
					螺纹车削升速端距离因干涉而不允许调整时，可修改系统的自动升速参数（如FANUC的#1626和#1627）以缩短自动升降时间
			5) 螺纹末端结束时螺距有变化。数控车床车削螺纹时存在一个降速段，螺纹车刀自动降速未结束就退出车削，则导致末端螺距变化		修改相关参数以缩短自动升降时间（如FANUC的#1626和#1627）
					增加退刀凹槽，槽宽一般为螺距或导程的2~3倍
4	螺纹牙型不正确	1) 螺纹牙顶呈刀口状	① 螺纹车刀片角度选择错误		根据螺纹牙型选择正确的螺纹车刀片
			② 车螺纹前的外圆直径过大		重新计算车螺纹前的外圆直径
			③ 车螺纹时的背吃刀量过大		减小螺纹切深
		2) 螺纹牙型过平	① 螺纹车刀中心错误		选择合适螺纹车刀并调整其中心高度
			② 车螺纹时的背吃刀量过大		减小螺纹切深
			③ 螺纹车刀片牙型角过小		根据螺纹牙型选择正确的螺纹车刀片
			④ 车螺纹前的外圆直径过小		重新计算车螺纹前的外圆直径
		3) 螺纹牙型底部圆弧过大	① 螺纹车刀片选择错误		根据螺纹牙型正确选择螺纹车刀片
			② 螺纹车刀片磨损严重		更换螺纹车刀片，摸索每个刀尖所能车削螺纹的最大件数并加以固化

159

（续）

序号	常见问题	原因分析		处理方法
4	螺纹牙型不正确	4）螺纹牙型底部过宽	①螺纹车刀片选择错误	根据螺纹牙型正确选择螺纹车刀片
			②螺纹车刀片磨损严重	更换螺纹车刀片，摸索每个刀尖所能车削螺纹的最大件数并加以固化
			③螺纹有乱牙现象	检查加工程序中有无导致乱牙的原因；检查主轴位置编码器是否松动、损坏；检查 Z 轴滚珠丝杠是否有窜动现象
		5）螺纹牙型半角不正确	螺纹车刀安装角度不正确，刀尖角中心线不与工件严格垂直	调整螺纹车刀的安装角度，采用样板对刀，严禁车刀装歪以免牙型歪斜，如下图
5	螺纹表面粗糙度值大	1）切削速度过低		修改加工程序中的主轴转速（S 指令值）
		2）螺纹车刀安装过高		通过增加垫片等措施调整车刀高度
		3）切屑形状控制较差，如径向进给产生 V 形屑而难控制		选择合理的进给方式及背吃刀量，如沿牙侧面进给可留出足够的排屑空间及减少后面磨损，沿牙侧面交互式进给可交替使用切削刃，从而提高刀具使用寿命
		4）刀尖处产生积屑瘤（产生积屑瘤的速度范围：5～80m/min）		选择合理的切削用量。高速钢螺纹车刀切削时降低切削速度，正确选择切削液。硬质合金螺纹车刀切削时提高切削速度
		5）切削液选用不合理		选择合适切削液并充分喷注
		6）螺纹车刀柄的刚性不足，切削时产生振动		增大刀柄截面积并减小刀柄伸出长度（一般 20～25mm），增加车刀刚性
		7）螺纹车刀片的两切削刃磨损或刀片崩裂，尤其是车削大螺距螺纹与梯形螺纹时		更换螺纹车刀片，摸索每个刀尖所能车削螺纹的最大件数并加以固化
		8）被切削材料硬度高，切削时产生挠曲变形而引起振动		减小加工程序中每次循环的背吃刀量，适当降低尾座顶紧力
6	在每转进给方式下进给轴不能移动	1）主轴位置编码器不能运转，产生原因有主轴同步带断、用于连接的键漏装或使用中滚键、联轴器松动、信号反馈电缆的插头松脱等		重点检查主轴与其位置编码器连接是否异常，异常时更换断裂主轴同步带、重新安装键、紧固联轴器及插紧电缆插头等
		2）主轴位置编码器状态不良但无报警，如印制电路板污损严重、内部连接电缆断线、玻璃码盘碎裂等		更换同型号的主轴位置编码器或其他类型的主轴位置编码器替代
		3）FANUC CNC 参数#3708.0/SAR＝1（即 FANUC 系统须检测主轴速度达到信号 SAR）及#3708.1/SAT＝1（即 FANUC 系统在开始执行螺纹切削程序段时，对 SAR 信号 G0029.4 必须检测）的情况下，主轴由于某种原因不能起动或转速未达到 S 指令设定值，此时进给轴不能移动以免零转速状态撞刀		经主轴放大器状态灯显示的代码及 LCD/MDI 显示的报警，处理主轴放大器及其电动机、动力电缆和反馈电缆故障
				若主轴在起动中停止，可查看梯形图或借助 PMC 诊断画面来查找 G0029.4/SAR 信号未能置"1"状态的原因并排除

（续）

序号	常见问题	原因分析	处理方法
7	螺纹车削指令不能执行	1）主轴位置编码器与主轴放大器的连接不良（注意：主轴放大器型号不同，反馈电缆接口位置不同，如FANUC的α与αi系列主轴放大器，分别接JY4和JYA3）	检查该编码器反馈电缆的接口位置，依据接线图逐根校线，找到故障并排除
			其他原因及处理方法，参照"在每转进给方式下进给轴不能移动"的第1条执行
		2）主轴编码器的位置信号PA、*PA、PB及*PB不良或其反馈电缆断线	通过LCD/MDI的位置画面等是否有主轴实际速度显示，确认能否正确读取来自主轴位置编码器的A、B相信号（FANUC的CNC参数#3105.2/DPS=1，显示实际主轴转速与T代码，=0则不显示）
		3）主轴编码器一转信号PZ、*PZ不良或其反馈电缆断开（G99为每转进给，G98为每分钟进给）	在MDI方式下执行含有G99和G98切换的程序进行判别，若G98进给切削正常而G99进给不执行，则为此类故障
		4）以上故障均排除则为系统自身故障，如系统存储板等	更换系统存储板与主轴放大器控制板

5.1.6　FANUC 0i系列机床参考点无规律漂移处理

1. 故障现象

一台配置了FANUC 0i-TD系统的YV-500E立式数控车床，在精车削热前盘形从动锥齿轮的端面等部位时，每次返回第1参考点 M 的位置处于随机变化的无规律漂移状态（见图5-15）。故

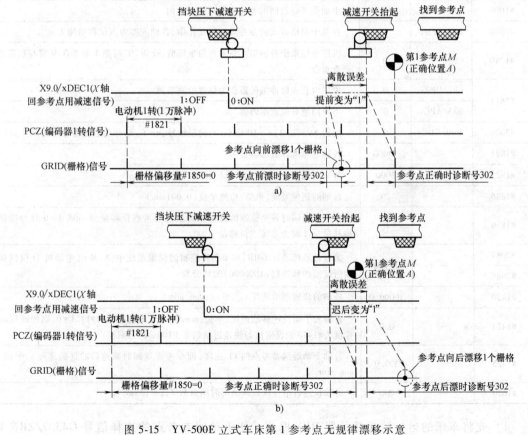

图 5-15　YV-500E立式车床第1参考点无规律漂移示意

a）减速信号 *DEC1提前变为"1"使参考点 M 向前偏移　b）减速信号 *DEC1滞后变为"1"使参考点 M 向后偏移

障使得同一加工程序中工件外圆车削与内孔车削的编程基准在刀塔回 M 点换刀前后不一致，造成被车削工件的尺寸大小不一而无法保证加工精度和满足工艺要求，有时还发生干涉碰撞，导致机床、刀具或工件损坏。

2. 参考点返回操作的机理分析

YV-500E 立式数控车床上第 1 参考点 M 相关的 CNC 参数设定，见表 5-3。其中，数据位栏内 ZRNx 的"x"表示位轴型参数，所对应 X、Z 轴的参数需分别设定，其他同理；"—"表示参数输入型数据。

表 5-3　YV-500E 立式数控车床上第 1 参考点 M 相关的 CNC 参数

CNC 参数	数据位	设定值	参数说明
#1002	bit0/JAX	1	JOG 进给、手动快进及手动返回参考点的同时控制坐标轴数为 3，YV-500E 立式数控车床为 X、Z 轴
	bit3/AZR	0	G28 指令自动返回参考点与手动返回参考点相同，均为借助减速开关的有挡块式(增量式)返回参考点
#1005	bit0/ZRNx	0	未建立参考点时，自动运行除 G28 外的轴移动指令，CNC 发出 PS0224 报警(回参考点未结束)而禁止轴移动
	bit1/DLZx	0	被设定的伺服轴使用有挡块式返回参考点
	bit3/HJZx	0	已建立参考点后进行手动返回参考点时，继续执行有挡块式返回参考点的控制
#1006	bit5/ZMIx	0	手动参考点返回的方向为坐标轴正方向
#1008	bit4/SFDx	0	在基于栅格方式的参考点返回操作中，各轴的参考点位移功能无效
#1240	—	0	机床坐标系中各轴第 1 参考点的坐标值，设为"0"时第 1 参考点 M 将与机床的原点重合
#1815	bit1/OPTx	0	采用内装式脉冲编码器作为位置检测装置
	bit5/APCx	0	不使用绝对位置编码器
#3006	bit0/GDC	0	使用 X9.(n-1)/＊DECn(n 为伺服轴号，n＝1~8)作为返回参考点的减速信号
#1821	—	10000	各轴的参考计数器容量
#1825	—	3000	各轴的伺服位置环增益，单位:0.01/s
#1826	—	20	各轴的到位宽度，单位:检测单位(0.001mm)
#1850	—	0	参考点返回时各坐标轴的栅格偏移量或参考点位移量，#1008.4＝0 时为栅格偏移量、＝1 时为参考点位移量
#2084	—	1/100	柔性进给传动比 DMR，在半闭环控制的伺服系统中，N/M＝(电动机 1r 机械移动所反馈的脉冲数÷1000000)的约分数
#2085			
#1420	—	10000.0	各轴的快速进给速度 $v_{快}$，单位:mm/min
#1424	—	0.0	各轴的手动快速移动速度，单位:mm/min；若被选定轴的#1424＝0，则快速移动速度为#1420 的设定值与倍率 F100%档的乘积
#1425	—	300.0	各轴手动返回参考点的 FL 速度(即参考点返回时减速后的进给速度)，单位:mm/min
#1620	—	200	各轴快速进给直线加减速的时间常数 T_1，单位:ms

1) 先将车床的运行模式开关置 REF 模式，使手动回参考点的选择信号 G43.7/ZRN 置"1"状态，且 G43(0,1,2)＝(1,0,1)；再在 MCP 上选择待回参考点的伺服轴方向键 [＋

X]，使手动轴方向选择信号 G100.0/+J1 置 "1" 状态。

2）被选定的伺服轴 X 带动工作台向第 1 参考点 M 的方向快速进给移动，快速移动速度为 CNC 参数#1420 的设定值与快速进给倍率 F100% 档的乘积（前提：X 轴参数#1424＝0），即 10000mm/min。

3）当接近第 1 参考点 M 时，工作台上的减速挡块压下 X 轴的减速开关 LS1，使减速信号 X9.0/ * DEC1（前提：参数#3006.0/GDC＝0）由 "1" 变为 "0"，此时 X 轴快速移动速度减为 0。随后以 300mm/min 的 FL 速度（参数#1425 给定）低速向参考点 M 移动。

4）随工作台向参考点 M 方向移动，被压下的 LS1 脱开，X9.0/ * DEC1 由 "0" 再次变为 "1"，数控系统开始寻找 GRID（栅格）信号。当数控系统接收到脉冲编码器的 1 转信号 PCZ 后，内部参考计数器产生取代 PCZ 的 GRID 信号，并使车床以 FL 速度低速移动 1 个栅格偏移量后准确停止。此停止点即为车床参考点。栅格偏移量#1850 与机床参考点 M 的关系如图 5-16 所示。

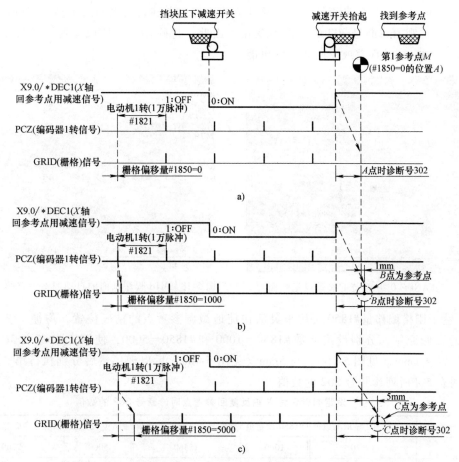

图 5-16　YV-500E 立式车床上栅格偏移量#1850 与机床参考点 M 的关系

a）#1850＝0 时栅格定在 PCZ 的位置 A 上　b）#1850＝1000 时栅格定在 A 点后第 1000 个脉冲上
c）#1850＝5000 时栅格定在 A 点后第 5000 个脉冲上

5）当确定坐标位置在参数#1826 设定的到位宽度范围内时，即机械位置和指令位置的偏离（位置偏差量的绝对值）比参数#1826 设定值还要小时，系统认为机械位置已达到指令位置，此时 X 轴第 1 参考点返回结束信号 F94.0/ZP1＝1，参考点建立信号 F120.0/ZRF1＝1，并由 CNC 传输至 PMC。

3. 参考点无规律漂移的原因分析及处理

1）据操作者反映的加工现状，先在 FANUC 0i-TD 系统的参数设定画面（见图 5-17）中，查看参数#1850 关于 X 轴栅格偏移量的设定值，以确定第 1 参考点相对于编码器 1 转信号（PCZ）的位置。由#1850（X）＝0 可知：X 轴栅格定在 PCZ 的位置 A 上，并使第 1 参考点 M 与 A 点重合（见图 5-16a）。

2）基于参考点返回操作的机理分析，按下 MCP 上红色［紧急停止］按钮或使 CNC 系统断电重启后，执行手动回参考点操作，并记录诊断画面（按面板上［SYSTEM］功能键→［DGN］软键即可显示）中诊断号 302（自减速挡块脱离的位置至第 1 个栅格之间的距离）的数值。此动作过程反复执行 6 次后，诊断号 302 的数值（前提：参数#1850＝0）分别为 19640μm、19520μm、2530μm、19680μm、1600μm 和 17330μm，表明参考点的位置漂移严重。同时，每次手动回参考点结束后，MDI 方式下输入并执行自动回第 1 参考点的循环程序（见图 5-18），观察诊断号 302 的数值不变化。由此，排除减速挡块或减速开关松动、滚珠丝杠副存在轴向窜动误差或反向间隙的可能。

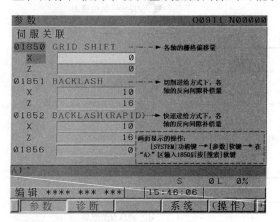

图 5-17　FANUC 0i-D 系统的参数设定画面

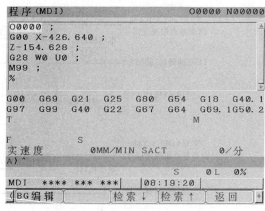

图 5-18　MDI 程序画面的自动回参考点的循环程序

3）鉴于栅格偏移量#1850 可用来灵活快捷地微调参考点的精确位置，遵循"先简单后复杂"的维修原则，分别设定参数#1850＝1000 和#1850＝5000，使第 1 参考点 M 在超过 PCZ 的位置 A 1mm（见图 5-16b）与 5mm（见图 5-16c）后出现；然后分别执行第 2 步的操作，得到表 5-4 所列诊断号 302 的数值。

表 5-4　设定#1850 后 X 轴反复回参考点时诊断号 302 的数值

序号	#1850 设定值	诊断号 302 显示的数值	#1850 设定值	诊断号 302 显示的数值	#1850 设定值	诊断号 302 显示的数值
1	0	19640	1000	15360	5000	9760
2	0	19520	1000	1760	5000	9760
3	0	2530	1000	16720	5000	9760
4	0	19680	1000	16880	5000	9758
5	0	1600	1000	1680	5000	9760
6	0	17330	1000	13270	5000	9760

4）分析表5-4可知，#1850＝5000时机床第1参考点的位置趋于稳定，并且试车削的盘形从动锥齿轮与零件图样要求一致（注：加工前所有刀具重新对刀）。在此状态下，用YV-500E立式数控车床继续加工工件近1周时间后，机床又出现参考点无规律漂移而影响工件车削质量的问题。由此，排除栅格偏移量造成参考点无规律漂移的可能性。

5）基于参考点返回操作的机理分析，反复执行手动回参考点的操作（先Z轴后X轴以免发生干涉碰撞）；同时，借助图5-19所示的STATUS状态子画面，查看X轴减速开关在回参考点过程中"1→0→1"的变化状态。如此，在不确定故障点的情况下，可避免盲目拆卸狭窄空间内的X轴防护板。

观察STATUS状态子画面发现：在Z轴手动回参考点即将结束时，X轴减速开关LS1的信号X9.0／＊DEC1偶尔有1次"1→0→1"的突变；在JOG方式下手动使Z轴由远端接近参考点时，信号X9.0／＊DEC1由"1"变为"0"并保持不变。由于Z轴返回或接近参考点时，X轴仍处于远离参考点的位置，故推断X轴减速开关断线的可能性极大。

6）分析机床减速开关的I/O接口图（见图5-20）后，拆卸X轴防护板及LS1的接线，自机床电控柜内I/O板插头CB105的A10端子引一根临时电缆至LS1上，重新反复执行手动回参考点操作，诊断画面中诊断号302的数值（#1850＝5000）始终维持在9760不变化。至此，参考点无规律漂移的根本原因已找到，随后将临时电缆更换为正式电缆即可。

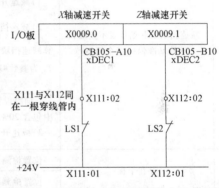

图5-19　FANUC 0i-D系统STATUS状态子画面　　　　图5-20　YV-500E立车减速开关I/O接口图

4. 其他可能导致参考点无规律漂移的原因分析及处理

其他可能导致参考点无规律漂移的原因分析及处理见表5-5所示。

表5-5　其他可能导致参考点无规律漂移的原因分析及处理

序号	可能原因	处理方法
1	电动机与滚珠丝杠副连接松动	用白色铅油笔在伺服电动机轴、联轴器和滚珠丝杠轴上画一条线，在JOG方式下前后移动伺服轴，观察电动机轴、联轴器和丝杠轴上的白线是否仍吻合，若吻合则连接正常；若不吻合则连接松动，应紧固连接
2	滚珠丝杠副存在轴向窜动误差	应消除丝杠副的轴向窜动误差，消除方法：先找一粒滚珠置于滚珠丝杠的端部中心，用指示表的表头顶住滚珠；再将MCP上运行模式开关置JOG方式，按[+X]和[-X]进给键并观察指示表的偏差值；该偏差值为丝杠副固定轴承的间隙，即丝杠副的轴向窜动误差。若丝杠副的轴向间隙大，可再松开丝杠副端部的锁紧螺母，预紧圆螺母，然后紧固锁紧螺母

（续）

序号	可能原因	处理方法
3	滚珠丝杠副存在反向间隙，导致 X 轴的进给传动不能处于最佳状态	需通过 CNC 参数#1851 和#1852 对滚珠丝杠副在切削进给方式与快速进给方式下的反向间隙分别进行补偿（前提：#1800.4/RBK＝1，切削进给方式与快速进给方式下的反向间隙补偿量分别控制）： 1）进给间隙补偿量的测定：机床返回参考点→用切削进给速度（如 G91 G01 X100. F150）使 X 轴移动至测量点→安装指示表并将其表针调至零刻度位置→用切削进给速度使机床沿相同方向再移动 100mm→用相同的切削进给速度从当前点返回测量点→读取指示表的刻度值→分别测量 X 轴中间及另一端的间隙值并取 3 次测量的平均值→该值即为切削进给间隙的补偿量 A 2）快速进给间隙补偿量的测定：机床返回参考点→以快速进给速度（如 G91 G00 X100.）移动至测量点→安装指示表并将其表针调至零刻度位置→用快速进给速度使机床沿相同方向再移动 100mm→用相同的快速进给速度从当前点返回测量点→读取指示表的刻度值→分别测量 X 轴中间及另一端的间隙值并取 3 次测量的平均值→该值即为快速进给间隙的补偿量 B 3）反向间隙补偿量的 CNC 参数设定：对上面测得的间隙补偿量 A 和 B，按机床的检测单位（如 0.001mm）折算成具体数值，折算后数值分别设定在#1851 和#1852 中；补偿量符号与移动方向相同
4	减速挡块的起始位置不正确，导致基准偏移 N 个栅格	读取诊断号 302 的数值，若在多次重复返回参考点时该数值变化幅度不大，则机床参考点位置稳定；若该数值变化幅度大，则可能为减速开关与减速挡块的接触太松或减速挡块有效长度太短或减速开关的动作不良 1）减速开关与减速挡块接触太松时，应重新紧固这两者 2）减速挡块有效长度太短时，应根据公式 $L=\dfrac{v_{快}(30+T_1/2+T_2)}{60\times1000}\times1.2$ 重新计算减速挡块的有效长度并更换，式中：$v_{快}$ 为参数#1420 设定的快速进给速度，T_1 为参数#1620 设定的快速进给直线加减速时间常数，T_2 为伺服加速时间且 $T_2=\dfrac{1000}{伺服位置环增益(\#1825)}$ ms，30 为经验得出的时间补偿量，1.2 为计算值中包含 20% 的裕量 3）减速开关动作不良时，应更换减速开关及其连接电缆
5	存在干扰	位置检测装置的信号线屏蔽失效时，应更换屏蔽良好的信号电缆
		位置检测装置的信号线过于靠近强电电缆时，应使两者分开铺设
6	位置检测装置的供电电压太低	万用表检测位置检测装置的供电电压［标准为 DC 5V×(1±5%)］不足 DC 4.75V 时，应检查位置检测装置的连接电缆断线或插头开焊等
7	位置检测装置或伺服放大器不良	对调伺服放大器侧故障轴与其他轴的电动机动力线和位置反馈线，故障转移则为伺服放大器不良，应更换伺服放大器；否则脉冲编码器（含连接电缆）不良，应更换脉冲编码器
8	伺服位置环增益（CNC 参数#1825）设定过高	通过伺服调整画面中"位置环增益"项或参数设定画面中参数#1825，适当减小伺服的位置环增益，但减小值不得低于 2000（标准值为 3000，单位：0.01/s），否则伺服轴的跟踪精度会变得非常差，插补轴的斜率和圆弧失真严重
9	参考计数器容量（CNC 参数#1821）设置错误	根据公式 $\#1821=\dfrac{栅格间隔}{检测单位}=\dfrac{伺服电动机转1圈伺服轴的位移量}{检测单位(可检测机械位置的最小单位)}=\dfrac{(CNC给机械)指令的最小移动单位}{指令倍乘比 CMR(\#1820)}=\dfrac{反馈脉冲的单位}{柔性进给传动比 DMR}$ 重新计算参考计数器容量并设定在#1821 中，检测单位＝

5.1.7 FANUC 0i-TC 磨床上电后 ER32 和 ER97 等报警

1. 故障现象

一台配置 FANUC 0i-TC 系统并用于中小型零件上圆柱面、圆锥面、轴肩等部位磨削加工的 MKS1632A×750 型数控高速端面外圆磨床（下称磨床），接通电源并释放 MCP 上红色按钮 SB4 后，CNC 状态显示区闪烁显示红字"-EMG-"；按功能键［MESSAGE］和软键［MSG］后，操作信息画面显示 No. 2040～No. 2042 三条警告信息；按功能键［SYSTEM］及软键［PMC］、［PMCDGN］、［ALM］后，PMC 报警画面显示 ER32、ER97 两条报警信息。

2. 诊断分析

按四步到位法维修要求，合理运用报警信息分析法、隔离法与测量比较法在内的电信号演绎法，对磨床上电后 ER32、ER97 等报警的原因展开排查。

（1）报警信息分析法解析六条屏显报警（见图 5-21）

1）"-EMG-"是磨床处于紧急停止状态的一条报警，其按钮 SB4 对应的输入信号为 X8.4 并以常闭触点形式进行连接。EMG 的控制机理：磨床上电后操作者需释放 SB4 按钮以使 X8.4 的常开触点闭合→非保持型存储输入信号 G8.4 的线圈通电→PMC 向 CNC 传送急停已被释放信号 ∗ESP→收到 ∗ESP 信号的 CNC 会做出响应并取消其状态显示区闪烁的"-EMG-"报警。如果 SB4 按钮被压下、X8.4 线路断线或 I/O 装置信号传递异常等，处于接通状态的 X8.4 的常开触点就会立即断开并产生 EMG 报警。

2）"No. 2040 MOTOR 1 NOT START（M1）"是磨床的一条外部报警，用于提示液压电动机 M1 未起动。通过 PMCLAD 梯形图显示画面进行在线逆向跟踪，可知：2040 报警→内部线圈 A4.0 接通→输出地址 Y0.0 常闭触点接通→Y0.0 线圈未通电→按键脉冲 R310.0＝0（即常开触点未闭合）或者磨床处于 EMG 状态（X8.4＝0）→点按液压起动键 SB6 其输入信号 X29.0＝0（正常情况下 X29.0＝1）。

3）"No. 2041 MOTOR 2 NOT START（M2）"是磨床的一条外部报警，用于提示静压电动机 M2 未起动。2041 报警→内部线圈 A4.1 接通→输出地址 Y0.1 常闭触点接通→Y0.1 线圈未通电→按键脉冲 R310.2＝0→点按静压起动键 SB7 其输入信号 X29.1＝0（正常情况下 X29.1＝1）。

4）"No. 2042 WHEEL NOT START（M6）"是磨床的一条外部报警，用于提示砂轮电动机 M6 未起动。2042 报警→内部线圈 A4.2 接通→输出地址 Y2.0 常闭触点接通→Y2.0 线圈未通电→R311.7＝0→R311.7 线圈未通电→点按砂轮起动键 SB1 其输入信号 X27.7＝0（正常情况下 X27.7＝1）。此时，点按砂轮停止键 SB2 后，其输入信号 X27.6 无反应并持续为 0 状态；正常情况下，按 SB2 时 X27.6 由 0 变为 1。

5）"ER32 NO I/O DEVICE"是磨床的一条 PMC 报警信息，其内容是诸如 I/O Link、连接单元或 Power Mate 之类的 I/O 设备未连接。根据以往维修经验，ER32 报警多是由 I/O 设备的电源未提供或丢失引起的。

6）"ER97 IO LINK FAILURE（CH1 00GROUP）"是磨床的一条 PMC 报警信息，其内容是 01 组中 I/O 设备的分配号码与实际 I/O 设备的连接不符。ER97 报警时，依次按功能键［SYSTEM］及软键［PMC］、［PMCDGN］、［I/OCHK］、［IOLINK］，进入 I/O LINK 检查画面（见图 5-22），发现通道 1 未检测到任何 I/O 设备。在正常运转的磨床上，ER97 报警多

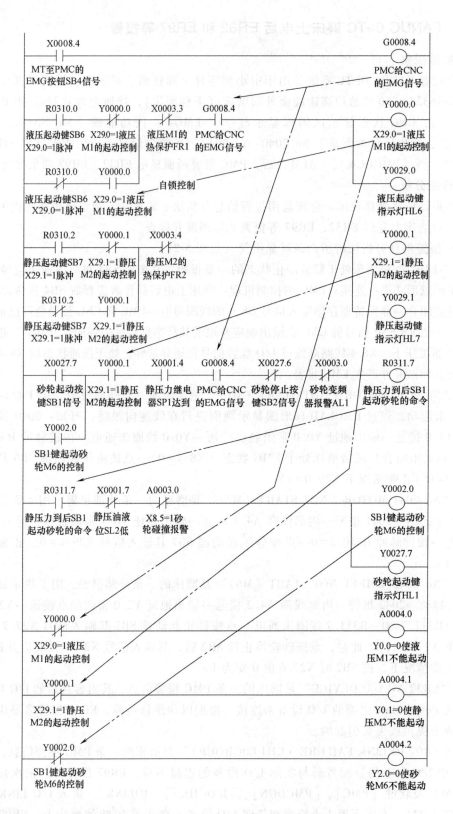

图 5-21 MKS1632A×750 型数控磨床 PMC 梯图

会伴随 ER32 报警的发生而出现。此情
况多是短路状态的外部 DC 24V 把 I/O
设备上的熔丝烧坏了。

（2）直观检查法推断报警原因
综合六条报警的解析过程，基于"先外
部后内部、先简单后复杂"的维修思
路，采用直观检查法，查看电控柜内元
器件的工作状况——断路器无脱跳、外
置保险无熔断。随后，将 I/O 模块的控
制板自基座上抽出，发现标号 FU2 处
的大 1A 熔丝（A03B-0815-K001）熔

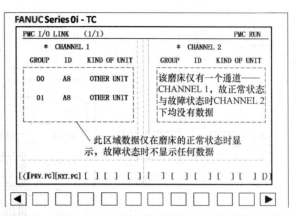

图 5-22　MKS1632A×750 型数控磨床 I/O LINK 检查画面

断。当维修人员替换掉熔断的 FU2 并将控制板插回后，开机又出现相同的报警，断电检查
FU2 又熔断。由此，说明磨床存在 DC 24V 短路故障。

（3）隔离法分段排查短路故障点　因为 FU2 已熔断两次，所以在未排除短路故障之前
不能再行更换 FU2，以重启磨床。此时，为了方便后续短路故障点的分段排查，在电控柜内
安装型号为 DZ47-60 C1 的单极断路器 QF20（见图 5-23 中虚线框）以代替 FU2。

1）先将 I/O 模块侧插头 CB104、CB105 与 CB106 拔掉并开启磨床，接通状态的 QF20
未脱扣，I/O 模块上 POWER 灯亮，电源模块 PSM 与伺服放大器 SVM 上 LED 灯均显"0"
（即起动就绪）；再将拔掉的 CB104 插回 I/O 模块对应插座并开启磨床，QF20 未脱扣，
POWER 灯亮，LED 灯均显"0"；然后插回 CB105 并开启磨床，QF20 热脱扣，POWER 灯
熄灭，LED 灯均显"-"（即未准备就绪）；最后拔掉 CB105、插回 CB106 并开启磨床，
QF20 未脱扣，POWER 灯亮，LED 灯均显"0"。如此，判定 CB105 接线中存在短路故障。

2）根据图 5-23 所示的 I/O 接口图，分析 CB105 的接线，以进一步确诊短路故障点。结
合以往的维修经验——短路故障多以接线短路为主并且多发生于机床侧活动频次较大的部位
而少发生于电控柜内，先插回 CB105 并拆掉分线器上 191 接线，开启磨床后执行 Z 轴回零，
QF20 未脱扣，POWER 灯亮，LED 灯均显"0"；再拆掉 190 接线并执行 X 轴回零，QF20 热
脱扣，POWER 灯熄灭，LED 灯均显"-"。此时，可确诊短路故障点位于 190 接线上。经拆
卸 X 轴侧机床护板，检查发现 190 接线对地短路。

3. 解决措施及维修效果

根据诊断分析结果，处理 X 轴回零减速开关的接线并做好绝缘。试机后，FANUC 0i-TC
磨床再也没有出现"上电后屏显 EMG、ER32、ER97 等报警"故障。本案例中采用加装断
路器代替熔断器的方法，既可反复进行无后果式短路故障的重演以分段排查原因，又可省略
FANUC 熔断器的大量消耗与储备，还可节省一定的设备费用。本案例可在其他设备维修中
借鉴应用。

5.1.8　FANUC 0i-MC 加工中心切削液自动供应异常

1. 故障现象

一台配置 FANUC 0i-MC 系统并用于盘形锥齿轮上螺孔钻攻加工的 NB-800A 立式加工中
心（下称 800MT），在程序自动执行 M48 代码指令主轴中心出水时，主轴丝锥内冷中孔无切

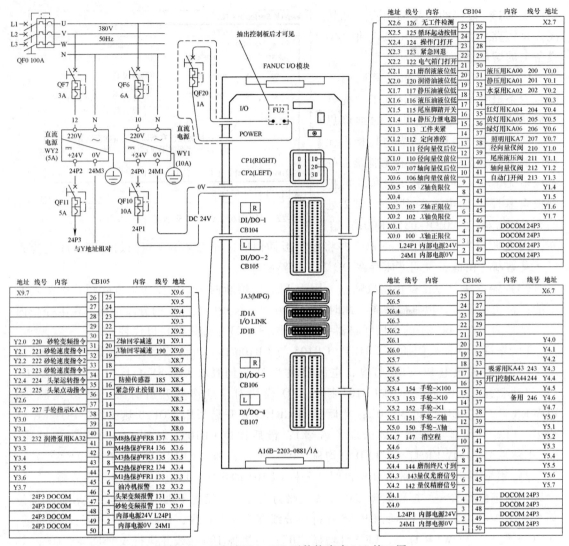

图 5-23　MKS1632A×750 型数控磨床 I/O 接口图

削液流出，LCD 屏幕显示报警"AL1680：COOLANT SUPPLY ERROR"。如此，800MT 不能继续工作，不通孔攻螺纹质量受到影响，锥齿轮生产进度受到影响。

2. 诊断分析

按照四步到位法维修要求，在充分掌握 800MT 模块化组成结构的基础上，采用原理分析法与在线监控法在内的电信号演绎法，对 800MT 切削液供应异常的原因展开排查。

（1）原理分析法梳理主轴中心出水的工作过程

1）在 800MT 自动执行产品加工程序至 M48 代码时，FANUC 系统 CNC 先将数据 48 的二进制形式 00110000 送至 PMC 地址 F0010，PMC 再经 DCNV 指令将 F0010 内 BIN 数据转换为 BCD 形式的 01001000 后，输出至内部辅助继电器 R0685 中。

2）在图 5-24 所示切削液供应的梯形图中，PMC 经 DEC 译码指令将 R0685 内 BCD 数据与给定两位数据 48 进行比较：两者一致时 R0562.5 = 1，不一致时 R0562.5 = 0。

3）在过滤机水箱液位正常 X1.1 = 1 的前提下，经辅助继电器 R0563.1 逻辑过渡后，输出地址 Y2.1 的线圈持续接通，外部对应的中间继电器 KA1 的线圈通电（DC 24V）且其常开触点闭合。

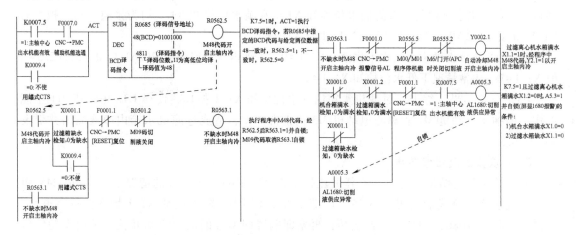

图 5-24　NB-800A 立式加工中心上切削液供应的梯形图（FANUC PMC）

4）主接触器 KM1 线圈通电（AC 110V）且其主触点闭合，CTS 电动机 M1 接入 AC 220V 后，运转并向主轴丝锥内冷中孔供液。

5）PMC 输出地址 Y5.6 接通并经中间继电器 KA2 和接触器 KM2 的控制后，抽水电动机 M2 工作，机台水箱内脏液被抽至装有过滤离心机的箱体内。通过电动机 M3 的离心过滤，滤掉杂质的净液回流至过滤机水箱中。NB-800A 立式加工中心上主轴中心出水示意图如图 5-25 所示。

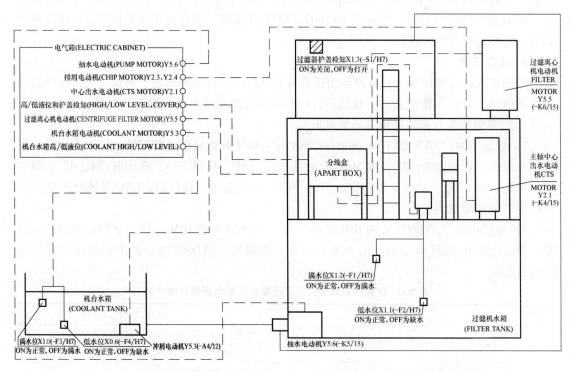

图 5-25　NB-800A 立式加工中心上主轴中心出水示意图

（2）在线监控法查看主轴中心出水的连锁关系

1）屏显报警 AL1680 说明切削液供应异常→查 PMC 梯形图内信息选择显示地址 A5.3＝1 并自锁→过滤机水箱内负逻辑的低水位检知 X1.1 和满水位检知 X1.2 均为接通状态→报警时 X1.1＝0 及 X1.2＝0→正常情况下 X1.1＝1 及 X1.2＝1。

2）M48 指令主轴中心出水不供液→Y2.1＝0→主轴内冷开启命令 R0563.1＝0→R0562.5＝1 但 X1.1＝0→正常情况下低水位检知 X1.1＝1。

（3）分析结果　综上，过滤机水箱内低水位检知 X1.1 损坏，使得 CTS 电动机 M1 不能工作；但抽水电动机 M2 和离心电动机 M3 仍正常工作，造成过滤机水箱内净液溢出并引发 X1.2＝0。

3. 解决措施及维修效果

根据诊断分析结果，先在生产任务比较紧急且不影响机床供液的情况下，将 DC 24V 引至过滤机水箱上分线盒（见图 5-25）内端子 65，使 PMC 输入地址 X1.1 始终保持高电平，以快速屏蔽 AL1680，800MT 正常运转；再立即购置同型号的液位检知开关，更换零配件后去除端子 65 的 DC 24V，使 800MT 的过滤机水箱内低水位监控再次生效。

注意：PMC 梯形图内有多处常开与常闭形式的保持型继电器 K7.5，若修改 K7.5＝0 快速屏蔽 AL1680，会造成 800MT 其他机能的异常。

5.1.9　FANUC 0i Mate TD 剃齿机 CNC 系统重启并报警

1. 故障现象

一台配置 FANUC0i Mate TD 系统并用于直齿圆柱齿轮径向剃齿的 YD4240 CNC2 数控剃齿机（下称剃齿机），在 MEM 自动方式下执行加工程序时，按 MCP 上的［循环起动］按钮后，CNC 系统便断电重启，并屏显 EX1002、SV0603 报警。操作者多次关机重启，故障现象依旧，进而造成剃齿机停转。

2. 诊断分析

按四步到位法维修要求，合理运用报警信息分析法、程序测试法、测量比较法在内的电信号演绎法，对按［循环起动］按钮后，CNC 系统便断电重启并报警的原因展开排查。

（1）报警信息分析法解析三条屏显报警

1）报警内容"EX1002 Hydraulic not start up"属于剃齿机的外部报警，用于提示机床的液压未起动。若操作者再次点按 MCP 上的［液压起动］按钮 SB6，液压电动机 M2 立即工作。因此，EX1002 仅是提示性报警，不是"按［循环起动］按钮后，CNC 系统便断电重启并报警"的故障真因。

2）报警内容"SV0603 X 轴 IPM 过热"与"SV0603 Z 轴 IPM 过热"是剃齿机的内部报警，用来监测 βi 伺服单元 SVU 的 IPM 检测到过热报警。SV0603 报警的主要原因和排除方法见表 5-6。

表 5-6　βi 伺服单元 SV0603 报警的主要原因和排除方法

序号	主要原因	排除方法
1	散热器的冷却风扇太脏堵转或损坏不转	太脏时，拆下后用汽油/酒精清理并回装
		损坏时需要更换同型号的备件
2	电控柜内部温度过高	电控柜增设降温措施

（续）

序号	主 要 原 因	排 除 方 法
3	伺服电动机堵转或不转	更换伺服电动机轴的支承轴承等附件
		整体更换伺服电动机
		动力电缆断线时，需更换电缆
4	负载过大导致电动机在超过额定功率下长时间运行	优化切削参数，改善切削环境
		换用大规格的其他机床进行切削
5	伺服单元 SVU 损坏	修理 SVU 或更换新件
6	存在双向短路问题	SVU 内部短路时，修理 SVU 或换新件
		SVU 外部短路时，排除外部短路问题

（2）原理分析法梳理 M2 的工作过程（见图 5-26~图 5-27） 剃齿机开机使三相 AC 380V 接入→释放 MCP 上的 SB9 按钮及工作台侧 SB10 按钮使 PMC 输入信号地址 X8.4 接通→单击 MCP 上的 SB6 按钮使 PMC 输入信号地址 X2.3 接通→M2 未过载时 QF2 的保护触点接通并使 X3.7 = 1→梯形图中 M2 起动控制用线圈 Y0.3 得电保持并输出→型号 HH54P-FL 的中间继电器 KA4 线圈接通其常开触点闭合→型号为 CJX1-12 的交流接触器 KM1 线圈接通 AC 220V 后主触点闭合→380V 交流电随低压断路器 QF1 和 QF2 的接通而进入 M2→M2 旋转并带动变量叶片泵（型号 HVPVC-F30-A3-02）一起工作→伴随 KA4 常开触点的闭合液压指示灯 HL5 点亮呈白色→单击 MCP 上的 SB7 按钮使 PMC 的输入地址 X2.4 = 0 或者 QF2 过载使 X3.7 = 0→得电自锁状态的输出地址 Y0.3 = 0→KA4 失电使其常开触点呈自由状态→KM1 线圈通入的 AC 220V 切断→KM1 主触点由闭合变为脱开→M2 则会停止工作。

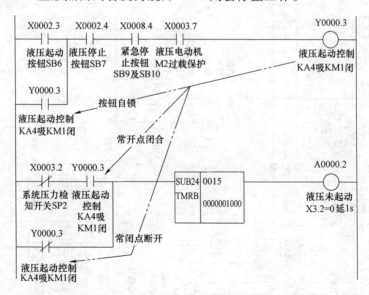

图 5-26　YD4240 CNC2 数控剃齿机上液压马达 M2 的 PMC 梯形图

（3）程序测试法测试非 MEM 方式下的工作状态　在 JOG 手动方式下，分别单击 MCP 上的［左顶尖前进/后退］按钮、［右顶尖前进/后退］按钮、［排屑开/关］按钮、［冷却开/关］按钮时，相应部件的动作正常、按钮指示灯点亮，且 CNC 系统不会断电重启。由此，推断这些按钮及其指示灯、中间继电器和电磁阀等元件的状态正常。

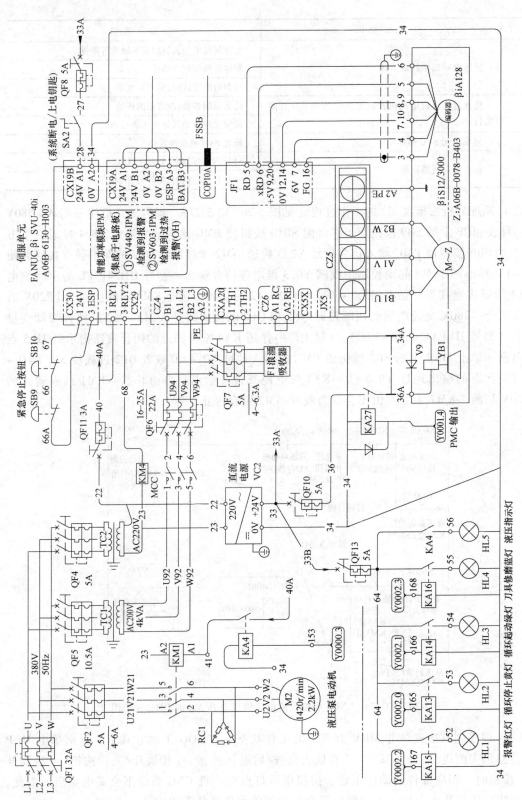

图 5-27　YD4240 CNC2 数控剃齿机报警故障相关的电气原理图

1）JOG方式下，单击［循环起动］按钮（此时HL3灯不会点亮），剃齿机正常且无断电重启问题。由此，推断［循环起动］按钮的状态正常。

2）MDI方式下，屏幕输入程序段"M03 S150"（"G01 X-5. F10"）并单击［循环起动］按钮时，剃齿机未按正常状态实施主轴正转（X伺服轴以10mm/min速度切削进给）、HL3点亮，而是CNC系统又出现断电重启并屏显EX1002、SV0603报警问题。根据以往维修经验——短路多与按钮、指示灯、线路、继电器、电磁阀等有关，推断中间继电器KA14（型号HH54P-FL）或四色指示灯的HL3存在短路故障。

（4）测量比较法排查短路故障点　先将KA14常开触点的端子线54脱开后，在MEM方式下执行加工程序并按［循环起动］按钮时，剃齿机切削动作正常，仅是HL3灯不再点亮。此点说明KA14状态完好，短路故障点在HL3及其线路上。随之，在四色指示灯侧脱开HL3的端子线54与34，用万用表欧姆档测量线路54、34间没有短路。据此，故障排查后移至HL3处，用万用表欧姆档测其电阻值为0，遂判定HL3短路。

3. 解决措施及维修效果

根据诊断分析结果，更换四色指示灯，恢复先前接线。试机后，FANUC 0i Mate TD剃齿机再也没有出现"按［循环起动］按钮后，CNC系统便断电重启并报警"的故障。

5.1.10　FANUC 0i Mate MD滚齿机回参考点失效导致碰撞

1. 故障现象

一台配置FANUC 0i Mate MD系统并用于圆柱直/斜齿轮、小锥度齿轮、鼓形齿轮和花键加工的YKX3132M型数控滚齿机（下称32MT），在执行有挡块栅格法返回参考点的操作过程中，伺服轴X压下减速开关并反向移动时，突发滚齿刀与工装碰撞（见图5-28）事故，造成工装底座破裂、滚齿刀破碎及X轴蜗轮蜗杆副的精度丧失，现场运行各轴未发

a)　　　　　　　b)

图5-28　YKX3132M型数控滚齿机返回参考点时偶发碰撞
a) 撞击后工装破裂歪斜　b) X轴减速开关处积屑

现任何异常。遂耗资近10万元对32MT进行修复，但运转半年后又发生相同的设备事故。

2. 诊断分析

基于X轴有挡块栅格法返回参考点的机理分析，对32MT回参考点失效而偶发碰撞的原因展开排查。X轴返回参考点的CNC参数设定见表5-7。

表5-7　X轴返回参考点的CNC参数设定

CNC参数	数据位	设定值	参 数 说 明
#1002	bit1/DLZ	0	机床所有轴采用有挡块式返回参考点
#1005	bit1/DLZx	0	机床的X轴采用有挡块式返回参考点
#1006	bit5/ZMIx	1	X轴手动参考点返回的方向为负方向
#1008	bit4/SFDx	0	栅格法回参考点操作中,参考点位移功能无效,即#1850的值为栅格偏移量
#1240	X	201.6	第1参考点的坐标值;待返回参考点结束后,机床坐标系变为#1240设定的值

（续）

CNC 参数	数据位	设定值	参数说明
#1424	X	600	X 轴快速移动速度（mm/min），#1424＝0 时以 #1420×快速倍率 F×100% 的速度运行
#1425	X	300	X 轴手动回参考点的 FL 速度（mm/min）
#1850	X	0	X 轴栅格偏移量，即脱开减速开关找到第 1 个 Mark 点（又称栅格点）后伺服轴偏移的距离
#3003	bit5/DEC	1	参考点返回时减速信号为 1 状态减速

（1）X 轴返回参考点的机理分析（见图 5-29）

1）先将工作方式开关置手动回参考点方式，使地址 G43（0,1,2,7）＝（1,0,1,1），LCD 的 CNC 状态区显示 REF。

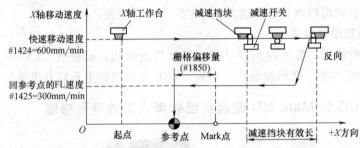

图 5-29　滚齿机偶发碰撞前返回参考点动作示意

2）再点按 X 轴方向键，使手动轴方向选择信号 G100.0/+Jx ＝ 1 后，32MT 会以参数 #1424 给定的速度沿 +X 方向快速移动。

3）在参数 #1006.5 设定参考点返回方向与运动方向相反的前提下，装有减速挡块的 X 轴工作台压下减速开关（PMC 输入信号 X3.0 ＝ 1）后，保持快速移动速度压过减速开关（X3.0 ＝ 0），并自动反向。

4）反向移动的工作台再次压下减速开关（X3.0 ＝ 1）时，减速至参数 #1425 给定的 FL 速度运动。待其脱开减速开关（X3.0 ＝ 0）后，继续以 FL 速度低速运动。

5）在系统找到 X 轴编码器 βiA128 上第 1 个 Mark 点（又称栅格点）后，X 轴会继续移动由参数 #1850 设定的栅格偏移量并停止。此停止点即为 X 轴的参考点。

（2）原理分析法推断 32MT 偶发碰撞的可能原因　依据 X 轴返回参考点的机理分析，在 32MT 偶发碰撞时，X 轴工作台的运动方向已由 +X 自动变为 −X，减速开关信号 X3.0 已按 "1→0→1" 变化，工作台也已减速至 FL 速度移动。若被压下的减速开关再次脱开（X3.0 ＝ 1→0），则 X 轴寻找第 1 个 Mark 点。一旦减速开关因积屑严重或油泥阻塞等不能脱开（X3.0 ＝ 1），那么 X 轴会以 FL 速度朝工装侧持续移动，但不会寻找第 1 个 Mark 点。此时，若参数 #1321［X］设定较大的 X 轴负方向软极限，则 X 轴会以 FL 速度继续朝工装侧移动而不呈现 OT0501 报警；若 X 轴负向硬极限 SQ5（PMC 输入信号 X3.4）的位置设置不当，则不能避免滚齿刀与工装的碰撞发生。

3. 解决措施及维修效果

（1）解决措施

1）修改参数 #1006.5 ＝ 0，设定 X 轴手动参考点返回方向与运动方向相同（正方向）。

2）修改参数#1321［X］= 40mm，使滚齿刀靠近工装轴线时负向软极限生效。

3）修改参数#1850 = 3000，使 X 轴找到第 1 个 Mark 点后，再移动 3000 个检测单位。

4）更换 X 轴减速用三联开关和新工装。

5）如此，X 轴以参数#1424 给定的速度返回参考点并压下减速开关后，减速至 FL 速度沿 +X 继续移动；待减速开关脱开，X 轴寻找第 1 个 Mark 点后，继续移动参数#1850 设定的栅格偏移量并停止。

6）32MT 排除故障后返回参考点的动作示意如图 5-30 所示。

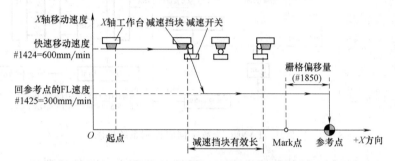

图 5-30　滚齿机排除故障后返回参考点动作示意

（2）维修效果　FANUC 0i Mate MD 滚齿机运行近两年时间，再也没有发生"回参考点失效导致滚齿刀与工装碰撞"事故，产品滚切质量稳定。

5.1.11　FANUC 0i-MD 滚齿机 SV0411 和 SV0436 报警

1. 故障现象

一台配置 FANUC 0i-MD 系统并用于直齿圆柱齿轮加工的 YKX3140M 型数控高效滚齿机（下称滚齿机），在 MEM 自动方式下执行加工程序时，一旦 Z 坐标轴移动就屏显 SV0411 和 SV0436 报警，并伴有严重的"哗哗"作响声；在 JOG 手动方式下反复移动 Z 坐标轴时，屏显 SV0414 报警。关机重启后，报警消失；再次移动 Z 坐标轴时，又屏显相同的报警。如此，滚齿机不能继续工作。

2. 诊断分析

按四步到位法维修要求，合理运用报警信息分析法、数据/状态检查法、测量比较法在内的电信号演绎法，对屏显 SV0411、SV0436 和 SV0414 报警的原因展开排查。

（1）报警信息分析法解析三条屏显报警

1）报警内容"SV0411 Z-AXIS EXCESS ERROR"是 Z 坐标轴移动中的位置偏差量超出 CNC 参数#1828 的设定值，即#1828.Z = 32000 检测单位。因

$$检测单位 = \frac{最小移动单位}{\#1820 给定 Z 轴的指令倍乘比 CMR} = \frac{M 系列的最小设定单位 \eta}{\#1820 给定 Z 轴的指令倍乘比 CMR}$$

且 η 由参数#3401.6/GSB 和#3401.7/GSC 所确定的公制机床的 G 代码体系 A、B 或 C 决定（#3401.6 = 0、#3401.7 = 0 确定为 G 代码体系 A 时 η = 0.01mm），故 #1828.Z = 32000 × $\frac{0.01mm}{50}$ = 6.4mm。根据 FANUC 全数字伺服控制系统框图（见图 5-31），在 Z 坐标轴执行插补指令移动时，CPU 传送的指令值随时分配脉冲 P_cmd，编码器反馈值随时读入脉冲 P_fb，误

差寄存器随时计算实际误差值 $E = P\_cmd - P\_fb$，一旦 P_cmd 和 P_fb 中的一个不能正常工作（多为 P_fb 出错），则 E 值发生变化，在 E 值超过参数#1828. Z 时，立即屏显 SV0411 报警。

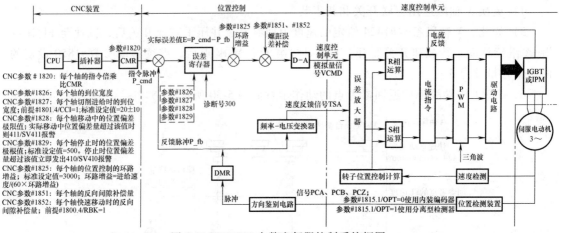

图 5-31 FANUC 全数字伺服控制系统框图

通常，在半闭环控制系统的数控机床中，反馈环节不良（如编码器损坏、反馈电缆断线或破皮等）使反馈信息不能准确传递至数控系统，以及伺服放大器故障（驱动晶体管击穿、驱动电路故障、动力电缆断线或虚接等）、伺服电动机损坏（电动机进油/进水或匝间短路等）或机械过载（导轨严重缺油/损伤、滚珠丝杠副/蜗轮蜗杆副损坏、支承轴承不良、联轴器松动/损坏等）使伺服电动机不能转动时，均会引起 SV0411 报警。

2）报警内容 "SV0436 Z-AXIS SOFTTHERMAL（OVC）" 为 Z 坐标轴的数字伺服软件检测到软发热保护。SV0436 既对应于系统诊断画面下诊断号 DGN 200 的位 5，又对应于伺服调整画面的报警 1，其实质为 Z 轴伺服放大器的实际输出电流超过该轴伺服电动机额定电流的 1.5 倍（时间累计 1min）。一般情况下，CNC 参数设定错误或伺服软件不良，坐标轴的制动器未打开，机械传动部件配合过紧、润滑不良、导轨副镶条调整不当或滑块不良，切削负载大或切削参数不合理，伺服电动机匝间局部短路或连接电缆短路，伺服放大器的控制电路板故障，均可能引起 SV0436 报警。

3）报警内容 "SV0414 Z-AXIS DETECT ERROR" 为 Z 坐标轴伺服检测系错误（过电流、异常电流、高电压或低电压等）的综合报警。SV0414 应借助系统诊断画面下诊断号 DGN 200、DGN 201 与 DGN 204 的位 0~7 的状态来进一步判断其真正原因，进而缩小故障的排查范围。

（2）数据/状态检查法推断报警原因 对于 SV0411 报警不能仅按报警提示修改参数#1828 的设定值，否则修改#1828 后滚齿机立即屏显 SV0414 报警。基于"先简单后复杂"的维修思路，在 FANUC 系统屏显 SV0411 或 SV0436 报警时，可在操作监视画面下观察 Z 坐标轴在静止状态、空载移动状态及实际切削状态时的负载率大小，以便快速推断故障存在于机械方面或电气方面。在图 5-32 所示的滚齿机操作监视画面（空载移动状态）中，

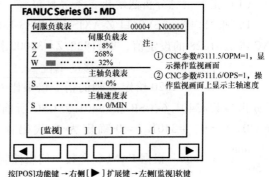

按[POS]功能键 → 右侧[▶]扩展键 → 左侧[监视]软键

图 5-32 YKX3140M 型数控滚齿机操作监视画面

水平布置的轴向进给轴 Z 的载荷计显示 268%。遂推断 Z 轴伺服电动机可旋转但有较大的机械阻滞存在，如 Z 轴制动器未打开、蜗轮蜗杆副损坏、导轨严重缺油/损坏等。

（3）测量比较法排查故障点

基于"先外部后内部"的维修思路，先判定 Z 轴制动器是否打开，再检查后续蜗轮蜗杆副与导轨的状态。滚齿机上 Z 轴制动器的 PMC 梯形图如图 5-33 所示，伺服轴 Z 的电气控制回路如图 5-34 所示。

1）先在 MCP 上依次操作 ［SYSTMEM］功能键、［▶］右扩展键、［PMCLAD］软键与［梯形图］软键后，进入 PMCLAD 梯形图显示

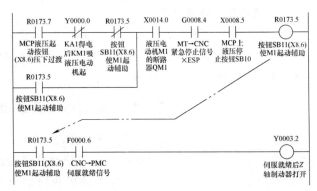

图 5-33 滚齿机上 Z 轴制动器的 PMC 梯形图

画面，搜索 Z 轴制动器释放输出地址 Y3.2 处于得电状态；再由万用表直流电压档测量端子 Y3.2 与 2L-间的 DC 24V 正常，中间继电器 KA21 线圈得电后其常开触点闭合。

2）由图 5-34 可知，正常情况下万用表直流电压档测量端子 90 与 1L-间应有 DC 24V——Z 轴制动器线圈工作电压，但电压测量结果实际为 0V，遂推断线路可能存在断线。为此，切断机床电源并用万用表欧姆档分别测量端子 90、1L-接线的通或断，判定线路正常。

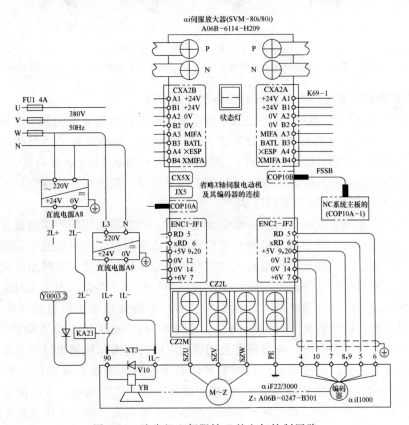

图 5-34 滚齿机上伺服轴 Z 的电气控制回路

3）将故障判定点移向 Z 轴制动器侧的电缆插头 XT3 处，发现：滚齿机上电使 KA21 吸合的瞬间，XT3 存在打火现象。检查后，确诊故障点为 XT3 处 DC 24V 线路存在短路。

3. 解决措施及维修效果

根据诊断分析结果，更换 XT3 处损坏的电缆插头，若生产任务紧急或缺少配件，可梳理接线并用绝缘胶布细致包扎。试机后，FANUC 0i-MD 滚齿机再也没有出现"Z 轴移动时 SV0411 和 S0V436 报警"的故障。

5.1.12 FANUC 交流伺服电动机的结构及故障处理

伺服电动机又称为执行电动机，在数控机床的机械传动中用作执行元件，负责将伺服放大器处理的电信号转换成电动机轴上的角位移或角速度输出，从而带动机械元件运动。目前，交流伺服系统中采用异步型交流电动机和同步型交流伺服电动机，FANUC 公司的主轴电动机属于异步型交流感应电动机。而伺服电动机（见图 5-35）属于永磁式同步型交流伺服电动机，其驱动回路通过位置环、速度环和电流环实现三环控制，并通过 FSSB 串行总线实现 CNC 与伺服放大器的通信。

图 5-35　FANUC 公司的伺服电动机

a）β 系列伺服电动机　b）βiS 系列伺服电动机　c）α 系列伺服电动机　d）αi 系列伺服电动机

1. 永磁式同步型交流伺服电动机的结构及控制原理

目前，数控机床的进给执行元件绝大多数采用永磁式同步型交流伺服电动机，这类电动机主要由转子、定子和检测元件等部分构成（见图 5-36）。其中，转子是用高导磁率的永久磁钢 6 做成的磁极，中间穿有电动机轴 1，轴两端用支承轴承 13 支承并将其固定于机壳上；定子 5 是用硅钢片叠成的导磁体，导磁体的内表面有齿槽，嵌入用导线绕成的三相绕组线圈 3；电动机轴 1 后端部装有脉冲编码器 9。

当定子 5 的三相绕组线圈 3 通有三相交流电流时，产生的空间旋转磁场就会吸住转子上的永久磁钢 6 同步旋转。同步电动机的速度控制与电功率的提供由三相逆变器实现，逆变器中从直流变到三相交流的功率驱动电路元件需要根据转子磁场的位置实时地换向，这一点非常类似于直流电动机的转子绕组电流随定子磁场位置的换向。因此，为了实时地检测同步电动机转子磁场的位置，在电动机轴 1 的后端安装有一个内装型转子位置检测装置（一般为霍尔开关或具有相位检测的光电脉冲编码器，见图 5-37）。由于转子位置检测装置的存在，无论伺服电动机的转速快与慢，均可随着电动机轴 1 的回转实际地测出转子上磁极磁场的位置，并将该位置值送至控制电路后，使控制器实时地控制逆变器功率元件（即定子绕组的开关器件）的换向（即有序轮流导通），实现伺服放大器的自控换向，从而使电动机的转子连续不断地旋转。也就是说，利用转子的位置控制定子的电流，使定子电流产生的磁势超前于转子磁势 90°。

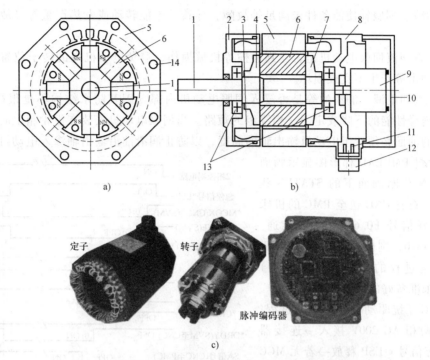

图 5-36 FANUC 公司永磁式同步型交流伺服电动机结构图

a）纵剖面图 b）横剖面图 c）αi 系列伺服电动机的组成结构

1—电动机轴 2—前端盖 3—三相绕组线圈 4—压板 5—定子 6—永久磁钢 7—后压板 8—后端盖
9—脉冲编码器 10—电动机后盖 11—动力线插头 12—反馈插头 13—支承轴承 14—通风口

图 5-37 FANUC 公司 αi 系列伺服电动机内装编码器

2. 交流伺服电动机的常见故障及其处理方法

交流伺服电动机不存在电刷的维护问题，所以又称为免维护电动机，但这并不是说交流伺服电动机绝对不会出现故障。使用过程中，交流伺服电动机常因接线故障（如动力线插座或反馈插座脱焊、端子接线松开）、转子位置检测装置（霍尔开关或光电编码器）不良或损坏、垂直轴电磁制动未释放（防止系统或伺服断电、报警时伺服电动机成为自由状态情况下的下滑)、伺服轴使能条件未满足等故障，导致其不能转动或发热严重等。故障排除过程大致如下：

1）检查交流伺服电动机是否受到碰撞等机械损伤，避免电动机内的转子位置检测装置因碰撞或冲击等产生不良或损坏。

2）检查切削液、润滑油等是否浸入伺服电动机内部（因其防水结构不是很严密），避免电动机绝缘性能的下降或定子三相绕组的短路。当伺服电动机安装在齿轮箱上时，齿轮箱内润滑油的油面必须低于电动机输出轴的高度，以防止润滑油沿输出轴渗入电动机内部。

3）通过 PMCLAD 梯形图显示画面或 PMCDGN 诊断画面下的 STATUS 状态子画面，查看 CNC 送至 PMC 的机床伺服准备好信号 F0.6/SA 是否接通。若 F0.6/SA＝0，则根据 FANUC 系统驱动部分上电过程的控制（见图 5-38）查找伺服未准备好的原因，并排除之。

FANUC 系统驱动部分的上电过程：控制电源两相 AC 200V 接入→连接器 CX4 的急停信号 ＊ESP 释放→若无 MCC 断开信号 MCOFF（变为 0），则发出请求电源模块准备信号 ＊MCON 给所有

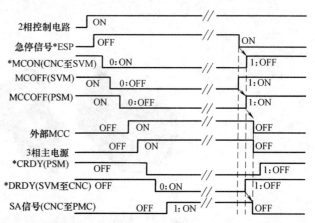

图 5-38　FANUC 系统驱动部分的上电过程

SVM→电源模块准备好后发出 MCC 接触器触点吸合信号→外部 MCC 接触器吸合→三相 AC 200V 动力电源接入→电源模块整流输出 DC 300V 并发出就绪信号 ＊CRDY→若 SVM 准备就绪，则向 CNC 发送 ＊DRDY 准备好信号→CNC 向 PMC 发送伺服准备信号 SA→一个上电周期完成。

4）通过 PMCLAD 梯形图显示画面或 PMCDGN 诊断画面下的 STATUS 状态子画面，查看机床伺服轴移动中信号是否接通（X 轴 F102.0/MV1，Y 轴 F102.1/MV2，Z 轴 F102.2/MV3，B 轴 F102.3/MV4）。若未接通，则故障为 CNC 未发出伺服轴控制指令，原因可能为轴控制卡或 CNC 主板发生故障。可更换配件，排除故障。

5）对于垂直轴伺服电动机（见图 5-39），应通过 PMCLAD 梯形图显示画面或 PMCDGN 诊断画面下的 STATUS 状态子画面，检查电磁制动器信号 Y9.1 是否接通（即伺服电动机励磁后制动器是否打开）。若 Y9.1＝1，则检查电磁制动器连接电缆是否断线或电磁制动器自身存在故障；若 Y9.1＝0，则核对 PMC 顺序程序中与制动释放相关的条件是否未满足。通常以伺服准备就绪信号 F0.6/SA 为垂直轴制动解除的控制信号，F0.6＝1 时制动释放，F0.6＝0 时制动关闭。

6）将伺服电动机的动力线拆掉，用万用表检测电枢电阻（见图 5-40a），用绝缘电阻表检测电动机的绝缘情况（见图 5-40b），用钳形电流表或电桥绕组进行平衡检测。

① 万用表检测电阻值：先测电动机定子三相绕组分别对地的电阻，正常时为∞；再测三相绕组之间的电阻，正常时为几欧到几十欧，且电阻值应平衡。

② 钳形电流表或电桥绕组平衡检测：正常时 $I_0 = \dfrac{I_{max} - I_{min}}{I_{平均}} < 5\%$，若 $I_0 \geqslant 5\%$，则电流小的一相匝间短路；正常时 $R_0 = \dfrac{R_{max} - R_{min}}{R_{平均}} < 5\%$，若 $R_0 \geqslant 5\%$，则电阻值小的一相匝间短路。

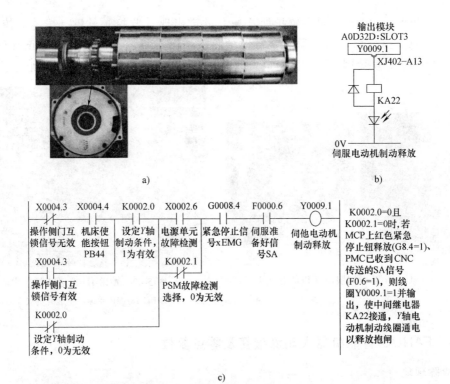

图 5-39　HM1250 卧式加工中心（FANUC 31 i-MA 系统）Y 轴伺服电动机的制动控制

a）垂直轴伺服电动机转子及电磁制动器　b）垂直轴制动辅助控制回路　c）垂直轴制动用 PMC 梯形图

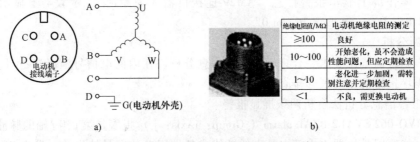

图 5-40　FANUC 公司交流伺服电动机的检测

a）用万用表测电阻值　b）用绝缘电阻表测绝缘情况

7）将故障伺服轴的机械传动装置（如滚珠丝杠副等）与伺服电动机脱开，用手转动电动机的转子，正常情况下应感觉存在均匀的阻力，转一个角度后放开手，电动机转子有返回现象；若用手转动转子时能连续转几圈并自由停下，则说明电动机损坏；若用手转不动或转动后无返回，则伺服轴的机械传动部分存在故障（如导轨副或滚珠丝杠副等状态不良）。

8）当伺服电动机的脉冲编码器不良时，应更换脉冲编码器。注意：原连接部位无定位标记的，编码器不能随便拆离，否则将相位错位；采用霍尔元件换向的，应标记好开关的出线顺序；拆装时，做好电动机转子的失磁防护。

9）另外，伺服电动机的定子中预埋有热敏电阻（见图 5-41），当出现过热报警时，应检查电动机的热敏电阻是否正常。

10）交流伺服电动机通过联轴器与滚珠丝杠副等连接后，应通过机床操作监视画面

（按面板上［POS］功能键，最右侧扩展［▶］软键出现［监控］软键，按［监控］软键即可进入操作监视画面），对伺服轴空载时的负载情况进行监控（空载时的正常负载率＜40%，见图5-42），避免因预紧力大造成负载过大，进而影响电动机的正常运行。

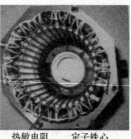

图 5-41 FANUC αi 系列伺服电动机的热敏电阻

定子绕组 热敏电阻 定子铁心

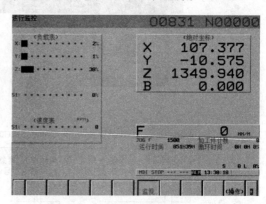

图 5-42 ACE-H100 卧式加工中心
（FANUC 18i-MB 系统）空载时负载率的监控

5.1.13 FANUC 智能机器人码垛报警及零点复位

1. 故障现象

某公司灌装线的 FANUC M-410iB/300 型机器人码垛机因未知故障突然停机，无法动作，先后出现 SRVO-062 和 PRIO-063 故障报警代码。在成功消除 SRVO-062 报警之后，机器人仍不能动作，操作屏上显示报警信息"AM29-连接机器人为激活"，示教器上显示报警信息"PRIO-063 Bad I/Oasg：rack 36 slot 0"。

2. 诊断分析

按四步到位法维修要求，合理运用报警信息分析法在内的电信号演绎法，对 FANUC 智能机器人码垛报警的原因展开排查。

（1）报警信息分析法解析两条屏显报警

1）SRVO-062 SVAL2 BZAL alarm（Group：iAxis：j）报警是第 i 组 j 轴的脉冲编码器数据丢失，可能原因是机器人内部电池电缆断线或备份用电池电量缺失等。发生 SRVO-062 报警时，机器人完全不能动作。

2）PRIO-063Bad I/O asg：rack 36 slot 0 报警是第 36 号机架 0 号插槽上的输入/输出板或模块的分配无效，可能原因是该板/机架的连接异常或供电电源缺失等。

（2）电信号演绎法排查故障真因 查阅随机说明书并结合故障排除过程的实际情况，可认定本次故障主要是机器人本体上用于保存每根轴编码器数据的备份电池的电量已耗尽，进而导致机器人各转动轴的编码器数据丢失。此备份电池每年需要更换一次。在电池电压下降至报警"SRVO-065 BLAL alarm（Group：%d　Axis：%d）"呈现时，用户务必更换备份电池。若不及时更换，则会出现报警 SRVO-062 BZAL alarm（Group：%d　Axis：%d）。此时机器人将不能动作，唯有更换备份电池并进行 Mastering（零点调校），才能恢复机器人的正常运行。

3. 解决措施

1）更换机器人本体上的备用电池——4 节 DC 1.5V D 型碱性电池。

2）消除 SRVO-062 报警。

① 依 次 单 击 按 键 ［MENU］→［0 next］→［System］→［Type］→［Master/Cal］，进入［Master/Cal］界面（见图 5-43）。在界面内没有［Master/Cal］选项时，先依次单击按键［MENU］→［0 next］→［System］→［Type］→［Variables］后，将变量第 256 项［$MASTER_ENB］的 值 修 改 为 "1"；再 依 次 单 击 按 键 ［MENU］→［0 next］→［System］→［Type］后，出现［Master/Cal］选项。

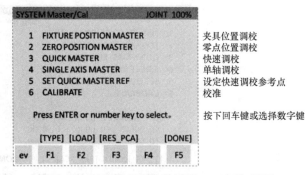

图 5-43 FANUC 机器人的［Master/Cal］界面

② 在［Master/Cal］界面内按［F3］(RES_PCA) 键后，屏显报警 "Resetpulse coder a-larm?"，即重置脉冲编码器报警。

③ 在带有报警的［Master/Cal］界面内按［F4］(YES) 键，以消除脉冲编码器报警。随后，关机并重新起动机器人。

3）经 ZERO POSITION MASTER 方式调校机器人各轴的零点位置。

① 在关节坐标示教（JOINT）模式下，操作示教器分别将机器人的四根轴手动调整至 0°，使每根轴的刻度标记对齐本体上相应的刻线。

a. 将控制器侧旋钮拨至 T2 位置，并将示教器侧旋钮拨至 ON 位置。

b. 按示教器上［COORD］键，选择 JOINT 示教模式。

c. 同时按下示教器的［DEADMAN］键和［SHIFT］键，选择相应坐标轴进行调整，最终使机器人的四根轴均调整至各自的 0°位置。

② 按 "消除 SRVO-062 报警" 中的步骤，再次进入［Master/Cal］界面。

③ 在［Master/Cal］界面内，选择 "2 ZERO POSITION MASTER" 选项。按［ENTER］键确定后，屏显报警 "Master at zero position? ［NO］"。按［F4］(YES) 键进行零点位置调校确认。

④ 选择 "6 CALIBRATE" 选项，按［ENTER］键确定后，显示图 5-44 所示的［CALI-BRATE］校准画面。

图 5-44 FANUC 机器人的［CALIBRATE］校准画面

⑤ 在［CALIBRATE］标准画面内，按［F4］(YES) 键进行校准确认，如图 5-45 所示。

⑥ 按［F5］(DONE) 键隐藏［Master/Cal］界面后，关机并重启机器人，新的零点数据

被记录（表5-8）。

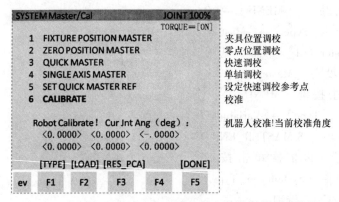

SYSTEM Master/Cal **JOINT 100%**	
TORQUE=[ON]	
1 FIXTURE POSITION MASTER	夹具位置调校
2 ZERO POSITION MASTER	零点位置调校
3 QUICK MASTER	快速调校
4 SINGLE AXIS MASTER	单轴调校
5 SET QUICK MASTER REF	设定快速调校参考点
6 CALIBRATE	校准
Robot Calibrate! Cur Jnt Ang（deg）:	机器人校准!当前校准角度
⟨0.0000⟩ ⟨0.0000⟩ ⟨-.0000⟩	
⟨0.0000⟩ ⟨0.0000⟩ ⟨0.0000⟩	
[TYPE] [LOAD] [RES_PCA] [DONE]	
ev F1 F2 F3 F4 F5	

图 5-45 在［CALIBRATE］画面按［F4］键进行校准确认

表 5-8 新的零点数据

J1	J2	J3	J4
−16789284	−4634788	12180321	−14590814

4. 维护保养建议

（1）更换机器人控制器主板上的电池 在 FANUC 机器人本体和控制器主板上各有一组备用电池，均用于断电时存储程序和数据。备用电池务必定期更换（一般 1.5 年换 1 次），以免电量耗尽造成程序和系统变量等数据丢失。机器人本体上备用电池的更换，上述已向读者介绍。当控制器主板上的电池电压不足时，示教器屏显报警 "SYST-35 Low or No Battery Power in PSU"，即电池电量低或无电量。当电池电压变得更低时，存储于主板 SRAM 中的程序和系统变量等内容将不能备份操作。此时，需要换掉旧电池后，重新加载以前的备份数据。更换旧电池时，机器人预先开机通电 30s，使主板电容充满电后，切断电源并快速更换新电池。若更换时间过长导致主板电容失电，则将发生数据丢失事故。

（2）定期备份数据 机器人程序和系统变量等数据务必定期进行备份，以防意外丢失。备份操作应严格按照 FANUC 机器人说明书的要求进行，最好在有实践经验的技术人员指导下备份或还原。

（3）更换润滑油 FANUC 机器人每工作 3 年或 10000h，既要更换 J1、J2、J3 和 J4 轴减速器的润滑油，又要更换 J4 轴齿轮盒内的润滑油。更换时，务必恰当选择润滑油并正确操作，以防密封圈损坏。

5.1.14 B 型车轴磨削 "S" 纹的消除及优化控制

在车辆轮轴加工、组装过程中，因工具、工装、设备等问题，会造成产品实物质量与图样要求不相符，甚至出现废品，这样就增加了铁路货车的制造成本；而且存在质量问题的产品装车后，运用过程中存在一定的安全隐患，严重者导致车毁人亡。因此，严格控制车辆轮轴的磨削质量，对企业、国家乃至每一个人都是非常重要的。

1. 生产现状

国内某公司为满足 B 型车轴磨削要求，配置了一台美国西蒙斯公司生产的

SIMMONS480-2 轴成形数控外圆磨床（FANUC 18T 系统），采用直进式切入磨削，磨削砂轮为美国进口的粘结式结构（30″×12.787″×20″(1″ = 1in = 25.4mm)，29A601-45m/s，见图 5-46）。采用该进口的粘结式砂轮在实际使用中有两大缺陷：

1）磨削完毕的 B 型车轴轴颈表面上，在室内亮光下车轴轴颈周圈呈现一道"S"纹，用手指在车轴轴颈表面沿轴线方向滑动，感觉呈凸起状（见图 5-47 箭头所指）。

2）该粘结式进口砂轮的购买费用相当高，一般为 6.8 万元/片，且供货周期长达 5~8 个月，严重制约了公司 B 型车轴的生产进度，成为铁路货车生产的"瓶颈"之一。年消耗工具费用为 36 万余元。

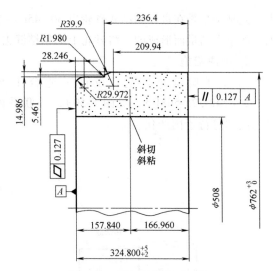

图 5-46 进口的粘结式砂轮

2. 原因分析

针对现状，借鉴磨削过程中车轴轴颈、防尘板座及两根部表面呈现直波纹的分析经验，查找"S"纹出现的原因。车轴轴颈、防尘板座及两根部表面呈现直波纹的原因大致如图 5-48 所示。

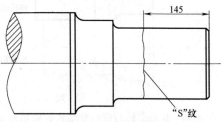

图 5-47 B 型车轴轴颈表面"S"纹

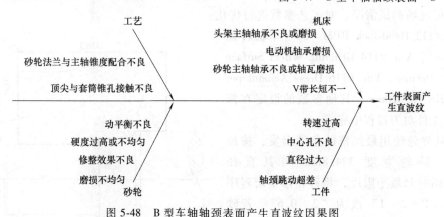

图 5-48 B 型车轴轴颈表面产生直波纹因果图

1）更换修整金刚笔、多次修整和动平衡砂轮、检查 B 型车轴的中心孔或调整工件、砂轮的转速等，都不能消除车轴轴颈表面的"S"纹。

2）检查 SIMMONS480-2 轴成形磨床头架、尾座使用的轴承（内圈 L217849 * 00、外圈 L217813 * 00）的状态（用磁座指示表检查），检查砂轮主轴使用的四片轴瓦磨损是否严重而导致主轴纵向产生超过 0.015mm 的间隙、主轴轴向存在大于或等于 0.015mm 的间隙，以及调整砂轮电动机传动带松紧度等，仍不能消除"S"纹。

3）用盒尺测量进口粘结式砂轮的粘结缝位置，并与测得的 B 型车轴上"S"纹位置进行比较后发现，出现"S"纹是由砂轮粘结缝所致。这一点可通过图 5-49 非常清晰直观地表达出来。此粘结缝是在进口粘结式砂轮以 30~45m/s 的线速度高速旋转磨削工件时，因砂轮主轴的轴向微小窜动量而形成的。将砂轮上的粘结缝去掉，即可消除 B 型车轴上的"S"纹。

3. 解决措施

1）为了解决该问题，设计了适合于 SIMMONS480-2 轴成形磨床的整体式砂轮（97025P742-325-508PA，见图 5-50），并联系国内砂轮制作厂家——白鸽磨料磨具有限公司，成功进行了国产化。

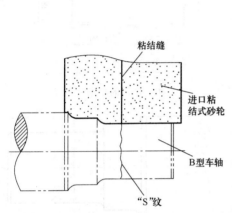

图 5-49 B 型车轴与进口粘结式砂轮耦合示意

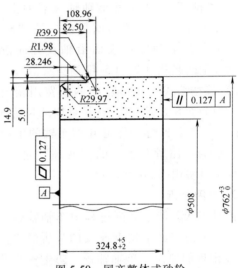

图 5-50 国产整体式砂轮

2）据现场调试情况，对工艺参数进行优化：

Var. #113 Headstock RPM = 60（车轴转速为 37r/min），Var. #114 Grinding Wheel Surface Speed = 40.0r/min，Var. #116 Dress Amount per Pass = 0.018~0.020mm，其他参数的设定在修整对刀、工件对刀过程中完成。

3）从砂轮使用最经济的角度出发，按最佳情况：砂轮宽度 324.8mm 与其直径 ϕ762mm 同时到最小限度，将砂轮修整宏程序中的"X：Z = 2：1"改为"2：0.6"。若砂轮使用不经济，则出现砂轮宽度 324.8mm 已到最小限度，而砂轮直径为 600mm，大于最小直径 500mm（见图 5-51）。

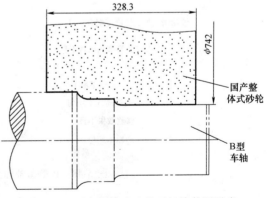

图 5-51 国产整体式砂轮不经济使用示意

: 9002（DRESS MACRO）

……

N045 #501 =［#501 * 0.765］；

N50 S#501；

N80 #2001 = #2001-2 * #1；

N82 #2101 = #2101-#1；改为：N82 #2101 = #2101-#1 * 0.6；

N90 G90 G56 T01 H01；
N100 M98 P#5；
N108 M92；
……

4. 应用效果

国产整体式砂轮价格不足 2 万元/片，供货周期仅为 2~3 周。对公司而言，不但节约了砂轮购置费用（年度砂轮费用指标由 30 万元锐减为 10 万元），降低了铁路货车造车成本，而且突破了该公司铁路货车所需 B 型车轴磨削的生产"瓶颈"。

5.1.15　CNC 机床手摇脉冲发生器故障及其快速诊断

在数控机床的运行模式处于 HANDLE（手轮）MPG 状态时，用户可经由 MCP 上的手摇脉冲发生器（简称手轮，见图 5-52）连续不断地移动所选伺服轴。利用手轮轴选择开关设定被移动的伺服轴，手轮旋转 1 个刻度时，机床移动的最小距离等于最小输入增量单位，即旋转手轮 360°，机床移动的距离可被放大 10 倍或由 CNC 参数确定的任意倍率，如 FANUC 18/18i/0i/30i 系统的任意倍率参数#7113 和#7114 可设定 2 种倍率。除了所有伺服轴共用的任意倍率参数外，还可在 CNC 参数中设定各伺服轴独立的任意倍率，如参数#12350 和#12351。当手轮工作时，需要激活手轮进给选择信号、手轮轴选择信号、手轮倍率信号和手轮中断信号。当手轮异常时，它一般不发出直接的报警信号，而是表现为 MPG 方式时手轮无效，但在 Auto 等自动运行方式时机床能够正常工作。

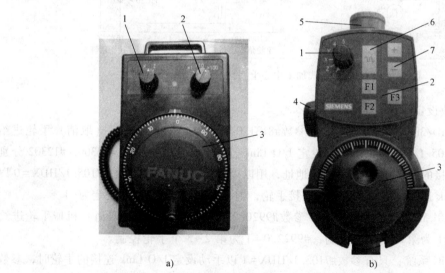

图 5-52　数控机床用手摇脉冲发生器

a）FANUC 手摇脉冲发生器　b）Mini HHU

1—手轮轴选择旋钮　2—手轮倍率旋钮　3—手摇脉冲发生器　4—双通道三步式使能按钮
5—紧急停止按钮　6—快速移动按键　7—运行方向按键

1. FANUC 手轮在 HM1250 卧式加工中心上的连接及控制机理

1）HM1250 卧式加工中心（FANUC 31i-MA 系统）上手摇脉冲发生器的接线如图 5-53 所示。

FANUC 手轮经分布式 I/O 板或模块连接至 CNC 装置中主 CPU 板的 I/O Link 接口。与脉冲编码器一样使用 DC 5V 电源，其连接电缆的电阻所引起的电压降不超过 0.2V；连接电缆的长度 L 可由以下公式计算得出：

$$\frac{0.1A \times R \times 2L}{m} \leqslant 0.2V, \ \text{即} \ L \leqslant \frac{m}{R}$$

式中　0.1——MPG 的电流（A）；

　　　R——每单位长度的电缆阻值（Ω/m）；

　　　m——0V 或 5V 电缆的数量。

通常，连接 1 个 MPG 时 L 不超过 50m，连接 2 个 MPG 时 L 不超过 38m，连接 3 个 MPG 时 L 不超过 25m。

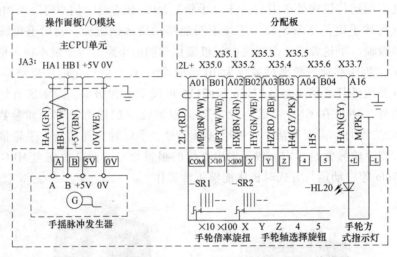

图 5-53　HM1250 卧式加工中心上手摇脉冲发生器的接线图

2）手轮参数设定。

① FANUC 0iD/30i 系统：设定 CNC 参数#8131.0/HPG=1（0）以激活（取消）手轮进给功能。在参数#7105.1/HDX=1 以手动设定 I/O Link 连接的手轮时，参数#12300～#12302 分别给定 I/O Link 连接的第 1～3 个手轮的 X 地址，用以接收手摇脉冲；在参数#7105.1/HDX=0 以自动设定 I/O Link 连接的手轮时，若未连接手轮，则#12300～#12302 自动设定为−1。

② FANUC 18i MB 系统：设定 CNC 参数#9920.2=1（0）以激活（取消）机械手轮进给功能，#9920.3=1 为第 1 个手轮控制，#9922.0=1 为第 2～3 个手轮控制。

③ FANUC 0iC 系统：只有参数#7105.1/HDX=1 以手动设定 I/O Link 连接的手轮时，参数#12305～#12307 才可分别给定 I/O Link 连接的第 1～3 个手轮的 X 地址，用以接收手摇脉冲。在参数#7105.1/HDX=0 以自动设定 I/O Link 连接的手轮时，若未连接手轮，则#12305～#12307 自动设定为−1。

④ FANUC0C/0D 系统：参数#900.2/FLWU=1（0）给定机械手轮进给功能有效（无效），参数#900.3/MPG=1（0）给定手轮有效（无效），参数#908.0=1（0）给定手轮中断有效（无效）。

⑤ 手轮状态显示：当机床运行模式开关置于手轮状态时，LCD 上 CNC 状态显示区的①

处（见表4-1）显示"HND"，且模式选择信号为 G0043.0~G43.2（FANUC 18/18i/0i/30i 系统）或 G0122.0~G0122.2（FANUC 0C/0D 系统）。

3）手轮轴选通信号处理。MPG 的手轮轴选择输入信号分别为 X0035.2、X0035.3、X035.4、X0035.5 和 X0035.6，经 PMC 逻辑后向 CNC 输出手轮轴选择信号 HS1A~HS1D/G0018.0~G0018.3（第 2 个 MPG 的手轮轴选择信号为 HS2A~HS2D/G0018.4~G0018.7，第 3 个 MPG 的手轮轴选择信号 HS3A~HS3D/G0019.0~G0019.3）。手轮轴选通信号的对照见表 5-9。

表 5-9 手轮轴选通信号的对照

HSnD	HSnC	HSnB	HSnA	选择轴
0	0	0	0	无轴选通
0	0	0	1	第 1 轴（X）
0	0	1	0	第 2 轴（Y）
0	0	1	1	第 3 轴（Z）
0	1	0	0	第 4 轴（B）
0	1	0	1	第 5 轴
0	1	1	0	第 6 轴
0	1	1	1	第 7 轴
1	0	0	0	第 8 轴

4）手轮倍率选通信号处理。MPG 的进给倍率输入信号为 X0035.0 和 X0035.1，经 PMC 逻辑后向 CNC 输入手轮倍率信号 MP1/G0019.4 和 MP2/G0019.5；同时设定手轮任意倍率的 CNC 参数#7113/Xm = 100 和#7114/Xn = 1000；参数#7102.0/HNGx = 0 使 MPG 旋转方向与伺服轴进给方向一致，即顺时针方向旋转。手轮倍率选通信号的对照，见表 5-10。

表 5-10 手轮倍率选通信号的对照

MP2/G0019.5	MP1/G0019.4	手轮倍率
0	0	X1
0	1	X10
1	0	Xm（100）
1	1	Xn（1000）

5）HM1250 卧式加工中心上手摇脉冲发生器控制用梯形图如图 5-54 所示。

2. 西门子 Mini HHU 在 PF6-S2500 数控磨床上的连接及控制机理

在 SIMODRIVE 611D 驱动系统的控制下，PF6-S2500 数控磨床（SINUMERIK 840Dpl 系统）的 X、Z 轴和工件轴既可在 Auto 或 MDA 方式下实现伺服进给，也可在 JOG 方式下利用 Mini HHU 上的手轮轴选择旋钮、运行方向按键等（见图 5-52b）实现单轴移动。

（1）Mini HHU 在 PF6-S2500 数控磨床上的连接（见图 5-55） Mini HHU 通过外设电缆分线盒连接至 NCU571.5 模块上的 X121 接口，以方便操作者的对刀操作（即标准工件和金刚笔/修整刀分别与砂轮的基准建立）和维修人员的现场调试操作。在 Mini HHU 上，旋钮或按键的过程映像输入通过分布式机架 1 上插槽号为 5 的数字量输入模块 6ES7321-1BL80-0AA0 进入内置 S7-300PLC 中。

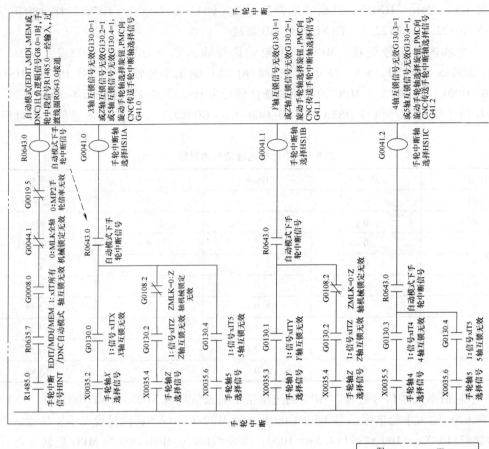

图 5-54 HM1250 卧式加工中心上手摇脉冲发生器控制用梯形图

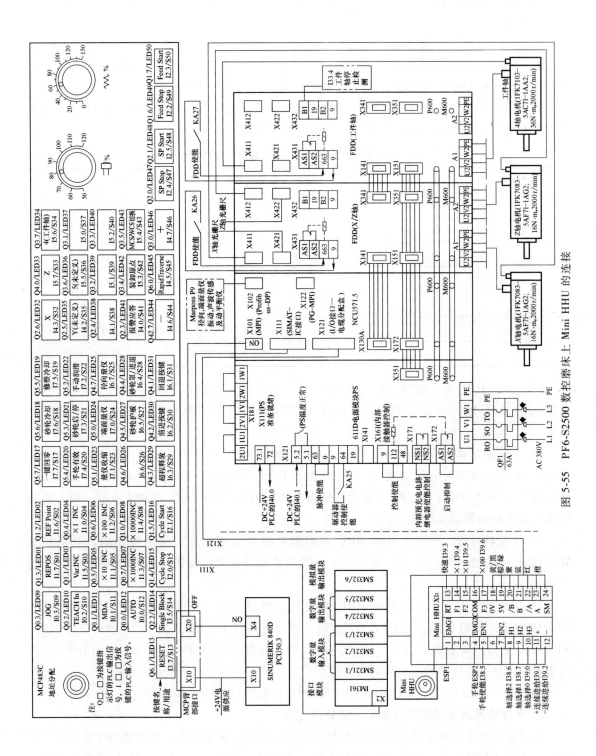

图 5-55 PF6-S2500 数控磨床上 Mini HHU 的连接

1）在图 5-52b 中，双通道三步式使能按钮的过程映像输入地址为 I38.5。

2）在图 5-52b 中，运行方向按键［+］和［-］的过程映像输入地址分别为 I39.1、I39.2。

3）在图 5-52b 中，快速移动按键［∧∧∧］的过程映像输入地址为 I39.3。

4）在图 5-52b 中，手轮倍率旋钮［F1］、［F2］和［F3］的过程映像输入地址依次为 I39.4、I39.5 和 I39.6，彼此对应的手轮轴移动倍率为 ×1、×10 和 ×100。

5）在图 5-52b 中，手轮轴选择旋钮的过程映像输入地址为 I38.6、I38.7 和 I39.0，三者以表 5-11 中所列的格雷码组合形式给定伺服轴和工件轴的选择。

表 5-11　Mini HHU 上手轮轴选择旋钮的格雷码组合形式

I39.0	I38.7	I38.6	旋钮位置	轴选功能
0	0	0	—	未连接 Mini HHU
0	1	1	0	未选择任何轴
0	1	0	Z	选择轴 Z
1	1	0	X	选择轴 X
1	1	1	Y	选择轴 Y
1	0	1	4	选择轴 4（设定为主轴的工件轴）
1	0	0	5	选择轴 5

（2）Mini HHU 控制机理　在磨床处于 JOG 方式时，按下 MCP483C 上的［手轮有效］按键 S20（PLC 输入信号为 I7.4，按键灯 LED20 的输出信号为 Q5.4）后，Mini HHU 被激活。

1）手轮轴选择。当利用 Mini HHU 上的手轮轴选择旋钮选择 X、Z 或 4 轴时，内置 PLC 逻辑处理后，OP010 的显示器上会出现提示信息"700037 Mini 手轮使用中"。同时，MCP483C 上分别对应于 X、Z、4 轴的按键指示灯 LED32、LED33 和 LED34 点亮，以表明机床被选坐标轴的当前激活状态。

2）手轮轴运行。在按住 Mini HHU 左侧黑色的双通道三步式使能按钮时，分别按下 Mini HHU 上按键［∧∧∧］、［+］或［-］，可使被选择的 X/Z/4 轴按照 CNC 参数设定的速度手动运行。

3）手轮轴倍率。在按住 Mini HHU 左侧黑色的双通道三步式使能按钮时，分别按下 Mini HHU 上功能键［F1］、［F2］或［F3］，可对应选择手轮倍率 ×1、×10 和 ×100。同时，MCP483C 上分别对应于［F1］、［F2］、［F3］的按键指示灯 LED04、LED05 和 LED06 点亮，以表明机床被选坐标轴的当前移动倍率值。

4）PF6-S2500 数控磨床上 Mini HHU 的 PLC 控制程序如图 5-56 所示。

3. 手摇脉冲发生器的常见故障及其处理方法

手摇脉冲发生器故障的部位既可能为手轮及其连接电缆等硬件，也可能为 PMC/PLC 等软件。不同的故障现象，对应的原因和处理方法不同。为此，对 CNC 机床上手摇脉冲发生器的常见故障进行汇总分析（见表 5-12）。

PF6-S2500数控磨床/OB1〃ZYKLUS〃

程序段9: Mini手轮选择1
```
A    I   7.4      //串联[手轮有效]按钮I7.4的常开触点
FP   M   105.0    //手轮脉冲1的上升沿检测
=    M   105.1    //为手轮脉冲2赋值并输出
```

程序段10: Mini手轮选择1
```
A(                //逻辑与嵌套开始
A    M   105.1    //串联手轮脉冲2的常开触点
AN   M   105.2    //串联手轮脉冲3的常闭触点
O                 //逻辑或(并项)
AN   M   105.1    //串联手轮脉冲2的常闭触点
A    M   105.2    //串联手轮脉冲3的常开触点
)                 //逻辑与嵌套结束
A    DB11.DBX  6.2  //串联JOG操作方式信号
                    //(NCK to PLC)的常开触点
AN   I   0.3      //串联[JOG]按钮I0.3的常开触点
=    M   105.2    //手轮脉冲3赋值并输出
=    Q   5.4      //Q5.4=1时[手轮有效]按钮的LED20点亮

AN   Q   5.4      //串联Q5.4(LED20)的常闭触点
JC   m003         //Q5.4=0时跳转至m003
A    Q   5.4      //串联Q5.4的常开触点(手轮有效Q5.4=1)
R    DB10.DBX 100.0  //将手轮1的A相脉冲信号复位
                     //(DB10.DBX100.0 MMC to PLC)
R    DB10.DBX 100.1  //将手轮1的B相脉冲信号复位
                     //(DB10.DBX100.1 MMC to PLC)
m003:NOP 0        //用空操作指令使各位全为0
```

程序段13: 调用Mini手轮子程序FC76
```
CALL FC  76
main_enable       :=Q5.4   //手轮主使能，MCP上[手轮有效]
                           //按键灯LED20点亮
handwheel_enable  :=I38.5  //手轮使能信号输入
_4_axis_mode      :=TRUE   //第4轴(工件轴)模式激活
_5_axis_mode      :=TRUE   //第5轴模式激活
enable_key        :=I38.5  //手轮使能信号输入(左侧按钮3)
axis_bit_2        :=I38.6  //手轮上的轴选择2脉冲输入信号
axis_bit_1        :=I38.7  //手轮上的轴选择1脉冲输入信号
axis_bit_0        :=I39.0  //手轮上的轴选择0脉冲输入信号
rapid_traverse_key:=I39.0  //手轮上快速移动信号输入
plus_key          :=I39.1  //手轮上[+]按键的信号输入
minus_key         :=I39.2  //手轮上[-]按键的信号输入
feed_rate_1       :=4      //无快速的进给倍率调值
                           //为4(16位十进制常数)
feed_rate_2       :=14     //有快速的进给倍率调值
                           //为14(16位十进制常数)
axis_Z            :=I5.7   //MCP上[Z]按键S33的信号输入
axis_X            :=I4.3   //MCP上[X]按键S32的信号输入
axis_Y            :=I4.2   //MCP上[Y]按键S36的信号输入
axis_4            :=I5.6   //MCP上[4]按键S34的信号输入
axis_5            :=I5.5   //MCP上[5]按键S36的信号输入
alarm_1  :=DB2.DBX184.5  //PLC to MMC的报警提示:
                         //700037Mini手轮使用中
alarm_2  :=DB2.DBX184.6  //PLC to MMC的报警提示:
                         //700038Mini手轮未连接
```

程序段14: 调用Mini手轮子程序1FC77(F1,F2和F3键的处理)
```
CALL FC  77
```

PF6-S2500数控磨床/FC76〃Mini手轮子程序〃

程序段1: Mini手轮未连接(I38.6=0,I38.7=0,I39.0=0)
```
AN  #axis_bit_2   //串联轴选择2脉冲的常闭触点
AN  #axis_bit_1   //串联轴选择1脉冲的常闭触点
AN  #axis_bit_0   //串联轴选择0脉冲的常闭触点
=   #no_MiniHHU   //为Mini手轮未连接的辅助线圈
```

程序段2: I38.6,I38.7和I39.0均为0时向MMC传送〃手轮未连接〃报警
```
A   #no_MiniHHU   //串联Mini手轮未连接辅助线圈的常开触点
=   #alarm_2      //PLC to MMC的〃Mini手轮未连接〃报警提示
```

程序段3: I38.6=1,I38.7=1,I39.0=0时轴选择开关为0状态(手轮关闭)
```
A   #axis_bit_2   //串联轴选择2脉冲的常开触点
A   #axis_bit_1   //串联轴选择1脉冲的常开触点
AN  #axis_bit_0   //串联轴选择0脉冲的常闭触点
=   #step_0       //为#step_0即Mini手轮处于0状态)赋值
```

程序段4: 手轮未连接、0状态(关闭)或主使能无效时手轮报警被复位
```
O   #no_MiniHHU   //并联手轮未连接辅助线圈的常开触点
O   #step_0       //并联#step_0(手轮为0状态)的常开触点
ON  #main_enable  //并联手轮主使能(LED20点亮)的常闭触点
=   #reset        //为#reset(所有DB数据块复位)赋值
R   #alarm_1      //Mini手轮使用中的提示被复位为0并保持
JC  Ende          //RLO=1时跳转至Ende(FC76的程序段36)
```

程序段5: 手轮已连接且打开(轴选择开关不在0状态)时MiniHHU准备好
```
AN  #no_MiniHHU   //串联Mini手轮未连接辅助线圈的常闭触点
AN  #step_0       //串联#step_0(手轮处于0状态)的常闭触点
=   #MiniHHU_ready //为#MiniHHU_ready(手轮准备好)赋值
```

程序段6: 限定手轮使能键(I38.5)5min内有效
```
A   #enable_key   //串联手轮使能信号I38.5的常开触点
A   #main_enable  //串联手轮主使能(LED20点亮)的常开触点
L   S5T#5M        //预制值5min送入ACCU1,可改为T#5M
SP  T   100       //启动T100
NOP 0             //空操作指令(16个0)
NOP 0
NOP 0
A   T   100       //串联T100的常开触点
=   #limit_enable_key //为使能键5min内有效的线圈赋值
```

PF6-S2500数控磨床/FC76〃Mini手轮子程序〃

程序段7: 手轮倍率修调的控制
```
O   #plus_key     //并联手轮上[+]按键的常开触点
O   #minus_key    //并联手轮上[-]按键的常开触点
S   DB11.DBX  0.2 //JOG操作方式(PLC to NCK)置位为1并保持
ON  #limit_enable_key //并联手轮使能键5min内有效
                      //辅助线圈的常开触点
O   #step_0       //并联#step_0(手轮处于0状态)的常闭触点
JC  m000          //RLO=1时跳转至m000(FC76的程序段8)
A   #rapid_traverse_key //串联手轮快速移动键的常开触点
JC  m001          //RLO=1时跳转至m001
L   #feed_rate_1  //预置值4送入ACCU1
JC  m002          //RLO=1时跳转至m002
m001:L  #feed_rate_2 //预置值14送入ACCU1,原预置值4送入ACCU2
m002:T  DB31.DBB  0  //将ACCU1内的倍率修调值送至目标存储区(X)
//  T   DB32.DBB  0  //将ACCU1内的倍率修调值送至目标存储区(Z)
//  T   DB33.DBB  0  //将ACCU1内的倍率修调值送至目标存储区(Y)
//  T   DB34.DBB  0  //将ACCU1内的倍率修调值送至目标存储区(4)
//  T   DB35.DBB  0  //将ACCU1内的倍率修调值送至目标存储区(5)
```

程序段8: 当轴选择激活信号和轴选择有效信号为0时miniHHU被激活
```
m000:NOP  0       //空操作指令(16个0)
AN   DB31.DBX  4.0  //串联轴选择激活(PLCtoNCK)的常闭触点
//AN DB32.DBX  4.0  //串联Z轴选择激活(PLCtoNCK)的常闭触点
//AN DB33.DBX  4.0  //串联Y轴选择激活(PLCtoNCK)的常闭触点
//AN DB34.DBX  4.0  //串联4轴选择激活(PLCtoNCK)的常闭触点
//AN DB35.DBX  4.0  //串联5轴选择激活(PLCtoNCK)的常闭触点
AN   DB31.DBX  64.0 //串联轴选择有效(NCKtoPLC)的常闭触点
//AN DB32.DBX  64.0 //串联Z轴选择有效(NCKtoPLC)的常闭触点
//AN DB33.DBX  64.0 //串联Y轴选择有效(NCKtoPLC)的常闭触点
//AN DB34.DBX  64.0 //串联4轴选择有效(NCKtoPLC)的常闭触点
//AN DB35.DBX  64.0 //串联5轴选择有效(NCKtoPLC)的常闭触点
=    #not_handwheel //为MiniHHU未被激活的辅助线圈赋值
```

程序段9: 手轮使能有效且[+]、[-]按键未激活时手轮准备好
```
A(                //逻辑与嵌套开始
O   #limit_enable_key //并联手轮使能键5min有效线圈常开触点
O   #handwheel_enable //并联手轮使能入信号I38.5的常开触点
)                 //逻辑与嵌套结束
AN  #plus_key     //串联手轮上[+]按键的常闭触点
AN  #minus_key    //串联手轮上[-]按键的常闭触点
=   #handwheel_ready //为手轮准备好的辅助线圈赋值
```

程序段10: 手轮未准备好,使能无效且[+]/[-]按键激活时跳转至HAND
```
AN  #handwheel_enable //串联手轮准备好线圈的常闭触点
AN  #enable_key   //串联手轮使能入信号I38.5的常闭触点
O   #plus_key     //并联手轮上[+]按键的常开触点
O   #minus_key    //并联手轮上[-]按键的常开触点
JC  HAND          //RLO=1时跳转至HAND(FC76的程序段13)
```

程序段11: 手轮使能有效且快移无效时各轴的INC1信号将被激活
```
A   #handwheel_enable //串联手轮准备好线圈的常开触点
AN  #rapid_traverse_key //串联手轮快速移动键的常闭触点
=   DB31.DBX  5.0  //为进给轴X的INC1(PLCtoNCK)信号赋值
=   DB21.DBX  13.0 //为几何轴X的INC1(PLCtoNCK)信号赋值
=   DB32.DBX  5.0  //为进给轴Z的INC1(PLCtoNCK)信号赋值
=   DB21.DBX  17.0 //为几何轴Z的INC1(PLCtoNCK)信号赋值
=   DB33.DBX  5.0  //为进给轴Y的INC1(PLCtoNCK)信号赋值
=   DB21.DBX  21.0 //为几何轴Y的INC1(PLCtoNCK)信号赋值
=   DB34.DBX  5.0  //为工件轴4的INC1(PLCtoNCK)信号赋值
=   DB35.DBX  5.0  //为工件轴5的INC1(PLCtoNCK)信号赋值
```

程序段12: 手轮使能有效且快移有效时各轴的INC10信号将被激活
```
A   #handwheel_enable //串联手轮准备好线圈的常开触点
A   #rapid_traverse_key //串联手轮快速移动键的常开触点
=   DB31.DBX  5.1  //为进给轴X的INC10(PLCtoNCK)信号赋值
=   DB21.DBX  13.1 //为几何轴X的INC10(PLCtoNCK)信号赋值
=   DB32.DBX  5.1  //为进给轴Z的INC10(PLCtoNCK)信号赋值
=   DB21.DBX  17.1 //为几何轴Z的INC10(PLCtoNCK)信号赋值
=   DB33.DBX  5.1  //为进给轴Y的INC10(PLCtoNCK)信号赋值
=   DB21.DBX  21.1 //为几何轴Y的INC10(PLCtoNCK)信号赋值
=   DB34.DBX  5.1  //为工件轴4的INC10(PLCtoNCK)信号赋值
=   DB35.DBX  5.1  //为工件轴5的INC10(PLCtoNCK)信号赋值
```

程序段13: I38.6=0,I38.7=1,I39.0=0时轴选择开关为Z状态(步进激活)
```
HAND: AN #axis_bit_2 //串联轴选择2脉冲的常闭触点
A   #axis_bit_1   //串联轴选择1脉冲的常开触点
AN  #axis_bit_0   //串联轴选择0脉冲的常闭触点
S   #axis_Z       //MCP上[Z]按键信号I5.7置位为1并保持
R   #axis_X       //MCP上[X]按键信号I4.3复位为0并保持
R   #axis_Y       //MCP上[Y]按键信号I4.2复位为0并保持
R   #axis_4       //MCP上[4]按键信号I5.6复位为0并保持
R   #axis_5       //MCP上[5]按键信号I5.5复位为0并保持
=   #step_Z       //为Mini手轮Z轴的步进辅助线圈赋值
```

程序段14: I38.6=0,I38.7=1,I39.0=0时轴选择开关为X状态(步进激活)
```
AN  #axis_bit_2   //串联轴选择2脉冲的常闭触点
A   #axis_bit_1   //串联轴选择1脉冲的常开触点
A   #axis_bit_0   //串联轴选择0脉冲的常开触点
R   #axis_Z       //MCP上[Z]按键信号I5.7复位为0并保持
S   #axis_X       //MCP上[X]按键信号I4.3置位为1并保持
R   #axis_Y       //MCP上[Y]按键信号I4.2复位为0并保持
R   #axis_4       //MCP上[4]按键信号I5.6复位为0并保持
R   #axis_5       //MCP上[5]按键信号I5.5复位为0并保持
=   #step_X       //为Mini手轮X轴的步进辅助线圈赋值
```

图 5-56　PF6-S2500 数控磨床上 Mini HHU 的 PLC 控制程序

PF6-S2500数控磨床/PC76"Mini手轮子程序"

程序段15: I38.6=1, I38.7=1, I39.0=1时轮选择开关为Y状态(步进激活)

```
A    #axis_bit_2      //串联轴选择2脉冲的常开触点
A    #axis_bit_1      //串联轴选择1脉冲的常开触点
A    #axis_bit_0      //串联轴选择0脉冲的常闭触点
R    #axis_Z          //MCP上[Z]按键信号15.7复位为0并保持
R    #axis_X          //MCP上[X]按键信号14.3复位为0并保持
S    #axis_Y          //MCP上[Y]按键信号14.2置位为1并保持
R    #axis_4          //MCP上[4]按键信号15.6复位为0并保持
R    #axis_5          //MCP上[5]按键信号15.5复位为0并保持
=    #step_Y          //为Mini手轮的Y轴进给辅助线圈赋值
```

程序段16: I38.6=1, I38.7=0, I39.0=1时轮选择开关为4状态(步进激活)

```
A(                    //逻辑与嵌套开始
O    #_4_axis_mode    //并联第4轴模式激活的常开触点
O    #_5_axis_mode    //并联第5轴模式激活的常开触点
)                     //逻辑与嵌套结束
A    #axis_bit_2      //串联轴选择2脉冲的常开触点
AN   #axis_bit_1      //串联轴选择1脉冲的常闭触点
A    #axis_bit_0      //串联轴选择0脉冲的常开触点
R    #axis_Z          //MCP上[Z]按键信号15.7复位为0并保持
R    #axis_X          //MCP上[X]按键信号14.3复位为0并保持
R    #axis_Y          //MCP上[Y]按键信号14.2复位为0并保持
S    #axis_4          //MCP上[4]按键信号15.6置位为1并保持
R    #axis_5          //MCP上[5]按键信号15.5复位为0并保持
=    #step_4          //为Mini手轮的4轴进给辅助线圈赋值
```

程序段17: I38.6=0, I38.7=1, I39.0=1时轮选择开关为5状态(步进激活)

```
A    #_5_axis_mode    //串联第5轴模式激活的常开触点
AN   #axis_bit_2      //串联轴选择2脉冲的常闭触点
AN   #axis_bit_1      //串联轴选择1脉冲的常闭触点
A    #axis_bit_0      //串联轴选择0脉冲的常开触点
R    #axis_Z          //MCP上[Z]按键信号15.7复位为0并保持
R    #axis_X          //MCP上[X]按键信号14.3复位为0并保持
R    #axis_Y          //MCP上[Y]按键信号14.2复位为0并保持
S    #axis_5          //MCP上[5]按键信号15.5置位为1并保持
=    #step_5          //为Mini手轮的5轴进给辅助线圈赋值
```

程序段18: 报警提示: 700037 Mini手轮使用中

```
A(                    //逻辑与嵌套开始
O    #axis_X          //并联Mini手轮X轴步进激活线圈的常开触点
O    #axis_Y          //并联Mini手轮Y轴步进激活线圈的常开触点
O    #axis_Z          //并联Mini手轮Z轴步进激活线圈的常开触点
O    #axis_4          //并联Mini手轮4轴步进激活线圈的常开触点
O    #axis_5          //并联Mini手轮5轴步进激活线圈的常开触点
)                     //逻辑与嵌套结束
A    #MiniHHU_ready   //串联#MiniHHU_ready的常开触点
=    #alarm_1         //为#alarm_1(700037Mini手轮使用中)赋值
```

程序段19: 手轮准备好且Z轴为步进状态时向NCK传送Z轴选择激活信号

```
A    #handwheel_ready //串联手轮准备好线圈的常开触点
A    #step_Z          //串联Mini手轮Z轴步进激活线圈的常开触点
=    DB32.DBX   4.0   //手轮Z轴选择激活(PLCtoNCK)信号赋值
```

程序段20: 手轮准备好且X轴为步进状态时向NCK传送X轴选择激活信号

```
A    #handwheel_ready //串联手轮准备好线圈的常开触点
A    #step_X          //串联Mini手轮X轴步进激活线圈的常开触点
=    DB31.DBX   4.0   //为手轮X轴选择激活(PLC to NCK)信号赋值
```

程序段21: 手轮准备好且Y轴为步进状态时向NCK传送Y轴选择激活信号

```
A    #handwheel_ready //串联手轮准备好线圈的常开触点
A    #step_Y          //串联Mini手轮Y轴步进激活线圈的常开触点
=    DB33.DBX   4.0   //为手轮Y轴选择激活(PLC to NCK)信号赋值
```

程序段22: 手轮准备好且4轴为步进状态时向NCK传送4轴选择激活信号

```
A    #handwheel_ready //串联手轮准备好线圈的常开触点
A    #step_4          //串联Mini手轮4轴步进激活线圈的常开触点
=    DB34.DBX   4.0   //手轮4轴选择激活(PLC to NCK)信号赋值
```

程序段23: 手轮准备好且5轴为步进状态时向NCK传送5轴选择激活信号

```
A    #handwheel_ready //串联手轮准备好线圈的常开触点
A    #step_5          //串联Mini手轮5轴步进激活线圈的常开触点
=    DB35.DBX   4.0   //为手轮5轴选择激活(PLC to NCK)信号赋值
```

程序段24: 手轮使能锁和[+]按键有效且手轮未激活时[+]按键使能线圈得电

```
A    #limit_enable_key //串联手轮使能锁min有效线圈常开触点
A    #plus_key         //并联手轮上[+]按键的常开触点
A    #not_handwheel    //串联MiniHHU未激活线圈的常开触点
=    #plus_key_enable  //为手轮上[+]按键使能辅助线圈赋值
```

程序段25: 手轮使能锁和[-]按键有效且手轮未激活时[-]按键使能线圈得电

```
A    #limit_enable_key //串联手轮使能锁min有效线圈常开触点
A    #minus_key        //并联手轮上[-]按键的常开触点
A    #not_handwheel    //串联MiniHHU未激活线圈的常开触点
=    #minus_key_enable //为手轮上[-]按键使能辅助线圈赋值
```

程序段26: 手轮X轴和[+]按键使能有效时向NCK传送X轴移动键激活信号

```
A    #plus_key_enable //串联手轮上[+]按键使能线圈的常开触点
A    #step_X          //串联Mini手轮X轴步进激活线圈的常开触点
=    DB31.DBX   4.7   //手轮X轴[+]移动键信号(PLC to NCK)赋值
```

程序段27: 手轮X轴和[-]按键使能有效时向NCK传送X轴移动键激活信号

```
A    #minus_key_enable //串联手轮上[-]按键使能线圈的常开触点
A    #step_X           //串联Mini手轮X轴步进激活线圈的常开触点
=    DB31.DBX   4.6    //手轮X轴[-]移动键信号(PLC to NCK)赋值
```

程序段28: 手轮Y轴和[+]按键使能有效时向NCK传送Y轴移动键激活信号

```
A    #plus_key_enable //串联手轮上[+]按键使能线圈的常开触点
A    #step_Y          //串联Mini手轮Y轴步进激活线圈的常开触点
=    DB33.DBX   4.7   //手轮Y轴[+]移动键信号(PLC to NCK)赋值
```

程序段29: 手轮Y轴和[-]按键使能有效时向NCK传送Y轴移动键激活信号

```
A    #minus_key_enable //串联手轮上[-]按键使能线圈的常开触点
A    #step_Y           //串联Mini手轮Y轴步进激活线圈的常开触点
=    DB33.DBX   4.6    //手轮Y轴[-]移动键信号(PLC to NCK)赋值
```

PF6-S2500数控磨床/PC76"Mini手轮子程序"

程序段30: 手轮Z轴和[+]按键使能有效时向NCK传送Z轴[+]移动键激活信号

```
A    #plus_key_enable //串联手轮上[+]按键使能线圈的常开触点
A    #step_Z          //串联Mini手轮Z轴步进激活线圈的常开触点
=    DB32.DBX   4.7   //手轮Z轴[+]移动键信号(PLC to NCK)赋值
```

程序段31: 手轮Z轴和[-]按键使能有效时向NCK传送Z轴[-]移动键激活信号

```
A    #minus_key_enable //串联手轮上[-]按键使能线圈的常开触点
A    #step_Z           //串联Mini手轮Z轴步进激活线圈的常开触点
=    DB32.DBX   4.6    //手轮Z轴[-]移动键信号(PLC to NCK)赋值
```

程序段32: 手轮4轴和[+]按键使能有效时向NCK传送4轴[+]移动键激活信号

```
A    #plus_key_enable //串联手轮上[+]按键使能线圈的常开触点
A    #step_4          //串联Mini手轮4轴步进激活线圈的常开触点
=    DB34.DBX   4.7   //手轮4轴[+]移动键信号(PLC to NCK)赋值
```

程序段33: 手轮4轴和[-]按键使能有效时向NCK传送4轴[-]移动键激活信号

```
A    #minus_key_enable //串联手轮上[-]按键使能线圈的常开触点
A    #step_4           //串联Mini手轮4轴步进激活线圈的常开触点
=    DB34.DBX   4.6    //手轮4轴[-]移动键信号(PLC to NCK)赋值
```

程序段34: 手轮5轴和[+]按键使能有效时向NCK传送5轴[+]移动键激活信号

```
A    #plus_key_enable //串联手轮上[+]按键使能线圈的常开触点
A    #step_5          //串联Mini手轮5轴步进激活线圈的常开触点
=    DB35.DBX   4.7   //手轮5轴[+]移动键信号(PLC to NCK)赋值
```

程序段35: 手轮5轴和[-]按键使能有效时向NCK传送5轴[-]移动键激活信号

```
A    #minus_key_enable //串联手轮上[-]按键使能线圈的常开触点
A    #step_5           //串联Mini手轮5轴步进激活线圈的常开触点
=    DB35.DBX   4.6    //手轮5轴[-]移动键信号(PLC to NCK)赋值
```

程序段36: 将与X,Y,Z,4和5相关的手轮激活信号与手轮有效信号复位为0

```
Ende: O(              //逻辑或嵌套开始
A    #reset           //串联#reset(所有DB被复位)的常开触点
FP   M    110.0       //M110.0(use1 mpg)的上升沿检测
)                     //逻辑或嵌套结束
O(                    //逻辑或嵌套开始
A    #handwheel_enable //串联手轮使能信号输入的常开触点
FN   M    110.1       //M110.1(use2 mpg)的下降沿检测
)                     //逻辑或嵌套结束
O(                    //逻辑或嵌套开始
A    #main_enable     //串联手轮主使能(LED20点亮)常闭触点
FN   M    110.2       //M110.2(use3 mpg)的下降沿检测
)
S    DB11.DBX   0.2   //JOG操作方式(PLCtoNCK)信号位置为1
R    DB31.DBX   4.0   //手轮X轴选择激活(PLC to NCK)复位为0
R    DB32.DBX   4.0   //手轮Z轴选择激活(PLC to NCK)复位为0
//R  DB33.DBX   4.0   //手轮Y轴选择激活(PLC to NCK)复位为0
//R  DB34.DBX   4.0   //手轮4轴选择激活(PLC to NCK)复位为0
//R  DB35.DBX   4.0   //手轮5轴选择激活(PLC to NCK)复位为0
R    DB31.DBX   64.0  //手轮X轴选择有效(NCK to PLC)复位为0
R    DB32.DBX   64.0  //手轮Z轴选择有效(NCK to PLC)复位为0
//R  DB33.DBX   64.0  //手轮Y轴选择有效(NCK to PLC)复位为0
//R  DB34.DBX   64.0  //手轮4轴选择有效(NCK to PLC)复位为0
//R  DB35.DBX   64.0  //手轮5轴选择有效(NCK to PLC)复位为0
R    DB31.DBX   4.7   //手轮X轴[+]按键(PLC to NCK)复位为0
R    DB31.DBX   4.6   //手轮X轴[-]按键(PLC to NCK)复位为0
R    DB32.DBX   4.7   //手轮Z轴[+]按键(PLC to NCK)复位为0
R    DB32.DBX   4.6   //手轮Z轴[-]按键(PLC to NCK)复位为0
//R  DB33.DBX   4.7   //手轮Y轴[+]按键(PLC to NCK)复位为0
//R  DB33.DBX   4.6   //手轮Y轴[-]按键(PLC to NCK)复位为0
//R  DB34.DBX   4.7   //手轮4轴[+]按键(PLC to NCK)复位为0
//R  DB34.DBX   4.6   //手轮4轴[-]按键(PLC to NCK)复位为0
//R  DB35.DBX   4.7   //手轮5轴[+]按键(PLC to NCK)复位为0
//R  DB35.DBX   4.6   //手轮5轴[-]按键(PLC to NCK)复位为0
```

PF6-S2500数控磨床/PC77"Mini手轮子程序1(F1,F2和F3键)"

程序段1: LED20点亮手轮使能有效且F1键激活时[×1INC]键信号IL0=1

```
A(                    //逻辑与嵌套开始
A    I    39.4        //串联手轮上F1键使能(×1)I39.4的常开触点
A    I    38.5        //串联手轮使能按钮I38.5的常开触点
O    I    1.0         //并联I1.0的常开触点以自锁
)                     //逻辑与嵌套结束
A    Q    5.4         //串联Q5.4(手轮有效LED20点亮)的常开触点
=    I    1.0         //为[×1INC]按键信号的输入线圈IL0赋值
```

程序段2: LED20亮时手轮使能有效且F2键激活时[×10INC]键信号I1.1=1

```
A(                    //逻辑与嵌套开始
A    I    39.5        //串联手轮上F2键(×10)I39.5的常开触点
A    I    38.5        //串联手轮使能按钮I38.5的常开触点
O    I    1.1         //并联I1.1的常开触点以自锁
)                     //逻辑与嵌套结束
A    Q    5.4         //串联Q5.4(手轮有效LED20点亮)的常开触点
=    I    1.1         //为[×10INC]按键信号的输入线圈I1.1赋值
```

程序段3: LED20点亮手轮使能有效且F3键激活时[×100INC]键信号I1.2=1

```
A(                    //逻辑与嵌套开始
A    I    39.6        //串联手轮上F3键(×100)I39.6的常开触点
A    I    38.5        //串联手轮使能按钮I38.5的常开触点
O    I    1.2         //并联I1.2的常开触点以自锁
)                     //逻辑与嵌套结束
A    Q    5.4         //串联Q5.4(手轮有效LED20点亮)的常开触点
=    I    1.2         //为[×100INC]按键信号的输入线圈I1.2赋值
```

程序段4: 进给倍率0%时复位手轮各轴选择激活信号(PLCtoNCK)为0

```
L    DB21.DBB   4     //装DB21.DBB4(PLCtoNCK)的值到ACCU1
L    1              //预置值1装入ACCU1, DB21.DBB4的值送ACCU2
==I                   //比较ACCU1=ACCU2时, RLO=1
R    DB31.DBX   4.0   //手轮X轴选择激活信号复位为0并保持
R    DB32.DBX   4.0   //手轮Z轴选择激活信号复位为0并保持
R    DB34.DBX   4.0   //手轮4轴选择激活信号复位为0并保持
```

图 5-56 PF6-S2500 数控磨床上 Mini HHU 的 PLC 控制程序 (续)

表 5-12 CNC 机床上手摇脉冲发生器的常见故障及其处理方法

故障现象	问 题	诊断分析	可能原因	处理方法
所有轴在手轮操作下均不能移动,但Auto等其他方式可以移动	1)脉冲信号	脉冲信号没有产生	手轮所需直流电源异常	万用表直流电压档检测手轮 DC 5V 电源供应
		脉冲信号乱码	手摇脉冲发生器故障	更换手摇脉冲发生器
		脉冲信号未传递至数控系统	脉冲信号线问题	万用表欧姆档检查是否断线
				排除信号线接错问题
			I/O 设置不正确	检查 I/O 设置
			PMC 或 PLC 的 I/O 点损坏	选用其他空置 I/O 点
				整体更换 I/O 板或数字量输入模块等硬件装置
	2)轴选择信号	系统未收到轴选择信号	所有轴选信号断线	排除轴选择信号断线故障
			手轮轴选择旋钮损坏	更换手轮轴选择旋钮
	3)倍率信号	系统收到的手轮倍率信号为0%	其他手轮倍率信号断线	排除倍率信号断线故障
			手轮倍率旋钮或按键损坏	更换手轮倍率旋钮或按键
	4)梯形图	梯形图编写错误	与手轮相关的逻辑处理错误	重新编写梯形图
		CNC 与 PMC/PLC 间的手轮倍率交互信号点错误	梯形图内 PMC/PLC 向 CNC 传送的手轮倍率选通信号地址用错	更正手轮倍率选通信号地址
	5)CNC 参数	手轮相关参数设置错误	是否使用手轮、手轮倍率等参数的设定异常	匹配正确参数
	6)电气线路	手轮相关信号错误引入	线号标错导致接线错误	检查手轮的整体接线
所选目标轴与移动的实际轴不同	1)电气线路	手轮内部接线混乱	手轮轴选择旋钮接线错误	更正手轮轴选择旋钮的接线
	2)梯形图	梯形图编写错误	输入地址错用或编写不正确	检查并更正梯形图
手摇方向与被选轴移动方向相反	1)CNC 参数	手轮移动方向参数设错	如 FANUC 参数 #7102.0/HNGx = 1 (0) 使相对于手轮旋转方向的每个轴的移动方向相反(相同)	据随机说明书匹配正确参数
	2)手轮接线	手轮内 A、B 相接线错误	线号标错导致接线错误	检查手轮的内部接线

(续)

故障现象	问　题	诊断分析	可能原因	处理方法
某些轴正常移动，某些轴不能移动	1)电气线路	系统未收到轴选择信号	手轮内部存在断线或插线板上某处断线	检查手轮相关的线路
	2)I/O信号点	手轮信号不能进入系统	I/O板卡或输入模块上某些点损坏	更换信号地址或更换硬件
	3)梯形图	梯形图编写错误	输入地址错用或编写不正确	检查并更正梯形图
移动倍率与手轮实际选中的不同	1)CNC参数	手轮倍率参数设错	如 FANUC 参数 #7113/Xm ≠ 100 及 #7114/Xn ≠ 1000 等	匹配正确参数
	2)梯形图	梯形图编写错误	手轮倍率相关的梯形图编错	检查并更正梯形图

4. CNC机床手摇脉冲发生器的快速诊断流程及故障排除实例

（1）手轮故障的快速诊断流程　经上述分析，手轮故障涉及手摇脉冲发生器及其线路、CNC参数、梯形图等多方面的问题。不同的数控系统，手轮故障的显示界面不同、参数定义不同、梯形图编写方法不同、PMC/PLC的输入输出信号地址不同等。为快速解决手轮故障，给出图5-57所示的快速诊断流程，以供读者参考。

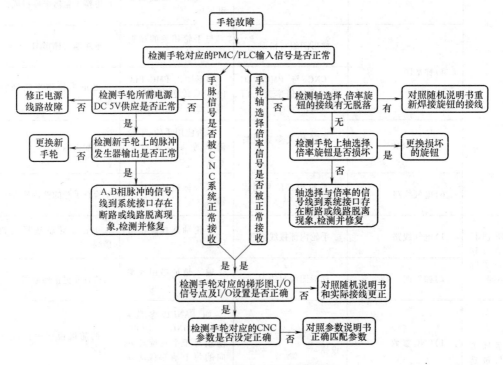

图5-57　手轮故障的快速诊断流程

1）检查手轮的脉冲、轴选择和倍率信号是否正常输入至 FANUC、SINUMERIK 或 MIT-SUBISHI 等系统中。若不正常，应检查对应原因并修复；若正常传输，则进入下一步。

2）检查梯形图有没有正常执行，包括梯形图编写是否正确、I/O 点是否正确。若不正常，应修正梯形图；若正常执行，则进入下一步。

3）检测并正确匹配手轮对应的 CNC 参数。

（2）手轮故障排除案例

1）故障现象。在一台配置 FANUC 0i-MD 系统的卧式加工中心（下称卧加）处于 MPG 状态时，手轮移动 X 轴、Y 轴、Z 轴，都没有任何动作，而在 Auto 等自动方式下，MCP 操作三轴的运行动作正常。

2）诊断分析。先借助 STATUS 状态子画面（见图 5-19），检测手轮脉冲信号输入正常、轴选择及倍率信号输入正常，进而推断手轮的 DC 5V 电源、硬件和线路没有问题；然后检测轴选择、手轮倍率对应的梯形图内 G 信号地址正常，遂排除梯形图问题；最后核对 CNC 参数，发现手轮倍率对应的接收地址没有设入参数#12300 中。

3）解决措施。先在参数写保护 PWE = 1 时，据 PMC 内 I/O 模块地址的分配，设定#12300 = 50（注：CNC 机床不同，地址值不同）；然后在 MPG 状态下，手轮以倍率×1 或×10 移动 X 轴、Y 轴、Z 轴均正常，但以倍率×100 移动三轴时，屏幕坐标未按 0.1mm 递增，遂修改手轮任意倍率参数#7113/Xm = 100，即 MP1/G0019.4 = 0 且 MP2/G0019.5 = 1 时手轮进给的倍率 m。试机后，手轮故障解决，机床正常操作。

5.2 西门子系列机床维修案例精析

5.2.1 SINUMERIK 802D 镗铣床液压油温升高导致 Y 轴抖动

1. 故障现象

一台配置 SINUMERIK 802D 系统的比利时产 AF160SMM 数控落地镗铣床（见图 5-58，下称镗铣床），在连续工作 8h 后，油箱温升超过 70℃，液压系统压力产生波动，压力损失大；主轴箱沿 Y 轴上下移动时，向上动作则抖动，向下则不能动作，只能停机待油温降低后，方可继续工作。虽经多次处理，仍未能解决此问题，故镗铣床无法连续运转而影响生产进度。

2. 诊断分析

该镗铣床的主轴直径为 160mm，可实现四位无级变速工作进给。液压和润滑泵站是两套独立的系统，并且两个泵站采用上下结构立体布置在一起。该镗铣床的主轴箱平衡机构采用液压缸实现平衡，一大一小两个液压缸并列布置在立柱内部，通过链条分别连接主轴箱的前部和后部，以液压缸产生的力克服主轴箱沿 Y 轴运动时的阻力，实现主轴箱的上下运动。液压及润滑系统泵站原理图如图 5-59 所示。

（1）工作介质流向法梳理液压工作过程 液压泵 9 选用 PFE 系统单级叶片泵，经过滤器 7 后，液压油供至镗铣床的液压执行元件，溢流阀 2~4 的调定使系统内液压油实现逐级减压。支路 C 用于向主轴高低速变速、刀具夹紧、主轴制动、Y 轴丝杠放松、X/Z/W 轴制动等处的液压缸供油，工作压力为 11MPa；支路 B 用于向主轴箱的大平衡液压缸供油，工作压力为 8.5MPa；支路 A 用于向主轴箱的小平衡液压缸供油，工作压力为 2MPa。

（2）故障真因探知 对调试过程中获取的信息和发现的问题进行分析，判定故障真因

图 5-58　AF160SMM 数控落
地镗铣床外观

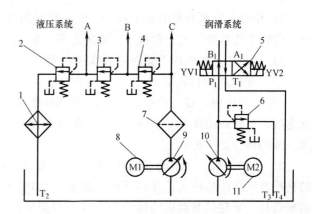

图 5-59　液压及润滑系统泵站原理图
1—冷却器　2、3、4、6—溢流阀　5—二位四通电磁换向阀
7—过滤器　8、11—电动机　9—液压泵　10—润滑油泵

是：油箱散热面小导致散热慢，液压元件老化，系统存在内泄漏。

3. 解决措施

根据诊断分析结果，制订了更换泵站油箱、改进卸荷回路设计、改善油液冷却环境、重新过滤液压油、更换磨损液压元件及选择合适系统压力等解决措施。

1）更换泵站油箱。原油箱将液压和润滑两个泵站紧凑地布置在一起，液压油箱在底部，其上部右侧为润滑油箱，上部左侧为控制部分。虽采用了风力冷却器，但箱体所处位置的通风不畅，油液面积小，散热很慢。为了满足油箱的散热要求，并保证系统工作时能够保持一定的液位高度，根据油箱的摆放位置重新设计制作新油箱。

① 增加油箱容积，扩大散热面积。将先前上下布置的液压油箱和润滑油箱变为并列布置，并将控制阀路和操作箱放于油箱侧面，以方便维护和调整。

② 抬高油箱底面。使油箱底面距离地面 150mm 左右，以利于油液散热。

③ 在电动机和油箱连接处加装减振垫板，减小油箱的振动。

④ 在油箱泄油口与注油口之间设置隔板，使液流循环，以分离油流中的气泡和杂质。

⑤ 在液压泵和润滑油泵的吸油管路前端加装 50 目的吸油滤网。

⑥ 加装油箱防尘盖板和通气罩。

2）根据管路的内径和系统所需流量，重新确定板式液流阀的型号，制作与溢流阀配套使用的安装阀板，将液压侧三只溢流阀固装于阀板上。同时在管路 A、B、C 处加装压力表，以便实时监控和调整。

3）改造卸荷回路。清洗维修原系统中的风力冷却器，清除管路内外水垢和油渍，通过软管将溢流回路的冷却器引至机床外部通风处，以远离热源并快速散热。

4）清洗过滤器，使用精密滤油设备过滤液压油。起动机床前，完全排空液压回路中的空气。

4. 维修效果

在液压系统改造后，镗铣床带负荷连续运转 8h，实测油箱内油液温度保持在 30～50℃，各处液压缸运行平稳，主轴箱沿 Y 轴动作灵敏。如此，系统油温温升过快、压力损失大及平衡液压缸动作不灵活的问题得以有效解决。历经一年多时间的满负荷运转式生产应用，镗铣床再也没有出现类似的液压问题。

5.2.2 SINUMERIK 802Dsl 滚齿机回参考点 X 轴不移动

1. 故障现象

一台配置 SINUMERIK 802Dsl 系统并用于直/斜齿轮、锥齿轮及鼓形齿轮加工的 YKX3132M 型 4 轴数控滚齿机（下称 324MT），按起动方式 0 正常引导起动后，按 MCP 上 [方式选择] 按钮 SA5、[轴选择] 按钮 SA6 和 [+点动] 按钮 SB22 使 X 轴返回参考点操作时，机床立柱/径向滑座无任何移动迹象，LCD 显示器中 X 向坐标值处于参考点回归状态，屏幕未出现任何报警/提示信息。机床断电重起并执行 X 轴返回参考点操作，故障依旧。

2. 诊断分析

基于四步到位法维修要求，采用在线监控法和数据/状态检查法在内的电信号演绎法，对 324MT 上 X 轴移动偶然无效的原因展开排查。

1）同时按 [SHIFT] 切换键与 [SYSTEM/ALARM] 键，进入 SYSTEM 操作区基本画面。

2）依次单击画面内 [PLC] 键、[PLC 程序] 键进入在线 PLC 程序画面后，按下垂直软键 [程序模块]，移动光标键选择并打开子程序 SBR3（AXIS_ CON），使 PLC 程序运行定位至 Network6（见图 5-60）。

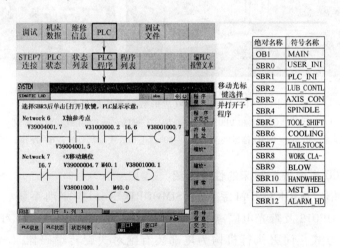

图 5-60 YKX3132M 型数控滚齿机 S7-200PLC 程序在线查看

3）X 轴返回参考点时，根据 PLC 至 NCK 的接口信号 V38001000.7（X 轴延迟回参考点）已接通，可知 SA5、SA6 的操作信号已输入 S7-200PLC，并经由 V38001000.7 送至 NCK 进行了位置插补运算。

4）查看电控柜内 X/Z 轴的书本型双轴电动机模块 6SL3120-2TE21-0AA3 上 LED 指示灯的状态，READY 灯正常点亮呈绿色、DC-LINK 灯正常点亮呈黄色。

综上，推断 802Dsl 中 NCK 部分的数据发生紊乱，遂造成参考点回归时 X 轴移动失效。

3. 解决措施及维修效果

在激活存取权限（保护等级 1）前提下，进入 SYSTEM 操作区基本画面内的 NC 启动选项画面，通过光标键选择"用保存的数据引导启动"并单击 [确认] 键，将机内存储的备份数据装载至 SRAM 中，以覆盖掉 SRAM 区的紊乱数据。CNC 系统自动重启，并用［复位］键清除 PCU 面板屏显的 004062 报警后，执行 X 轴返回参考点操作，324MT 动作正常。

注意：802Dsl 调试完毕或个别数据／参数更改后，务必执行一次"机内存储"操作，方可将 SRAM 区的全部内容（如机床数据、刀具参数、零点偏移、设定数据、R 参数等）复制到高速闪存 FLASH ROM 区（即数据备份区）。

5.2.3 SINUMERIK 840D 磨床 X 轴抖动严重导致产品皱纹

1. 故障现象

一台用于铁路货车 RE$_{2B}$ 型车轴轴颈和防尘板座及两圆弧根部一次成形磨削加工的 PF61-S3000 成形数控磨床（见图 5-61），在伺服轴 X 快速或慢速进给时，均出现严重的抖动现象，进而导致被修整的磨削砂轮表面产生沟槽，最终以手感凸台状环形"皱纹"的形式，直接反映在 RE$_{2B}$ 型车轴轴颈、防尘板座或两圆弧根部的表面上（见图 5-62）。

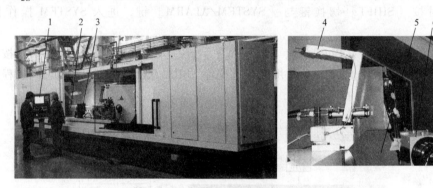

图 5-61　PF61-S3000 成形数控磨床的外观

1—PCU50、OP012 和 PP031　2—头架　3—Marposs P5 在线径向测量仪
4—Marposs T25G 接触式测头　5—20°斜进切入式磨削砂轮　6—尾座

2. PF61-S3000 成形数控磨床的性能介绍

该磨床选用 SINUMERIK840Dpl 系统和 SIMODRIVE 611D 驱动系统，配置 NCU573.2、PCU50、操作面板 OP012 及带光电隔离输入端的机床按键面板 PP031-MC/HR 等，其伺服轴 X 采用全闭环控制方式，伺服执行机构为尾部装有绝对式旋转编码器（海德汉 EQN1325-2048）的 1FT6064-6AC71-4EG1 同步电动机直接驱动滚珠丝杠螺母副旋转，位置检测装置为海德汉 LB186 钢基直线光栅尺。

该磨床使用由较小天然金刚石颗粒人为排列烧结而成的片状金刚笔对规格为 $\phi900\times290\times304.8$-19A60LVS45m/s 的 20°斜进切入式整体磨削砂轮进行修整（见图 5-63a）。修整时，840Dpl 系统根据预先编制的砂轮修整程序指令（见图 5-63b），控制伺服轴 X、Z 联动，从而修整出与 RE$_{2B}$ 型车轴被磨削部位相吻合的砂轮形状。磨削过程中，用 Marposs P5 在线径向测量仪直接监控车轴轴颈的尺寸变化，进而间接控制防尘板座的直径尺寸，同时采用硬线连接的 Marposs T25G 接触式测头进行车轴端面的定位（Z 轴）测量。

3. 诊断分析

遵照四步到位法维修要求，采用原理分析法、直观检查法与隔离法在内的机械动作耦合

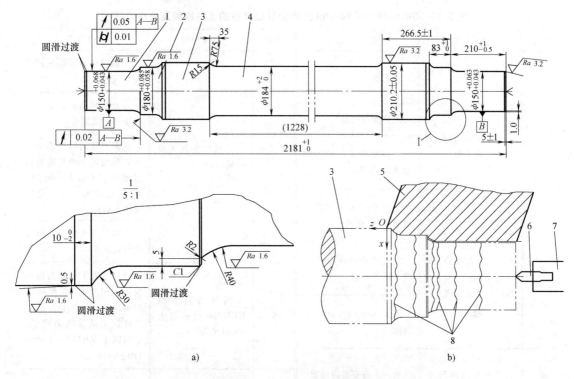

图 5-62　被磨削的 RE$_{2B}$型车轴及其表面的环形皱纹

a）被磨削的 RE$_{2B}$型车轴　b）车轴表面的环形皱纹

1—轴颈　2—防尘板座　3—轮座　4—轴身　5—磨削砂轮

6—莫氏 6 号顶尖　7—尾座　8—手感凸台状环形皱纹

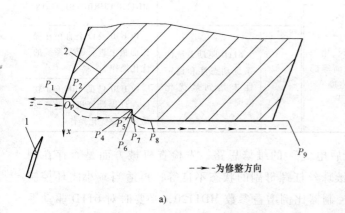

```
N10 G0 G90 G500;
N11 Z=5.;
N12 M1=8 M2=8;
N1  X=-1.5;                              P1
N20 G1Z=0.F200.;
N21 X=0. Z=-4.828;                       P2
N30 G64 G3X=29.33 Z=-30.382 CR=30.F70;   P3
N40 G64 G1X=29.33 Z=-88.428F120.;        P4
N60 G64 G1X=39.324 Z=-88.428;            P6
N70 G64 G3X=42.659 Z=-89.252 CR=2.F70;   P7
N80 G64 G3X=59.34 Z=-113.869CR=40.;      P8
N90 G64 G1X=59.339 Z=-350.F150.;         P9
N93 G0X=100.;
N94 M1=9 M2=9;
```

图 5-63　PF61-S3000 成形数控磨床的砂轮修整示意及其程序指令

a）砂轮修整示意　b）砂轮修整程序指令

1—片状金刚笔　2—20° 斜进切入式整体磨削砂轮

法等，对 840Dpl 进给轴抖动严重的原因展开排查。

1）840Dpl 进给轴抖动严重的常见原因及处理方法见表 5-13。

表 5-13　SINUMERIK 840Dpl 进给轴抖动严重的常见原因及处理方法

序号	故障原因	处理方法	序号	故障原因	处理方法
1	直线导轨状态不良	需更换	7	光栅尺密封不良而被污染	光栅尺外面装防护罩以免油污浸入
2	丝杠和导轨的润滑不良或干燥	改善润滑状况			定期清理防护罩下面的灰尘和金属屑
		更换堵塞或断裂的润滑油管/接头			光栅尺使用的压缩空气可以使用带干燥功能的精过滤装置(如 DA300)处理,防止油水冷凝以免造成读数故障
3	滚珠丝杠副状态不良(滚珠麻点、滚道起皮或蚀坑等)导致机械间隙出现	换支承轴承并加注润滑脂,适当预紧			定期检查并更换光栅尺的密封唇条
		修理或更换滚珠丝杠副并适当预紧	8	伺服增益参数 MD32200 设置过大(默认值为 1)	闭环状态下机械与检测装置不同步时,在保证几何轴同步、不产生抖动及工件加工质量的前提下,适当减小 MD32200 POSCTRL_GAIN
		重新调整丝杠副的轴向间隙			
4	电动机编码器安装不良导致运转不同步	重新正确安装编码器	9	电流控制器比例增益参数 MD1120 设置过大(默认值 10V/A)	西门子电动机出厂前已做电流环优化,原则上不再调整电流环
5	联轴器松动导致机械间隙出现	重新紧固			从减小多轴联动轮廓误差的角度出发,在保证其余轴增益的基础上,适当减小 MD1120 CURRCTRL_GAIN
		将锥环切开一条缝隙再次紧固			
		更换新联轴器	10	611D 驱动系统的系统动态性和稳定性未达到最优化匹配	PCU50 及以上直接在操作面板上进行驱动系统的优化操作
6	光栅尺安装不平造成读数头扭劲(即读数头与光栅尺壳存在一定程度的机械干涉)	重新安装光栅尺,用千分表检查安装机面等部位的平行度和垂直度			PCU20 借助 IBN tool 软件在外设计算机上进行驱动系统的优化操作

2) 故障真因探究。基于"先机械后电气"的维修思路,先检查机械方面是否存在间隙,如丝杠和导轨的润滑不良/干燥、滚珠丝杠螺母副的状态不良等;再适当减小闭环控制相关的伺服增益参数 MD32200 和电流控制器比例增益参数 MD1120,必要时对 611D 驱动系统进行优化。

经认真检查后,发现伺服轴 X 的滚珠丝杠螺母副状态不良,即丝杠滚道上局部起皮、伴有轻微蚀坑且滚珠存在麻点,导致进给轴产生轴向间隙。如此,直接影响磨削砂轮的修整质量(砂轮表面出现沟槽),以手感凸起状环形皱纹的形式反馈至被磨削的 RE_{2B} 型车轴表面上。

4. 解决措施及维修效果

（1）解决措施　先对伺服轴 X 的滚珠丝杠螺母副进行拆卸并测绘，再委托南京工艺装备制造有限公司，根据测绘图样制作一根材质为 GCr15、规格为 FFZD4005T-3-P4/876×750 且价格不高于 4800 元的国产化滚珠丝杠螺母副（见图 5-64），装于 X 轴。同时，将 X 轴的伺服增益参数 MD32200 由 2 降为 0.8。

（2）维修效果　经一段时间的运行证明，设备状态良好，产品质量相当稳定。

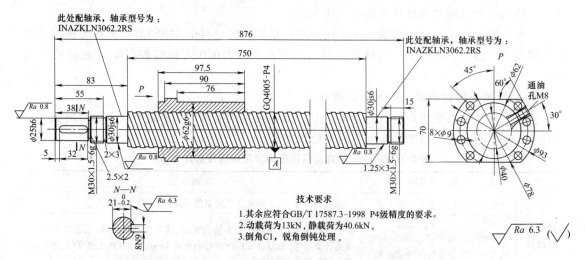

图 5-64　PF61-S3000 成形数控磨床的 X 轴国产化滚珠丝杠螺母副

5.2.4　SINUMERIK 840D 等系统轮廓监控 25050 报警

配置了 SINUMERIK 840Dpl 系统（也适用于 802Dsl/828D/840Dsl 系统）的数控机床，在使用中经常出现 "25050 轴%1 轮廓监控" 报警（%1 为轴名称或主轴号）而无法正常运转，最终影响产品的加工。因此，有必要对轮廓监控报警的机理进行深入分析，使维修人员了解轮廓监控报警的常见原因，并掌握相应的处理方法，以快速恢复机床运转。

1. 轮廓监控报警的机理分析

在伺服轴起动时，NCK 会计算出给定位置点与实际到达位置点之间的误差，并与轮廓监控公差带参数 MD36400：CONTOUR_ TOL 的设定值进行比较。一旦误差值超过 MD36400 的设定值（允许误差），系统就会中止程序并触发 25050 报警。在此，将 25050 轮廓监控与 25040 静止监控和 25080 定位监控进行对比说明，使读者更好地理解其含义。

1）25040 静止监控。伺服轴处于运动中停歇（Standstill）时，由于使能处于满足状态且位置环生效，故伺服电动机产生的转矩带着负载而处于当前的位置保持状态。当有外力施加或负载突然变大时，伺服电动机的转矩将不足而导致当前保持位置发生变化并触发 25040 报警。一般可通过增大零速公差参数 MD36030：STANDSTILL_ POS_ TOL 和零速度控制延迟参数 MD36040：STANDSTILL_ DELAY_ TIME 的设定值来减少 25040 报警出现的频次，要消除该报警需继续查找具体原因。

2）25080 定位监控。当 NCK 按预定加速度控制伺服轴减速运动至目标停止位置时，由于机械传动链中某个部件不良或长期磨损而导致机械惯量或运动重复性发生变化，进而使位置检测装置反馈的实际停止位置不在精确准停公差带内，遂触发 25080 报警。一般可通过增大精确粗准停参数 MD36000：STOP_ LIMIT_ COARSE 和精确精准停参数 MD36010：STOP_ LIMIT_ FINE 的设定值来减少 25080 报警出现的频次，要消除该报警需继续查找具体原因。

3）25050 轮廓监控。该报警既不出现在伺服轴静止时，也不出现在伺服轴停止时，而是出现在伺服轴给定起动的瞬间。导致此报警的主要因素是集机械、电气、液压和操作及编程于一体的数控系统动态特性未达最优化状态。

三个报警分别描述了伺服轴三个不同阶段的超差情况。其中 25050 轮廓监控是轴起动时的位置超差，25040 静止监控是轴停顿时的位置超差，25080 定位监控是轴停止时的位置超差。

2. 轮廓监控报警的常见原因及处理方法

基于轮廓监控报警机理分析的基础之上，结合有关该报警的维修经验，总结得出表 5-14 所列的 25050 轮廓监控报警的常见原因及处理方法。

表 5-14 25050 轮廓监控报警的常见原因及处理方法

原因属性	常见报警原因	处理方法
机械系统故障	丝杠和导轨润滑不良或干燥	改善润滑状况，更换堵塞或断裂的润滑油管/接头
	机械传动链中某个部件不良或磨损严重导致反向间隙较大	检查联轴器、滚珠丝杠是否轴向窜动，螺母座是否松动，光栅尺的读数头是否振摆等，最好将反向间隙控制在 0.1mm 之内并修正速度环、电流环和位置环的 PID 与增益
电气系统故障	带抱闸的伺服电动机在轴使能时抱闸未打开	细听抱闸是否有"啪嗒"一声，有则打开，没有则检查抱闸线圈的 DC 24V 电源是否正常及抱闸释放的 PLC 信号是否输出
	用于实际位置检测的编码器或光栅尺故障	检查位置检测装置是否松动，或密封不良导致检测装置受污染，或光栅尺安装不平造成读数头扭劲等
	伺服故障（功率模块/控制板无电流输出或输出电流不足导致电动机无法驱动负载）	仅有 25050 报警，随情况恶化将出现 300501/300607 等过电流类的报警。依次按屏幕软键[诊断]→[服务显示]→[驱动服务]→[电动机给定转速/实际转速/平滑电流]，起动瞬间电动机产生给定转速但未输出平滑电流而没有实际转速
	伺服电动机故障（电动机与机械负载不匹配）	电动机选择偏小而使其无法驱动机械负载，应重新选择伺服电动机
液压系统故障（稳定可靠性差）		检查液压系统是否稳定可靠，尤其是重力轴油压平衡缸对系统压力的影响
相关 NC 参数错误或丢失	MD36400：CONTOUR_TOL （轮廓监控公差带）	在不影响加工精度的前提下，适当放大 MD36400 等监控窗口的值
	MD32200：POSCTRL_GAIN （伺服增益系数即 Kv 因子）	设定 MD32200 可获得较大的闭环增益；但过大会导致进给轴抖动严重而影响产品加工，应在保证几何轴同步和不产生抖动的前提下适当减小该值
	MD32300：MAX_AX_ACCEL （轴加速度，单位 m/s^2）	若轴运行的启停时间过长，可加大 MD32300；若轴自零速运动至最高速或自最高速运动到零速时，出现 25050 报警或轴抖动，可减小 MD32300

3. 840D 等系统轮廓监控报警的实例分析

（1）实例1　TK6513 型镗铣床的 X 轴运行至一固定区域时，出现 25050 报警。鉴于 X 轴运行至固定区域时报警，可优先排除电气系统存在故障及相关 NC 参数的丢失。随后检查机械系统，发现滚珠丝杠端部固定轴承托架的两个螺栓松动，导致丝杠副螺母随轴运行至固定区域时，与丝杠不同心，所产生的较大夹角使滚珠丝杠螺母副卡死后触发 25050 报警。重新紧固螺栓后，25050 报警消失。

（2）实例2　运行中的 THM6363 型加工中心，伴随厂房电力供应的突然切断而停止加工。恢复厂房和机床的电力供应后，重新运行机床时，伺服轴 X、Y 均出现 25050 报警。鉴于停电前机床可正常运行，可排除机械系统存在故障以及编码器和光栅尺等电气方面的故障，应重点排查突然停电引起伺服故障或相关 NC 参数丢失的可能性。将全闭环控制的 X、Y 轴改为半闭环控制后，机床运行正常，由此说明 X、Y 轴的功率模块正常，并可断定与 X、Y 轴直接测量系统（X421/X422）相关的 NC 参数丢失。回装备份的 NC 参数后，重新运行机床报警消失。

25050 轮廓监控报警的一般检测流程如图 5-65 所示。

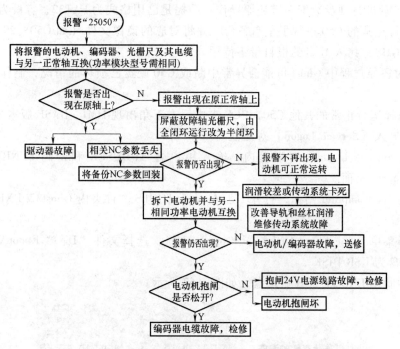

图 5-65　25050 轮廓监控报警的一般检测流程

5.2.5　Oerlikon 切齿机 SINUMERIK 840Dpl 系统加载失败

1. 故障现象

一台配置 SINUMERIK 840Dpl 系统并用于弧齿锥齿轮副干式切削加工的 Oerlikon C50 切齿机（下称 C50），运行过程中偶发系统故障"COP32 应用程序初始化失败"（见图 5-66）。该故障不仅造成 C50 的运行文件损坏，还使 C50 与 Oerlikon P65 型齿轮测量中心的通信中断。

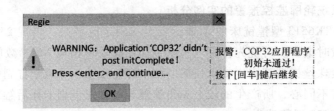

图 5-66　Oerlikon C50 切齿机 COP32 应用程序初始化失败画面

2. 诊断分析

对于 COP32 应用程序初始化失败等故障，绝大多数是由于 CNC 系统运行中突发文件丢失、数据紊乱或硬盘损坏而引起的。这类似工业计算机平台下，用 Visual Basic、Visual C++ 或 Delphi 软件开发的机床操作界面进入"死循环"。

3. 解决措施及维修效果

（1）解决措施　对于 COP32 应用程序初始化失败等故障，推荐使用 USB 存储式全盘 Ghost 方法，进行硬盘数据的一键还原操作，以求 10min 内恢复机床运转。

1）用 U 盘进行硬盘数据一键还原操作，前提是已用格式为 FAT32、容量为 3~8GB 的 U 盘对先前运行正常的 C50 进行了全盘备份，并将对应的镜像文件（如 C50_ 292837. GHO 和 C50_ 2001. GHS）拷入 U 盘的根目录下待用。

2）针对还原过程中 Ghost 可能会异常中断或 C50 硬盘已损坏的情况，制作 EBOOT USB 启动盘。

① 先选择运行正常的其他 C50，PCU 上电后右下角出现 HMI_ BASE 版本号画面时，用鼠标单击以进入［Service Logon］对话框。

② 在［Service Logon］对话框内，输入用户名 AUDUSER 和密码 SUNRISE，以进入［Service Center］桌面。

③ 双击 My Computer 图标，打开 E 盘目录下 TOOLS 文件夹内 Ghost32. EXE 软件后，运行 Ghost。

④ 选择菜单［Local］→［Disk］→［From Image］，选择文件"D：\ Eboot \ eboot. gho"，设定目标磁盘为 USB DISK。

⑤ 成功制作 EBOOT USB 启动盘，如图 5-67 所示。

图 5-67　EBOOT USB 启动盘图标及其内容

3）数据损坏情形的一键还原操作。

① 先把 EBOOT USB 启动盘插在 PCU 的 USB 端口。

② 在 PCU 启动时，按 OP 面板上的［alarm cancel］报警取消键或外置键盘的＜Esc＞键，屏显图 5-68 所示的引导菜单。

③ 按［↓］向下翻页键，选中"3. USB HDD…"启动 C50，PCU 经硬盘仿真模式进入图 5-69 所示的［Backup-Restore］对话框。

④ 根据画面提示，选 U 盘内扩展名为 .GHO 的文件，进行硬盘数据还原即可。

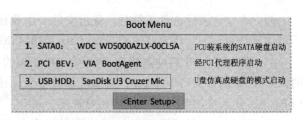

图 5-68　Oerlikon C50 切齿机上 PCU 的引导菜单

图 5-69　Oerlikon C50 切齿机的［Backup-Restore］对话框

（2）维修效果　对 C50 的 SINUMERIK 840Dpl 系统实施一键 Ghost，可获得如下维修效果。

1）数控系统一键 Ghost 能够做好奥林康等类似机床硬盘数据的全盘备份工作，可以避免灾难性设备事故的出现。

2）数控系统一键 Ghost 可在系统崩溃、文件破损或硬盘损坏等情况下，迅速恢复机床运转。

3）数控系统一键 Ghost 既可节省大量的厂家上门服务费及停机损失费，也可使维修人员的故障处理技能形成积淀，做到 2h 内发现故障真因并快速恢复机床运转。

4）数控系统一键 Ghost 既可在汽车行业同类设备上使用，也可在航空、铁路、船舶等行业相关设备上应用。

4. USB 存储式全盘 Ghost 的注意事项

对 C50 的 SINUMERIK 840Dpl 系统成功地进行一键 Ghost，既要保证存储介质的格式和容量等符合要求，又要保证备份文件名和存放路径等正确；既要做到通信媒介及其连接有效，又要做到 Ghost 参数设定有效。否则，就会出现备份文件不完整、数据损坏、Ghost 链接失败等异常情况，最终造成 C50 硬盘数据不能实施一键 Ghost。下面给出五条注意事项：

1）USB 存储式全盘 Ghost 与 Peer-to-Peer 式全盘 Ghost 相比，前者的准备时间较短、现场应用频次较高；后者既要制作和连接交叉 TP 电缆，又要使用 PC，还要设置通信协议，主要用于硬盘数据的长久备份。

2）对 C50 进行全盘 Ghost，存储介质的选择相当关键。现场试验得出，仅有 FAT32 格式、3~8GB 容量的 U 盘满足 Ghost 要求，NTFS、exFAT 格式与超过 8GB 容量的 U 盘和移动硬盘均无效。

3）对 C50 进行全盘备份时，备份文件必须放在 U 盘的根目录下，且路径名和文件名内不可出现横杠“-”或斜杠“/”，如 C50-292844-2014/11/27. GHO。

4）EBOOT USB 启动盘插在 PCU 或 OP 面板的位置不同，一键 Ghost 速度则不同。PCU 的四个 USB 端口支持 USB2. 0，其系统加载与启动速度较快；而 OP 面板的 USB 端口仅支持 USB1. 0，其系统加载与启动速度相对较慢。

5）经 FAT32 格式 U 盘进行 USB 存储式全盘 Ghost，获取的扩展名为 GHO 与 GHS 的镜像文件，必须存放在同一目录下，绝不可单独删除某一个，否则镜像文件不完整而不能成功还原机床数据。对于 GHS 和 GHO 这两类镜像文件，GHS 是 GHO 的后续文件，在备份的镜像文件超过 2GB 时，Ghost 软件便在 FAT32 格式 U 盘上自动分割出一个 2GB 的 GHO 文件，剩余的压缩成 GHS 文件；还原操作时选择 GHO 文件即可。

5. 2. 6　Oerlikon B27 磨削中心刀条夹紧单元异常报警

1. 故障现象

一台配置 FANUC 31i-MA 系统并用于弧齿锥齿轮切削刀具磨制的 Oerlikon B27 型磨削中心（下称 B27），在 Auto 等方式下由一体型夹紧单元的左侧（右侧）夹紧待磨刀条时，气压回路的增压器始终处于“扑哧—扑哧”的打压状态，夹紧单元左侧（右侧）不能夹紧刀条并屏显 EM2047（EM2046）报警。如此 B27 不能继续工作，同时使后续与之配套的六台 Oerlikon C50 型弧齿锥齿轮切齿机因没有刀条而无法运转，继而严重影响锥齿轮的生产进度。

2. 诊断分析

按四步到位法维修要求，在充分掌握 B27 模块化组成结构的基础上，合理运用原理分析法、测量比较法与隔离法在内的电信号演绎法及工作介质流向法，对 B27 刀条夹紧单元的故障原因展开排查。B27 刀条夹紧单元的气动原理图如图 5-70 所示。

1）原理分析法梳理刀条夹紧单元的工作过程（以左夹紧为例）。工作时 B27 的 PMC 地址 Y6. 6 得电并向机床侧输出→线圈 86YP06-6 通电使电磁阀 3 的阀口 P_5 与 A_5 接通、R_5 与 B_5 接通、S_5 关闭→气路板模块内压力为 1. 1MPa 的空气经阀口 P_5、A_5 到达单向节流阀 6 与或门逻辑元件 5（Y_{02}关闭、X_{02}与 A_{02}接通后向气控单向阀 15 的 K_2 口提供反向开启压力）→单向节流阀 6 正向导通，使 P_{71} 至 P_{72} 的节流不起作用→气控单向阀 7 正向开启（P_{91} 至 P_{92}），使空气进入夹紧气缸 11 的 E_1、E_2 腔同时夹紧气缸 11 的 F_1、F_2 腔内空气经反向开启的气控单向阀 15（P_{102} 至 P_{101}）和单向节流阀 16→（单向阀关闭且 P_{82} 至 P_{81} 节流调速）及阀口 B_5、R_5 与消音器 1 后向外排出→右移的活塞杆推动纵向夹紧杆 12 夹紧左侧的目标刀条→接近开关 13 检测气缸左夹紧到位信号，并反馈至 PMC 处理后通知 B27 进行下一步操作。

2）直观检查法排查刀条夹紧单元的回路状态。通过查看电磁阀的动作状态、细听气压回路有无泄漏、询问故障前后的工作状况、感知各管路气体的供应情况，发现 B27 的电磁阀 3 动作良好，气压回路无泄漏，刀条夹紧/松开有动作但不正常。

3）测量比较法推断增压器始终打压而不能夹紧刀条的原因。B27 正常工作时，增压器 25 和 26 提供的 1. 1MPa 空气持续供应，左侧（右侧）刀条状态由松开变为夹紧过程中，压力传感器 60F00-3 的数值由 0 稳步上升至 1. 1MPa（由 1. 1MPa 逐渐下降至 0），而 60F00-4 的数值则由 1. 1MPa 逐渐下降至 0（由 0 稳步上升至 1. 1MPa）。若夹紧气缸 11 内两个活塞的密封失效而导致 E_m 腔与 F_m 腔（$m=1$，2）串气，则 E_m 腔内空气压力不能达到 1. 1MPa，

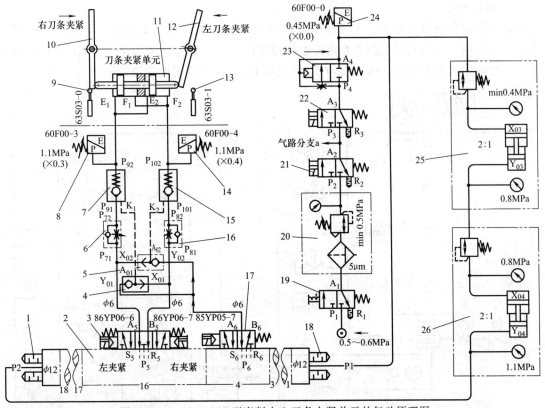

图 5-70 Oerlikon B27 型磨削中心刀条夹紧单元的气动原理图

1、18—消声器 2—气路板模块 3、17—电磁阀 4、5—或门逻辑元件 6、16—单向节流阀 7、15—气控单向阀
8、14、24—压力传感器 9、13—接近开关 10、12—纵向夹紧杆 11—夹紧气缸 19—开关阀
20—气源处理装置 21、22、23—安全起动阀 25、26—增压器

增压器会持续工作以使供气压力趋近 1.1MPa。

4)隔离法确诊故障点。基于工作过程的分析和故障原因的推断，将回路内的夹紧气缸 11 隔离出来，并用同等压力的空气分别检验 E_m 腔与 F_m 腔。当 E_m（F_m）腔通气时，F_m（E_m）腔的进气口发出"呲呲"声且手感漏风明显。由此，断定夹紧气缸 11 的活塞密封失效。

3. 解决措施及维修效果

据诊断分析结果，本着"简单、实用、快捷、稳定"的原则，拆卸夹紧气缸 11 后，全部更换 O 形圈等密封件。回装试机后，再也没有出现"夹紧待磨刀条时气压回路的增压器始终打压"的故障。

5.2.7 Oerlikon 切齿机 Rittal 循环降温装置冷媒泄漏

1. 故障现象

一台配置 SINUMERIK 840Dpl 系统并用于弧齿锥齿轮副干式切削加工的 Oerlikon C50 切齿机，工作中 OP 单元频繁出现 700321、700300、700306、700308、700310 等报警，并伴随 611D E/R 电源模块的 Enable 黄灯熄灭（正常运行时点亮呈黄色）。如此，C50 不能继续工作，锥齿轮副生产进度受到影响。

2. 诊断分析

按四步到位法维修要求，在充分掌握 C50 模块化组成结构的基础上，合理运用原理分析法、直观检查法与测量比较法在内的电信号演绎法及工作介质流向法，对 Rittal 循环降温装置的故障原因展开排查。Oerlikon C50 切齿机 Rittal 循环降温装置原理图如图 5-71 所示。

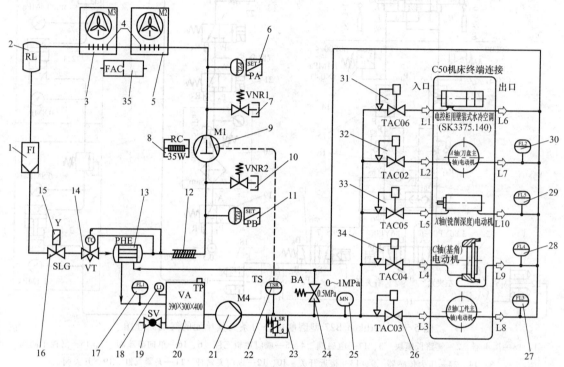

图 5-71　Oerlikon C50 切齿机 Rittal 循环降温装置原理图

1—干燥过滤器　2—储液器　3、5—轴流风机　4—表面冷凝器　6—压力控制器　7、10—气门嘴　8—丹佛斯加热器

9—压缩机　11—压力控制器　12—隔热管路　13—蒸发器　14—热力膨胀阀　15—丹佛斯线圈　16—丹佛斯电磁阀

17—流量开关　18—液位器　19—排泄球阀　20—冷却水箱　21—管道泵　22—温控器　23—温度传感器

24—旁通阀　25—耐振压力表　26、31、32、33、34—流量控制阀

27、28、29、30—流量传感器　35—过滤器

（1）电信号演绎法解析 C50 的五条报警

1）报警内容 "700321 Error E/R modul current" 为 611D 驱动系统中电源模块电流错误。AL700321→功能块 FB120 中地址 DB2. DBX206. 5 置位→串联位存储器 M112.1 的常闭触点 = 1（正常 = 0）→功能 FC101 中 M112.1 的线圈处于非正常的失电状态→串联的常开触点形式的地址 I2.1 = 0（正常 = 1）→电源模块 X121 接口中电动机温度报警继电器（I^2t）的一副常闭触点 T5.3/T5.1 由正常闭合状态转为异常断开→电动机内正温度系数热敏电阻 Temp_ S 监测的定子绕组温度超过机床数据 MD1602 MOTOR_ TEMP_ WARN_ LIMIT（即电动机温度报警极限值）的设定值→驱动使能断开。

2）报警内容 "700300 Temperature warning drive X" 为 X 轴驱动器温度报警。AL700300→FB120 中地址 DB2. DBX204. 0 置位→FB101 中局部变量输出参数#OUT47 得电→串联的常开触点形式的临时变量#TEMP77. TEMP383（寄存器间接寻址获取）接通→实质是 PLC 将 X 轴信号中 DB31. DBX94. 0（正常 = 0）传至 NCK→X 轴的 Temp_ S 值超出其 MD1602 = 50℃。

3）报警内容"700306 Temperature warning drive A"为 A 轴驱动器温度报警。AL700306→FB120 中地址 DB2. DBX204. 6 置位→FB101 中局部变量输出参数#OUT47 得电→临时变量#TEMP77. TEMP383 接通→DB34. DBX94. 0 传至 NCK→A 轴的 Temp_ S 值超过其 MD1602＝50℃。

4）报警内容"700308 Temperature warning drive B"为 B 轴驱动器温度报警。AL700308→FB120 中地址 DB2. DBX205. 0 置位→FB101 中局部变量输出参数#OUT47 得电→临时变量#TEMP77. TEMP383 接通→DB35. DBX94. 0 传至 NCK→B 轴的 Temp_ S 值超过其 MD1602＝50℃。

5）报警内容"700310 Temperature warning drive C"为 C 轴驱动器温度报警。AL700310→FB120 中地址 DB2. DBX205. 2 置位→FB101 中局部变量输出参数#OUT47 得电→临时变量#TEMP77. TEMP383 接通→DB36. DBX94. 0 传至 NCK→C 轴的 Temp_ S 值超过其 MD1602＝50℃。

（2）改数据除报警 根据报警提示，将对应轴的机床数据 MD1602 由 50℃ 改为 70℃，并将相应的机床数据 MD1607 MOTOR_ TEMP_ SHUTDOWN_ LIMIT（即电动机停机温度极限值）由 60℃ 改为 80℃。C50 正常运转 15~20min 后，先前故障再次出现。由此，说明更改机床参数不能根除报警，遂怀疑坐标轴 X/A/B/C 所用冷却水的循环降温装置侧存在故障。

（3）直观检查法排查循环降温装置的工作状态 通过查看轴流风机 3 和 5 的运转状态、细听压缩机 9 有无"吱吱"工作声、询问故障前后的工作状况、感知各轴冷却水（L1~L5）的供应情况，发现：循环降温装置上 STM-110-F 型故障显示器的指示灯由正常熄灭状态点亮呈红色，其内容是压力控制器 6 高压报警，且压缩机 9 不能工作。

（4）工作介质流向法梳理循环降温装置的工作过程（见图 5-71）

1）循环降温装置经其制冷系统先将冷却水箱 20 内的纯净水冷却，再由管道泵 21 将低温冷却水送入 C50 上 A、B、C、X 轴的电动机及水冷空调中。

2）待冷却水将热量带走后，温度升高再回流至水箱，以实现冷却降温。冷却水温经温度传感器 23 获取，并由温控器 22 按要求自动调节。

3）在循环降温装置的制冷系统中，低温低压的液态冷媒 R134a 在蒸发器 13 内与 C50 用冷却水进行热交换。

① 蒸发器吸收冷却水的热量后，将液态 R134a 蒸发成低温低压的气态，蒸发过程中 R134a 温度不变，低温低压的气态冷媒 R134a 经隔热管路 12 进入压缩机 9 进行压缩。

② R134a 被压缩成高温高压的气态后，进入表面冷凝器 4，并与周围的空气介质进行热交换，气态 R134a 的部分热量被介质吸收，介质温度升高。

③ 冷媒释放热量后变成高温高压的液态，热量经由轴流风机 3 和 5 抽出。液态 R134a 经干燥过滤器 1 干燥后，进入热力膨胀阀 14 节流以迅速降温。

④ 冷媒变成低温低压的液态后，再次进入蒸发器 13 进行换热蒸发，从而实现制冷系统的整个过程。这种循环是连续进行的，冷却水得以连续不断的制冷。

（5）电信号演绎法推断压力控制器高压报警的原因 根据循环降温装置的电气原理图（略），高压报警时控制器 PS3-W6S 的常闭触点 1 与 3 断开、常开触点 1 与 2 闭合，中间继电器 KA1 线圈失电→接触器 K1 线圈失电使其主触点不闭合→AC 380V 无法引入压缩机 M1→可能原因有控制器 PS3-W6S 损坏、压缩机故障或 R134a 泄漏后压力不足等。

为此，先短时强制压缩机接通 AC 380V，发现其运转良好；再更换控制器 PS3-W6S，试机故障仍存在；遂怀疑冷媒 R134a 泄漏后压力不足。

（6）测量比较法测定冷媒 R134a 是否泄漏

1）将冷媒压力表接至气门嘴 7，使压缩机短时运转，测得 R134a 高压压力为 0.8MPa，此值小于高压规定值 1.6~2.1MPa。

2）将压力表接至气门嘴 10，测得低压压力为 0.02MPa，此值小于低压规定值 0.05~0.2MPa。故推断 R134a 存在泄漏点，造成冷媒压力不足。

（7）直观检查法确诊冷媒 R134a 的泄漏点 拆卸循环降温装置，压力表检测低压压力并充入定量的冷媒后，沿着冷媒流向自压缩机查起，随后发现冷凝器的铜管焊接处存在油迹，贴近细听有"咝咝"泄漏声响。由此，确诊了冷媒 R134a 的泄漏点。

3. 解决措施及维修效果

根据诊断分析结果，采用氧气-乙炔焊接工具对铜管的泄漏点进行银焊，银焊条的含银量为 25%。焊前，用砂纸去除铜壁的氧化物和污物；焊后，砂布擦去污渍后，用干净毛笔蘸上肥皂泡液，均匀涂抹被焊四周，仔细观察无气泡方可证明泄漏消除。回装试机后，C50 的循环降温装置运行正常。

5.2.8 SIMODRIVE 611D 电源模块诊断及故障排除

SIMODRIVE 611D 驱动系统的可靠运行是保证西门子数控机床稳定持续运转及充分发挥其良好加工性能的关键，而为驱动系统提供电子电源（±15V、24V 和 5V）和直流母线电压的电源模块更是保证 611D 驱动系统可靠运行的基础。因此，维修人员应熟悉 611D 电源模块的常见故障，并运用正确的维修方法快速排除故障，以恢复西门子数控机床的运转。

1. 611D 电源模块的诊断功能

1）在 611D 电源模块的内部有一只"准备好"的继电器（准备好信号与该模块上 DIP 开关 S1 的设定有关），并由 X111 接口提供一副 T73.1/T72 常开输出触点和一副 T74/T73.2 常闭触点。当 611D 驱动系统进入正常工作状态后，准备好继电器的常开触点由断开状态转为闭合状态，由此 T73.1（DC 24V）和 T72 接通并经由 T72 向内置 PLC 传送驱动系统就绪信号，否则 PLC 监控出错并在 OP 单元上显示驱动系统未就绪报警。611D 电源模块诊断功能的运行机制框图如图 5-72 所示。

2）611D 电源模块经由 X121 接口提供了一副 T5.2/T5.1 常开触点和一副 T5.3/T5.1 常闭触点，可连接至 PLC 的输入端以实时监控电源模块异常状况（过电流或电动机温度报警）的出现。当电源模块过电流时，T5.2 和 T5.1（DC24V）间所串联的过电流继电器（I^2t）的常开触点便由正常的闭合状态转为断开状态，并经由 T5.2 向 PLC 传送模块异常报警信号，最终在 OP 单元上显示该报警。

3）611D 电源模块向用户提供了六个运行指示灯，以方便维修人员运用状态指示灯分析法快速排查电源模块发生故障的原因。其中左侧红色 LED1、绿色 LED3 和红色 LED5 分别为 ±15V 电子电源故障、外部使能信号 T63/T64 丢失（T63/T64/T48 未与 T9 接通）和外部供电故障（三相主电源进线缺相）的状态指示，右侧红色 LED2、黄色 LED4 和红色 LED6 分别为 5V 电子电源故障、电源模块正常运行且直流母线预充电结束、直流母线过电压的状态指示。

4）611D 电源模块经由 X141 接口提供了一组用于维修诊断的检测端子，其中 T7/T44 为 DC ±24V，T45/T10 为 DC ±15V，T15 为 0V 公共端，TR 为电源模块报警的复位端子（TR 与 T15 短接则驱动系统被复位）。维修人员可借助万用表对这些端子进行检测，以判定 611D 电源模块工作是否正常。

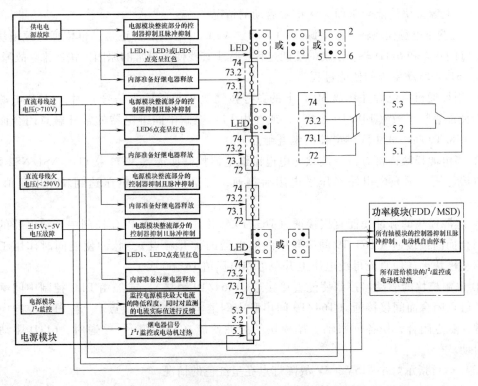

图 5-72　611D 电源模块诊断功能的运行机制框图

5) 611D 电源模块经由 X161 接口提供了一组检测端子 T213/T111（常闭触点）和 T113/T111（常开触点），以用于模块内部主接触器触点闭合状态的判定。以 T213/T111 为例，当电源模块内部主接触器闭合时 T213/T111 断开，用万用表测量两端子间电阻值为 ∞；而当主接触器断开时 T213/T111 接通，用万用表测量两端子间电阻值为 0。

6) 根据机床工作要求，可在 611D 电源模块的 T48/T9、T63/T9 及 T64/T9 间串联中间继电器的常开触点以控制电源模块的使能，中间继电器常开触点的状态通过 PLC 控制该继电器线圈通电或断电来改变。一旦出现动作异常，则 PLC 输出报警并在 OP 单元上显示该报警信息。

2. 611D 电源模块的常见故障及其排除方法

（1）电源模块无反应且运行指示灯均未点亮的情况

1) 先用万用表检测电源模块输入主电源（U1、V1、W1）的电压是否正常。输入电源类型与电源模块上 DIP 开关 S1.1 和 S1.4 的设定有关，最常用的电源类型是 S1.1 和 S1.4 均置 OFF 状态的三相 AC 400V×（1±10%）。

2) 再检查 X181 接口中 1U1/1V1/1W1 与 2U1/2V1/2W1 的连接情况。当 1U1、1V1 和 1W1 分别与 2U1、2V1 和 2W1 短接时，应检查短接是否正常。当容量为 80kW 及以上的电源模块通过 X181 接口中 2U1/2V1/2W1 进行外部控制电源（三相 AC 400V）供电时，应检查外部控制电源的电压是否正常。

3) 上述两项检查均正常时，可用同规格备用电源模块替换，以快速排除 611D 电源模块故障。

（2）电源模块使能异常而无法正常启动的情况

1）先测量电源模块输入主电源（U1、V1、W1）的电压是否正常，再依据电源模块上运行指示灯的状态和611D驱动系统的使能过程，逐步查找使能异常的原因以快速排除故障。

2）611D驱动系统的使能过程。

① 当接通机床电源并释放MCP上的急停按钮（PLC的输入信号）时，611D电源模块的控制使能直接生效（T48/T9短接），或经由PLC控制中间继电器的常开触点闭合而间接生效（T48/T9间串联中间继电器的常开触点）。

② 当电源模块内部直流母线预充电电路继电器控制使能（X171接口的NS1/NS2短接）时，直流母线的预充电电路经压敏电阻后接通，直至直流母线电压达到整定电压值（DC 570V左右）。

③ 电源模块的脉冲使能直接接通（T63/T9短接），或经由PLC控制中间继电器的常开触点闭合而间接接通（T63/T9间串联中间继电器的常开触点）。脉冲使能同时作用于所连接的驱动模块上，使直流母线电压上升至可控电压值DC 600V。

④ 电源模块的驱动器控制使能直接接通（T64/T9短接），或经由PLC控制中间继电器的常开触点闭合而间接接通（T64/T9间串联中间继电器的常开触点）。当PLC控制中间继电器常开触点闭合，使各伺服轴功率模块的脉冲使能（T663/T9）接通时，611D驱动系统使能启动。

（3）运行指示灯中±15V、5V故障灯点亮呈红色的情况

1）维修人员可依据电源模块的断电顺序，在主轴停止后按面板上的急停按钮→T64/T9断开使驱动器进入快速制动的制动状态→T63/T9断开使驱动器进入自由状态→T48/T9断开直流母线开始放电→断开机床电源并等待4min以上使直流母线放电完毕（以免测量操作时发生触电危险）→拔下功率模块上X151接口和电源模块上X121、X141、X161、X171接口的连线。

2）机床重新上电，观察±15V、5V故障灯的点亮情况，若熄灭则表示这些接口中存在短路情况。此时，可将X151、X121、X141、X161和X171接口逐个进行连接，一旦±15V、5V故障灯点亮，则表示该接口中存在短路情况。

3）对存在短路故障的接口进行维修或更换，即可排除故障。

4）当设备总线接口X151的扁平电缆存在短路而引起±15V、5V故障灯点亮时，维修人员应通过顺次连接功率模块上X151接口的扁平电缆，来排查短路故障所存在的部位。一旦查明短路部位，可先用同型号的数字式闭环控制板进行替换，以排除控制板的不良；再用相同的功率模块或电源模块替换，以最终排除短路故障。

（4）供电电源故障的情况

1）维修人员应先确定故障出现在上电（Power-up）时还是在使能（Enable）时。

2）故障出现在上电时，应检查电源模块的输入主电源（U1、V1、W1）和X181接口中是否存在缺相或连接错误等，以及用同规格的电源模块替换来消除故障。

3）故障出现在使能时，可参照上述"（2）电源模块使能异常而无法正常起动的情况"的分析思路进行故障的排除。

（5）直流母线过电压的情况

1）维修人员应先确定故障出现在上电时还是电动机制动时。

2）若故障出现在上电时，则可能为进线电压过高［超出 400V×（1±10%）的范围］。

3）若故障出现在电动机制动时，则应检查电源模块上 DIP 开关 S1.3 的制动功能是否有效（S1.3 为 OFF）。

4）当进线电压（S1.1 和 S1.4 均为 OFF 时，输入电源类型为三相 AC 400V）超过 AC 424V 时，可设置 S1.1 为 ON、S1.4 为 OFF，将输入电源类型调整为三相 AC 415V×（1±10%）。若直流母线过电压故障依旧存在，则需更换电源模块。

5）检查 I/RF 模块所需的供电容量（如 80kW 的 I/RF 模块至少需要 104kV·A 的供电容量），以及所配置的三相电抗器是否与之匹配等。

5.2.9 SIMODRIVE 611D 功率模块监控及故障检测

SIMODRIVE 611D 功率模块可为西门子数控机床提供频率和电压可变的交流电源，进而驱动伺服电动机旋转，并由联轴器和滚珠丝杠螺母副等中间耦合部件带动工作台移动。一旦功率模块发生故障，机床的伺服装置环节将出现异常，从而导致机床无法继续加工工件。因此，维修人员有必要熟悉 611D 功率模块的监控保护功能和检测方法，以快速排除故障，恢复机床运转。

1. 611D 功率模块的监控保护功能

SIMODRIVE 611D 功率模块的监控保护功能如图 5-73 所示。

1）当 611D 功率模块、连接电缆或伺服电动机出现故障时，功率模块内部半导体熔断器将功率模块自直流母线中隔离出来，以防止故障的进一步扩大。通常，功率模块内的 IGBT 导通后，集射极 Vce 的电压必须迅速下降至一个很低的值，同时功率模块对 Vce 实时监控以检测 IGBT 的电压降。当监控短路或电动机的某相绕组对地短路时，Vce 急剧上升并使 IGBT 达到饱和状态，然后监控电路立即关断 IGBT。此时，功率模块必须重新上电，方可取消该故障信号（电源模块上 X141 接口的 TR 复位端子无法将其复位）。

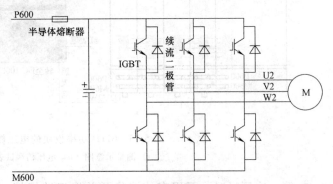

图 5-73 611D 功率模块的监控保护功能

2）SINUMERIK 840Dpl 系统可对功率模块上散热器的温度进行监控，以间接监控功率模块运行时的电流值（见图 5-74），当该电流值过大时，散热器温度将升高直至超出系统的允许温度而出现报警提示。

2. 611D 功率模块的检测方法

遇到 611D 功率模块故障时，不要盲目地更换功率模块，应先用万用表对其进行电压档测试和欧姆档测试，以确定功率模块是否正常。

1）电压档测试功率模块。测试时，万用表的档位开关置于 1kV 档，611D 驱动系统处于通电状态且直流母线排不必断开。按照电压档测试表格中的对应关系（见图 5-75），将万用表的黑表笔分别接在功率模块上电压输出端 U2、V2 和 W2，红表笔分别接在功率模块上直流母线的 P600 和 M600，最终快速直观地测出 611D 功率模块是否处于运行状态。

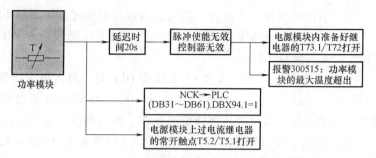

图 5-74　611D 功率模块散热器温度报警机制

2）欧姆档测试功率模块。只要 611D 功率模块发生故障，集成在其内部的 IGBT 就会有反应，因此可通过万用表的欧姆档对功率模块进行测试。

① 测量前，先切断机床电源并等待 4min 以上使直流母线放电完毕，然后断开伺服电动机与功率模块的连接（U2、V2 和 W2），再将被测量功率模块的连接端子 P600/M600 与相邻模块断开。

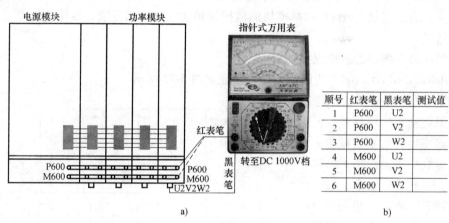

顺号	红表笔	黑表笔	测试值
1	P600	U2	
2	P600	V2	
3	P600	W2	
4	M600	U2	
5	M600	V2	
6	M600	W2	

a)　　　　　　　　　　b)

图 5-75　611D 功率模块的电压档测试

a）测量示意图　b）电压档测试表格

② 第一次测量时，万用表的档位开关置于欧姆档，红表笔接在功率模块的连接端子 P600 上，黑表笔分别接在电压输出端 U2、V2、W2 上，此时万用表显示电阻值应为∞。交换万用表的红、黑表笔，继续测量电阻值应非常小。

③ 第二次测量时，将万用表的红表笔接在功率模块的连接端子 M600 上，黑表笔仍然分别接在电压输出端 U2、V2、W2 上，此时万用表显示的电阻值应非常小。交换万用表的红、黑表笔，继续测量电阻值应为∞。

5.2.10　SINAMICS S120 驱动器优化及故障排除

目前，西门子公司推行具有分布式系统组织结构的 SINUMERIK 系统与模块化多轴驱动控制系统 SINAMICS S120 相互搭配，以实现数控机床控制的最佳组合。为使该类型数控机床能够稳定持续运转并充分发挥其良好的加工性能，除合理使用和正确维护保养 SINUMERIK 系统外，还要在标准工具 STARTER 最优化控制下确保 SINAMICS S120 的可靠运行与现场故障的快速诊断。标准工具 STARTER 调试界面及 S120 涉及的参数与描述如图5-76所示。

a)

参数范围	参数描述	参数范围	参数描述	参数范围	参数描述
0000～0099	装置的运行状态及常用只读参数	1300～1399	控制方式及V/F控制参数	7000～7499	装置并联参数
0100～0199	调试参数化，通常不需修改	1400～1799	闭环控制	7800～7899	RPROM读写参数
0200～0299	电动机模块参数，一般经DRIVE‑CLiQ自动读取	1800～1899	脉冲触发控制	8500～8599	数据、宏管理
0300～0399	电动机参数	1900～1999	电动机识别及优化	8600～8799	CAN Bus
0400～0499	编码器参数	2000～2099	通信（Profibus）	8800～8899	通信板参数
0500～0599	工艺应用与单位	2100～2199	故障、报警、监控功能	9300～9899	安全功能
0600～0699	电动机温度，最大电流监控等	2200～2399	PID控制器参数	9900～9949	拓扑比较参数
0700～0799	控制单元的数字量状态	2900～2930	固定值设定	9950～9999	内部诊断参数
0800～0839	数据组管理与切换	3400～3699	整流单元控制（ALM）	10000～10099	安全功能
0840～0879	启停控制等命令(ON/OFF)	3800～3899	摩擦特性参数	11000～11299	自由工艺控制器1/2/3
0880～0899	控制字及状态字	3900～3999	管理参数	20000～20999	自由功能块
0900～0999	Profibus/Profidrive	4000～4199	端子板、端子模块参数（TM31、TB30）	21000～25999	DCC
1000～1199	设定值通道	4200～4399	端子模块（TM15、TM17）	61000～61999	Profinet相关参数
1200～1299	功能参数，如自动再启动、抱闸控制等	6000～6999	中压装置		

b)

图 5-76　标准工具 STARTER 调试界面及 S120 涉及的参数与描述

a）STARTER 调试界面　b）SINAMICS S120 涉及的参数与描述

1. LED 灯对 S120 驱动器进行故障诊断

在 SINAMICS S120 驱动器的控制单元 CU320（840Disl 系统）、电源模块和电动机模块上，均带有两个及以上的多色 LED 指示灯，用以实时反映 S120 驱动器的运行状态。当数控机床发生故障时，维修人员可借助这些 LED 指示灯的状态（即状态指示灯法），迅速查明故障原因并及时排除，尽快恢复机床运转；同时制订有针对性的预防措施，防止类似故障再次发生。控制单元 CU320、电源模块和电动机模块的 LED 指示灯含义及故障原因，分别见表 5-15 ～ 表 5-17。

表 5-15　控制单元 CU320 的 LED 指示灯含义及故障原因

LED 灯	颜色	状态	故障原因（或正常状态）	解决办法（或说明）
RDY（READY）	—	关闭	控制单元未上电	检查供电线路是否跳闸或断线等，必要时用万用表进行检测
	绿色	连续的	准备好运行，模块就绪并有循环的 DRIVE-CLiQ 通信	正常状态
		闪烁（2Hz）	CF 卡正在执行写操作	
	红色	连续的	装置至少存在一个故障	有报警时，根据提示解决；无报警时，用排除法查找原因
		闪烁（0.5Hz）	启动故障（如固件不能装载至 RAM）	检查 CF 卡是否正确插入及 CF 卡上数据的完好性，或用同型号控制单元替换以排除故障
	绿色红色	闪烁（0.5Hz）	控制单元 CU320 就绪但无软件授权	联系西门子公司以获得授权
	橙色	连续的	DRIVE-CLiQ 通信已建立	正常状态
		闪烁（0.5Hz）	固件不能上装给 RAM	查 CF 卡是否正确插入，或替换控制单元
DP1	—	关闭	没有发生周期性通信	正常状态
	绿色	连续的	正在进行周期性通信	
		闪烁（0.5Hz）	周期性通信不完整，如主站未传送设定值，同步操作中未传送全局控制或主站生命周期	检查站点的设定
	红色	连续的	周期性通信受到干扰	排除影响通信的干扰源，对通信电缆进行屏蔽处理
OPT（OPTION）	—	关闭	未上电，模块未就绪或选件板未安装	检查电源供应和选件板的安装等
	绿色	连续的	选件板就绪	正常状态
		闪烁（0.5Hz）	取决于使用的选件板	—
	红色	连续的	模块至少有一个故障，或上电后选件板未就绪	有报警时，根据提示解决；无报警时，用排除法查找原因
MOD	—	关闭	保留	
	绿色	连续的	保留	

2. S120 驱动器的故障报警及实例分析

（1）S120 驱动器故障与报警的分类　SINAMICS S120 在非正常工作状态下运行时会出现故障与系统报警，其中以 F 打头外加 5 个数字的故障（如故障 F01005：下载 DRIVE-CLiQ

表 5-16　电源模块的 LED 指示灯含义及故障原因

	LED 灯	颜色	状态	故障原因(或正常状态)	解决办法(或说明)
SLM (5kW/ 10kW) 上 LED 指示灯	READY	—	关闭	装置无供电电压,或供电电压不在允许范围内	用万用表测 A1 接口的电源供应是否正常(通常三相 AC 380V)。无电压时,继续向上查找整流电抗器和输入滤波器侧电源供应以及电路的输入电源是否正常等;超压时,检测电路输入电源的规格是否与 SLM 匹配等
		绿色	连续的	装置操作就绪	正常状态
		红色	连续的	过温/过电流切断主开关	用万用表检测 SLM 上 X21.2 与 X21.4 间不应有 +24V 电压(SLM 正常时存在该电压),此时可用同规格 SLM 替换以排除硬件故障;若 +24V 正常,可查找 PLC 程序中关于 I8.4 的逻辑是否正常
	DC-LINK	—	关闭	装置无供电电压,或供电电压不在允许范围内	用万用表测 A1 接口的电源供应是否正常(通常三相 AC 380V)。无电压时,继续向上查找整流电抗器和输入滤波器侧电源供应以及电路的输入电源是否正常等;超压时,检测电路输入电源的规格是否与 SLM 匹配等
		黄色	连续的	直流母线电压在允许范围内	正常状态
		红色	连续的	直流母线电压不在允许范围内,供电出现故障	用万用表检测直流母线电压(正常为 DC 513V)和 A1 接口的电源供应是否正常(通常三相 AC 380V),需考虑电网波动对 SLM 的影响
ALM 上 LED 指示灯	READY	—	关闭	供电电压不在允许范围内	用万用表测 A1 接口的电源供应是否正常,超压时需要检测电路输入电源的规格是否与 ALM 匹配
		绿色	连续的	装置操作就绪,并有周期性的 DRIVE-CLiQ 通信	正常状态
		橙色	连续的	正建立 DRIVE-CLiQ 通信	正常状态
		红色	连续的	组件存在至少一个故障	观察 SINUMERIK 系统的显示器上是否有报警,有报警时结合"诊断指南"排除,无报警时可用排除法替换被怀疑的模块以验证状态是否完好
		绿色红色	闪烁 (2Hz)	正下载固件,或通过 LED 的组件识别被激活	正常状态
	DC-LINK	—	关闭	供电电压不在允许范围内	用万用表测 A1 接口的电源供应是否正常,超压时需要检测电路输入电源的规格是否与 ALM 匹配
		橙色	连续的	直流母线电压在允许范围内(仅在运行就绪情况下)	正常状态
		红色	连续的	直流母线电压不在允许范围内(仅在运行就绪情况下)	用万用表检测直流母线电压和 A1 接口的电源供应是否正常

图解数控机床维修必备技能与实战速成

表 5-17　电动机模块的 LED 指示灯含义及故障原因

LED 灯	颜色	状态	故障原因（或正常状态）	解决办法（或说明）
READY	—	关闭	装置无供电电压或供电电压不在允许范围内	检查电源模块是否正常，电动机模块上直流母线排是否连接至此模块；用万用表检测直流母线电压供应是否正常，并用同规格的电源模块替换等
	绿色	连续的	装置操作就绪并建立了周期性 DRIVE-CLiQ 通信	正常状态
	橙色	连续的	正建立 DRIVE-CLiQ 通信	正常状态
	红色	连续的	组件存在至少一个故障	观察 SINUMERIK 系统的显示器上是否有报警，有报警时结合"诊断指南"排除，无报警时可用排除法替换被怀疑的模块以验证状态是否完好
	绿色红色	闪烁（2Hz）	正下载固件，或通过 LED 的组件识别被激活	正常状态
DC-LINK	—	关闭	供电电压不在允许范围内	用万用表检测直流母线电压供应是否正常，并用同规格的电源模块替换等
	黄色	连续的	直流母线电压在允许范围内（就绪时）	正常状态
	红色	连续的	直流母线电压不在允许范围内（就绪时）	用万用表检测直流母线电压供应是否正常，并用同规格的电源模块替换等。对配置了 SLM 和 BLM 的 S120 驱动器，考虑电网电压波动的影响

组件的固件失败），通常会导致 S120 驱动器停止工作；而以 A 打头外加 5 个数字的系统报警（如报警 A01006：DRIVE-CLiQ 组件的固件需要升级），不会导致 S120 驱动器停止运转。除此之外，还有以 C 打头外加 5 个数字的与安全相关的故障（如故障 C01700：SI 运动 CU_ STOP A 被触发）和以 N 打头外加 5 个数字的与内部软件相关的故障（如故障 N07415：驱动_ 换向角偏移传输运行）。值得注意的是：在 SINUMERIK 系统中，SINAMICS S120 的故障与报警是以 2 打头外加 5 个数字的形式呈现在显示器上的（如 207016：驱动_ 电动机温度传感器故障，对应于 F07016），且故障与报警号的范围为 200000~299999（见表 5-18）。

表 5-18　SINUMERIK 系统中 S120 驱动器故障与报警的分类

故障与报警的范围	相关的模块	故障与报警的范围	相关的模块
201000~203999	控制单元	232000~232999	DRIVE-CLiQ 编码器 2
204000~204999	备用	233000~233999	DRIVE-CLiQ 编码器 3
205000~205999	电动机模块	234000~234999	电压传感器模块 VSM
206000~206899	电源模块	235000~235199	端子模块 TM54F
206900~206999	制动模块	235200~235999	端子模块 TM31
207000~207999	驱动部分	236000~236999	DRIVE-CLiQ HUB 模块
208000~208999	选件板	240000~240999	扩展模块 CX32
209000~212999	备用	241000~248999	备用
213000~213001	授权报警	249000~249999	SINAMICS GM/SM/GL
213002~219999	备用	250000~250499	通信板 Comm. Board
220000~229999	OEM	250500~259999	OEM
230000~230999	DRIVE-CLiQ 电动机模块	260000~265535	SINAMICS DC 变频（闭环直流电流控制）
231000~231999	DRIVE-CLiQ 编码器 1		

注：关于故障与报警的详细解释，请参考"SINAMICS S120/S150 List Manual"（201101）。

（2）S120 驱动器故障与报警的实例分析

1）S120 出现 "205057：并联电路_ 功率部件的固件版本不同" 故障。

① 故障原因：并联电路中功率部件的固件版本不一致，且故障记录保存在驱动器的故障缓冲区内（参数 r0949）。

② 解决方法：在标准调试工具 STARTER 的组态 Configuration 界面下 Firmware 子页面内，找到硬件的版本信息并进行升级，使并联设备的固件版本保持一致，即可消掉 205057 报警。升级模块固件版本的操作步骤（见图 5-77）如下：

a. 在线项目中选择要升级的驱动器，双击 ［Configuration］。

b. 选择 ［Version Overview］，查看驱动器内各模块的版本信息。

c. 单击 ［Firmware Update］，选择要升级的模块并单击 ［Start FirmWare Update］。

d. 固件版本升级结束后，单击 ［Close］关闭窗口。

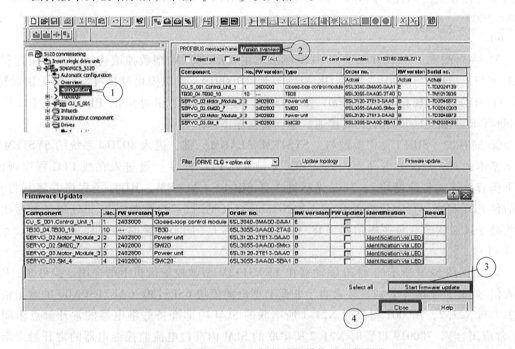

图 5-77　利用 STARTER 软件升级模块的固件版本

2）一台配置了 802Dsl 系统和 S120 驱动器的数控机床，在使用编码器转换模块 SMC30 连接 TTL/HTL 编码器信号时，PCU 面板上出现 "23n100：编码器 n_ 零脉冲距离出错" 和 "23n101：编码器 n_ 零脉冲故障"（n=1，2 分别表示编码器 1 和 2）的报警提示。

① 引起 23n100 和 23n101 故障的可能原因有两个：一是编码器输入频率超出范围，二是零脉冲信号出现的时间间隔过短。

② 23n100 和 23n101 故障的监控机理：SMC30 内含一个零脉冲监控器，用于对两个零标记（零脉冲）间的编码器脉冲进行计数。当编码器频率超过 300kHz 时，编码器脉冲可能丢失或不能识别零标记；此时 S120 驱动器会将编码器状态字 Gn_ ZSW 中第 15 位（故障位）置 1，并在 SINAMICS 参数 r0481 ［n-1］ 中显示，同时向 PCU 面板输出故障信息 23n100 和 23n101 进行显示。

③ 解决方法：可将驱动切换至无编码器方式来解决此问题。操作时，应先将 SINAMICS 参数 p1404（无编码器方式转换速度）设为合理数值，以提供可靠的速度信号；再设定 SI-NAMICS 参数 p1402.1 = 1（即转速实际值大于 p1404 的设定值时编码器驻留），以切换至无编码器运行方式；最后在 802Dsl 系统中，根据公式 $MD36300 = 0.95 \times \dfrac{p1404 \times p0408}{60}$（式中 p0408 为编码器的脉冲数），设定与编码器极限频率相关的机床数据 MD36300 ENC_FREQ_LIMIT。

④ 举例：以每圈脉冲数为 5000 的 SIMODRIVE 位置编码器（6FX2001-2CF00）作为主轴的直接测量系统，当主轴电动机转速达到 3600r/min 时编码器脉冲的频率将达到上限 300kHz。基于机床安全运行的考虑，要求速度达到 3000r/min 以上时 S120 驱动器切换至无编码器运行方式。如此，p1404 = 3000r/min，p1402.1 = 1，p0408 = 5000，$MD36300 = 0.95 \times \dfrac{3000 \times 5000}{60} = 237500Hz$。

3）一台配置了 802Dsl 系统和 S120 驱动器的 YKX3132M 型数控滚齿机，因使用过程中 PCU 面板上出现"700001：驱动 OK 报警"和"700019：电源模块过热报警"而无法运转。

① HMI 上出现报警号 700001 和 700019，是因为与之相对应的 PLC 用户接口信号 V16000000.1 和 V16000002.3 被接通，继而传送至 NCK。

② 同时按［SHIFT］切换键与［SYSTEM/ALARM］键，进入 802Dsl 系统的 SYSTEM 操作区基本画面。依次单击画面内的［PLC］键和［PLC 程序］键进入在线 PLC 程序画面，按下垂直软键［程序模块］，移动光标键选择 SBR12（ALARM_HD）子程序并将其打开。先后使 PLC 程序运行定位至 Network4 和 Network22（见图 5-78），发现 I8.3 与 I8.4 的常闭触点均处于接通状态（负逻辑信号 * I8.3 = 1、* I8.4 = 1，且无报警时的正常状态下 I8.3 = 1、I8.4 = 1）。

③ 依据图 5-79 所示的 S120 驱动器在 YKX3132M 型数控滚齿机上的应用连接可知：PLC 输入信号 I8.3 与 I8.4 分别直接来自于非调节型电源模块 6SL3130-6AE21-0AB0 的输出信号 X21.1 和 X21.2，700001 报警时 X21.1 所串联的 SLM 内部准备好继电器的常开触点未闭合（正常应闭合），700019 报警时 X21.2 所串联的 SLM 内部过电流监控继电器的常开触点未闭合（正常应闭合）。

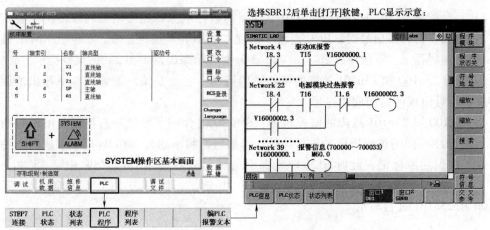

图 5-78　YKX3132M 型数控滚齿机 S7-200PLC 程序在线查看

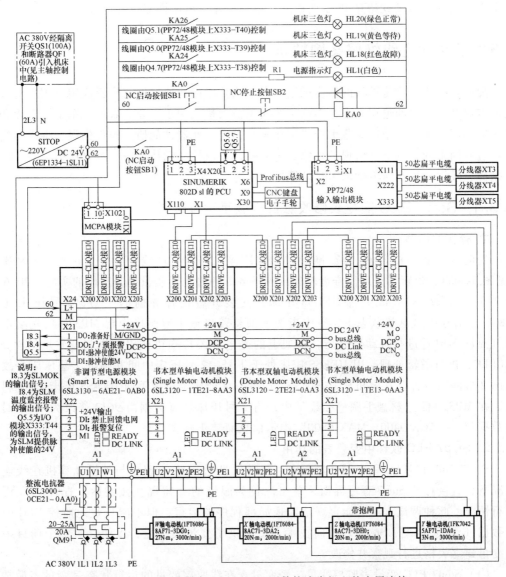

图5-79 S120驱动器在YKX3132M型数控滚齿机上的应用连接

④ 打开机床电控柜门，查看非调节型电源模块上LED指示灯的状态，若READY灯点亮呈红色，则说明SLM处于故障状态（正常时READY灯为绿色）。

⑤ 用万用表检测非调节型电源模块上电子电源接口X24的DC 24V，测量结果为21.79V。按住MCP上［灯检查］按钮SB13（PLC输入信号I1.5）进行按钮指示灯状态测试，并用万用表继续检测SLM上接口X24的DC 24V，测量结果为20.60V。

⑥ 这两个直流电压均与SLM要求供应的DC 24V差别太大，可能造成SLM启动未就绪。于是检查机床的DC 24V供应线路，发现直流电源模块6EP1334-1SL11提供的DC 24V被接入机床的接线端子排，而SLM上接口X24的DC 24V引自接线端子排。如此，进入工作状态的相关直流负载会使接线端子排上的24V电压下降，进而导致SLM启动不能就绪。

⑦ 更改电气线路，将直流电源模块供应的DC 24V直接引至SLM的X24接口。机床重

新上电后，SLM 启动就绪且 PCU 面板上的报警消除，机床恢复正常运转。

5.3 柔性制造线维修案例精析

随着各产业现代化进程的稳步推进、自动化技术的快速发展与广泛应用及用户对节约劳动成本提升竞争力的迫切需求，柔性制造线正被大量应用于工业、农业、军事、医疗和服务等领域的产品加工链中。这些生产线常在参数设定、元器件品质、操作失误、维护不当及工作环境等因素的影响下，出现各种偶发性故障，造成控制动作失灵、数据通信中断、机械部件碰撞、液压或气体压力扰动、自动循环中断等。

5.3.1 Step7PLC 变量表修改悬臂机械手定位位置

1. 存在的问题

先前，一台 STKES-60 型双推盘式渗碳压淬、直淬生产线配置 4 台国产 Y9050B 压床（见图 5-80a），负责热处理后锥齿轮的压淬任务。随着公司质量提升工作的实施，2016 年耗资 283 万元自德国进口 1 台 HEESS 压床，安装并替换掉先前的 1 号、2 号压床（见图 5-80b）。在生产线联机状态下，空中桁架上的悬臂机械手遵照操作台 MP370 预先给定的位置（见图 5-81）进行自动停靠后，桁架上的光电开关检知机械手停靠到位并反馈至 Step7-400PLC，进行逻辑处理。因 HEESS 压床处于 1 号、2 号压床中间并临近 2 号压床，故机械手的 2 号停靠位置及其检知开关必须随之改变，才能满足机械手向 HEESS 压床上/下料的要求。在 MP370 侧"料盘手调整参数"中，将 2 号压床位置数据由 9612 修改为 8690 时，屏显数据超出"MIN 9400，MAX 9800"提示信息而禁止修改。

2. Step7 PLC 软件中变量表的功用

在 S7-300/400PLC 程序调试过程中，技术人员通常是在 PLC 与外设计算机在线连接的情况下，直接打开 Step7 程序界面，单击图符为眼镜的 [监视] 按键后，查看 PLC 程序的运行情况。此种调试方法虽能直观地监视局部程序的运行，但不能直观地监控 PLC 中的特定数据（组）。为此，Step7 软件向技术人员提供了变量表功能，以使其对整个项目中的任意变量建立表格进行观察并修改。

（1）Step7 PLC 变量表监控变量　经变量表在线监控变量的运行状态是变量表最常用的功能。实施变量监控的步骤如下：

1）在 Step7 程序界面用右键选择插入新对象后，继续选择变量表（见图 5-82），即可建立变量表 VAT_ 2#MT。

2）双击打开变量表 VAT_ 2#MT 后，在地址栏内输入需要监控的变量，如图 5-83 所示。

3）在连接 PLC 或仿真器的情况下，监控变量的运行情况（见图 5-83 右下角）。

（2）Step 7 PLC 变量表强制 I/O 地址点位　因输入地址 I 点的状态完全由外部电路的状态决定，输出地址 O 点的状态完全由程序的运行结果控制，故 Step7 PLC 变量表不能像控制 M 地址点一样，任意改变 I/O 地址点的数值。调试过程中，若要改变 I/O 地址点位的数值，务必使用 Step7 PLC 变量表的强制功能（不可仿真）。变量表强制的具体步骤如下：

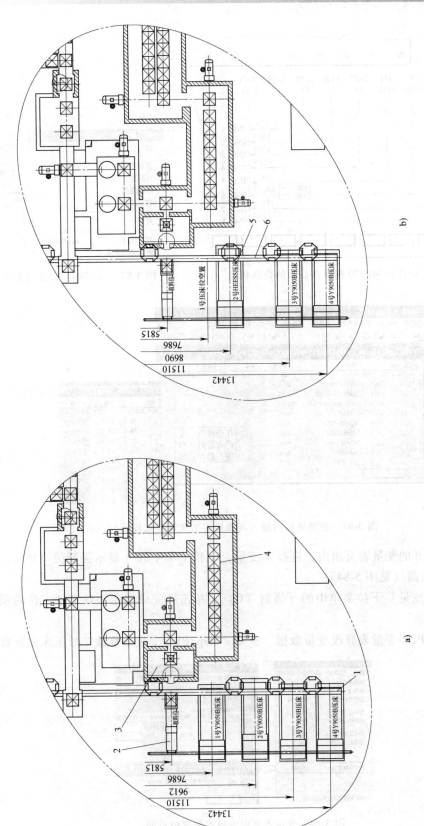

图 5-80 推盘炉上悬臂机械手定位位置的差异示意
a) 改造前的定位位置 b) 改造后的定位位置
1—Y9050B 压床 2—压淬取料手 3—压淬保温室 4—推盘式淬火降温室 5—HEESS 压床 6—空中桁架

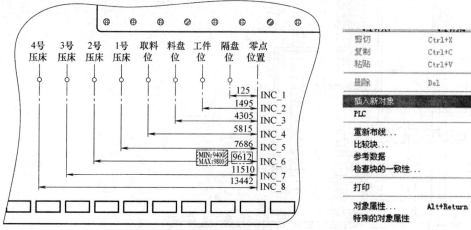

图 5-81　操作台 MP370 侧屏幕显示的数据状态　　　　　图 5-82　Step7PLC 中变量表的建立

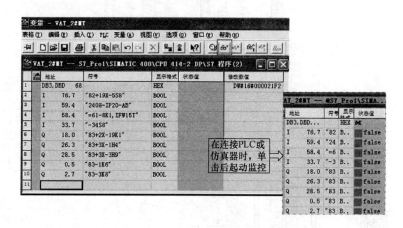

图 5-83　在地址栏内输入需要监控的变量并监控运行

1）在已打开的变量表页面内，选择［变量］下拉菜单中的［显示强制值（D）］，单击后显示强制值页面（见图 5-84）。

2）选择［变量］下拉菜单中的［强制（C）］，单击后完成选定 I/O 地址点位的强制操作（见图 5-85）。

（3）Step7 PLC 变量表修改变量数据　参见"Step7PLC 变量表修改 2 号压床位置数据"。

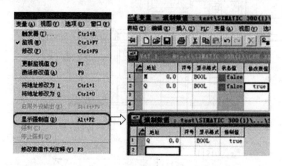

图 5-84　变量表页面内显示强制值页面

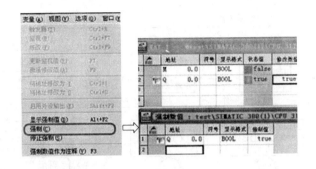

图 5-85　输出地址 Q0.0 点的强制操作

3. Step7 PLC 变量表修改 2 号压床位置数据

1）按"Step7 PLC 变量表监控变量"的步骤，建立并打开变量表 VAT_ 2#MT 后，在地址栏内输入 2 号压床位置地址 DB3. DBD68（见图 5-83）。

2）在线监控后，显示 9612 十六进制形式的状态值为 DW#16#0000258C。

3）将拟要更改的 2 号压床位置数据 8690 变为十六进制数 DW#16#000021F2 后，输入变量表的"修改数值"栏。

4）依次单击页面内的［修改变量］和［修改数值］，最终在 MP370 侧屏显 2 号压床位置数据 8690。

5）以手动方式设定机械手运行至 HEESS 压床所处的 2 号压床位置，机械手快速到达 HEESS 压床正上方后，将桁架上先前的 2 号国产压床到位检知开关挪至 2 号 HEESS 压床位置，保证机械手停靠到位信号接通并反馈至 Step7-400PLC。

4. 实施效果

经 Step7 PLC 变量表修改的悬臂机械手定位位置，完全满足了 2 号 HEESS 压床处定位并取料的工艺要求，保证了推盘炉生产线的自动运行。Step7 PLC 变量表修改变量数据的方法既可在内装 S7-300 PLC 的 SINUMERIK 系列机床上应用，也可在配有 S7-300/400 PLC 的普通机床上使用。

5.3.2　柔性制造线中悬臂机械手频繁撞坏机床门

某公司现用的一条价值 2330 万元的从动锥齿轮柔性制造线（见图 5-86，下称 FML），包含 4 台 FANUC 0i-TD 系统的立式数控车床、2 台 FANUC 0i-MD 系统的立式加工中心、2 台 SINUMERIK 840Dpl 系统的 Oerlikon C50 切齿机、1 套带 Delta-HMI 的机械手输送机构和 2 套 SIMATIC-300PLC 的环线送料机，主要用于切削曼商用车的从动锥齿轮。

1. 故障现象

FML 在运行过程中，多次发生"机械手输送机构的机械手撞击机床 MC1～MC6 操作门"的事故（下称事故）。曾经在一年内断续发生 6 次事故，MC1、MC2 各发生 2 次，MC6 发生 2 次（见图 5-87）。事故不仅导致被加工齿轮摔废，机床操作门还被撞坏；不仅造成维修时间浪费，还迫使 FML 生产停滞；不仅存在重大安全隐患，还存在较大质量风险。

2. 诊断分析

基于四步到位法维修要求，采用原理分析法、在线监控法与数据/状态检查法在内的电信号演绎法，对悬臂机械手撞击机床门的事故原因展开排查。

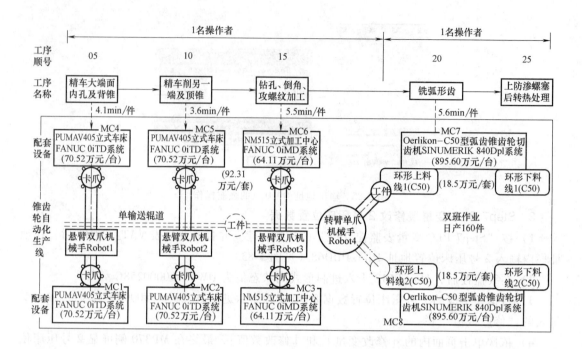

图 5-86　曼商用车从动锥齿轮机加工流程及其柔性制造线

1) 基于 FML 的控制策略, 分析 FML 中悬臂双爪机械手 RT1/RT2/RT3 与对应机床 MCn 的动作关系 (以立车 MC2 为例)。

① MC2 就绪无报警的常通状态经线圈 Y1.7 送至主控计算机侧 (下称主控 PLC), 回参考点完毕且操作门已打开到位 (X7.1=1) 的 MC2 在 MDI 方式下执行指令 M28 以请求 RT2 上料。

② RT2 接收到 MC2 传送的上料请求命令 Y1.6 后, 单击 HMI 侧 [自动模式] 键 (M392=1) 与 [自动启动] 键 (M132=1), 起动机械手输送机构工作循环。

a. S2 置位后, RT2 抓取工件动作循环起动。

b. S93 置位后, RT2 左卡爪自安全高度处下降至左取料位抓料。

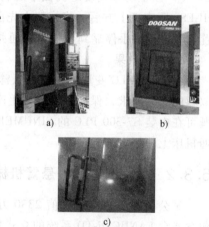

图 5-87　机械手撞击的 MCn 操作门
a) MC1　b) MC2　c) MC6

c. 抓料后, RT2 升至安全高度并行至 MC2 门前等待位。

d. S83 置位后, RT2 左卡爪抓件行至 MC2 的放料位。

e. RT2 左卡爪松件于 MC2 夹具后, 退至门前等待位。

f. RT2 经线圈 Y101 向 MC2 传送上料完成信号 X8.7=1。

③ MC2 先经内部线圈 R622.2 控制工件夹紧 (Y0.3=1) 和操作门关闭 (Y1.5=1), 待工件夹紧到位 R568.6=1 且操作门关闭到位 X8.5=1 后, MC2 自动运行起动信号 G7.2 接通, 自动执行加工程序以切削工件。

④ 切削中, MC2 执行指令 M21 (Y0.5=1), 使 RT2 提前移至门前等待位。

⑤ 切削完，MC2 执行程序结束指令 M30 或 M02，工件松开且操作门打开（X7.1=1），并经线圈 Y0.6 向主控 PLC 传送下料请求信号 X102。

⑥ 主控 PLC 侧 X102=1 使 S87 置位时，处于门前等待位且在安全高度的 RT2 水平移至 MC2 放料位。待 RT2 吹气清屑后，垂直下降至加工点，并松开左卡爪以抓取成品件。

⑦ 抓住成品件的 RT2 先经安全高度退至 MC2 门前等待位，再退至左取料位后松开左卡爪，以将成品件放于输送辊道上。

⑧ MC2 先经地址 X8.6 接收主控 PLC 传送的下料完成信号 Y100，再经线圈 Y1.5 和 Y0.7 分别控制操作门关闭及夹具吹气除屑。

⑨ MC2 先经线圈 G70.6 执行主轴定向准停，待吹气结束后，经线圈 Y1.4 控制操作门打开。随后，MC2 经线圈 Y1.6 向主控 PLC 发送上料请求命令，以开始下一工作循环。

2）采用电信号演绎法，分析 MC2 吹气结束后操作门未打开便由 RT2 上料的事故真因（见图 5-88）。

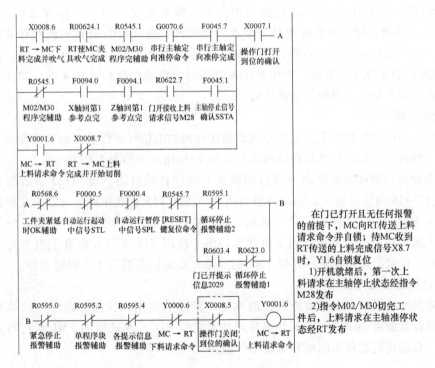

图 5-88　立式车床 MC2 吹气结束后请求
上料的梯形图（FANUC PMC）

① RT2 左卡爪上料→主控 PLC 收到 MC2 侧上料请求信号 Y1.6=1→无任何报警的 MC2 已执行程序结束指令 M02/M30 使 R545.1=1→主轴定向准停完成 F45.7=1→MC2 已收到 RT2 传送的下料完成并吹气命令 X8.6=1→MC2 夹具已在 RT2 控制下关门吹气结束 R624.1=1→MC2 操作门打开确认检知 X7.1=1。

② 撞门事故发生时，操作门仍为关闭状态 X8.5=1，且门打开确认开关（X7.1）未点亮。据此，判定 X7.1 受干扰后误动作。

3. 解决措施及维修效果

（1）解决措施　根据诊断分析结果，在输出线圈 Y1.6 的支路中，添入操作门关闭到位检知 X8.5 的常闭触点信号（图 5-88 中的虚线框），做到门开检知与门闭检知的互锁控制。也就是，操作门打开使 X7.1＝1 且 X8.5＝0 时，MC2 方可向 RT2 发送上料请求信号，否则 Y1.6＝0。

注：修改后的 PMC 梯形图务必要在 PMC 的 I/O 画面下，选择"装置＝Flash ROM，功能＝写"，并单击［执行］软键，以写入 FANUC 的 Flash ROM 中。其他 5 台机床也按此法处理。

（2）维修效果　改进后的 FML 运行一年时间，再未发生"悬臂机械手频繁撞坏机床门"事故。

5.3.3　柔性制造线自动运行循环不间断异常跳出

1. 故障现象

图 5-86 所示的 FML 在自动运行过程中，不间断地出现"自动循环异常跳出"故障，HMI 上［自动启动］键由绿色接通状态变为灰色断开状态，FML 的自动流水作业停止。每次停机时，操作者只需单击［自动启动］键，便可使 FML 的自动循环重新恢复，但是机床 MC3 和 MC6 会怠工 0.5 个节拍，操作者在各设备间的跑动次数会增加 4 次。如此，既制约了从动锥齿轮的产量，又浪费了生产工时。

2. 诊断分析

基于四步到位法维修要求，采用在线监控法在内的电信号演绎法，对自动循环异常跳出的原因展开排查。主控计算机侧自动循环复位的 PLC 梯形图如图 5-89 所示。

FML 自动运行循环异常跳出→在自动模式下经［自动启动］键 M132 激活的自动循环 M133 被复位→16 位定时器 T15 的常开触点闭合→线圈 T15 通电并到达指定的定时值→用计算机和交叉 TP 电缆经台达 PLC 软件现场联机以在线跟踪 T15 状态→正常运行时不受电的 T15 在 FML 瞬间停机时未能捕捉到受电状态→鉴于线圈 T15 支路并联有上百个光电开关检知信号并且工作状态未见异常→怀疑 FML 的线路存在虚接点引起 T15 瞬时动作。

3. 解决措施及维修效果

因故障偶发且线路众多无法查找，故本着"简单、实用、快捷、稳定"的原则，将定时器 T15 的设置值由 2s 改为 20s，并编译回装至主控 PLC。改进后的 FML 运行数月，再也没有发生"自动运行循环不间断异常跳出"故障。

5.3.4　柔性制造线 FANUC 0i-TD 立车运行频繁停转

1. 故障现象

图 5-86 所示的 FML 在自动运行过程中，标号 MC1 与 MC4 的 PUMA V405 立式车床会在其执行加工程序过程中，不定期的频繁出现停机问题（每班 15 次之多），使得 FML 不能继续自动运行而严重影响生产节拍。

1）MC1/MC4 停机故障时，执行中的加工程序段停止无规律，屏幕坐标不变化。

2）MC1/MC4 关机重启、换掉损坏刀尖并重新对刀处理后，FML 又能正常工作一小段时间。

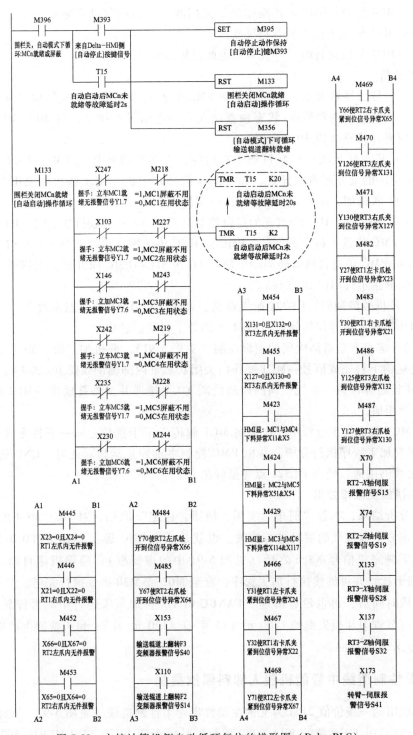

图 5-89　主控计算机侧自动循环复位的梯形图（Delta-PLC）

3）MC1/MC4 停机故障时，MCP 上［CYCLE START/循环起动］按钮的指示灯 HL321 点亮呈绿色，表明 MC1/MC4 仍处于循环状态，但其主轴运转已停止，车刀片的刀尖崩碎（1 个刀尖/次）。

4）MC1/MC4 停机故障时，其操作门呈关闭状态，门内气动自定心卡盘持续吹气，门前等待取料的 RT1 卡爪上的空气管持续吹气。

5）MC1/MC4 单机运转时，一直未发生此停机故障。

2. 诊断分析

基于四步到位法维修要求，在充分掌握 FML 中各机床模块化组成结构的基础上，采用原理分析法、在线监控法和数据/状态检查法在内的电信号演绎法，对 MC1/MC4 运行中频繁停转的原因展开排查（以 MC1 为例）。

1）MC1 单机运转无故障而联机加工有故障，表明单机运转用 PMC 梯形图逻辑正常，怀疑 RT1 与 MC1 的交互逻辑有异常，如彼此间信号有干扰、MC1 联机加工用 PMC 梯形图逻辑紊乱、RT1 联机加工用 Delta-PLC 梯形图逻辑紊乱等。

2）MC1 按钮指示灯 HL321 点亮的逻辑控制（见图 5-90）。联机加工时，RT1 经 MC1 侧信号 X8.7 向 PMC 传送上料完成信号→PMC 向 CNC 传送循环启动信号 G7.2/ST→MC1 启动后由其 CNC 向 PMC 传送自动运转启动中信号 F0.5/STL→PMC 向外部输出信号 Y32.1＝1→循环启动按钮的指示灯 HL321 点亮。

3）MC1 停机故障期间，HL321 始终点亮，表明 Y32.1＝1 的状态未改变，进而 CNC 送至 PMC 的 F0.5/STL 信号保持接通，即 MC1 仍处于自动运转中。

4）气动自定心卡盘清洁吹气的逻辑控制（见图 5-91）。联机加工时，MC1 经信号 X8.6 接收 RT1 传送的下料完成信号→MC1 操作门关闭状态下内部辅助线圈 R623.2＝1→吹气请求线圈 R622.4 接通并保持→吹气气阀的控制线圈 Y0.7 接通并向外部输出→MC1 的自定心卡盘吹气以去除积屑。

综上，MC1 联机加工过程中，RT1 向 MC1 侧传送了干扰信号——下料完成信号 X8.6，导致 MC1 误判加工程序执行完毕，并由 PMC 控制主轴停止运转。此时，CNC 送至 PMC 的 F0.5/STL 信号仍接通，使得 HL321 点亮呈绿色。

3. 解决措施及维修效果

据诊断分析结果，本着"简单、实用、快捷、稳定"原则，对 MC1/MC4 的 PMC 梯形图中有关自定心卡盘吹气的逻辑进行修改。也就是，将 CNC 送至 PMC 的 F0.5/STL 的常闭触点串联在下料完成信号 X8.6 之后（见图 5-91 中的虚线框），确保机床自动运行中不受 X8.6 接通的干扰，并可继续执行加工程序，直至 M02 或 M30 指令执行完毕。

试机一段时间后，再也没有出现"FANUC 0i-TD 立式车床运行中频繁停转"的故障。如此，每天可节省刀片损失费约 1800 元（15 片/天×120 元/片），每天挽回生产损失费 1800 元（90 件/天×20 元/件）。

5.3.5 柔性制造线中智能机器人卸料偶然叠加

某公司现用的一条价值 2151 万元的主动锥齿轮柔性制造线（见图 5-92，下称 FML-2），包含 2 台 FANUC 0i-TD 系统的 WIA L280 型数控卧式车床、2 台 SINUMERIK 802Dsl 系统的 YKX3132M 型数控滚齿机、2 台 SINUMERIK 840Dpl 系统的 Oerlikon C50 切齿机、1 台 KA-WASAKI BX200L 型六自由度关节机器人和 2 套 SIMATIC-300PLC 的环线送料机，主要用于切削曼商用车的主动锥齿轮。

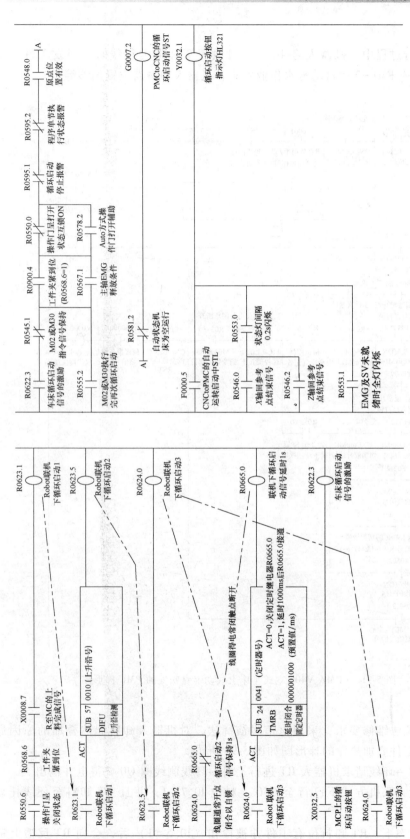

图 5-90 PUMA V405 立式车床上〔循环启动〕按钮指示灯的 PMC 梯形图

1. 故障现象

FML-2 在运行过程中，机器人将 10 序工件放置于环形上料线时，偶发工件叠加故障（见图 5-93），造成 FML-2 的自动流水作业停止，机器人卸料点位置偏移等。

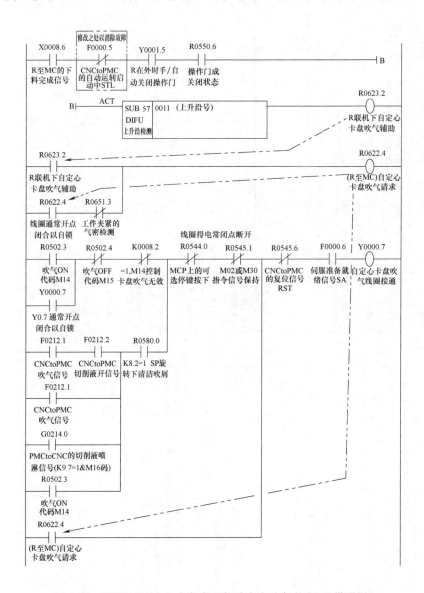

图 5-91　PUMA V405 立式车床上气动卡盘吹气的 PMC 梯形图

2. 诊断分析

基于四步到位法维修要求，采用电信号演绎法，对机器人卸料偶然叠加的原因展开排查。环形上料线工件叠加故障的梯形图如图 5-94 所示。

1）工件叠加→环线请求机器人 RT 进行上料→环线侧线圈 Q0.2 得电并输出。

2）环线托盘在联机方式下已行至 C50 上料位 I0.7 = 1，并且 RT 卸料至环线托盘检知 I0.5 = 0。

3）在正常状态下，RT 卸料位有工件并被检知（I0.5 = 1）后，会向 RT 反馈上料完成

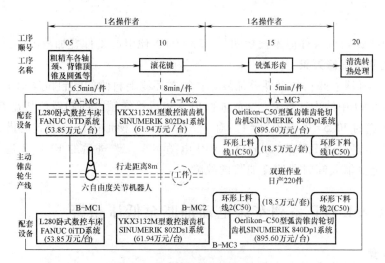

图 5-92　曼商用车主动锥齿轮机加工流程及其柔性制造线

图 5-93　环线上料时工件叠加示意

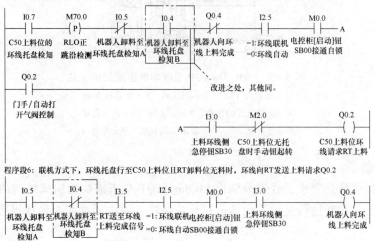

图 5-94　环形上料线工件叠加故障的梯形图（S7-300PLC）

信号 Q0.4。

4) 一旦 RT 卸料位有件但不被检知（I0.5=0），便引起工件叠加故障。

3. 解决措施及维修效果

为彻底根除机器人卸料的工件叠加故障，特在环线上料侧的卸料位增加 1 个工件检知开关 I0.4（见图 5-94 中的虚线框），与先前的 I0.5 组成检知锁，即卸料位托盘有料时 I0.5=1 且 I0.4=0，无料时 I0.5=0 且 I0.4=1。对于 S7-300PLC 梯形图的修改，需借助外设计算机上的标准工具 Step7 与 CP5512/CP5711、MPI 电缆实现。改进后的 FML-2 运行数月，再也没有发生"智能机器人卸料偶然叠加"的故障。

5.4 LGMazak QT 系列车床电动油脂泵低压报警

1. 故障现象

在配置 MITSUBISHI M700 系统的 LGMazak QT 系列数控车床（下称 QT 车床）上，X、Z 坐标轴的直线导轨和滚珠丝杠螺母副采用日本产 EGM-10S-4-3P 型电动油脂泵（见图 5-95）进行注脂润滑。QT 车床运行过程中，屏显报警"260 滑斜道润滑警报"，导致其不能继续车削工件。

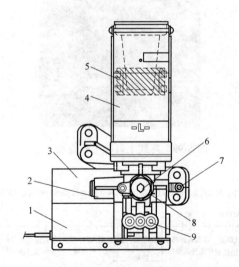

图 5-95　EGM-10S-4-3P 型电动油脂泵结构示意
1—电磁阀 YV11　2—积压阀　3—电动机 M40
4—带油位计的油箱　5—随动板　6—排气孔堵
7—油脂补给口　8—输出口监视窗　9—排泄口

2. 诊断分析

按四步到位法维修要求，在充分掌握 LGMazak QT 车床模块化组成结构的基础上，合理运用原理分析法、在线监控法等在内的电信号演绎法，对电动油脂泵低压报警 260 的故障原因展开排查。

（1）原理分析法梳理电动油脂泵 M40 工作过程

1）梯形图监控画面的显示。依次单击系统屏幕下方软键［诊断］→［维护］→［Ladder

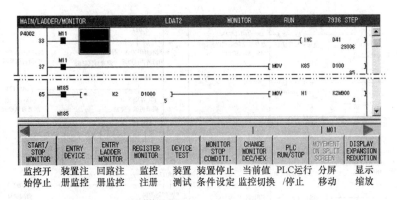

图5-96　LGMazak QT系列车床的梯形图监控画面（MITSUBISHI M700）

monitor/梯图监控］→［NC FILE/NC 文件操作］→［OPEN/打开］→［OK/是］，使主菜单条

| FILE | NC FILE | EXTERNAL FILE | LADDER | DEVICE | PARAM. | DIAGNOS. | ENVIRON. SETTING | HELP | END |

上灰色显示的［LADDER］亮显为有效。随后，依次单击软键［LADDER］→［MONITOR］，打开梯形图监控画面（见图5-96）。在单击按键［START/STOP MONITOR］后，梯形图监控开始。

2）电动油脂泵运转的控制过程。LGMazak QT系列车床上电动油脂泵运转用梯形图如图5-97所示，电动油脂泵M40电气控制如图5-98所示。

① 计时器T269给定1s脉冲，其信号上升沿使分钟计数器C8计数，C8设定值由文件寄存器R11012设定为1min，C8的多次分钟计数结果存储至文件寄存器R16121中。

② 一旦数据值 R16121>R11013（CNC参数RS34给定润滑间隔时间1800×100ms＝3min），MITSUBISHI PLC发起润滑起动脉冲M5011，继电器M5011控制M5012接通以开启油脂润滑模式。

③ 在计时器T39给定的润滑时间（1800×100ms＝3min）内，油脂泵运转控制信号M5013持续接通，输出线圈Y92得电并输出，电控柜内中间继电器KA101线圈接通DC 24V，KA101常开触点闭合，油脂泵M40线圈通入DC 24V后运转起动，同时电磁阀线圈通电使YV11打开，润滑油脂便向X、Z坐标轴的直线导轨和滚珠丝杠螺母副定时供应。

④ M40润滑时间3min到达，T39常闭触点由闭合变为切断，持续接通的M5013变为失电，Y92断电使KA101失电。

（2）在线监控状态下逆向梳理260报警过程

1）AL260报警数据。在梯形图监控画面内，PLC报警辅助继电器M3232由正常的通电变为失电→报警号AL260对应的数据寄存器D1014位12由正常的"0"状态变为"1"状态→DMOV指令将临时存储的F60请求传送至（D1014，D1015）中→临时存储区线圈F60线圈通电并自锁→内部继电器M5042或M5041线圈通电。

2）M5042接通分析。M5042＝1→在内部继电器M5011给定润滑脉冲3min（T39）后，脂润滑压力开关X9A始终顶开置"1"状态，即润滑回路中压力保持时间过长且在规定时间内未良好释放。

3）M5041接通分析。M5041＝1→M5017＝1且M5014＝1→在M5011开启润滑并计时T39到达后，T39常开触点闭合且常闭触点断开→开关X9A未顶开而置"0"状态（润滑回路中未建立起应有的压力）→PLC发出润滑再试脉冲M5014→M5016使M5017进入润滑再试

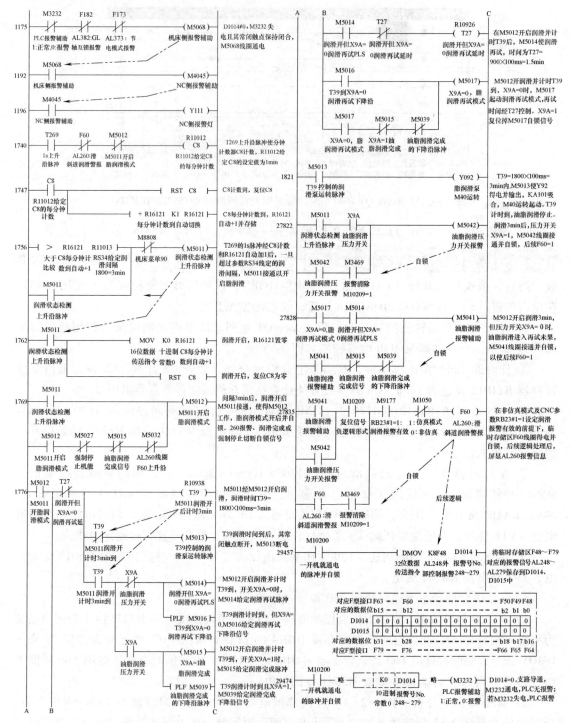

图 5-97 LGMazak QT 系列车床上电动油脂泵运转用梯形图（MITSUBISHI M700）

模式←在 T27 给定润滑再试延时 1.5min（900×100ms）到达后 X9A = 0→继电器 M5041 通电并自锁。

（3）以故障树形式给定电气环节引发 260 报警的排查过程　LGMazak QT 系列车床上电

气环节引发 260 报警的故障树分析如图 5-99 所示。

（4）以故障树形式给定管路环节引发 260 报警的排查过程 LGMazak QT 系列车床上管路环节引发 260 报警的故障树分析如图 5-100 所示。

3. 解决措施及维修效果

根据诊断分析结果，在配件损坏时，对应更换并正确安装油脂泵、电动机、电磁阀 YV11、积压阀、中间继电器等；在 PLC 逻辑信号异常时，可在梯形图监控画面内，按电信号演绎法逆向推理真因并排除故障；在供电线路异常时，既可经隔离法排除短路或断路故障，也可经电压值测量逐级递进式排除缺相或失电故障，还可经电阻值测量排除断线故障。

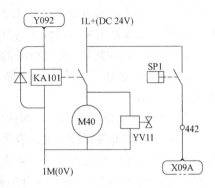

图 5-98 QT 车床电动油脂泵的电气控制

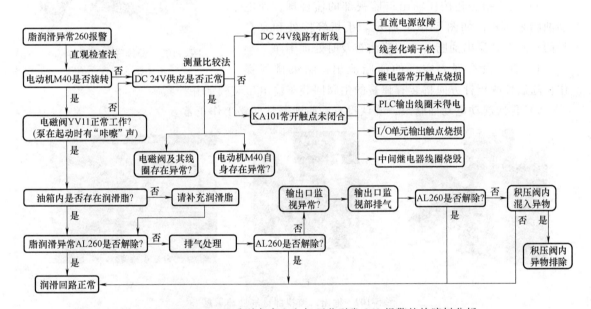

图 5-99 LGMazak QT 系列车床上电气环节引发 260 报警的故障树分析

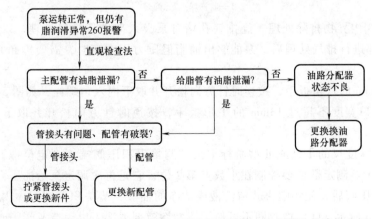

图 5-100 LGMazakQT 系列车床上管路环节引发 260 报警的故障树分析

（1）泵吸入部排气处理　在泵的吐出压力不足或无法吐出油脂时，可经排气孔堵进行排气处理，以放掉泵吸入部混入的空气。排气处理的操作如下：

1）起动电动油脂泵，使用8mm的开口扳手，将排气孔堵逆时针方向拧松一周（见图5-101）。

2）空气和油脂自排气孔不间断地流出，排气一般持续1min左右。随后，顺时针方向拧紧排气孔堵。

3）再次起动电动油脂泵，确认排气孔堵不泄漏且润滑回路工作正常。

（2）输出口监视部排气处理及清洁操作　经排气孔堵对泵吸入部进行排气处理后，泵能够出油但压力不太高时，可对输出口监视部做排气处理并进行清洁操作。

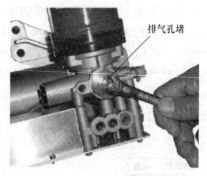

排气孔堵

图 5-101　经排气孔堵进行
排气处理示意

1）使用25mm开口扳手，将输出口监视部的主阀按逆时针方向松开并取出，如图5-102a所示。

2）卸掉主阀上的弹簧（见图5-102b），以防丢失。

3）用手指轻轻按住输出口监视部的监视球，使电动油脂泵运转，如图5-102c所示。手指轻按处和泵自身的空隙会处流出油脂，应用清洁布及时处理干净。

4）直至没有混入空气的油脂流出，结束排气操作，随后按顺指针方向将装有弹簧的主阀回装于输出口监视部并拧紧。

5）再次起动电动油脂泵，确认没有油脂泄漏且回路工作正常。

a)

1　　2
b)

c)

图 5-102　输出口监视部排气处理示意
a）逆时针方向松开主阀　b）卸掉弹簧　c）按监视球起动泵
1—监视球　2—弹簧

（3）积压阀内异物排除处理　经排气孔堵对泵吸入部进行排气处理，以及通过监视球对输出口监视部进行排气处理后，泵能够出油脂但压力不太高时，需要拆卸并清洗积压阀，以剔除异物。

1）使用8mm的六角扳手，按逆时针方向松开并取下内六角螺栓，如图5-103a所示。

2）使用刃口宽度不超过13mm的T形扳手，按逆时针方向松开并取下积压阀，如图5-103b所示。

3）使用带深度尺的Ⅰ型或Ⅱ型游标卡尺，测量出积压阀端面到定位螺钉端面的深度，如图5-103c所示。测定数值要控制在小数点第2位，它是再次调定泵给油压力的重要参数。

4）分解积压阀后，使用喷雾式清洗液或洁净的油液，清洗积压阀本体内部、钢球和弹簧，如图5-103d所示。O形橡胶圈不可使用挥发性液剂清洗，以免造成膨胀或损伤等。

a)

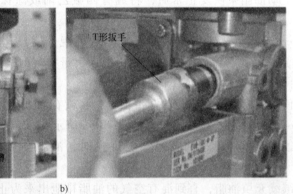

b)

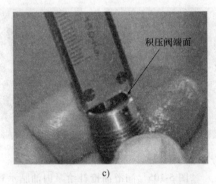

c)

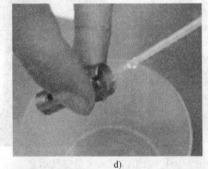

d)

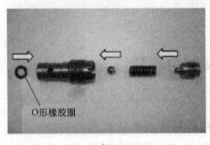

e)

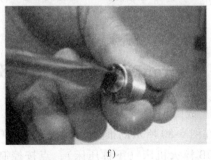

f)

图 5-103　积压阀内异物排除处理过程示意

a）拆卸内六角螺栓　b）用 T 形扳手拆卸积压阀　c）用游标卡尺测定深度

d）零部件清洗　e）积压阀回装　f）定位螺钉回装

5）按与分解积压阀相反的顺序，将钢球、弹簧和定位螺钉回装进积压阀本体内，如图5-103e 所示。O 形橡胶圈不可露出沟部，以免后续装入泵体时受损。

6）使用一字槽螺钉旋具，将定位螺钉按顺时针方向拧入积压阀内，完成泵给油压力的调定，如图5-103f 所示。定位螺钉的旋入深度为先前游标卡尺测定的数值，两者误差要控制在 ±0.03mm 内。若定位螺钉拧入过多，则使泵过负荷而损伤电动机；若定位螺钉拧入太少，则系统压力不足而不能确保正常的油量。

7）使用 T 形扳手，将压力设定完的积压阀装入泵本体内，拧紧力矩约 3.6N·m。

8）起动润滑系统，确认给油压力和油脂供应是否正常。若系统未设置压力指示表，应确认泵在动作中能够升压至 10MPa。考虑到分解、组装时会有空气混入，运转初期应进行排气处理。

9）电动油脂泵恢复正常后，将缠有四氟乙烯或涂抹密封胶的内六角螺栓回装入泵本体内。

（4）油箱内混入大量空气的处理　从外观上明显地看出油箱内混入大量空气（见图5-104），或积压阀分解、组装后油箱内混入大量空气时，泵吸入部会吸入混有空气的油脂，造成泵给油压力升不上去而不能吐脂。

1）使用装有软管油脂瓶的润滑油枪，将没有混入空气和异物的干净油脂通过油脂补给口（图5-95 的件7）充填进去，如图5-105a 所示。

2）油脂充填至超过油箱最大容许量时，油脂会从油箱和压盖的空隙处溢出，如图5-105b 所示。

3）继续充填油脂，直到混有空气的油脂排泄出来为止。

a)　　　　　　　　　　b)

图5-104　油箱内混入大量空气示意

图5-105　润滑油枪补给泵内油脂示意

a）油脂补给　b）油脂溢出

5.5　OmronPLC 压床短路导致液压泵起动停转

1. 故障现象

在图5-80 所示的推盘炉中，配置了 Omron PLC 且用于盘形从动锥齿轮淬火处理的一台Y9050B 淬火机床（下称压床），点按控制面板 MCP 上的循环起动按钮 SB4 或工作台侧面的循环起动按钮 SB5 时，处于连续运行状态的液压泵电动机 M1（型号为 Y112M-4-TH）停止运转，压床不能继续工作，严重影响锥齿轮的生产进度。

2. 诊断分析

按四步到位法维修要求，在充分掌握压床模块化组成结构的基础上，合理运用原理分析法、在线监控法、测量比较法与隔离法在内的电信号演绎法，对液压泵起动即停转的故障原因展开排查。Y9050B 淬火机床上电动机 M1 的 PLC 梯形图如图 5-106 所示，其主回路图及 I/O 接口图如图 5-107 所示。

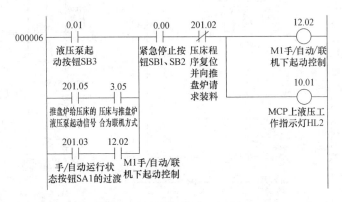

图 5-106　Y9050B 淬火机床上电动机 M1 的 PLC 梯形图

（1）原理分析法梳理 M1 的工作过程。

1）压床开机使 3 相 AC 380V 接入后，释放 MCP 上 SB1 钮及工作台侧按钮 SB2，使 PLC 输入信号地址 0.00 接通。

2）先将 MCP 上运行状态钮 SA1 置手动侧，使 PLC 输入信号地址 1.03 接通而 1.04 断开。再单击 MCP 上的按钮 SB3，使 PLC 输入信号地址 0.01 接通。

3）在 PLC 梯形图中，M1 起动控制用线圈 12.02 得电保持并输出后，型号为 MY2NJ 的中间继电器 KA14 线圈接通 DC 24V 后其常开触点闭合，型号为 3TB4010 的交流接触器 KM1 线圈接通 AC 220V 后其常开触点闭合。

4）380V 交流电随低压断路器 QF0（型号为 DE15-40/3902）和 QF1（型号为 3VE1015-2LU00）的接通而进入 M1 的定子绕组中，绕组电流产生的旋转磁场在转子导体中产生感应电流后，使得转子在感应电流和气隙旋转磁场的相互作用下又产生电磁转矩（即异步转矩）。随之，M1 旋转并带动变量柱塞液压泵（型号为 PVB10-RS-31-C-11）一起工作。

5）在地址 12.02 得电时，地址 10.01 得电输出后，按钮 SB3 指示灯 HL2 点亮呈白色。

（2）在线监控法查看 PLC 梯形图的联锁关系

1）在外设计算机上安装 OMRON CX-Program 梯形图软件，并用 USB-CIF02 编程电缆实现外设计算机与压床 PLC 的通信。将压床的 PLC 程序以"从 PLC"的传送方式下载至计算机中，并设为在线监控状态。

2）查看输出地址 12.02 与输入信号地址 0.03 间不存在联锁关系，只是在循环起动按钮 SB4 或 SB5 按下瞬间，液压泵电动机 M1 就停转。在 PLC 梯形图中，处于接通状态的各输入信号地址瞬间刷新一次——肉眼看到监控屏幕快速闪动一下。

（3）测量比较法推断 M1 停转原因

1）在 M1 正常运转时，用万用表直流电压档测量 KA14 的线圈电压 $V_1 = 24.2V$。保持测量表笔不动，按按钮 SB4 或 SB5 的瞬间观察万用表的数值，V_1 由先前的 24.8V 逐渐降低至

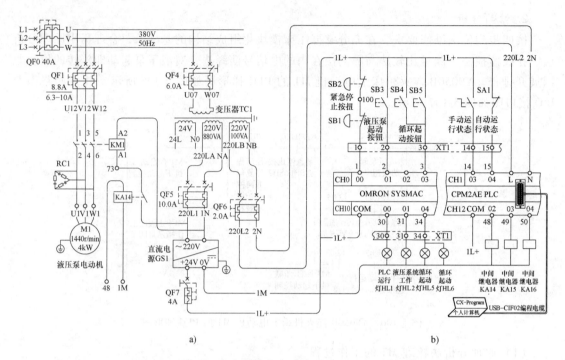

图 5-107 Y9050B 淬火机床的主回路图及 I/O 接口图（局部）

a）主回路图 b）I/O 接口图

6.3V，并且运转状态下的 M1 停转。由于 MY2NJ 继电器的线圈电压 $V_{动} = (0.8 \sim 0.85)V_{额} = 19.2 \sim 20.4V$ 时，KA14 线圈才能具有足够的能量吸合，故推断压床上用于 DC 24V 电源供应的线路存在短路故障。

2）随后，将测量表笔放置在直流电源 GS1 的输出端子 1L+、1M 上，按按钮 SB4 或 SB5 的瞬间观察万用表的数值，V_2 由正常状态的 24.8V 逐渐降低至 6V 左右，从而断定压床的 DC 24V 电源供应线路确实存在短路故障。

（4）隔离法分段排查短路故障点 因短路故障是在按下按钮 SB4 或 SB5 时出现的，故应着重检查 MCP 与工作台侧的循环起动按钮及其指示灯。

1）本着"由远及近"原则，先排查工作台侧按钮 SB5 及 HL6 灯，拆掉 HL6 灯的端子 34 和 1M，点按按钮 SB5，短路故障依旧。

2）解掉按钮 SB5 的端子 3 和 1L+，点按按钮 SB4，短路故障依旧。

3）随后，排查 MCP 侧按钮 SB4 及 HL5 灯，拆掉 HL5 灯的端子 34 和 1M，点按按钮 SB4，短路故障依旧。

4）接着，去掉按钮 SB4 侧并联的按钮 SB5 接线——3 和 1L+，点按按钮 SB4 后，短路故障消失。据此，确诊短路故障存在于按钮 SB4 至 SB5 之间的接线中。

5）拆解此段线路，发现工作台侧面带金属穿线管的电缆烧损严重，并使 1L+对地。

3. 解决措施及维修效果

根据诊断分析结果，本着"简单、实用、快捷、稳定"的原则，彻底更换按钮 SB4 至 SB5 之间的接线与金属穿线管，并加以固定防护。试机后，推盘炉中的 Y9050B 压床再也没有出现"按下循环起动按钮时液压泵立即停转"的故障。

5.6　主轴滚动轴承的失效分析与纠正措施

主轴滚动轴承在主轴传动中起着重要的精度保持作用，当轴承的性能指标低于使用要求而不能正常工作时，称为轴承失效或损坏。当轴承失效时，机床主轴传动的旋转精度下降，严重者造成其他组件损坏。因此，非常有必要对轴承的失效形式和原因进行分析，以使机床用户正确装配、维护和检查、更换主轴滚动轴承。

轴承的失效一般是一个逐渐演变的过程（见图 5-108），等达到某一临界状态时，失效加速并出现保持架碎裂、滚动体破损、内外圈严重磨损直至卡死，使主轴过载、主轴放大器出现过热报警等。在这个循序渐进的失效演变过程中，工件的加工质量随之降低，甚至出现次品、废品。

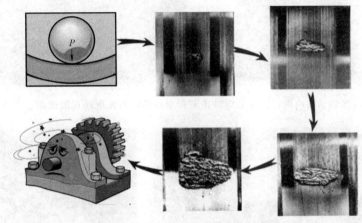

图 5-108　轴承失效的演变过程

滚动轴承的损伤原因与纠正措施如下。

（1）剥离　轴承在承受载荷旋转时，内圈和外圈的滚道面或滚动体的滚动面，由于滚动疲劳而呈现鱼鳞状的剥离现象。轴承剥离的原因与纠正措施见表 5-19，几种常见的剥离方式如图 5-109～图 5-115 所示。

表 5-19　轴承剥离的原因与纠正措施

序号	剥离原因	纠正措施
1	载荷过大	检查、调整载荷大小
2	安装不良(非直线性)	改善安装方法
3	异物侵入、进水	改善密封装置，停机时防锈处理
4	润滑不良，润滑剂不合适	使用适当黏度的润滑剂，改善润滑方法
5	轴承游隙不合适	调整轴承游隙
6	生锈、侵蚀点、擦伤和压痕(表面变形)	轴承储存、安装时正确防护

（2）剥皮　呈现出带有轻微磨损的暗面，暗面上由表面向里有多条深 $5\sim10\mu m$ 的微小裂缝，并在大范围内发生微小剥落或微小剥离。轴承剥皮的原因与纠正措施见表 5-20，几种常见的剥皮方式如图 5-116 所示。

图 5-109 角接触球轴承的内圈，因切削液
侵入而润滑不良后沿滚道面的半周产生剥离

图 5-110 角接触球轴承的内圈，因安装时
定心不准造成与滚道成斜面的剥离

图 5-111 深沟球轴承的内圈，因安装时冲击载荷形成的压痕发展而在滚道面上产生球距的剥离

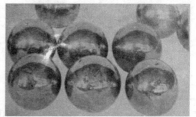

图 5-112 深沟球轴承的外圈和滚珠，因停转时冲击载荷形成的压痕
发展而在滚道面和滚珠表面产生剥离

图 5-113 自动调心滚子轴承的内圈和外圈，因过大轴向载荷造成
损伤而在滚道面单侧产生整圈的剥离

表 5-20 轴承剥皮的原因与纠正措施

序号	剥皮原因	纠正措施
1	润滑剂不合适	选择合适润滑剂
2	异物进入润滑剂内	改善密封装置
3	配对滚动零件的表面粗糙度不好	改善配对滚动零件的表面粗糙度

图 5-114　自动调心滚子轴承的内圈，因润滑　　　图 5-115　圆柱滚子轴承的滚子，因组装不良的
不良造成损伤而在滚道面单侧产生剥离　　　　　内伤使故障发展而在滚动面轴向产生初期剥离

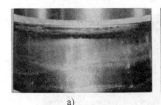

a)　　　　　　　　　b)　　　　　　　　　c)　　　　　　　　　d)

图 5-116　自动调心滚子轴承的内圈、内圈剥皮放大、球面滚子和外圈
因润滑不良造成损伤而在滚道面中央/四周产生花纹剥皮
a）内圈　b）内圈剥皮放大　c）球面滚子　d）外圈

（3）卡伤　滑动面上产生的部分微小烧伤汇总而产生的表面损伤，如滑道面和滚动面圆周方向的线状伤痕、滚子端面的摆线状伤痕、靠近滚子端面的轴环面卡伤等。轴承卡伤的原因与纠正措施见表 5-21，几种常见的卡伤方式如图 5-117～图 5-120 所示。

表 5-21　轴承卡伤的原因与纠正措施

序号	卡伤原因	纠正措施
1	过大载荷、过大预紧	检查、调整载荷大小，适当预紧
2	润滑不良	改善润滑剂和润滑方法
3	内外圈倾斜、轴的挠度	检查轴的精度，更换轴承

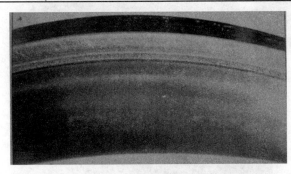

图 5-117　自动调心滚子轴承的内圈和球面滚子，因急加减速造成
滚子打滑使内圈大挡边面上和滚子端面上产生卡伤

（4）擦伤　在轴承的滚道面或滚动面上，因滚动打滑和油膜热裂产生微小的烧伤，并汇集形成表面损伤（粗糙）。轴承擦伤的原因与纠正措施见表 5-22，几种常见的擦伤方式如图 5-121～图 5-123 所示。

图 5-118 推力圆锥滚子轴承的内圈,因磨损、
粉末混入、过大载荷造成油膜热裂而使内圈
大挡边面上产生卡伤

图 5-119 双列圆柱滚子轴承的滚子,因润
滑不良、过大轴向载荷造成损伤
而使滚子端面上产生卡伤

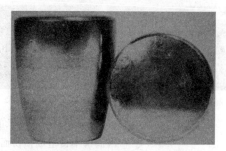

图 5-120 推力自动调心滚子轴承的内圈和球面滚子,因异物咬入、
过大轴向载荷造成损伤而使内圈挡边面和滚子端面上产生卡伤

表 5-22 轴承擦伤的原因与纠正措施

序号	擦伤原因	纠正措施
1	高速轻载荷	改善预紧,调整轴承游隙
2	润滑剂不当	使用油膜性好的润滑剂,改善润滑方法
3	水等其他液体的侵入	改善密封装置

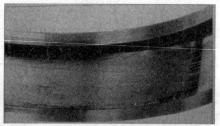

图 5-121 圆柱滚子轴承的内圈和外圈,因润滑剂注入过多
造成滚子打滑而使滚道面圆周方向上产生擦伤

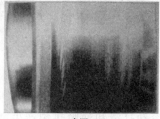

内圈   外圈

图 5-122 调心滚子轴承的内圈和外圈,因润
滑不良造成滚道面圆周方向上产生擦伤

图 5-123　调心滚子轴承的球面滚子，
因润滑不良造成滚动面中央产生擦伤

（5）断裂　由于对滚道轮的挡边或滚子角的局部施加了冲击或过大载荷而小部分断裂。常见的断裂原因有野蛮安装而用力不当和载荷过大两种，可分别通过改善安装方法和纠正载荷条件来解决。几种常见的断裂方式如图 5-124~图 5-127 所示。

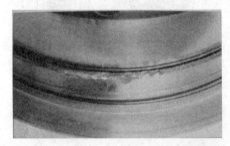

图 5-124　双列圆柱滚子轴承的内圈，安装时
载荷过大而造成中间挡边局部断裂

图 5-125　圆锥滚子轴承的内圈，安装时
载荷过大而造成大挡边局部断裂

图 5-126　推力自动调心滚子轴承的内圈，
因反复载荷而造成大挡边局部断裂

图 5-127　实体外圈滚针轴承的外圈，因载荷
过大时滚针倾斜造成外圈挡边局部断裂

（6）裂纹和裂缝　滚道轮或滚动体存在裂纹损伤，若继续使用则裂纹演变成裂缝。轴承裂纹、裂缝的原因与纠正措施见表 5-23，几种常见的裂纹、裂缝方式如图 5-128~图 5-133 所示。

（7）保持架损伤　保持架损伤包括保持架端面部变形、保持架柱折损、凹处面/导向面磨损等。轴承保持架损伤的原因与纠正措施见表 5-24，几种常见的轴承保持架的损伤方式如图 5-134~图 5-137 所示。

表 5-23　轴承裂纹、裂缝的原因与纠正措施

序号	裂纹、裂缝原因	纠正措施
1	轴承游隙过大	改善预紧,调整轴承游隙
2	过大载荷、冲击载荷	改善载荷条件
3	锥轴的锥角不良、轴的圆柱度不良;轴台阶的圆角半径比轴承倒角大而造成与轴承倒角的干扰	轴的形状要合适

图 5-128　双列圆柱滚子轴承的外圈,因外圈
侧面与配对零件接触并打滑致使异
常发热,而使外圈侧面产生热裂

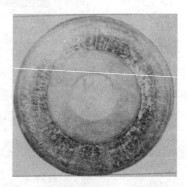

图 5-129　推力圆锥滚子轴承的滚子,因润
滑不良造成与内圈挡边打滑发热
而使滚子头部端面产生热裂

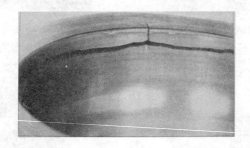

图 5-130　双列圆柱滚子轴承的外圈,因
冲击伤痕致使滚道表面剥离延展
而在轴向、圆周方向产生裂缝

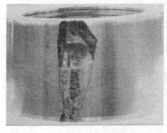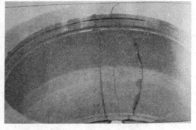

图 5-131　外圈为辊子的双列圆柱滚子轴承的旋转外圈,
因外圈的旋转不良造成平面磨损、发热而
在外径面上产生裂纹,并延展至滚道面上

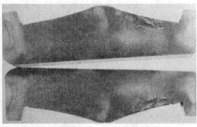

图 5-132　调心滚子轴承的内圈及其断裂面，因轴与内圈　　　图 5-133　调心滚子轴承的滚
的温差造成配合应力大而使滚道面上产生轴向裂纹　　　　　　　子的转动面上产生轴向裂纹

表 5-24　轴承保持架损伤的原因与纠正措施

序号	保持架损伤原因	纠正措施
1	安装不良（轴承的非直线性）	正确安装
2	使用不良	使用油膜性好的润滑剂，改善润滑方法
3	力矩载荷大	改善载荷条件
4	冲击、振动大	减小冲击、振动
5	转速过大、急加减速	改善运转条件
6	润滑不良而温度上升	改变润滑剂和润滑方法

图 5-134　深沟球轴承的钢板冲压保持架凹部折损　　图 5-135　圆锥滚子轴承的钢板冲压保持架柱折损

黄铜保持架　　　　　　　铸铁保持架

图 5-136　角接触球轴承的保持架凹柱折损，内外　　图 5-137　推力角接触轴承的钢板冲压保
圈倾斜安装造成作用在保持架上的异常载荷大　　　持架变形，使用不良造成冲击载荷

（8）压痕　咬入金属微小粉末或异物时，在滚道面或转动面上产生凹痕；安装时受到冲击，在滚动体的间距间隔上产生凹面（布氏硬度压痕）。轴承压痕的原因与纠正措施见表5-25，几种常见的轴承压痕方式如图5-138～图5-139所示。

表 5-25　轴承压痕的原因与纠正措施

序号	压 痕 原 因	纠 正 措 施
1	金属粉末等异物的咬入	改善密封装置，过滤润滑油
2	组装时受到大冲击载荷	改善组装方法

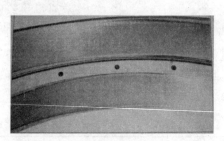

图 5-138　双列圆锥滚子轴承的内圈和外圈，因异物咬入造成滚道面上产生无数个微小压痕

图 5-139　圆锥滚子轴承的内圈和滚子，因异物咬入造成滚道面、转动面上产生无数个大小不等的压痕

（9）梨皮状点蚀　在滚道面上产生弱光泽的暗色梨皮状点蚀。轴承梨皮状点蚀的原因与纠正措施见表 5-26，常见的梨皮状点蚀如图 5-140 所示。

表 5-26　轴承梨皮状点蚀的原因与纠正措施

序号	梨皮状点蚀的原因	纠 正 措 施
1	润滑过程中异物咬入	改善密封装置，充分过滤润滑油
2	润滑不良	使用合适的润滑剂

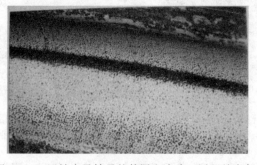

图 5-140　回转支承轴承的外圈和滚珠，因凹处底部受到腐蚀而在滚道面上产生梨皮状点蚀

（10）磨损　由于摩擦而造成滚道面/滚动面、滚子端面、轴环面及保持架的凹面等磨损。轴承磨损的原因与纠正措施见表 5-27，常见的轴承磨损如图 5-141~图 5-143 所示。

表 5-27 轴承磨损的原因与纠正措施

序号	磨 损 原 因	纠 正 措 施
1	异物侵入,生锈电蚀等延展	改善密封装置,清洗轴承箱,过滤润滑油
2	润滑不良	使用油膜性好的润滑剂,改善润滑方法
3	滚动体不规则运动而打滑	防止非直线性

图 5-141 圆柱滚子轴承的内圈,因电蚀
损伤延展使滚道面上产生波状
磨损及电蚀形成许多点坑

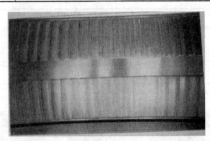

图 5-142 调心滚子轴承的外圈,因静止中
反复振动致异物侵入使负载端滚道
面上产生凹凸形状的波状磨损

图 5-143 双列圆锥滚子轴承的内圈和圆锥滚子,因过大载荷致微振磨
损加剧而使挡边面上产生阶梯式磨损及滚道面的微振磨损

（11）微振磨损 由于滚道面与滚动体的两个接触面间,相对反复的微小滑动产生的磨损,同时伴随有红褐色或黑色磨损粉末脱落。轴承微振磨损的原因与纠正措施见表5-28,常见的轴承微振磨损如图5-144、图5-145所示。

表 5-28 轴承微振磨损的原因与纠正措施

序号	微振磨损原因	纠正措施
1	润滑不良	使用合适的润滑剂
2	小振幅摇摆运动	检查游隙并施加预紧

图 5-144 深沟球轴承的内圈,因振动造成
损伤使内径面上产生微振磨损

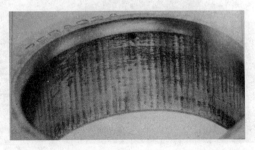

图 5-145 角接触球轴承的内圈,因游隙太小致损
伤而使整个内径面上产生显著的微振磨损

（12）假性布氏压痕　微振期间，在滚动体和滚道轮的接触部分，由于振动和摇动造成磨损延展，产生类似布氏压痕的印痕。轴承假性布氏压痕的原因与纠正措施见表5-29，常见的轴承假性布氏压痕如图5-146、图5-147所示。

表5-29　轴承假性布氏压痕的原因与纠正措施

序号	假性布氏压痕原因	纠正措施
1	运输过程中轴承停转时振动和摆动	运输过程中对轴和轴承箱加以固定，内、外圈分开包装
2	小振幅摆动	施加预紧
3	润滑不良	使用适当的润滑剂

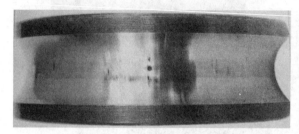

图5-146　深沟球轴承的内圈和外圈停转时，外部振动造成损伤而在滚道面上产生假性布氏压痕

（13）蠕变　当轴承配合面存在间隙时，配合面间发生蠕变且蠕变的配合面呈现镜面光亮（或暗面），有时带有卡伤磨损。轴承蠕变的原因是过盈量小（或间隙配合），可检查过盈量，并通过紧固紧定套或滚道轮侧面的方法，对其施加预紧而纠正。常见的轴承蠕变如图5-148、图5-149所示。

（14）烧伤　滚道轮、滚动体以及保持架在旋转中急剧发热，直至变色、软化、熔敷和破损。轴承烧伤的原因与纠正措施见表5-30，常见的轴承烧伤如图5-150、图5-151所示。

图5-147　推力球轴承的外圈，因小摆动角度下反复摆动造成损伤而在滚道面上产生球间距假性布氏压痕

图5-148　调心滚子轴承的内圈，因过盈量不足而使内径面上产生卡伤的蠕变

图5-149　调心滚子轴承的外圈，因外圈和轴套间隙配合而使整个外径面产生蠕变

表 5-30　轴承烧伤的原因与纠正措施

序号	烧伤原因	纠正措施
1	润滑不良	改善润滑方法及选择润滑剂
2	预紧载荷过大、游隙过小	检测轴承间隙，并调整预紧力

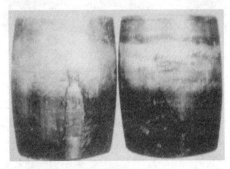

图 5-150　调心滚子轴承的内圈和球面滚子，因润滑不足而使滚道面、
滚子滚动面变色、熔融，保持架磨损粉末压延并附着在上面

图 5-151　角接触球轴承的内、外圈，预压过大使滚动面变色，并出现
球间距间隔的熔融沟痕，以及保持架熔融、破损和球变色、熔融

（15）电蚀　电流在旋转的轴承滚道面和滚动体接触部分流动时，通过薄薄的润滑油膜发出火花，其表面出现局部的熔融和凹凸现象。电蚀的原因是轴承内、外圈之间存在电位差。可对轴承进行绝缘处理，以防止轴承过电。常见的轴承电蚀如图 5-152～图 5-154 所示。

图 5-152　圆锥滚子轴承的内圈和滚子，在滚道
面和滚子滚动面上产生条纹状电蚀

图 5-153 圆柱滚子轴承的内圈，滚道
面上产生带坑的带状电蚀

图 5-154 深沟球轴承的球的滚动面上
产生浓着色（全面）的电蚀

（16）生锈和腐蚀 常见为滚道轮、滚动体表面的坑状锈和梨皮状锈，以及与滚动体间隔相同的坑状锈，全面生锈和腐蚀。轴承生锈、腐蚀的原因与纠正措施见表 5-31，常见的轴承生锈、腐蚀如图 5-155~图 5-158 所示。

表 5-31 轴承生锈、腐蚀的原因与纠正措施

序号	生锈、腐蚀的原因	纠正措施
1	腐蚀性物质的侵入	改善密封装置
2	润滑剂不合适	选择合适的润滑剂
3	运输、防护不当	更改防锈方式
4	机床不运转时，水分凝结致生锈	不运转时正确防护

图 5-155 圆锥滚子轴承的外圈，因进水致润
滑不良而使滚道面及挡边上生锈

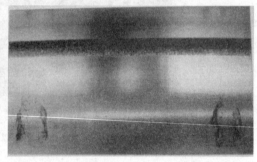

图 5-156 回转支承轴承的外圈，因机床不运转时
水分凝结致损伤而在滚动面上产生球距锈

图 5-157 自动调心滚子轴承的内圈，因水分侵
入润滑剂中而在滚道面上产生滚距锈

图 5-158 自动调心滚子轴承的滚子，因保存时
水分凝结而在滚道面上产生坑状锈

（17）安装伤痕　安装和拆卸时，滚道面或滚动面上存在轴向的线状伤痕，多为安装和拆卸时内外圈倾斜、存在一定冲击载荷造成的。常见的轴承安装伤痕如图 5-159～图 5-161 所示。

（18）变色　因温度上升至太高和润滑剂的反应等致热态浸油，而使滚道轮和滚动体、保持架的颜色发生改变。

图 5-159　圆柱滚子轴承的内圈和滚子，安装时内、外圈倾
斜致损伤而在滚道面和滚动体面上产生轴向伤痕

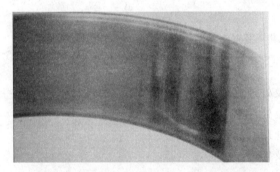

图 5-160　双列圆柱滚子轴承的外圈，安装
时内外圈倾斜致损伤而在整个滚道
面上产生滚动体间距的线性伤痕

图 5-161　角接触球轴承的内圈，
因润滑不良致发热而在滚
道面上产生青紫色变色

5.7　单机排屑装置工作异常的分析与处理

为保证高效、自动、顺利地进行数控加工和减小数控机床的发热变形，常会配置单机（或单条生产线）排屑装置或车间集中排屑系统，以将各种金属切屑或非金属废屑迅速有效地排出机床加工区，并自动分离和收集切削液与切屑/废屑。目前，单机排屑装置主要有刮板式排屑装置、链板式排屑装置、磁性排屑装置、螺旋式排屑装置等，如图 5-162 所示。

在产品加工过程中，一旦单机排屑装置发生故障，切屑将不能及时地排出机床的切削区。此状况既会影响机床的正常运转，也会造成工时费用的浪费，还会增添操作者人工清理积屑的任务量。为此，维修人员不仅要做好排屑装置关键零部件的储备工作，以做到未雨绸缪并随时更换损坏的零部件；还要不断总结排屑装置维修案例，以做到在最短时间内发现故障真因并给出有针对性的解决措施。下面给出四种单机排屑装置常见故障的可能原因及处理方法，以供读者参考。

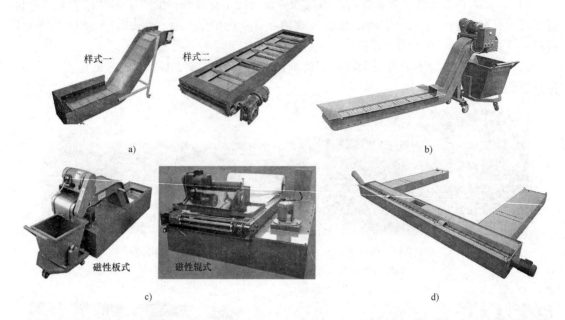

图 5-162 单机排屑装置外观

a）刮板式排屑装置 b）链板式排屑装置 c）磁性排屑装置 d）螺旋式排屑装置

1）刮板式排屑装置常见故障的可能原因及处理方法见表 5-32。

2）链板式排屑装置常见故障的可能原因及处理方法见表 5-33。

3）磁性排屑装置常见故障的可能原因及处理方法见表 5-34。

4）螺旋式排屑装置常见故障的可能原因及处理方法见表 5-35。

表 5-32 刮板式排屑装置常见故障的可能原因及处理方法

序号	常见故障	可能原因	处理方法
1	刮板链断	1）链条材质和制造质量不符合要求	更换合格的同规格的链条
		2）链条过渡磨损或超过其疲劳极限	及时更换同规格的链条
		3）链环被切削液腐蚀产生锈痕或裂缝，链环端面减小而强度降低	及时更换被腐蚀的链环并彻底清理排屑箱内积存的切削液，更换腐蚀性小的切削液
		4）相互缠绕的大量带状铁屑卡滞输送刮板时，强行输送而拉断链条	清理卡滞的带状铁屑，更换链条，调整切削用量等，避免出现直带状切屑和缠绕形切屑
2	刮板链部分跑出槽外，严重时全部跑出槽外	1）输送刮板的两端头磨损超限使其长度变短，稍有歪斜就可能出槽	及时更换磨损超限的输送刮板
		2）输送刮板与链条的连接螺栓脱落	重新紧固两者的连接螺栓
		3）溜槽槽帮严重磨损，不能挡住刮板	及时更换磨损超限的溜槽
3	刮板链跳链或掉链	1）链轮磨损严重使刮板链脱出轮齿	更换同规格的链轮
		2）两条刮板链的松紧程度不一致	调整刮板链的长度，使其松紧一致
		3）输送刮板严重歪斜	找正输送刮板的位置
		4）输送刮板太稀少或过度弯曲	增加刮板的数量，找正或更换变形的刮板

（续）

序号	常见故障	可能原因	处理方法
4	减速器声音不正常	1）齿轮啮合不好	重新调整减速器,使齿轮啮合良好
		2）轴承/齿轮磨损或损坏	更换同规格的轴承/齿轮,适当预紧轴承,使齿轮啮合良好
		3）减速器的润滑油内含有金属杂物	排净减速器内的润滑油并更换新油液
		4）轴承窜动量大	调整轴承的轴向间隙
5	减速器漏油	1）密封圈损坏	更换新密封圈,并在接合面处涂抹密封胶
		2）减速箱箱体接合面不严,轴承盖紧固螺栓松动	按规定力矩重新紧固连接螺栓
6	减速电动机无动作	1）PLC内部逻辑条件不满足或输出线圈烧毁,造成中间继电器没有动作	根据梯形图或语句表,查找PLC内部逻辑并排除
			用PLC软件和硬件更改梯形图或语句表
		2）PLC已输出信号但继电器未动作	查找断线故障,更换中间继电器
		3）中间继电器已得电,但接触器未动作	查找断线故障,更换减速电动机的接触器
		4）接触器已动作,但电动机无旋转动作	用万用表检测电动机接线端子上的动力电源电压是否符合要求,无电压则查找电源电压故障与断线故障;有电压则电动机烧毁,应更换电动机

表 5-33　链板式排屑装置常见故障的可能原因及处理方法

序号	常见故障	可能原因	处理方法
1	排屑链板发生断裂	排屑链板过载但减速电动机仍正常运转而引发故障	放松机械式过载保护器,使其正常工作(过载时可打滑),以避免拉断排屑链板
			加装电子过载保护器,设定一正常范围内电流I_0,当实际电流$I>I_0$时断开保护器,以避免拉断排屑链板
2	铁屑经常卡滞不能正常排出	加工产生的螺旋状铁屑太长(有时长达3~5m),互相缠绕,越积越多造成卡滞,影响排屑装置的正常运行	凡是链板经过的有角度的地方一定要做成圆弧状,不可生硬的角度,以利于铁屑的排出
			排屑口下部加装挡屑板,防止铁屑卷入链板的下方而造成卡滞
			调整切削用量等,避免出现长的螺旋状铁屑
3	减速电动机烧毁(电动机长时间过热运行引起)	1）铁屑严重卡滞而减速电动机仍正常运转,并且链条不断裂	见"铁屑经常卡滞不能正常排出"的处理方法
		2）减速电动机的功率与排屑机不匹配	重新计算并选用功率合适的减速电动机
		3）减速机轴承/齿轮损坏致无法运转	更换损坏的轴承/齿轮
		4）电动机的电源电压过高或三相不平衡	用万用表测量电压,并排除线路故障
		5）减速电动机长期过载运行,使绕组的绝缘老化失去作用而短路或绕组受潮	加装电子过载保护器,设定一正常范围内电流I_0,当实际电流$I>I_0$时断开保护器
4	减速器声音不正常	1）齿轮啮合不好	重新调整减速器,使齿轮啮合良好
		2）轴承/齿轮磨损或损坏	更换同规格的轴承/齿轮,适当预紧轴承,使齿轮啮合良好
		3）减速器的润滑油内含有金属杂物	排净减速器内的润滑油并更换新油液
		4）轴承窜动量大	调整轴承的轴向间隙

（续）

序号	常见故障	可能原因	处理方法
5	减速器漏油	1）密封圈损坏	更换新密封圈并在接合面处涂抹密封胶
		2）减速箱箱体接合面不严,轴承盖紧固螺栓松动	按规定力矩重新紧固连接螺栓
6	链轮齿磨损、断裂	1）链条太紧	调整链条使其松紧程度合适
		2）链轮材料不好	使用硬度高的材料并表面硬化
7	减速电动机无动作	1）PLC 内部逻辑条件不满足或输出线圈烧毁,造成中间继电器没有动作	根据梯形图或语句表查找 PLC 内部逻辑并排除
			用 PLC 软件和硬件更改梯形图或语句表
		2）已输出信号,但继电器未动作	查找断线故障,更换中间继电器
		3）中间继电器已得电,但接触器未动作	查找断线故障,更换减速电动机的接触器
		4）接触器已动作,但电动机无旋转动作	用万用表检测电动机接线端子上的动力电源电压是否符合要求,无电压则查找电源电压故障与断线故障;有电压则电动机烧毁,应更换电动机

表 5-34 磁性排屑装置常见故障的可能原因及处理方法

序号	常见故障	可能原因	处理方法
1	传动链条掉链、断裂或脱开	1）链条太紧	调整链条使其松紧程度合适
		2）链条偏磨或传送轴弯曲使链轮偏摆	校正弯曲的传动轴,使链轮转动时不超过允许的摆动量;更换过度磨损的链轮
		3）链条严重磨损后继续使用	及时更换、润滑传动链条,并定期检查
2	链轮齿磨损、断裂	1）链条太紧	调整链条使其松紧程度合适
		2）链轮材料不好	使用硬度高的材料并表面硬化
3	减速器声音不正常	1）齿轮啮合不好	重新调整减速器,使齿轮啮合良好
		2）轴承/齿轮磨损或损坏	更换同规格的轴承/齿轮,适当预紧轴承
		3）减速器的润滑油内含有金属杂物	排净减速器内的润滑油并更换新油液
		4）轴承窜动量大	调整轴承的轴向间隙
4	减速器漏油	1）密封圈损坏	更换新密封圈并在接合面处涂抹密封胶
		2）减速箱箱体接合面不严,轴承盖紧固螺栓松动	按规定力矩重新紧固连接螺栓
5	板式排屑装置排屑不顺畅	切屑量较大、排屑面板上黏油或非吸磁性物品在面板上堆积	重新选择切屑吸附力大的排屑装置
			及时清理黏附的油污与堆积的非吸磁性物品
6	板式排屑装置磁块条被刮掉	外界重物因意外原因撞击面板导致排屑装置严重损伤	修复损伤部位,更换损坏零部件,损坏严重时整体更换磁性板式排屑装置
7	切屑通过速度降低	排屑装置被设计为间歇运转	修改梯形图或语句表等,使其成为连续运转
		变更切削液（如将水基切削液换为油基切削液）,使黏度变大而造成排屑装置的分离能力不足	换用更大流量或吸附力更强的磁性排屑装置
8	辊式排屑装置分离精度下降	1）切屑形状和材质发生变更	调整工艺参数,使加工产生的切屑符合辊式排屑装置的要求。切屑材质不适合时,更换排屑装置或移至其他机床上加工

（续）

序号	常见故障	可能原因	处理方法
8	辊式排屑装置分离精度下降	2）加工材料的变更导致切屑量增大	提高排屑速度或换用大流量的磁性排屑装置
		3）变更切削液（如将水基切削液换为油基切削液）使黏度变大而造成排屑装置的分离能力不足	换用更大流量或吸附力更强的磁性排屑装置
		4）入口污水直接冲击磁辊	改变污水入口的位置，避免直接冲击磁辊
		5）磁辊与胶辊间间隙过大	调整蝶形螺母，通过压缩弹簧使胶辊靠近磁辊
9	排屑电动机无动作	1）PLC 内部逻辑条件不满足或输出线圈烧毁，造成中间继电器没有动作	根据梯形图或语句表查找 PLC 内部逻辑并排除
			用 PLC 软件和硬件更改梯形图或语句表
		2）PLC 已输出信号，但继电器未动作	查找断线故障，更换中间继电器
		3）中间继电器已得电，但接触器未动作	查找断线故障，更换减速电动机的接触器
		4）接触器已动作，但电动机无旋转动作	用万用表检测电动机接线端子上的动力电源电压是否符合要求，无电压则查找电源电压故障与断线故障；有电压则电动机烧毁，应更换电动机

表 5-35　螺旋式排屑装置常见故障的可能原因及处理方法

序号	常见故障	可能原因	处理方法
1	减速器声音不正常	1）齿轮啮合不好	重新调整减速器，使齿轮啮合良好
		2）轴承/齿轮磨损或损坏	更换同规格的轴承/齿轮，适当预紧轴承
		3）减速器的润滑油内含有金属杂物	排净减速器内的润滑油并更换新油液
		4）轴承窜动量大	调整轴的轴向间隙
2	减速器漏油	1）密封圈损坏	更换新密封圈并在结合面处涂抹密封胶
		2）减速箱箱体接合面不严，轴承盖紧固螺栓松动	按规定力矩重新紧固连接螺栓
3	排屑电动机无动作	1）PLC 内部逻辑条件不满足或输出线圈烧毁，造成中间继电器没有动作	根据梯形图或语句表查找 PLC 内部逻辑并排除
			用 PLC 软件和硬件更改梯形图或语句表
		2）PLC 已输出信号，但继电器未动作	查找断线故障，更换中间继电器
		3）中间继电器已得电，但接触器未动作	查找断线故障，更换减速电动机的接触器
		4）接触器已动作，但电动机无旋转动作	用万用表检测电动机接线端子上的动力电源电压是否符合要求，无电压则查找电源电压故障与断线故障；有电压则电动机烧毁，应更换电动机
4	螺旋杆的连接螺栓松动、跌落或断裂	排屑装置运行时，间歇受力不均匀引起连接螺栓松动、跌落或断裂	采用花键连接或法兰盘式螺栓连接
			提高连接螺栓的强度，主要涉及螺纹牙的载荷分布、应力变化幅度、应力集中、附加应力和材料的力学性能等方面
5	螺旋叶片变形或卡阻而撕裂	因螺旋状铁屑太长而缠绕呈球状，使扁形钢条式螺旋杆弯曲变形严重，或使钢转形钢板焊接式螺旋杆上的螺旋叶片自焊接处脱焊、撕裂	校正扁形钢条式螺旋杆，调整工艺参数避免出现长螺旋状铁屑，一旦出现可用铁钩钩出
			脱焊的螺旋叶片经简单修理后可再次焊接于螺旋杆上，应保证焊缝密实可靠、避免夹渣、气孔等缺陷；损坏严重时，须整体更换螺旋杆

（续）

序号	常见故障	可能原因	处理方法
6	空心旋转轴出现裂纹、裂缝	空心旋转轴长期运行磨损后抗扭强度降低而出现裂纹、裂缝,甚至断裂	调整工艺参数避免出现长螺旋状铁屑,一旦出现可用铁钩勾出;避免异物进入排屑装置
			定期检查螺旋叶片的磨损和旋转轴的变形情况
7	旋转轴的输入轴发生断裂	因安装时同轴度超差或设计时输入轴的安全系数偏低,造成输入轴断裂	根据最小轴径估算公式 $d_{\min} = A_0 \sqrt[3]{P\eta/n}$ [式中,A_0 是剪切截面面积（mm^2）;P 是轴传递功率（kW）;η 是效率;n 是轴转速（$\mathrm{r/min}$）],重新计算并选择轴的直径

5.8 直线光栅尺检测装置的常见故障及其处理措施

光栅尺属于分离型位置检测装置,既是现代数控机床的关键部件之一,又是保证机床实现精确定位和高精度加工的前提条件。在 FANUC 16/18/21/0iA 系统中,光栅尺的信号直接反馈到 CNC 系统的主板上,由其主 CPU 进行处理。在 FANUC 16i/18i/21i/30i/0iB~0iF 系统中,光栅尺的信号反馈到系统的位置模块上,经伺服总线完成与 CNC 系统中轴控制卡的数据交换（见图 5-163）。

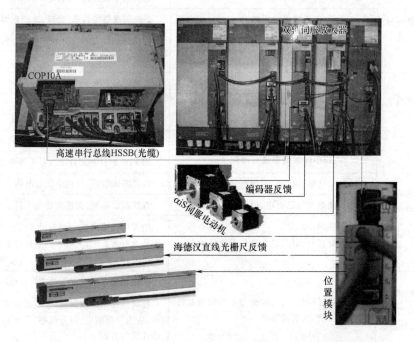

图 5-163　HB500 卧式加工中心（FANUC 18iM 系统）全闭环进给伺服系统的实物连接

分离型位置检测装置（光栅尺）在使用过程中,常因下述的现场污染或安装不当等,造成数据传输出错或异常,使得 FANUC 16i/18i/21i/30i/0iB~0iF 系统屏显相应的报警代码（见表 5-36）。

表 5-36　FANUC 16i/18i/21i/30i/0iB～0iF 系统分离型位置检测装置的报警代码

报警号 (FANUC 16i/18i/ 21i/0iB/0iC)	报警号 (FANUC 0iD/0iF/ 30i/31i/32i)	报警信息(EXT 为分离型)	故障原因
380	SV380	n AXIS:BROKEN LED(EXT)	分离型检测器的 LED 错误
381	SV381	n AXIS:ABNORMAL PHASE(EXT)	分离型光栅尺发生相位数据错误
382	SV382	n AXIS:COUNT MISS(EXT)	分离型检测器发生脉冲错误
383	SV383	n AXIS:PULSE MISS(EXT)	分离型检测器发生计数错误
384	SV384	n AXIS:SOFT PHASE ALARM(EXT)	数字伺服软件检测到分离型检测器的无效数据
385	SV385	n AXIS :SERIAL DATA ERROR (EXT)	分离型检测器发生的传输数据无法接收
386	SV386	n AXIS:DATA TRANS. ERROR(EXT)	从分离型检测器接收的数据发生 CRC 或停止位错误
387	SV387	n AXIS:ABNORMAL ENCODER(EXT)	分离型检测器发生错误,联系光栅尺制造厂家

（1）维护不当或光栅尺密封不良造成光栅尺被污染（见图 5-164）　光栅尺被污染的原因多为机床切削液、液压油或油脂直接进入，以及粉尘、油雾或水雾的浸入等。根据维修统计，污染因素占光栅尺故障因素的 63%，因此非常有必要采取措施避免光栅尺被污染。

避免光栅尺被污染的措施有四条：一是在光栅尺外面加装防护罩，避免油污的浸入；二是保持环境清洁，定期清理光栅尺防护罩下面的灰尘和金属碎屑；三是对光栅尺用压缩空气增加带有干燥功能的精过滤装置（如 DA300），防止油水冷凝以避免读数故障；四是定期检查并更换光栅尺的密封唇条。

a)
b)
c)
d)

图 5-164　维护不当或光栅尺密封不良造成光栅尺被污染的实例

a）读数头油污严重　b）光栅尺密封失效致油脂进入

c）外壳进油致读数头电路板污染　d）向读数头吹气的风内含水严重

（2）光栅尺安装不当造成其机械部分损坏（见图5-165）　光栅尺损坏主要是读数头、光栅尺外壳、玻璃标尺光栅及多段光栅尺的钢带标尺光栅等部件的损坏。根据维修统计，安装不当因素占光栅尺故障因素的20%。

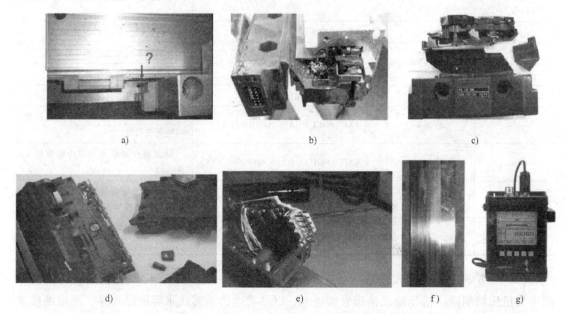

a)　　　　　　　　　　b)　　　　　　　　　　c)

d)　　　　　　　　　　e)　　　　　　f)　　　　g)

图5-165　光栅尺安装不当造成其机械部分损坏的实例

a）读数头与外壳间的间隙（1.5±0.3）mm　b）间隙未保证致读数头与外壳摩擦产生铝屑

c）安装不正致读数头基体碎裂　d）安装不正致读数头机架碎裂严重

e）野蛮插接致读数头电缆插头针脚折断　f）钢基标尺光栅划伤导致报废　g）PWM9检测仪

维修人员应当严格按照光栅尺安装说明书的要求，认真细致地安装光栅尺，用指示表检查安装基面等部位的平行度和垂直度；采用光栅尺制造厂家提供的读数头专用卡具，辅助安装读数头，以确保读数头与光栅尺外壳配合的位置正确。有条件的话，可借助专业检测仪（如海德汉公司生产的PWM9检测仪，见图5-165g）检测光栅尺的安装是否正确。

（3）光栅尺读数头光源及电路板、电缆损坏（见图5-166）

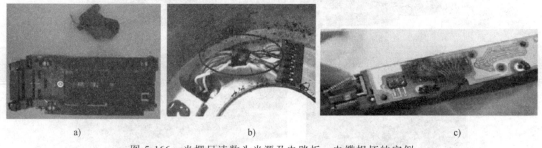

a)　　　　　　　　　　b)　　　　　　　　　　c)

图5-166　光栅尺读数头光源及电路板、电缆损坏的实例

a）读数头光源区被污染　b）接线错误致电路板烧毁　c）光电扫描电路板烧毁（污染或接线错误致短路）

1）导致读数头光源或电路板损坏的原因有：读数头的电路被电源瞬间高压冲击损坏，光栅尺电缆线接错（如电源正负极性接反）致电路短路，或读数头电路板上存在导电异物而致电路短路。此时，应检查光栅尺供电电源的电压DC 5V是否正常，读数头电路板是否

清洁干燥等。

2）电缆损坏可能导致电路短路、无信号、信号幅值低或信号干扰等故障，此时应检查电缆插头是否正确连接及电缆的外部损伤（破损或挤压等），并用新电缆测试光栅尺信号是否正常等。

（4）因光栅尺接地、屏蔽等导致反馈信号被干扰（见图5-167）　反馈信号被干扰一般与光栅尺电缆的屏蔽、信号电缆与交流强电布线不合理、机床接地不合理、系统供电主电路的滤波不良等有关，造成机床出现伺服轴位置漂移、跟随误差大或定位不稳定。此时，应检查电缆屏蔽、电缆布线方式、机床接地或系统主电路滤波及光栅尺的接地电阻（应小于1Ω）。

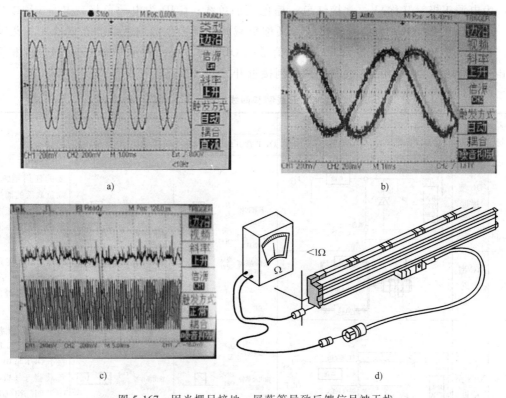

图 5-167　因光栅尺接地、屏蔽等导致反馈信号被干扰
a）正常的输出信号　b）有干扰的输出信号（自动触发方式）
c）有干扰的输出信号（正常触发方式）　d）检测接地电阻

（5）其他原因　除以上几点外，还可能由于光栅尺安装基面和支架的机械结构不正确、光栅尺故障、机床进给伺服的参数未调整好或机床机械故障（滚珠丝杠螺母副或导轨副磨损）等，导致数控机床出现强烈的振动现象。

5.9　多线接近开关与二线接近开关的切换

接近开关是一种无须与运动部件进行机械直接接触便可操作的无触点式位置开关，属于理想的电子开关量传感器。当物体接近开关的感应面到动作距离（即检出距离）时，不需要机械接触及施加任何压力，开关就能迅速发出电气指令，进而驱动直流电器或向 PMC/

PLC 提供控制信号。它主要用于距离检知、尺寸控制、转速与速度控制、高速计数、异常检测、计量控制、对象识别和信息传送等。

1. 二/三/四线制接近开关的信号连接

在市场上品牌众多（Omron、SMC 等）且类型复杂（规格、电压、输入线制、信号形式和检测距离等）的接近开关中，除 AC 型或 DC 型的二线制接近开关外，不但工程设计选型而且使用安装甚至维修替代，均需要考虑传感器与系统（PMC/PLC）的输出连接方式。对于大多数接近开关而言，其输出回路无论是 NPN 型还是 PNP 型，均属于集电极开路输出信号形式（AC 型[⊖]除外），并具有最基本的 3 条信号线——+Vcc、GND 和 OUT。其中：+Vcc 为电源正极，又称+V，常接红色、棕色或褐色线；GND 为电源负极，又称 0V 或接地线，常接蓝色线；OUT 为信号输出线，又称负载，常接黑色或白色线。在四线制接近开关上，除信号线 Vcc 和 GND 各为 1 根外，信号线 OUT 为 2 根，即常开输出（NO）线和常闭输出（NC）线。二线制、三线制和四线制接近开关的信号连接见表 5-37。

表 5-37　二线制、三线制和四线制接近开关的信号连接

输入线制	类型	线路图	动作指示 OUT 常开输出（NO 型）	动作指示 OUT 常闭输出（NC 型）	备　注
二线制	DC 型接近开关				可串接于电路需要的任何地方，去除负载后的两端子只可同时接正极或负极，否则会损坏或烧毁
二线制	AC 型接近开关				可串接于电路需要的任何地方，其正负极反接对自身基本无影响
三线制（直流）	NPN 型接近开关				用于正极共点（COM），内部开关接于 OUT 与 0V 间，负载接于 +Vcc 与 OUT 间。NO（NC）型：无信号触发时 OUT 为高（低）电平，有信号触发时 OUT 为低（高）电平
三线制（直流）	PNP 型接近开关				用于负极共点（COM），内部开关接于 OUT 与 +Vcc 间，负载接于 OUT 与 0V 间。NO（NC）型：无信号触发时 OUT 为低（高）电平，有信号触发时 OUT 为高（低）电平

⊖ 仅二线制接近开关为 AC 型和 DC 型。

（续）

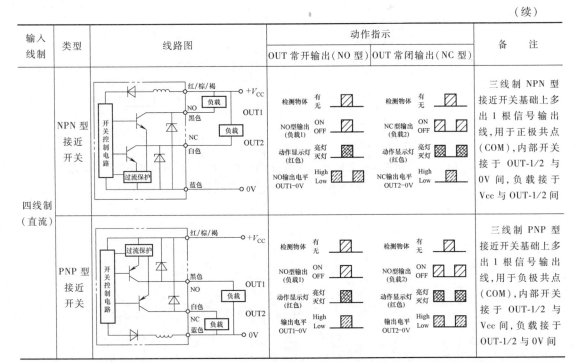

输入线制	类型	线路图	动作指示		备注
			OUT 常开输出（NO 型）	OUT 常闭输出（NC 型）	
四线制（直流）	NPN 型接近开关		检测物体 有/无；NO型输出（负载1）ON/OFF；动作显示灯（红色）亮灯/灭灯；NO输出电平 OUT1-0V High/Low	检测物体 有/无；NC型输出（负载2）ON/OFF；动作显示灯（红色）亮灯/灭灯；NC输出电平 OUT2-0V High/Low	三线制 NPN 型接近开关基础上多出 1 根信号输出线，用于正极共点（COM），内部开关接于 OUT-1/2 与 0V 间，负载接于 Vcc 与 OUT-1/2 间
	PNP 型接近开关		检测物体 有/无；NO型输出（负载1）ON/OFF；动作显示灯（红色）亮灯/灭灯；输出电平 OUT1-0V High/Low	检测物体 有/无；NO型输出（负载2）ON/OFF；动作显示灯（红色）亮灯/灭灯；输出电平 OUT2-0V High/Low	三线制 PNP 型接近开关基础上多出 1 根信号输出线，用于负极共点（COM），内部开关接于 OUT-1/2 与 Vcc 间，负载接于 OUT-1/2 与 0V 间

注：日系 PMC/PLC 习惯于正极共点（COM），需使用 NPN 型接近开关；欧美系 PLC 习惯于负极共点（COM），需采用 PNP 型接近开关。

2. DC 型二线制接近开关替代三/四线制接近开关

在数控机床等设备上，受配件寿命、切削液污染、铁屑/异物砸撞等影响，装用的多线制接近开关常会出现碎裂或烧毁等问题，致其无法发出电气指令。此时，既可使用同类型的接近开关进行立即更换，也可使用 DC 型二线制接近开关进行紧急替代，以消除缺少备件引发机床停转和生产停滞的窘状。

（1）DC 型二线制接近开关替代多线制接近开关的注意事项

1）三线制接近开关既有输出回路 NPN 型和 PNP 型之分，又有 OUT 常开输出（NO）型和常闭输出（NC）型之分。根据三线制接线开关的品牌、型号和工作状态，确定开关类型、线路连接和动作指示。

2）DC 型二线制接近开关的作用是"常开"或"常闭"，去除负载后的两端子仅可同时接正极或负极，否则会损坏或烧毁。至于单个负载接在开关两个端子的哪一侧，需根据被替代的多线制接近开关的输出回路为 NPN 型或 PNP 型来确定。

3）DC 型二线制接近开关替代 NPN 型和 PNP 型直流三线制接近开关的等效电路如图 5-168 所示。

（2）DC 型二线制接近开关替代多线制接近开关的应用示例

1）在 SMC 标准型活塞式气缸上，使用二线制 D-M9B 或 D-A93 磁性开关，替代 NPN 型三线制 D-M9N 磁性开关，以满足活塞伸出/后退到位的检知。

2）在 FANUC αi/βi 主轴放大器的 JYA3 端口上，使用二线制 FL-7M-2J6HD-914 圆柱形接近开关，替代同品牌或其他品牌的三线制圆柱形接近开关，以实现主轴一转信号的检测。

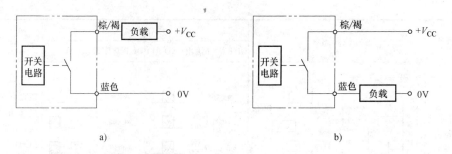

图 5-168　DC 型二线制接近开关替代 NPN 型和 PNP 型直流三线制接近开关的等效电路

a) 替代 NPN 型接近开关　b) 替代 PNP 型接近开关

第6章

维修工程师进阶机电综合应用详解

当下，众多企业正主动变革，快速实施"互联网+"行动计划，推进机器换人式升级改造，研制应用智能机床，大量使用智能机器人，构建数字化的智能工厂。作为一名面对各型各样设备的维修人员，唯有俯首躬耕，用理论武装自己，用实战锤炼自己，用创新提升自己，才能在最短时间内确诊故障真因并制定针对性措施，快速成长为现代企业的具有创新能力的复合型高技能人才，才能为企业的发展增砖添瓦。

6.1 数控机床加工尺寸不稳定故障排除

影响数控机床加工尺寸不稳定的因素主要包括进给传动的机械方面、电气方面、系统参数和机床的其他部分等。

1. 进给传动的机械影响

从图 6-1 所示的数控机床直连结构的进给传动系统组成可以看出，影响机床加工精度的主要因素有以下几项：

（1）电动机与丝杠副间的连接松动，导致丝杠副与电动机不同步而出现尺寸误差。

用白色铅油笔在伺服电动机轴、联轴器和滚珠丝杠轴上画一条线，在 JOG 方式下以较快速度前后移动伺服轴，观察电动机轴、联轴器和丝杠轴上的白线是否仍吻合，若吻合则连接正常，若不吻合则连接松动。此类故障通常表现为加工尺寸仅向一个方向变动，需要停机紧固联轴器螺钉。

（2）丝杠螺母副磨损严重或间隙大　调整丝杠螺母副的间隙或整套更换丝杠螺母副，并用指示表检测丝杠副的轴向窜动量和反向间隙（图 4-12、图 4-13），其处理方法详见第 4.2.1 节和第 4.2.2 节内容。

（3）丝杠固定轴承磨损或调整不当，造成运动阻力过大　故障现象表现为工件尺寸在几十微米范围内无规则变动，需更换磨损的轴承并进行适当预紧。

（4）丝杠与螺母、滑块与导轨的润滑不良　由于润滑不良，

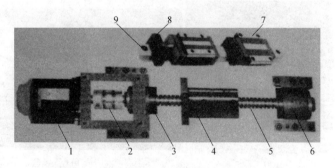

图 6-1　数控机床直连结构的进给传动系统

1—伺服电动机　2—联轴器　3—丝杠前端轴承　4—滚珠丝杠副螺母
5—滚珠丝杠　6—丝杠后端轴承　7—滑块　8—密封垫片　9—导轨

使得工作台或刀架运动阻力增大，无法完全准确执行移动指令。此类故障表现为工件尺寸在几十微米范围内无规则变动，需改善机床的润滑状况，如更换过滤网、检查分油器是否畅通、增大润滑油量和缩短润滑间歇时间等。

（5）机床进给传动系统大修（更换丝杠螺母副）后引起的误差　主要是大修后丝杠副的安装精度达不到要求。需通过调整丝杠副端部固定支承轴承的垫片厚度，来重新调节丝杠副的等高线和等素线（图6-2）。

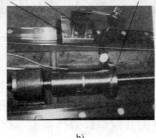
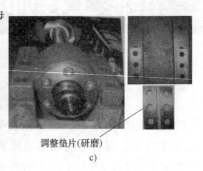

图 6-2　丝杠副等高线和等素线的测量与调整

a）丝杠副等高线的测量　b）丝杠副等素线的测量　c）丝杠副等高线和等素线的调整

2. 电气方面的影响

（1）光栅尺检测装置不良　检修时，先看机床的位置检测装置是否采用光栅尺检测装置，若带光栅尺，则对其进行屏蔽操作，以判定光栅尺是否存在故障。直线光栅尺检测装置的常见故障及维修详见第5.8节内容。

（2）伺服电动机编码器故障　当机床不采用光栅尺时，应考虑伺服电动机的内装编码器或分离型编码器的故障。内装型编码器的结构组成如图6-3所示。

1）编码器的电源电压［标准为 DC 5(1±5%)V］过低或过高造成反馈信号的失真，导致加工不稳定。当低于 DC 4.75V 时，用万用表检查 DC 5V 的电源线是否断线、编码器插头针是否开焊等。

2）电动机内装编码器密封不良时，浸入的油污、灰尘或切削液等将造成反馈信号的失真，从而导致加工不稳定。需清洗脉冲编码器的旋转光栅和指示光栅，并改善密封条件。

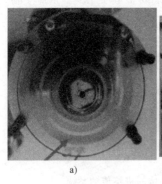

图 6-3　内装型编码器的结构组成

a）旋转光栅　b）指示光栅　c）控制电路板

3) 编码器内部电路板不良时，应对其进行修理或更换。

（3）伺服电动机不良（如转子轴承）　需修理或更换电动机。

（4）伺服放大器或轴控制卡不良　采用同规格型号的放大器或轴控制卡替换，以排除故障。

（5）系统受干扰引起工作不稳定　如接地不良、信号线布线不合理等。接地不良时，应将信号系统接地和电源系统接地分开处理；信号线布线不合理时，应将信号线与动力电缆分开走线，确认信号线的屏蔽层是否有效；现场存在干扰源时，应使机床远离干扰源，或移除干扰源等。

3. 系统参数的影响

系统参数主要包括进行传动的反向间隙补偿参数、进给丝杠副的螺距误差补偿参数及电动机控制的功能参数等。

（1）反向间隙补偿参数设定不当　重新测量机床的反向间隙，并修改系统参数。

（2）螺距误差补偿参数设定不当或未设定　用激光干涉仪测量机床的螺距误差进行补偿（见图6-4）。

（3）伺服电动机的伺服位置环增益参数、速度环的机械负载惯性比参数等设定不当或电动机规格型号不符　维修人员需先确定电动机的规格型号，设定伺服参数进行初始化；再借助随机伺服优化软件（如FANUC公司的SERVO GUIDE，如图6-5所示）进行伺服优化处理，使机床达到最佳状态。

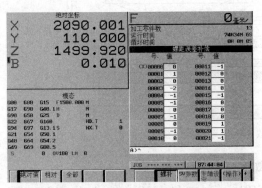

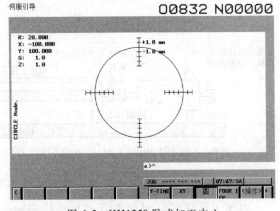

图 6-4　HM1250 卧式加工中心（FANUC 31i-MA 系统）X 轴的螺距误差补偿

图 6-5　HM1250 卧式加工中心（FANUC 31i-MA 系统）随机伺服优化软件

4. 机床其他部分的影响

机床其他部分的影响有主轴组件不良（主要是轴承精度的下降）、自动换刀装置的重复定位精度下降、机床导轨和滚珠丝杠副润滑缺失等。

（1）主轴组件不良引起的加工精度下降　应检查主轴的轴向窜动和径向圆跳动，然后预紧主轴轴承或更换损坏部件。

（2）机床润滑缺失引起加工精度下降　检查润滑油路堵塞、润滑泵不工作、油箱过滤网或分油器堵塞等。

综上所述，引起数控机床加工尺寸不稳定的原因有很多，实际维修时应先对机床进给传动链进行定位精度和重复定位精度的检测。若测量值超差，则拆卸伺服电动机并对其进行定位精度和重复定位精度的检测，从而判别引起加工精度下降的原因是电气故障还是系统参数设定不当。当电气方面和系统参数均正常后，检修进给传动的机械方面和主轴组件部分。

6.2　直线光栅尺的屏蔽与激活

通常，直线光栅尺在数控机床上作为第 2 测量系统（此时电动机内装型编码器作为第 1 测量系统以测量速度和识别转子位置）对工作台等直线位移进行直接测量，以实现进给伺服系统的全闭环控制。但是在数控机床的实际检修过程中，通常需要屏蔽掉进给轴的直线光栅尺，使机床的进给伺服由全闭环控制转为半闭环控制，以确认是否由直线光栅尺的问题而引起机床故障。配 SIMODRIVE 611D 驱动系统的西门子数控机床进给轴的全闭环控制方式示意如图 6-6 所示，FANUC 数控机床全闭环进给伺服系统的实物连接如图 5-163 所示。

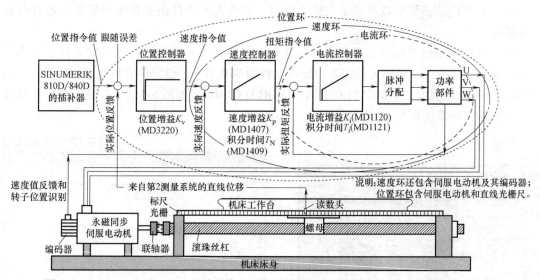

图 6-6　配 SIMODRIVE 611D 驱动系统的西门子数控机床进给轴的全闭环控制方式示意图

1. SINUMERIK 系统中直线光栅尺的屏蔽与激活

以用于重型汽车 ST16 冲压式驱动桥壳轴头（$\phi91_{-0.094}^{-0.072}$mm 和 $\phi110_{+0.003}^{+0.025}$mm 及 $R12$mm 圆弧）处外圆磨削加工的 PF6-S2500 数控磨床为例，介绍其 Z 进给轴上直线光栅尺的屏蔽与激活。该磨床选用 SINUMERIK 840D 系统并配置 NCU571.5 模块、基于 WinXP ProEmb 平台的 PCU50.3 模块、带 10.4in（1in＝25.4mm）STN 彩色显示屏（分辨率为 640×480）的操作面板 OP010 以及 MPI 总线连接的机械式按键面板 MCP483C 等操作部件。

（1）PF6-S2500 数控磨床 Z 轴的控制（见图 6-7）　该磨床的 Z 轴在 SIMODRIVE 611D 进给驱动模块控制 1FK7083-5AF71-1AG2 同步电动机旋转的前提下，通过齿形带的传动耦合，实现机床工作台的横向往复移动，其运转速度和转子位置是经由内装型 sin/cos 1Vpp 增量式编码器以第一测量系统的形式间接获取的，并通过一根带 17 芯法兰插座的 MOTION-CONNECT 信号电缆传送至进给驱动模块的控制板上（X412 接口）。工作台的直线位移是经由海德汉 LB382_C 钢基直线光栅尺（带距离码的）以第二测量系统的形式直接获取的，这些位置数据先通过一根带 12 芯 M23 连接器的海德汉屏蔽电缆反馈至进给驱动模块的控制板上（X422 接口），再经由 DRIVE-Bus 总线采用 DPR 通信自 611D 的驱动总线接口回传至 NCU571.5 模块中，以进行指令位置和实际位置的差值比较，从而实现工作台位移的精确控制。然而，该磨床在运用过程中 Z 轴移动和静止时，均出现 "25000：轴 MZ 的主动编码器硬件出错" 和 "25001：轴 MZ 的从动编码器硬件出错" 报警（有时仅为两个报警中的任意一个，有时两个同时出现）。通常造成这两个报警的原因有电动机编码器信号电缆短路、光栅尺屏蔽电缆短路、光栅尺的读数头污染或损坏、光栅尺的标尺光栅损坏、611D 轴控制板故障、电动机编码器故障等。

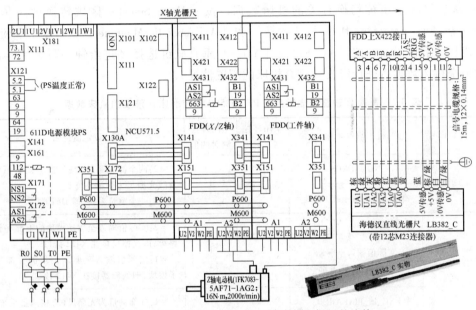

图 6-7　PF6-S2500 数控磨床 Z 轴直线光栅尺的连接

（2）屏蔽 Z 轴直线光栅尺的必要性　理论上可按照由外到内和由简单到复杂的原则，采用备板置换（替代）法和交换（同类对调）法，对可能造成报警的原因——611D 轴控制板和信号电缆/屏蔽电缆及位置检测装置逐一进行排查，以确定导致故障的原因。但作为单一关键型⊖的高精密数控机床，一是现场没有类型相同的机床来提供同规格的轴控制板等部件以用于同类交换，二是价格昂贵的直线光栅尺（如 LB382_C 光栅尺的标尺光栅为 2~3.5 万元/m）等精密部件在机床用户处多为零库存以致无法进行备件置换，三是进口型精密部件的购买周期较长（3~6 个月）以致故障机床不能长时间处于停机状态（如国内某铁路货车生产企业因单一关键型 SIMMONS480-2 轴成形数控磨床的修整机构损坏无法修复，且配件淘汰已不再生产，而被迫全厂性停产达 50 天之久，可谓损失惨重）。由此，维修人员唯有通过屏蔽光栅尺等极简便的方法来找到故障原因，才能向企业提出精密昂贵部件的购买申请，否则既对自己造成不良的影响，又给企业带来浪费性的购置损失。

（3）屏蔽 Z 轴直线光栅尺（将 Z 轴伺服控制方式由全闭环转为半闭环）的步骤

1）输入允许的口令。按下 OP 单元上的 ［Menu Select］ 区域转换键→依次按下 ［Start-

⊖　单一型是仅此一台；关键型是处于产品质量要求非常高的瓶颈环节，且无法用其他机床替代。

up/启动〕水平软键及〔Password...〕和〔Set password〕垂直软键进入密码输入画面→输入 SUNRISE 口令后按下〔OK〕垂直软键。

2）系列备份 NC 数据和 PLC 数据以便后续恢复。按〔Menu Select〕区域转换键→依次按下〔Service/服务〕、最右侧扩展键〔>〕（又称 ETC 键）和〔Series Start-up/批量调试〕水平软键→显示数据的系列备份画面→在画面中分别选择存档内容 MMC、NC（同时选中螺距误差补偿）和 PLC，并用系统默认的文件名再加上日期来定义文档名称→从右侧的垂直菜单中选择〔Archive/硬盘〕或〔NC Card〕作为存储目标（选择〔V24〕或〔PG〕时应按〔Interface〕软键以设定 V24 接口参数）→按下〔Start〕垂直软键开始数据的系列备份。

3）修改与测量系统切换有关的机床数据。按〔Menu Select〕区域转换键→依次按〔Start-up/启动〕、〔Machine Data/机床数据〕和〔Axis-specific Machine Data〕水平软键→进入轴专用机床数据界面→按〔Axis+〕或〔Axis-〕垂直软键选择 Z 进给轴→顺序找到表 6-1 所列的七个机床数据后进行修改（结合机床的配置情况）。

表 6-1　屏蔽 Z 轴直线光栅尺（PF6-S2500 数控磨床）涉及的机床数据

序号	机床数据号	机床数据名称	全闭环控制时的值	半闭环控制时的值	设定值说明
1	MD30200	NUM_ENCS 编码器（测量系统）数量	2	1	=2：两个测量系统，编码器为测量系统 1，直线光栅尺为测量系统 2 =1：一个测量系统，即编码器
2	MD30230	ENC_INPUT_NR[0] 实际值输入至驱动模块的上部/下部	2	1	=2：实际值输入至驱动模块的下部/测量电路板，即光栅尺接在 X422 接口 =1：实际值输入至驱动模块的上部/611D 子模块，即编码器接在 X412 接口
3	MD31000	ENC_IS_LINEAR[0] 直接测量系统（光栅尺）	1	0	=1：外部测量为光栅尺（直接测量系统） =0：直接测量系统无效，测量元件为旋转式编码器
4	MD31010	ENC_GRID_POINT_DIST[0] 光栅尺的分割点（栅距）	0.02	—	该参数仅用于直接测量系统，对电动机测量系统无意义
5	MD31020	ENC_RESOL[0] 电动机编码器的线数	—	2048	该参数仅用于电动机测量系统，对直接测量系统无意义
6	MD31040	ENC_IS_DIRECT[0] 实际值检测编码器直接安装在机床上	1	0	=1：用于实际值检测的直接测量系统直接安在机床上 =0：用于实际值检测的编码器安在电动机上（非直接连接）
7	MD32110	ENC_FEEDBACK_POL[0] 实际值极性（控制方向）	-1	1	=0 或 1：位置环的反馈极性不变更 =-1：位置环的反馈极性取反

4）修改与测量系统切换有关的 PLC 信号（见图 6-8）。通过按下机床制造商提供的〔测量系统切换〕按键，或者修改机床数据 MD14512：USER_DATA_HEX〔n〕（n=0~31），或者设定用户数据块的某个位，将 PLC 中已激活的测量系统 2/直线光栅尺的接口信号 DBn. DBX1.6 由"1"置"0"，同时将未激活的测量系统 1/电动机编码器的接口信号 DB3n. DBX1.5 由"0"

置"1"。在本例中仅需使 DB20. DBX20. 1 由"1"置"0",即可实现 Z 轴测量系统的切换。

5）重新建立机床参考点的位置。第 2 测量系统是由光栅尺的标记位（如海德汉光栅尺上所刻的距离编码参考点标记）来确立机床参考点的,当切换为第 1 测量系统时,机床参考点将由电动机内装型编码器来建立。由此,导致工件坐标系等发生变化,这就要求操作者必须基于新的机床参考点进行对刀等操作。

```
PF6-S2500数控磨床/FC101 " 机床控制面板PLC-NCK "
程序段4: PLC向NCK传送测量系统1、2激活信号
  AN   DB20. DBX   20.0    //PLCto操作者的X轴机床数据
  =    DB31. DBX    1.5    //PLC向NCK传送X测量系统1激活信号
  AN   DB20. DBX   20.1    //PLCto操作者的Z轴机床数据
  =    DB32. DBX    1.5    //PLC向NCK传送Z轴测量系统1激活信号
  AN   DB20. DBX   20.2    //PLCto操作者的4轴(主轴)机床数据
  =    DB34. DBX    1.5    //PLC向NCK传送4轴测量系统1激活信号

  A    DB20. DBX   20.0    //PLCto操作者的X轴机床数据
  =    DB31. DBX    1.6    //PLC向NCK传送 X 测量系统2激活信号
  A    DB20. DBX   20.1    //PLCto操作者的Z轴机床数据
  =    DB32. DBX    1.6    //PLC向NCK传送Z轴测量系统2激活信号
  A    DB20. DBX   20.2    //PLCto操作者的4轴(主轴)机床数据
  =    DB34. DBX    1.6    //PLC向NCK传送4轴测量系统2激活信号
```

图 6-8　测量系统选择控制的 PLC 程序

（4）激活 Z 轴直线光栅尺（将 Z 轴伺服控制方式由半闭环转为全闭环）的步骤　通过屏蔽光栅尺的操作,维修人员将能准确地判定机床报警是否由光栅尺不良而引起的。如果确定光栅尺存在问题,就得对其进行拆卸修理或购买备件更换。当光栅尺回装到位后,应按照与上述顺序相同的步骤,激活 Z 轴的直线光栅尺。

2. FANUC 系统中直线光栅尺的屏蔽处理及注意事项

（1）FANUC 16i/18i/21i/30i/0iB～F 系统屏蔽光栅尺的具体步骤

1）屏蔽光栅尺前,在系统开机引导画面下,对系统数据进行系列备份,以便对光栅尺的数据进行恢复。

2）修改 CNC 参数#1425（故障伺服轴返回参考点时的 FL 速度）的数值,由原来的 100mm/min 增大为 200mm/min。

3）系统是否使用反向间隙加速功能（#2003.5/BLEN）：由原来的 1 改为 0。

4）当系统使用分离型检测装置时,将系统的双位置反馈功能（#2019.7/DPFB）由原来的 1 改为 0。

5）故障伺服轴由全闭环控制方式变为半闭环控制方式（#1815.1/OPTx）：由原来的 1 改为 0。

6）按半闭环控制方式设定该轴的伺服参数,包括柔性进给齿轮比 N（#2084）/M（#2085）、位置反馈脉冲数#2024 和参考计数器容量#1821。

7）设定振荡抑制系数#2033＝0,系统断电重启即可。

（2）屏蔽光栅尺的注意事项

1）机床参考点位置发生了变化（即由光栅尺的标记位确立栅位改为电动机内装编码器确立）,加工工件坐标系变化,尤其是带有自动换刀和自动对刀器时要重新调整。

2）机床的精度要下降,加工工件的工艺要求能否满足。

3）重新进行机床反向间隙的测量和 CNC 参数的补偿（#1851 为切削进给方式的反向间隙补偿量,#1852 为快速进给方式的反向间隙补偿量）。

6.3　进口成形数控磨床修整机构改造

SIMMONS480-2 轴成形数控磨床是 1997 年自美国西蒙斯公司进口的,使用了近二十年

时间，某些附属配件伴随着升级换代已从厂家买不到，且有的购买周期较长，成本也非常高，这就给机床的维修带来较大的困难。根据实际情况，可以对机床的相关环节进行适当的改造，以恢复机床运转和降低资产损失等。当机床上修整机构的修整电动机损坏及其驱动器电路板烧毁后，通过对原有修整结构的改造、重新编制 RE_{2B} 型车轴修整程序及优化工艺参数等，使机床摆脱了关键部件缺损致瘫痪的困境。

1. 机床性能

美国西蒙斯 SIMMONS480-2 轴成形数控磨床（FANUC 18T 系统，见图 6-9）使用规格为 $30'' \times 12.787'' \times 20''$-29A60145m/s（$1''=1in=25.4mm$）的粘结结构的磨削砂轮，属直进切入方式磨削。该磨床早期采用修整电动机带动金刚修整轮（2500 美元/片，见图 6-10），CNC 系统根据砂轮修整程序指令控制伺服轴动作，从而修整出与 RE_{2B} 型车轴被磨削部位相吻合的砂轮形状。该磨床使用 Marposs E9 在线径向测量仪直接监控磨削过程中车轴轴颈的尺寸变化，间接控制防尘板座的直径尺寸；并采用配置了 M18-4 INTERFACE BOARD 的硬线连接 RENISHAW LP2 感应式测头（见图 6-11）进行车轴端面的定位（Z 向）测量。

图 6-9　SIMMONS480-2 轴成形数控磨床

图 6-10　原修整机构用金刚修整轮

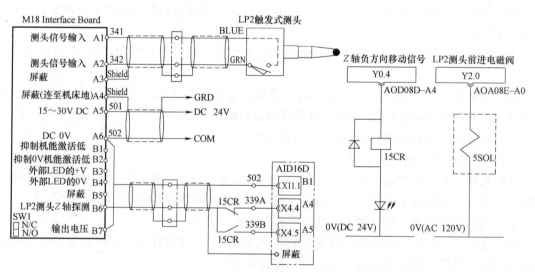

图 6-11　RENISHAW LP2 感应式测头的控制线路图

2. 原有修整机构的工作原理

SIMMONS480-2 轴成形数控磨床的原有修整机构的工作原理：机床控制系统提供 AC

120V 至修整驱动器，驱动器进行电信号的放大处理后驱动修整电动机，修整电动机带动金刚修整轮高速旋转而进行砂轮修整。修整电动机固定在机床导轨（Z 轴）上，金刚修整轮自右侧接近砂轮，并随导轨向+Z 方向移动；修整电动机的尾部通入 0.6MPa 的高压风，起吹气防潮等作用。SIMMONS480-2 轴成形磨床修整示意图如图 6-12 所示。

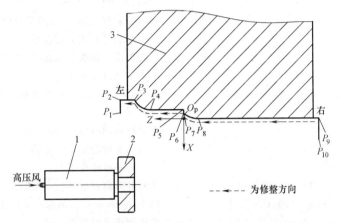

图 6-12　SIMMONS480-2 轴成形磨床修整示意图
1—修整电动机　2—金刚修整轮　3—整体直进式砂轮

3. 修整机构实施改造

（1）修整结构改进　为保证生产的顺利进行和机床的正常使用，可对修整结构进行改进。具体方案为不再使用风能和电能；不再使用金刚修整轮，改用与 PF61-S3000 成形数控磨床通用的片状金刚笔。

（2）制作片状金刚笔安装基座（见图 6-13）　用四根 M8 的螺栓将安装基座固定在以前安装修整电动机的机体上，再将片状金刚笔固定在安装基座的凹槽内。修整机构随机床导轨（Z 轴）移动，自左侧接近砂轮后，朝-Z 方向移动，以完成砂轮廓形的修整。

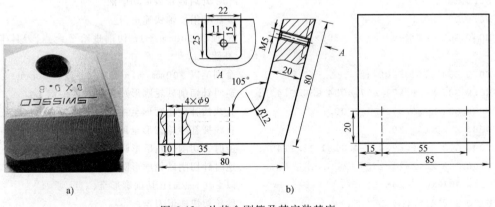

图 6-13　片状金刚笔及其安装基座
a）片状金刚笔　b）安装基座

（3）砂轮修整程序的编制　修整机构改进后，虽然工件原点（编程原点）保持不变，但是修整方向发生了改变，如此须重新编制砂轮修整子程序。

砂轮修整子程序（原修整结构）：

%	程序开始符
:0023(RE2B-YOU);	砂轮廓形修整子程序名,括号内容为程序说明
N010 G56 G90 G94 G00 T01 H01 Z-245.;	绝对坐标方式获取 G56 坐标系中 0101 寄存器内补偿值,Z 轴移至右侧
N020 M20 M18;	M20 开启修整器,M18 开启修整器切削液
N030 M08;	M08 开启砂轮表面切削液
N040 G00 X0.;	砂轮架沿 X 轴快移至 P_9 点
N050 G01 Z-25.2709 F300.;	Z 轴切削进给至 P_8 点
N060 G02 X-16.6924 Z-0.8161 R40.F140.;	以 140mm/min 顺时针方向切削砂轮廓形圆弧 R40 至 P_7 点
N070 G02 X-20.016 Z0.R2.;	顺时针切削砂轮廓形圆弧 R2 至 P_6 点
N080 G01 X-30.016 Z0.F200.;	直线插补砂轮廓形至 P_5 点
N090 Z57.5054;	直线插补砂轮廓形至 P_4 点
N100 G02 X-63.2598 Z84.4809 R30.F140.;	顺时针方向切削砂轮廓形圆弧 R30 至 P_3 点
N110 G01 Z110.649 F200.;	以 200mm/min 切削廓形至 P_2 点
N120 G00 X15.;	砂轮架快速退刀至 P_1 点
N130 Z200.;	修整轮快速退刀至 200mm 处
N140 G40 M99;	注销刀具半径补偿,子程序 O0023 结束
%	程序结束符

砂轮修整子程序（新修整机构）：

%	程序开始符
:0022(DRESS RE2B);	砂轮廓形修整子程序名
N005 G94;	每分钟进给
N010 G56 G90 G00 T01 H01 Z110.649;	绝对坐标方式获取 G56 坐标系中 0101 寄存器内补偿值,Z 轴移至左侧
N020 M08;	M08 开启砂轮表面切削液
N030 G00 X0.;	砂轮架沿 X 轴快速进刀
N040 G01 G41 X-63.2598 F300.;	X 轴以 300mm/min 切削进给至 P_2 点,刀具半径左补偿
N050 Z84.4809 F200.;	金刚笔以 200mm/min 速度修整砂轮廓形至 P_3 点
N060 G03 X-29.971 Z57.5054 R30.F140.;	逆时针切削砂轮廓形圆弧 R30 至 P_4 点
N070 G01 X-29.971 Z0.F200.;	直线插补砂轮廓形至 P_5 点
N080 X-20.016 Z0.;	直线插补砂轮廓形至 P_6 点
N090 G03 X-16.6924 Z-0.8161 R2.F140.;	逆时针切削砂轮廓形圆弧 R2 至 P_7 点
N100 G03 X0.Z-25.2709 R40.;	逆时针切削砂轮廓形圆弧 R40 至 P_8 点
N110 G01 X0.Z-245.F200.;	以 200mm/min 切削廓形至 P_9 点
N120 G00 X15.;	砂轮架快速退刀至 P_{10} 点
N130 Z200.;	金刚笔快速退刀至 200mm 处
N140 G40 M99;	注销刀具半径左补偿,子程序 O0022 结束
%	程序结束符

（4）砂轮修整宏程序的调整　为使修整完毕后的砂轮（X 轴）回退至安全距离 X900mm 处,防止修整宏程序 O9002（DRESS MACRO）执行至程序段 N130 时出现 500 号报警

（Over Travel +X），需删掉修整宏程序 O9002 中的 N130、N160 和 N170 程序段。

砂轮修整宏程序：

%	程序开始符
:9002(DRESS MACRO);	砂轮修整宏程序名,括号内容为程序说明
N010 #503=0;	#503 清零以表示砂轮 1 次完整修整循环开始
N020 G94 M92;	G94 每分钟进给,M92 临时预存储(等待)
N030 IF[#5021 GE #4] GOTO50;	#5021≥#4=#103=900 时跳至 N050,否则继续 N040, #5021 为机床坐标系下 X 轴当前位置,#103(x safe retract position)为砂轮沿 X 轴的安全退回位置
N040 G90 G53 X#4;	非模态的机床坐标系选择指令 G53,砂轮架快移至#4=#103 给定的安全退回位置
N050 #501=ROUND[19098.6* #114/#2001];	砂轮表面线速度算式四舍五入成整数后赋值给#501,# 114(grinding wheel surface speed)=43.2m/s 为砂轮表面线速度,#2001 读 X 轴刀具(砂轮)补偿值
N070 S#501;	S 指令给定砂轮主轴(C 轴)转速
N080 #2001=#2001-2* #1;	每修整 1 次砂轮,X 轴机械坐标值自动减掉砂轮修整进刀的直径量,每次修整进刀半径量#1=#116(dress a-mount pass)=0.02mm
N090 #2101=#2101-#1;	每修整 1 次砂轮,Z 轴机械坐标值自动减掉砂轮修整进刀半径量,#2101 读 Z 轴砂轮补偿值
N100 G90 G56 T01 H01;	绝对坐标方式下获取 G56 砂轮坐标系中 0101 寄存器内补偿值
N110 M98 P#5;	M98 调修整子程序 O0022,#5=#119(dresscontour program number)
N120 #503=#503+1;	每次完整修整循环累加数#503 自 0 起自动+1,至#503 ≥#2 结束
N130 G91 G00 X[2* #3];	增量坐标方式下 X 轴快移至 150mm 处,#3=#118(x retract amount to clear contour)=75mm 为每次修整结束时 X 轴后退的距离,修整机构改造后,删掉该程序段
N140 IF[#503 LT #2] GOTO80;	#503<#2=#117 时,跳至 N080 继续修整,#117(number of dress passes)为起动 1 次程序可连续修整砂轮次数
N150 G90 G53 X#4;	G53 使砂轮沿 X 轴快速移至#4=#103 给定的安全退回位置 900.0mm 处
N160 M19;	关闭修整轮切削液,修整机构改造后,删掉该程序段
N165 M09;	关闭砂轮表面切削液
N170 M21;	停止修整轮的旋转,修整机构改造后,删掉该程序段
N172 #500=0;	每次完整修整循环累加数清零
N180 M99;	宏程序 O9002 结束
%	程序结束符

（5）据现场调试情况优化有关工艺参数，如 var#113 Headstock RPM=70（车轴转速为 67r/min），var#114 Grinding Wheel Surface Speed=40r/min，var#116 Dress Amount per Pass= 0.018~0.020mm 等。

4. 修整机构改造效果

此项改造使 SIMMONS480-2 轴成形数控磨床避免了因无法购买到修整电动机和驱动器而停机的窘境出现，节省了配件购置费约 10 万元。此项改造不再使用风能和电能，节约了能源消耗；且将每片价值 2 万多元的金刚修整轮更换为每片 1300 元的片状金刚笔，每年可节省工具费用达 3 万元。改造后的修整机构一直在该设备上使用，且磨削后的工件质量稳定。该项改造对其他厂家进行同类型磨床的改造具有较强的指导意义。

6.4　锥齿轮用钻攻夹具的设计

在总质量为 70t 的重型载货汽车后驱动桥上，所用从动齿轮中有一种盘形锥齿轮，如图 6-14 所示。它的零件尺寸较小、结构形状不太复杂，但其齿形、内孔和端面的精度要求较高，端面上有 16 个 M16×1.5mm—6H 的螺纹孔需要加工。因螺纹孔相对于基准 A（$\phi290^{+0.052}_{0}$ mm 内孔）和 B（平面度公差为 0.1mm 的端面 1）的位置度公差为 $\phi0.2$mm，故螺纹孔应在数控钻床或立式加工中心上通过一次装夹方式来完成钻孔、倒斜角与攻螺纹的加工。为此，需要设计一套钻攻夹具，安装在 NB-800A 立式加工中心等机床的 T 形槽工作台上。

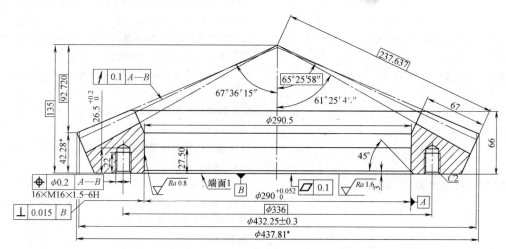

图 6-14　重型载货汽车后驱动桥的盘形从动锥齿轮示意

1. 钻攻夹具的结构组成及装配

（1）结构组成　该钻攻夹具主要由定位销、拉杆、蝶形弹簧、锥座、支撑、定位盘、上定位板及底板等零件组成，如图 6-15 所示。其中，定位销 1、上定位板 9、支撑 10、底板 11 和键块 12 的材料为 45 钢，除键块 12 需淬火处理至 52~58HRC 外，其余均需调质处理至硬度 30~35HRC；拉杆 2、锥座 5 和定位盘 8 的材料为 20Cr，均需渗碳淬火处理至表面 58~62HRC、有效硬化层深度为 0.8~1.2mm；蝶形弹簧 4 的材料符合 GB/T 1222—2007《弹簧钢》要求的 50CrVA，按照 GB/T 1972—2005《蝶形弹簧》设计制作，并淬火处理至 52~58HRC；销钉可由规格为 M8×35mm 的内六角圆柱头螺钉（GB/T 70.1—2008）进行改制。

（2）装配顺序　如图 6-15 所示，两件支撑 10 与上定位板 9 和底板 11 装配后，以焊接方式连接固定为夹具底座；锥座 5 与定位盘 8 分别通过六条规格为 M10×30mm 和 M10×20mm 的内六角圆柱头螺钉紧固在定位板 9 上；定位销 1 以螺纹连接方式固定在锥座 5 上，蝶形弹簧 4 放置在锥座 5 上并使其 $12_0^{+0.1}$mm 凹槽对准定位销 1；拉杆 2 穿过蝶形弹簧 4 和锥座 5 的内孔后，经 M18×1.5mm 细牙螺纹与 SDA S100×20 复动型超薄气缸 13 的活塞杆连接在一起；超薄气缸通过四条规格为 M10×75mm 的内六角圆柱头螺钉紧固于上定位板 9 的底面，4HV330C-10 手动气转阀通过规格为 M6×45mm 的内六角圆柱头螺钉紧固于支撑 10 的侧面；两件键块 12 通过规格为 M8×16mm 的内六角圆柱头螺钉紧固于底板 11 的底部。随后，将组装完毕的钻攻夹具放置在立式加工中心的工作台上，使键块位于工作台的 T 形槽内；最后，通过六件 T 形压块实现钻攻夹具与工作台的紧固连接。

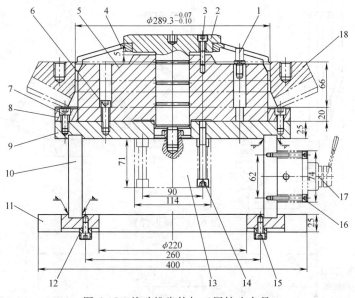

图 6-15 从动锥齿轮加工用钻攻夹具

1—定位销 2—拉杆 3—销钉 4—蝶形弹簧 5—锥座 6、7、14、15、16—内六角圆柱头螺钉 8—定位盘 9—上定位板 10—支撑 11—底板 12—键块 13—SDA S100×20 复动型超薄气缸 17—4HV330C-10 手动气转阀 18—从动锥齿轮

（3）钻攻夹具的零部件 该钻攻夹具装用的拉杆、蝶形弹簧、锥座分别如图 6-16～图 6-18 所示。

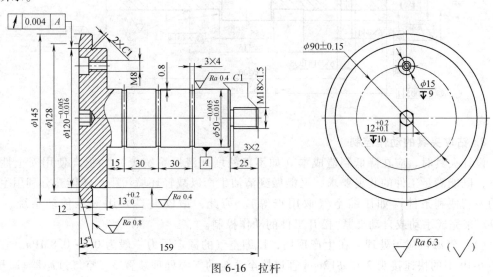

图 6-16 拉杆

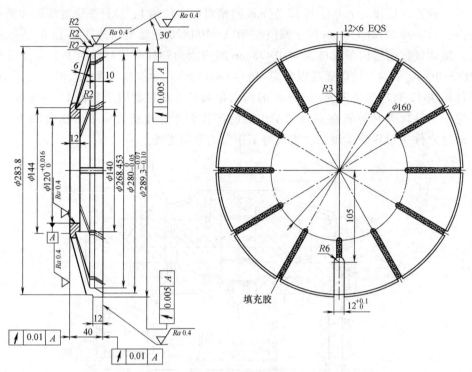

图 6-17 蝶形弹簧

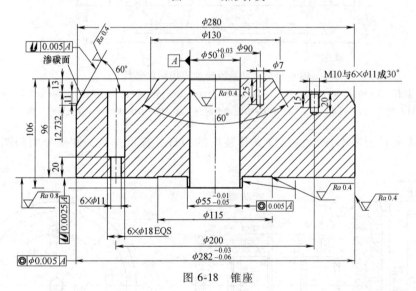

图 6-18 锥座

2. 钻攻夹具的动作控制

设计夹具时，应在降低制造成本（如不额外增加液压系统等）和提高使用安全性的前提下，既能满足工件的装夹要求，又能做到清洁生产以减轻环境污染，还能充分利用生产现场的一切便利条件（如压缩空气取用点等）。为此，钻攻夹具采用气压传动系统（见图 6-19）来完成手动或自动夹紧/松开工件的动作控制。

（1）气源供应与处理　在生产现场，压缩空气的额定压力一般为 0.6~0.8MPa。它可通过图 6-19 中的快速接头 2 和 ϕ12mm 管道接至系统的气源处理装置 3（空气过滤器+减压阀+

油雾器/精过滤器）进行水分、油分、固体颗粒杂质的过滤和气体压力的调低稳压及油雾润滑处理，然后提供给后续各控制元件和执行元件使用。为保证气动系统的稳定安全运行及提高工件装夹的可靠性，使用压力继电器 4 对气体压力进行监控，即达到额定气体压力 0.5MPa 时由 SP1 向机床侧发出电参量开关信号，以通知机床气动系统正常，可以进行下一步工作。

（2）自动夹紧/松开工件控制　在钻攻夹具的气路和电路均按要求连接到位的状态下，编程人员可在加工程序的合适位置添入工件夹紧、松开的辅助功能代码（机床类型和制造厂家不同，代码可能不同）。FANUC、MITSUBISHI 等系统的机床处于 AUTO 或 MDI（SINUMERIK 系统为 MDA）运行方式时，由 CNC 程序执行工件夹紧（松开）辅助功能代码 M67（M66）→PMC 或 PLC 通过接口信号读取 M 代码信号并进行逻辑处理后向机床侧输出线圈控制信号 Y＊＊（Y＊＊，SINUMERIK 系统为 Q 地址）→经中间继电器 KA7（KA6）过渡处理后→三位

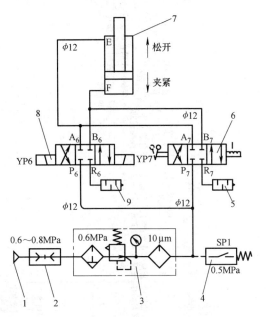

图 6-19　钻攻夹具用气动原理图
1—气源　2—快速接头　3—气源处理装置
4—压力继电器　5、9—消声器
6—三位四通手动阀　7—钻攻夹具气缸
8—三位四通双电控换向阀

四通双电控换向阀 8 的线圈 YP7（YP6）得电使阀口 P_6 与 A_6、B_6 与 R_6 接通（阀口 P_6 与 B_6、A_6 与 R_6 接通）→净化处理后的压缩空气经 P_6、A_6（P_6、B_6）进入钻攻夹具气缸 7 的 E 腔（F 腔）并推动活塞杆向内缩回（向外伸出）→同时钻攻夹具气缸 7 的 F 腔（E 腔）内空气经阀口 B_6、R_6（A_6、R_6）及消声器 9 后向外排出→缩回（伸出）的活塞杆通过夹具拉杆（见图 6-15）压紧（松开）蝶形弹簧以完成盘形从动锥齿轮的夹紧（松开）动作。

（3）手动夹紧/松开工件控制　机床处于 JOG 等手动运行方式时，可用三位四通手动阀 6 实现钻攻夹具的手动夹紧/松开控制。将三位四通手动阀的手柄扳向右侧时，阀口 P_7 与 A_7、B_7 与 R_7 接通；将手柄扳向左侧时，阀口 P_7 与 B_7、A_7 与 R_7 接通；手柄处于中间位置时，四个阀口呈关闭状态。对应继电器、电磁阀的动作及空气介质的流向均与 M67（M66）代码控制自动夹紧（松开）动作的相同。此外，还可在所用数控机床的钻攻夹具上增加脚踏开关，以实现手动运行方式下夹紧/松开工件的更简便操控。

（4）钻攻夹具用梯形图开发　在配置了 FANUC 系统的 NB 800A 立式加工中心等数控机床上，若要实现钻攻夹具手动和自动夹紧/松开工件的逻辑控制，就得应用内置式可编程序逻辑控制器（简称 PMC），编写具有一定逻辑顺序的梯形图程序。配置 FANUC 0i-MC 系统的 NB 800A 立式加工中心上钻攻夹具用梯形图如图 6-20 所示。

3. 实施效果和效益分析

通过设计并应用此套钻攻夹具，盘形锥齿轮钻攻加工后的螺纹孔完全符合图样要求。它既可通过改变拉杆、蝶形弹簧和锥座的尺寸，用于其他类似盘形锥齿轮的钻攻加工；也可作为原型，通过整体尺寸放大或缩小等措施，衍生出更多种钻攻夹具，以拓宽盘形锥齿轮钻攻

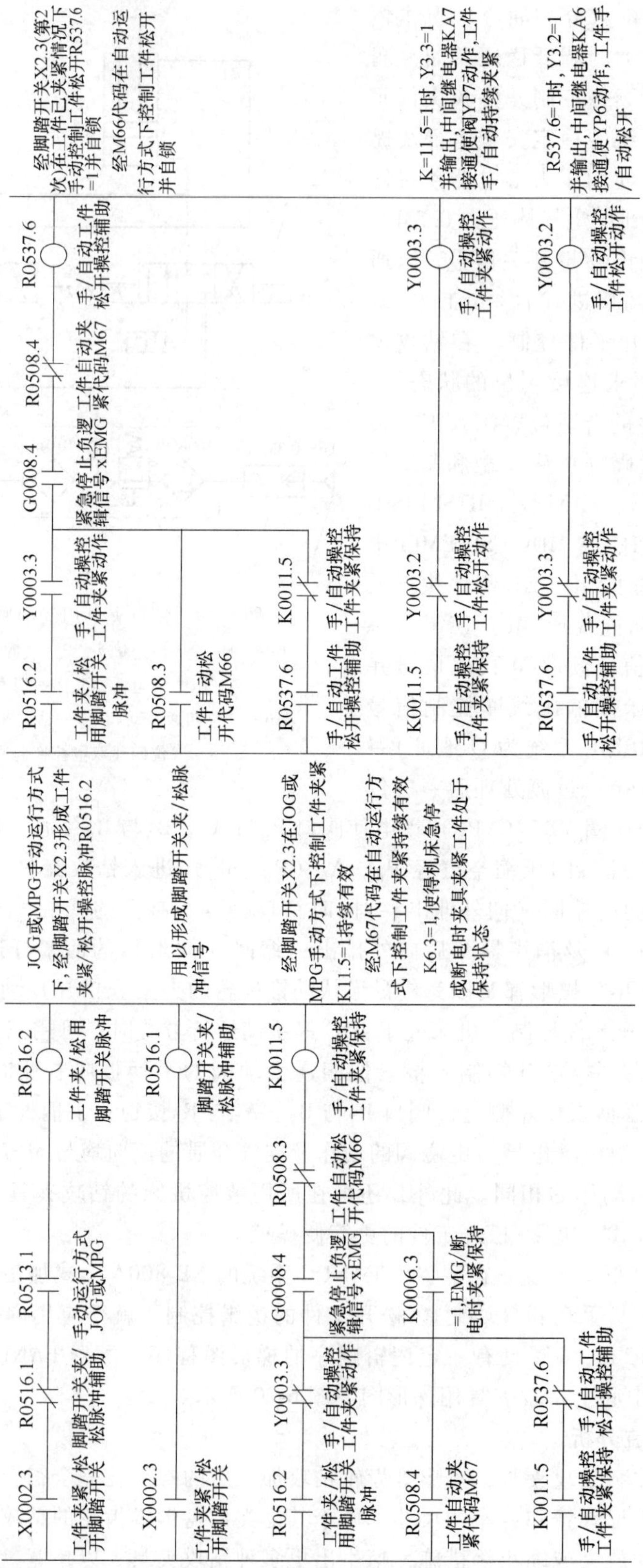

X0002.3　R0516.1　R0513.1
工件夹紧/松开脚踏开关　脚踏开关夹/松用脚踏开关　手动运行方式/JOG或MPG

JOG或MPG手动运行方式下,经脚踏开关X2.3形成工件夹紧/松用脚踏开关脉冲R0516.2 —— R0516.2

X0002.3
工件夹紧/松开脚踏开关

R0516.1
脚踏开关夹/松脉冲辅助

用以形成脚踏开关夹/松脉冲信号 —— R0516.1

R0516.2　Y0003.3
工件夹/松用脚踏开关夹/松脉冲　手/自动操控工件夹紧动作

经脚踏开关X2.3在JOG或MPG手动运行方式下控制工件夹紧 —— R0516.2

G0008.4　R0508.3
紧急停止负逻辑辅信号 xEMG　工件自动松开代码M66

工件自动松开代码M66 —— R0508.3

K11.5=1持续有效
经M67代码在自动运行方式下控制工件夹紧持续有效

R0508.4
工件自动夹紧代码M67

K6.3=1,使得机床急停
或断电时夹具夹紧工件处于保持状态 —— K0011.5

K0006.3
=1,EMG/断电时夹紧保持

K0011.5　R0537.6
手/自动操控工件夹紧保持　手/自动操控工件松开保持辅助 —— K0011.5

经脚踏开关X2.3(第2次)夹准工件已夹紧情况下,手动控制工件松开R537.6=1并自锁

R0516.2
工件夹/松用脚踏开关夹/松脉冲

R0508.4
工件自动夹开代码M66

经M66代码在自动运行方式下控制工件松开并自锁

G0008.4
紧急停止负逻辑辅信号 xEMG

R0537.6　K0011.5
手/自动操控工件松开操控辅助　手/自动操控工件夹紧保持 —— R0537.6

K0011.5　Y0003.2
手/自动操控工件夹紧保持　手/自动操控工件松开动作

K=11.5=1时,Y3.3=1,并输出,中间继电器KA7接通使阀YP7动作,工件自动持续夹紧

Y0003.3
手/自动操控工件夹紧动作 —— Y0003.3

R0537.6　Y0003.3
手/自动操控工件松开操控辅助　手/自动操控工件夹紧动作

R537.6=1时,Y3.2=1,并输出,中间继电器KA6接通使YP6动作,工件手/自动松开

Y0003.2
手/自动操控工件松开动作 —— Y0003.2

图 6-20　配置 FANUC 0i-MC 系统的 NB 800A 立式加工中心上钻攻夹具用梯形图

加工的适应性。在大批量生产中，此钻攻夹具能够快速装夹工件，动作准确可靠、生产率高，值得推广使用。

6.5　FANUC 系统中宏程序保护密码操作

在 FANUC 系统中，产品加工宏程序、转台交换宏程序和换刀宏程序等一般会被加设密码（甚至加密），用以防止被别人修改、误删除与侵权式拷贝等操作。若已加设的密码被遗忘，则需借助 Macrohelper 软件或 PMC 读窗口功能等方法来获知密码。

6.5.1　CNC 参数设定程序保护密码

1. FANUC 18/18i/0i/30i 系统最常用的程序保护法

在 FANUC 18/18i/0i/30i 系统中，CNC 参数#3202.0（NE8）= 1（0）与#3202.4（NE9）= 1（0）时，对应的程序 O8000~O8999 和 O9000~O9999 的编辑操作将被禁止（允许），如程序的删除和输出、程序号检索、程序记录、程序核对、程序显示及记录程序的编辑。CNC 参数#3210 用于设定保护程序 O9000~O9999 的密码（PSW），其数据范围为 0~99999999；参数#3211 是解除密码（PSW）的钥匙（KEY，又称关键字），其数据范围为 0~99999999。

1）锁定状态。当在参数#3210 中给定零之外的不同于 KEY 值的 PSW 时，则 CNC 自动设定参数#3202.4 = 1，使得 NE9 不能被设定为 0 且 PSW 不可更改，O9000~O9999 被锁定而禁止编辑。此状态下，若要尝试改变 PSW，则屏显警告信息"WRITE PROTECTED"——禁止写入。

2）解锁状态。当在参数#3211 中输入 KEY 值且 KEY = PSW（#3210）时，则 O9000~O9999 的锁定状态被解除而允许编辑。此状态下，参数#3202.4 可设定为 0 且 PSW 值可改变。

3）未设密码。若参数#3210 显示为零（非零值显示空白），则表明 O9000~O9999 未设定密码。此状态与 KEY = PSW 的状态相同。

4）重新锁定。要将解锁状态的 CNC 复位为锁定状态，则可通过 CNC 断电重启实现，也可在参数#3210 中给定一个新的 PSW 实现。前一种方法最常用，后一种方法需要记忆新的 PSW 而不推荐使用。

2. FANUC 30i/31i/32i 系统的另一种程序保护法

在 FANUC 30i/31i/32i 系统中，除了使用参数#3210、#3211 保护程序 O9000~O9999 外，还可使用参数#3222（PMIN）、#3223（PMAX）分别给定被保护程序的最小值和最大值，其数据取值范围均为 0~9999 且 PMAX>PMIN。例如：在#3222 = 7000 且#3223 = 8499 时，程序 O7000~O8499 会被锁定或解锁；在#3222 = 0（默认值）且#3223 = 0（默认值）时，程序 O9000~O9999 会被锁定或解锁。

对于参数#3222、#3223 给定的程序保护、锁定与解锁等操作，经由参数#3220 和#3221 控制（见图 6-21）。参数#3210 设定程序保护的密码（PSW），参数#3211 设定密码解除的钥匙（KEY），两者数据范围均为 0~99999999。程序锁定、程序解锁、未设密码及重新锁定的控制如下：

1）锁定状态。当在参数#3220 中给定零之外且不同于 KEY 值的 PSW 时，程序 O<PMIN>~O<PMAX>被锁定而禁止编辑。此状态下，若要尝试改变#3220，则屏显警告信息"WRITE PROTECTED"。

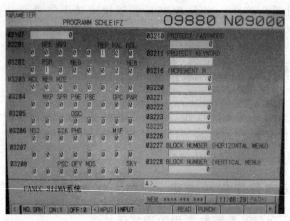

图 6-21　Oerlikon B27 型磨削中心的 CNC 参数画面

2）解锁状态。当在参数#3221 中输入 KEY 值且 KEY＝PSW（#3220）时，程序 O<PMIN>~
O<PMAX>的锁定状态被解除而允许编辑。此状态下，#3220 的值可改变。

3）未设密码。若#3220 显示为零，则 O<PMIN>~O<PMAX>未设定密码。此状态等同
于解锁状态。

4）重新锁定。要将解锁状态的 CNC 复位为锁定状态，则可通过 CNC 断电重启实现，
也可在参数#3220 中给定一个新的 PSW 实现。

6.5.2　Macrohelper 获知保护密码

在 CNC 参数#3210 或#3220 已给定程序保护密码（PSW）的情况下，若忘记密码，则可
使用存储卡，将先前系列备份好的 SRAM 数据⊖进行引导画面的回装操作。此方法能够恢复
数据，但不能获知具体的密码。为此，向读者介绍一种借助 FANUC Macrohelper 宏程序助手
软件获知保护密码的方法。

1）事先准备一张格式为 FAT 且容量不超过 2GB 的存储卡（见图 6-22）。FANUC 系统
允许使用的存储卡既可是容量为 4MB、64MB、128MB 或 256MB 的 FLASH 存储卡，也可是
容量为 512KB、1MB 或 2MB 的 SRAM 存储卡；既可是带有 PCMCIA 适配器的容量为 16MB、
32MB 或 48MB 的 Flash ATA 卡，也可是市场上购买的容量为 128MB、256MB、512MB、1GB
或 2GB 的 CF 卡。

说明：容量超过 2GB 的 CF 卡不支持 FAT 格式，容量为 2~4GB 的
CF 卡仅支持 FAT32 格式，容量超过 4GB 的 CF 卡既支持 FAT32 格式又
支持 exFAT 格式。

2）存储卡数据传输方式的选择。在 MDI 运行方式下，设定 CNC 参
数#20＝4。还可在图 6-23 所示的设定画面中给定 I/O 通道＝4，设定步骤
为：选择 MDI 运行方式→按［OFFSET/SETTING］功能键→按屏幕下方
［设定］软键→使参数写入 PWE＝1→改 I/O 通道＝4。

图 6-22　存储卡

⊖　SRAM 数据包含 CNC 参数、PMC 参数、螺距误差补偿量、宏程序、刀具补偿值、工件坐标系参数和加工程序等
　　用户文件。SRAM 数据格式为压缩包形式的机器码，故不能在计算机上打开或文件重命名。

3）将存储卡插在 CNC 系统的对应插槽上。FANUC 18/0iA 系统为主模块上的 CNMC 插口，0iB 系统为主模块上的 CNMB1 插口，16i/18i/0iC 系统为屏幕前方的 CNM1A 插口，0iD/30i 系统为屏幕前方的 PCMCIA 插口（CA88A）。

4）开机进入 BOOT 画面的操作（见图 6-24）。FANUC 系统的标准键盘上有 7 个操作软键，全键盘上有 12 个操作软键。开机的同时一直按住 LCD 下面最右边的 2 个软键，系统将出现"SYSTEM MONITOR MAIN MENU"画面——即 BOOT 画面。若系统是触摸屏的，则开机同时一直按住 MDI 键盘上的字母 6 和 7 即可。若触摸屏不带操作软键和 MDI 键盘，则开机同时触碰左上角■处，再触碰维护操作界面的"BOOT SYSTEM"即可。

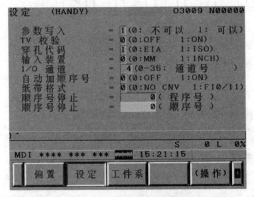

图 6-23 FANUC 系统的设定画面

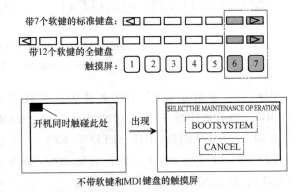

图 6-24 FANUC 系统开机进入 BOOT 画面的操作

5）直至显示 BOOT 画面（见图 6-25），松开按键。

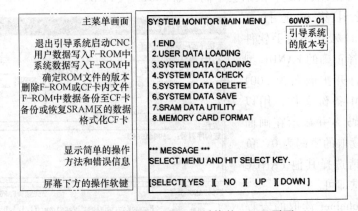

图 6-25 FANUC 0iD/30i 系统的 BOOT 画面

6）在 BOOT 画面中，点按软键［UP］和［DOWN］分别使光标上移与下移，光标移至 0iD/30i 系统的"7.SRAM DATA UNILITY"；或 FANUC 16i/18i/21i/0iB/0iC 系统的"7.SRAM DATA BACKUP"；然后按下软键［SELECT］，进入 SRAM 数据备份/回装画面（见图 6-26）。

7）在备份/回装画面中，一是点按［UP］或［DOWN］软键，使光标移至"1.SRAM BACKUP（CNC→MEMORY CARD）"；二是按下软键［SELECT］，屏幕下方显示"BACKUP SRAM DATA OK? HIT YES OR NO"信息；三是按下软键［YES］，执行 SRAM 数据的备份（若要备份的文件已存在于存储卡上，则系统提示是否忽略或覆盖原文件）；四是在"FILE

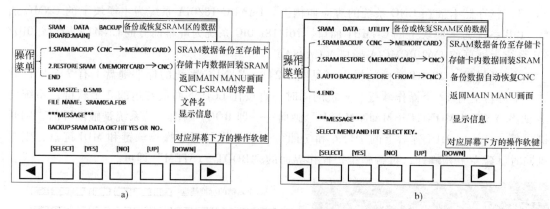

图 6-26 FANUC 系统的 SRAM 数据备份/回装画面

a) FANUC 16i/18i/21i/0iB/0iC 系统　b) FANUC 0iD/30i 系统

NAME:"处显示正在写入的文件名，并以信息"SRAM DATA WRITING TO MEMORY CARD"提示文件处于写入过程中；五是 SRAM 数据写入完成后将屏显"SRAM DATA BACKUP COMPLETE. HIT SELECT KEY"信息；六是光标移至 4.END 项后，点按〔SELECT〕以返回 BOOT 画面；七是 BOOT 画面中选择 1.END 或 10.END 项后，点按〔SELECT〕，使 CNC 正常起动。

8）拔掉存储卡后，将卡内文件 SRAM_BAK.001（0iD/30i 系统）拷贝至计算机，或将卡内文件 SRAM0_5A.FDB 和 SRAM1_0A.FDB（18i/0iA/0iB/0iC 系统）拷贝至计算机。CNC 类型不同，SRAM 文件的扩展名会不同，如 .001 与 .FDB。

9）在外设计算机上打开 FANUC Macrohelper 宏程序助手软件（见图 6-27），选择正确的 FANUC 型号（即 CNC），打开扩展名为 .001 或 .FDB 的 SRAM 备份文件，用以读取宏程序的密码 A 并显示在画面的密码区内。当读取的密码为 0、负数或不正确时，请选择其他 FANUC 型号进行多次尝试即可。

图 6-27 FANUC Macrohelper 宏程序助手软件

10）将 Macrohelper 读取的宏程序密码 A 输入 CNC 参数 #3211 中，在 A 值与参数 #3210 已设定的 PSW 值相同时，程序 O9000~O9999 的锁定状态被解除。此时，便可重新设定 PSW 值，以及修改参数 3202.4（NE9）=0 以允许编辑 O9000~O9999。

6.5.3　窗口功能编梯形图获知保护密码

除了借助 FANUCMacrohelper 宏程序助手软件获知保护密码之外，用户还可应用 FANUC 窗口功能编制 PMC 梯形图的方法获知密码。此时，用户既可利用 WINDR（SUB51）指令，经 PMC 读取 CNC 参数 #3210 和 #3220 中已设定或遗忘掉的程序保护密码 PSW（数据范围为

0~99999999），并将 PSW 值输出至数据表地址区（D）或内部继电器地址区（R）；还可利用 WINDW（SUB52）指令，经 PMC 的 D 地址或 R 地址，将读取后的 PSW 值写入 CNC 参数#3211 和#3221 中，实现 KEY=PSW（即#3211＝#3210 和#3221＝#3220）的自动设定，保护程序便由锁定状态转为解锁状态，进而 PSW 值可以重新设定、参数 3202.4（NE9）允许修改为 0。

1. 利用 WINDR 指令获知参数#3210 与#3220 的密码值

（1）保持型继电器 K20.0＝1 选择获知 CNC 参数#3210 的密码值

1）随着 FANUC 系统 PMC 的周期性循环扫描，NUMEB 指令（SUB40）分别将十进制常数 17、2 和 3210 转换为 2 字节的二进制数据并对应输出至 D0700、D0704 与 D0706~D0707 中。其中，17 为 WINDR 指令的功能代码——读取 CNC 参数，2 为被读取数据的长度——2 字节的 16 位，3210 为被读取的 CNC 参数号。

2）WINDR 指令（SUB51）在其控制条件 ACT＝1 的前提下，会在几段扫描时间内完成 CNC 参数#3210 的数据读取，读取数据结束时输出线圈 R0700.0 接通，以使 ACT 复位为 0 状态。WINDR 指令输入控制数据的首地址为 D0700，被读取的#3210 数据以二进制形式存入 D0710~D0711 中。

3）将 D0710~D0711 中数据转换为十进制，即得参数#3210 的密码值。

4）FANUC 系统应用窗口功能获取#3210 参数值的 PMC 梯形图，如图 6-28 所示。

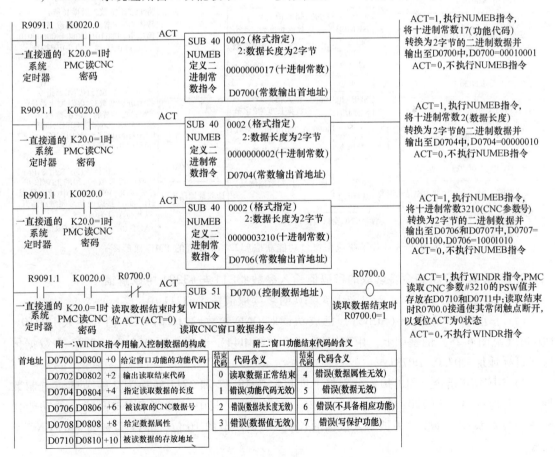

图 6-28　FANUC 系统应用窗口功能获取#3210 参数值的 PMC 梯形图

（2）保持型继电器 K20.1=1 选择获知 CNC 参数#3220 的密码值

1）随着 FANUC 系统 PMC 的周期性循环扫描，NUMEB 指令分别将十进制常数 17、2 和 3220 转换为 2 字节的二进制数据并对应输出至 D0800、D0804 与 D0806～D0807 中。其中，17 为 WINDR 指令的功能代码——读取 CNC 参数，2 为被读取数据的长度——2 字节的 16 位，3220 为被读取的 CNC 参数号。

2）WINDR 指令在其控制条件 ACT=1 的前提下，会在几段扫描时间内完成 CNC 参数#3220 的数据读取，读取数据结束时输出线圈 R0800.0 接通以使 ACT 复位为 0 状态。WINDR 指令输入控制数据的首地址为 D0800，被读取的#3220 数据以二进制形式存入 D0810～D0811 中。

3）将 D0810～D0811 中数据转换为十进制，即得参数#3220 的密码值。

4）FANUC 系统应用窗口功能获取#3220 参数值的 PMC 梯图，如图 6-29 所示。

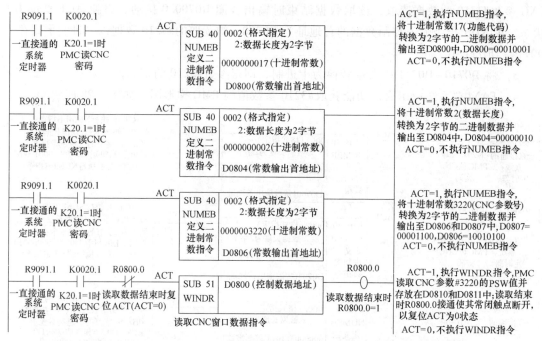

图 6-29　FANUC 系统应用窗口功能获取#3220 参数值的 PMC 梯形图

2. 利用 WINDW 指令将读取的密码值输入参数#3211 与#3221 中以解锁

（1）保持型继电器 K20.2=1 选择#3210 的被读取值输入#3211 中

1）基于 WINDR 指令（SUB51）已成功读取 CNC 参数#3210 内 PSW 值并存入 D0710～D0711（见图 6-28）的基础上，用 MOVW 指令（SUB44）把源地址 D0710～D0711 中数据传送至目标地址 D0730～D0731。

2）NUMEB 指令（SUB40）分别将十进制常数 18、2 和 3211 转换为 2 字节的二进制数据，并对应输出至 D0720、D0724 与 D0726～D0727 中。其中，18 为 WINDW 指令的功能代码——写入 CNC 参数，2 为被写入数据的长度——2 字节的 16 位，3211 为被写入的 CNC 参数号。

3）WINDW 指令（SUB52）在其控制条件 ACT=1 的前提下，会将存放在 D730～D731

中二进制形式的 PSW 值写入 CNC 参数#3211 内，写入数据结束时输出线圈 R0700.1 接通，以使 ACT 复位为 0 状态。WINDW 指令输出控制数据的首地址为 D0720。

4）如此，不管#3210 中 PSW 值为多少，都能通过 PMC 读取后输入#3211 中，实现 KEY＝PSW（即#3211＝#3210）的自动设定，保护程序便由锁定状态转为解锁状态。

5）FANUC 系统应用 WINDW 指令将#3210 被读取值输入#3211 的 PMC 梯形图，如图 6-30 所示。

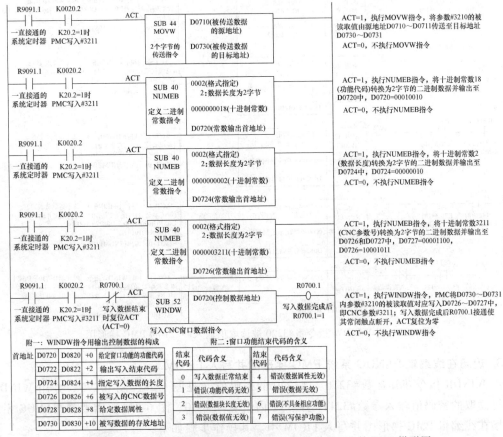

图 6-30　用 WINDW 指令将#3210 被读取值输入#3211 的 PMC 梯形图

（2）保持型继电器 K20.3＝1 选择#3220 的被读取值输入#3221 中

1）基于 WINDR 指令（SUB51）已成功读取 CNC 参数#3220 内 PSW 值并存入 D0810～D0811（见图 6-29）的基础上，用 MOVW 指令（SUB44）把源地址 D0810～D0811 中数据传送至目标地址 D0830～D0831。

2）NUMEB 指令（SUB40）分别将十进制常数 18、2 和 3221 转换为 2 字节的二进制数据，并对应输出至 D0820、D0824 与 D0826～D0827 中。其中，18 为 WINDW 指令的功能代码——写入 CNC 参数，2 为被写入数据的长度——2 字节的 16 位，3221 为被写入的 CNC 参数号。

3）WINDW 指令（SUB52）在其控制条件 ACT＝1 的前提下，会将存放在 D830～D831 中二进制形式的 PSW 值写入 CNC 参数#3221 内，写入数据结束时输出线圈 R0800.1 接通以使 ACT 复位为 0 状态。WINDW 指令输出控制数据的首地址为 D0820。

4）如此，不管#3220 中 PSW 值为多少，都能通过 PMC 读取后输入#3221 中，实现 KEY = PSW（即#3221＝#3220）的自动设定，保护程序便由锁定状态转为解锁状态。

5）FANUC 系统应用 WINDW 指令将#3220 被读取值输入#3221 的 PMC 梯形图，如图 6-31 所示。

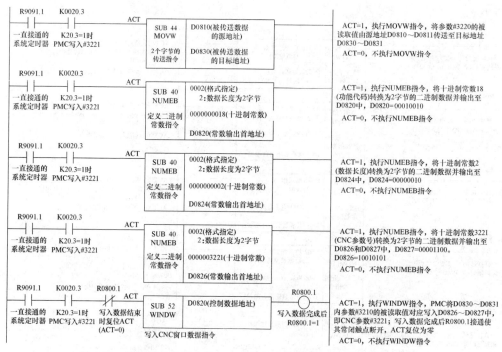

图 6-31　用 WINDW 指令将#3220 被读取值输入#3221 的 PMC 梯形图

3. 现场在线编辑 FANUC 系统 PMC 梯形图并写入 FROM

用 WINDR 指令获知参数#3210 与#3220 的密码值（见图 6-28、图 6-29），并用 WINDW 指令将读取的密码值输入参数#3211 与#3221 内（见图 6-30、图 6-31），需要在 FANUC 系统中现场在线编辑 PMC 梯形图并写入 FROM 中。其操作步骤如下：

1）由于 FANUC 系统在默认状态下不允许使用 PMC 编辑功能，因此需要在"PMC 设定"页面（依次按［SYSTEM］功能键→多次按［>］右扩展键→按［PMC］软键呈现 PMC 主菜单→按［PMCCNF］PMC 配置软键→按［设定］软键）中先开通 PMC 编辑功能，方可对 PMC 梯形图进行编辑修改，如图 6-32 所示。通过设定，使 PMC 编辑功能生效。

2）PMC 编辑功能生效后，多次按［<］退回键至 PMC 主菜单→按［PMCLAD］PMC 梯形图软键，便可进入 PMCLAD 页面。

3）在 PMCLAD 页面单击［梯形图］后，单击"操作"选择"编辑"，便进入 PMC 编辑页面。

4）将光标移动至要编辑的位置，单击［产生］软键进入追加新网格的编辑页面，顺次按图 6-47～图 6-50 所示梯形图进行 PMC 编制。

5）单击［+］软键并根据提示按［结束］软键，结束 PMC 编辑功能，系统提示"是否需要停止 PMC 程序并进行修改"，单击［是］软键后完成 PMC 程序的追加。

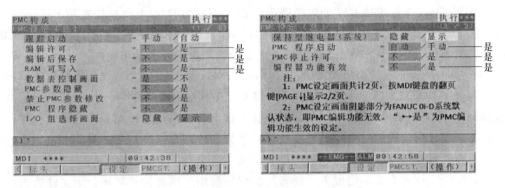

图 6-32 FANUC 0iD 系统的 PMC 设定

6）停顿几秒后，系统提示"是否需要将修改后的程序写入 FLASH ROM 中"，单击 ［是］软键，将修改后的 PMC 程序写入 FROM 中。

7）回到 PMC 设定画面，恢复系统的默认设定，以禁止使用 PMC 编辑功能。

8）CNC 断电重启即可。

6.6 开放式 FANUC 系统中硬盘数据 Ghost

某公司现用的一套价值约 8600 万元的 Oerlikon 弧齿锥齿轮副闭环生产系统（见图 6-33），包含 6 台 SINUMERIK 840Dpl 系统的 C50 型弧齿锥齿轮切齿机、3 台 FANUC 31i-MA 系统的 L60 型研齿机（下称 L60）、2 台 FANUC 31i-MA 系统的 T60 型配对检验机（下称 T60）、

图 6-33 Oerlikon 弧齿锥齿轮副闭环生产系统

1 台 FANUC 31i-MA 系统的 B27 型刀条磨削中心（下称 B27）、1 台摩托罗拉 Power-PC 工控机平台的 P65 型齿轮测量中心（下称 P65）、1 台摩托罗拉 Power-PC 工控机平台的 CS200 型刀盘安装检查机（下称 CS200），主要用于加工曼商用车的弧齿锥齿轮副。

这些设备不仅使用了 SINUMERIK 840D power line 和 FANUC 31i-MA 数控系统，还在其基础上内嵌了 COP32 切齿、B27 磨刀、L60 研齿、T60 配对等特定软件；不仅使用了基于英文版 Windows XP 的 Power-PC 工控机，还在其基础上装有锥齿轮检测、圆柱齿轮检测、未知齿轮检测、尺寸形位检测等专用软件。软件、参数和程序是这些机床的神经中枢，运行中一旦文件损坏或数据丢失，均会造成机床彻底瘫痪，随之生产停滞、操作维修人员束手无策、长时间等待厂家技术人员上门服务、耗费巨额维修费用。因此，针对运行中文件丢失、数据紊乱或硬盘损坏导致机床瘫痪的现状，在开放式 FANUC 系统中应用一键 Ghost 技术进行硬盘数据的还原操作，可使机床快速恢复运转。

1. FANUC 系统中硬盘数据的备份与还原

（1）机床硬盘数据的 Norton 全盘备份　针对 B27、L60 和 T60 的 FANUC 系统机床，在其运行正常的情况下，采用已安装于 Windows XP 平台的 Norton Ghost15.0（下称 Norton）软件进行系统数据的全盘备份，以做好日常维护备份。在此以 B27 为例，介绍 Norton 全盘备份的操作过程。

1）在 B27 的 Windows 桌面中，单击左下角［Start］标签→［Program］扩展条→［Norton］扩展条→［Norton］菜单，打开 Norton 软件并进入图 6-34 所示主画面。

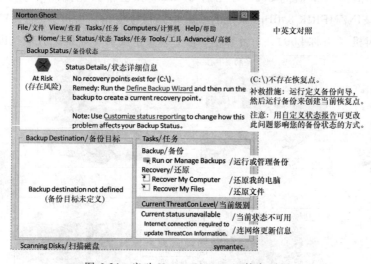

图 6-34　启动 Norton Ghost15.0 的主画面

2）在图 6-34 所示的主画面中，点选［Tasks］内选项［Run or Manage Backups］后，进入图 6-35 所示［Easy Setup］画面（又称自动备份向导）。

3）在 Easy Setup 画面中，首次备份数据时默认选中［Backup My Computer］，并在备份目标区内点选［Browse］键，以选择备份数据的存放路径：既可为系统分区 C 之外的本地磁盘 D，也可为预先插入机床 USB 端口的移动硬盘 F。随后单击［OK］键进入［Run or Manage Backups］画面，即运行/管理备份画面（见图 6-36）。

4）在运行/管理备份画面中，单击左上角的［Run New］键，开始 B27 系统分区 C 的首次备份。由于 B27、L60 和 T60 的硬盘仅有两个分区，C 区是主运行盘，D 区是备份存放盘，故仅备份系统分区 C 便能满足机床硬盘数据一键 Ghost 的要求了。

5）备份结束后，LCD 上弹出［My Computer Backup completed successfully］提示画面，即"我的电脑已成功备份"。据提示依次单击［Close］等键，关闭 Norton 即可。

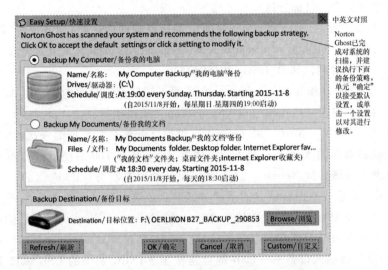

图 6-35　Norton Ghost15.0 的 Easy Setup 画面

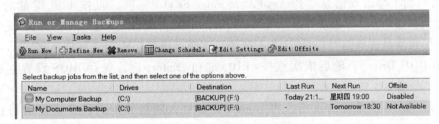

图 6-36　运行/管理备份画面

6）在 B27 的 Windows 桌面中，打开备份数据所在的磁盘——移动硬盘或硬盘 D 区，会有两个扩展名分别为 .sv2i 和 .v2i 的镜像文件（见图 6-37），这就是 B27 硬盘的一个独立还原点。

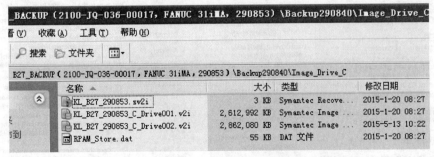

图 6-37　Oerlikon B27 磨刀机一键 Ghost 的存储文件

7）除仅备份系统分区 C 外，用户还可进行全盘数据的一次性完整备份。过程操作

如下:

① 点选左上角［Tasks］菜单和［One Time Backup］扩展条,进入一次性备份向导画面。

② 单击［Next］键后,在目标驱动器(磁盘分区)选择画面内,按住键盘上的<Ctrl>键并用鼠标选中待备份的目标分区。

③ 单击［Next］键后,在备份数据存储位置选择画面内,经［Browse］浏览键选中移动硬盘的目标文件夹,同时经［Customize recovery point file name］对还原点的多个文件名进行自定义(添入备份时间,如 D_Drive_20150125)。

④ 依次单击［OK］和［Next］键后,在还原点选项设定画面内,经［Advanced］键显示高级选项对话框,勾选"Perform full VSS backup"项以执行完全 VSS 备份。

⑤ 依次单击［OK］、［Next］和［Finish］键后,开始全盘数据的一次性完整备份。

(2) 机床硬盘数据的 Norton 一键还原 因 B27、L60 和 T60 的硬盘仅有系统分区 C 和数据备份分区 D 两个分区,故 Norton 一键还原主要是针对系统分区 C 进行的。用户还原正使用的系统分区 C,或重装空白新硬盘的系统分区 C,必须在 Norton 的"还原环境"下进行还原操作。所谓的"还原环境",就是基于 Norton 的 Symantec Recovery Disk CD 光盘引导的 Windows PE(下称 WinPE)系统环境。

1) 机床断电,将输入设备——USB 键盘连接至 FANUC 系统的 USB 端口上,然后重新启动系统。

2) 待画面下部出现信息"Press<F2>to enter SETUP"时,点按 USB 键盘的<F2>键,FANUC 系统的 BIOS 设置启动并显示图 6-38 所示 BIOS 菜单画面。在该画面内,先用菜单切换键［→］和项目选择键［Enter］进入启动装置顺序画面,再用光标向下键［↓］选中启动项［CD-ROM Drive］,随后依次点按<F10>键和<Enter>键,保存 BIOS 设置并退出菜单画面。

3) 随着 FANUC 系统的重启,将 Norton 光盘放入随机光驱内,并据提示信息"Press any key to boot from CD or DVD",按下任意键进行引导。引导文件不断加载,机床屏显一个加载条"Windows is loading files";待加载至 100%后,屏幕上弹出高级启动选项画面,使 Windows 按常规设置启动并进入 WinPE 操作界面(见图 6-39)。

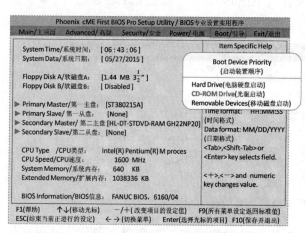

图 6-38　FANUC 31i-MA 系统的 BIOS 菜单画面

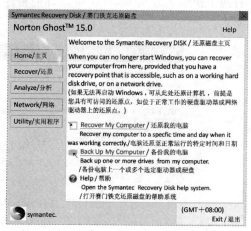

图 6-39　Norton Ghost15.0 的 WinPE 操作界面

4）用户先在 WinPE 操作界面中，依次点选"Home"和"Recover My Computer"后，进入还原我的电脑"Recover My Computer Wizard"向导画面；根据提示信息单击［Next］键，以自动搜索可用的还原点文件；单击［OK］键进入可用还原点的选择对话框后，在"Select a recovery point"处选中相应的还原点并点击［Next］键；进入驱动器还原选择对话框后，在"Select drives to recover"处选择待要还原的目标驱动器和相应选项；依次单击［Next］和［Finish］键，完成还原我的电脑向导设置并开始还原；还原过程中，根据提示信息单击［Yes］和［Close］等键完成还原后，退出 Norton 应用程序并重启 FANUC 系统。

5）在 FANUC 系统重启时，需将先前设置的 BIOS 启动顺序由"CD-ROM Drive"改为"Hard Drive"，如图 6-38 所示。

6）待重启成功并进入 Windows 登录界面（见图 6-40）后，不仅要将用户名 cncadmin 输入 User name 栏，还得将 cncadmin 对应的密码输入 Password 栏，否则 Windows 桌面无法进入。

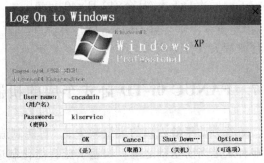

图 6-40 Oerlikon B27 的 Windows 登录界面

7）至此，基于 Norton 的 WinPE 系统环境的机床硬盘数据还原结束。随后，进行 X、Y、Z 等坐标轴的原点设置与工作参数优化即可。

2. 备份与还原的注意事项

对开放式的 FANUC 系统成功地进行一键 Ghost 时，既要保证存储介质的容量满足要求，又要做到 Ghost 参数设定有效；既要保证 Norton 光盘的良好运行状态，又要正确设置机床的 BIOS。否则，就会出现备份文件不完整、数据损坏、WinPE 系统环境错误等异常情况，最终造成机床硬盘数据不能实施一键 Ghost。下面给出六条注意事项：

1）机床硬盘数据的还原点一定要额外存放在容量符合要求的专用移动硬盘上，而不能仅存放于硬盘 D 区，以免硬盘损坏造成备份数据失效。

2）对 B27 等机床进行全盘备份时，还原点的路径名和文件名内既不可出现横杠"-"或斜杠"/"，也不推荐存在英文之外的字符，以免文件夹和还原点在设置时呈现为乱码。

3）经 Norton 全盘备份获取的扩展名为 .sv2i 与 .v2i 的镜像文件等，必须存放在同一目录下，绝不可单独删除某一个，否则镜像文件不完整而不能成功还原机床数据。对于 .sv2i 和 .v2i 这两类镜像文件，前者为 Symantec System Index File，即赛门铁克系统索引文件；后者为 Norton Ghost Virtual Volume Image，即 Norton 虚拟卷映像，是备份的主文件。

4）通常，B27、L60 和 T60 配置 80GB 容量、IDE 接口的 3.5 寸硬盘，受市场因素和硬盘升级换代影响，可用大于先前容量的 IDE 硬盘进行替换。新硬盘须为全盘符——仅一个分区，数据还原时 Ghost 软件会将其自动划分出对应的分区。

5）机床硬盘数据的还原点不包含 FANUC 系统的 SRAM 和 PMC 等数据。这些数据的获取需用 FANUC 软件 NCBOOT32.EXE 进行开放式 CNC 的维护作业——SRAM 等数据的备份与还原。

6）对 Power-PC 工控机平台的 P65 和 CS200 进行硬盘数据的备份与还原，除了使用随机安装的软件 Acronis True Image 外，也可使用软件 Norton Ghost15.0，其操作方法参照上述介绍的"FANUC 系统中硬盘数据的备份与还原"。

3. 一键 Ghost 的实施效果

1）实施数控系统一键 Ghost，能够做好奥林康等类似机床硬盘数据的全盘备份工作，可以避免灾难性设备事故的出现。

2）实施数控系统一键 Ghost，可在系统崩溃、文件破损或硬盘损坏等情况下，迅速恢复机床运转。

3）实施数控系统一键 Ghost，每年可为公司节省厂家上门服务费近百万元，还可使操作维修人员的故障处理技能形成积淀，进行举一反三后可达到"以往 5 天解决的故障变为 1h 内解决"的目标。若平均工时按 40 元/h 计算，每年每台可节约工时价值 3.8 万元 [（5 天/次×16h/天-1h/次）×1 次/月台×12 月×40 元/h]。

4）数控系统一键 Ghost，既可在汽车行业同类设备上使用，也可在航空、铁路、船舶等行业相关设备上应用。

6.7 FANUC 0i-TD 卧式车床的机器人智能拓展

随着劳动年龄人口的大量减少、"智能制造"为主导的工业 4.0 大潮的涌入，我国制造业唯有立足当前基础之上，快速实施智能化制造，构建高柔性、高效率的智能工厂，方能在日趋激烈的市场竞争中抢先一步赢得胜利。现阶段产品生产企业实施智能化制造的措施之一，就是充分利用现有的立/卧式车床、车削中心、内/外圆磨床、立/卧式加工中心、花键铣床、直齿/弧齿滚齿机、研齿机或磨齿机等数控装备，对在用生产线进行"机器换人"式升级改造，即引入工业机器人、生产装备智能化改造与流水线生产集成管理。

某公司现用的一条价值约 2060 万元的主动锥齿轮半自动化生产线（见图 6-41），包含 2 台 FANUC 0i-TD 系统的 WIA L280 型数控卧式车床（下称 CNC 车床）、2 台 SINUMERIK 802Dsl 系统的 YKX3132M 型数控滚齿机、2 台 SINUMERIK 840Dpl 系统的 Oerlikon C50 切齿机（下称 C50）和 2 套 SIMATIC-300PLC 的环线送料机，主要用来切削曼商用车主动锥齿轮。该生产线通常每班配备 3 名操作者，使用电动葫芦进行毛坯上料、（半）成品下料、随机抽检和切削区监控，除 C50 自带内置型上下料机械手和自动门外，其余 4 台机床均为人工上下料并缺少自动门，双班作业日产主动锥齿轮仅 220 件。为此，投资 91 万元为生产线装配了 1 台行走距离为 8m 的 KAWASAKI BX200L 型六自由度关节机器人，以使流水式半自动化的在用生产线升级为自动化程度较高的柔性制造线（下称 FML），如图 6-42 所示。

1. 数控车床的机器人智能扩充

承担轴颈和背锥顶锥等部位粗、精车削任务的 05 工序的 CNC 车床 MC1，若要开发并应用机器人机能（下称 RT 机能），则必须立足于原机床的硬件设施与软件环境，新增自动门气缸、相关电路（略）和气路等，新编 MC1 与 RT 交互梯形图与自动门开/关梯形图，新增尾座顶尖前进/后退的 RT 侧控制梯形图，修改工件加工程序。

（1）原机在用 PMC 数据和加工程序的备份

1）使用基于 Windows 2000/XP 计算机平台的编程工具 LADDER-Ⅲ，将原机在用 PMC 数据——PMC 程序和 PMC 参数载入外设计算机做好备份。

①先在外设计算机上，双击 LADDER-Ⅲ 文件夹内 FL3AutoRun.exe 开始安装，通过安装

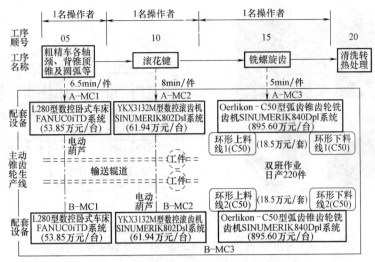

图 6-41　主动锥齿轮机加工流程及原生产线

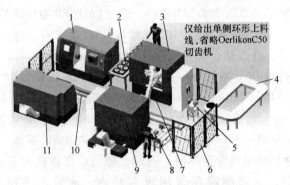

图 6-42　升级后主动锥齿轮柔性制造线

1、11—数控卧式车床　2—主动锥齿轮上料仓　3、9—数控滚齿机　4—环形上料线　5—工件姿态转换台
6—全封闭型防护网　7—六自由度关节机器人　8—双工位产品抽检装置　10—行走轴

语言选择、用户名和序列号填写、安装路径设置等操作，完成 LADDER-Ⅲ 安装。再在外设计算机和车床断电的情况下，将一定长度的交叉 TP 电缆——Peer-to-Peer 直连以太网线（见图 6-43）的一端接至外设计算机的 RJ45 以太网端口，另一端接至 CNC 系统的 CD38A 接口。

② 先在 CNC 系统侧，点按 MDI 面板上 [SYSTEM] 功能键数次，经软键依次单击 [+]、[PMCCNF]、[+] 和 [在线]，进入在线监测参数页面后，上下移动光标设定"高速接口＝使用"。在通信过程中，若页面最下方的高速接口由"待机"变为"通信中"，呈现提示信息"内嵌以太网板↔192.168.1.111"，则表明直连以太网线连接成功并正在通信。再在 MDI 方式下，点按 [OFFSET/SETTING] 功能键与 [设定] 软键后，修改参数写入 PWE＝1，同时按住面板键 [CAN] 和 [RESET] 以消除 P/PS100 号报警。然后按 [SYSTEM] 功能键数次，经软键依次单击 [参数] 和 [（操作）]，输入数值 24 并按 [搜索] 软键，确认 CNC 参数#0024＝0。最后继续按 [SYSTEM] 键，经软键依次单击 [+] [内嵌] 和 [公共]，进入内嵌式以太网公共参数设定页面，设定 IP 地址为 192.168.1.11 及子网掩码为 255.255.255.0；单击软键 [FOCAS2] 后，设定 TCP＝8193、UDP＝0。

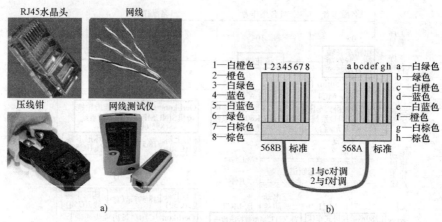

图 6-43　交叉 TP 电缆的接线图

a）电缆组件与压线钳、网线测试仪　b）交叉 TP 电缆的接线

③ 先在外设计算机的本地网络连接中设定 Internet 协议（TCP/IP）的 IP 地址为 192.168.1.111 及子网掩码为 255.255.255.0 后，运行 LADDER-Ⅲ软件并选菜单命令［File］→［New Program］，新建一个 PMC 程序，PMC 类型与 CNC 系统的一致——0i-D PMC，文件名和存放路径可自行定义。再选菜单命令［TOOL］→［Communication］→［Network Address］，确认已有的 IP 地址是否与 CNC 系统中一致，若没有设置 IP 地址或 IP 地址不一致，则单击［Add Host］标签，在［Host Setting Dialog］对话框内输入 CNC 系统的 IP 地址，如图 6-44 所示。然后选择［Setting］面板标签，确认［Use device］栏内 IP 地址是否与 CNC 系统一致，若不一致，则在其左侧［Enable device］栏内选择与 CNC 系统一致的 IP 地址并单击［Add>>］标签，将其添加到用户设备栏内；同时，把用户设备栏内不一致的 IP 地址选中并单击［<<Delete］标签，将其删除至可用设备栏内。最后选中用户设备栏内 IP 地址 "192.168.1.11" 后，单击图 6-44 页面最下方的［Connect］标签，若硬件没有故障，则外设计算机与 MC1 的 CNC 系统连接即可成功，并在图 6-44 所示页面的连接对话框内显示两者的通信状态。

④ MC1 处于编辑（EDIT）方式或紧急停止（EMG）前提下，在外设计算机侧选择 LADDER-Ⅲ的菜单命令［TOOL］→［Load from PMC］，进入［Program transfer wizard］页面，根据需要勾选［Ladder］与［PMC Parameter］，设定 PMC 参数存放路径，确认设置正确后单击标签［Finish］，MC1 的 PMC 数据经交叉 TP 电缆复制到外设计算机中。从而，既能做好 MC1 改造前的 PMC 数据备份，又可为 MC1 后续 PMC 程序开发与 PMC 参数修改奠定基础。

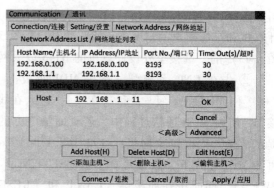

图 6-44　FANUC LADDER-Ⅲ软件
添加 CNC 系统的 IP 地址

2）CNC 系统的 I/O 通道设定为 4 或 CNC 参数#0020＝4 的前提下，在［ALL IO］画面使用机外存储卡——FAT 格式的容量不超过 2GB 的 CF 卡，将原机床在用的加工程序、CNC

参数、刀具补偿量、宏程序变量、螺距误差补偿量和坐标系分别传送至存储卡，做好这些数据的备份与后续修改工作。

先将符合要求的 CF 卡插入 FANUC 显示器左侧的 PCMCIA 插槽内；再在系统处于编辑方式时，单击［SYSTEM］功能键，经软键依次单击［+］和［ALL IO］，显示［ALL IO］画面；然后单击［ALL IO］画面中的［(操作)］软键，显示待分区传输的目标数据的软键条：

> ［<］［程 序］［参 数］［偏 置］［ ］［(操作)］［+］
> 继续按［+］软键显示下一级 ┄┄┄┄┄┄┄┐
> ［<］［宏变量］［螺 补］［工件系］［ ］［(操作)］［+］↓

最后依次单击［程序］等对应数据的软键及［(操作)］［PUNCH］和［EXEC］等软键，加工程序等数据便以系统默认的名称传到存储卡。

（2）气路设计与 I/O 信号给定

1）气路设计。现场核查 MC1 操作门的开闭行程及安装空间后，选用行程为 800mm 的单杆双作用 SMC 气缸 CDM2B32-800Z，选择二位五通 SMC 先导式电磁阀 SY5320-5DZ-01、AN 系列消声器 AN110-01 与减压阀 AR20-01-A，以实现操作门的自动控制。同时，为改善供气质量，在气路的进气端增设亚德客气源处理装置 BC2000（过滤器+减压阀+油雾器）。升级后 L280 型数控卧式车床的气动原理图如图 6-45 所示。

2）I/O 信号给定。经编程工具 LAD-DER-Ⅲ，提取原机在用 PMC 程序内空置未用的输入/输出地址，并将其赋予一定含义，以实现车床 RT 机能的扩充。

① 查阅 MC1 的电气原理图，明晰机床 I/O Link 串行总线所连接的 I/O 装置——0i 专用 I/O 单元、操作面板 I/O 模块（矩阵扫描）和 I/O Link 轴放大器。

② 在 LADDER-Ⅲ 的操作主画面中，通过菜单命令［文件］→［打开］或快捷键<Ctrl+O>打开已上装至外设计算机的PMC 程序，双击［程序清单］对话框中的［I/O 模块］，显示［编辑 I/O 模块］对话框。

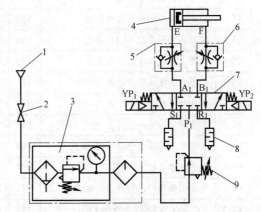

图 6-45 升级后 L280 型数控卧式车床的气动原理图
1—气源 2—截止阀 3—气源处理装置 4—单杆双作用气缸 5、6—节流阀 7—三位五通型电磁阀 8—消声器 9—减压阀

③ 分别在其输入（输出）对话框下，获知 0i 专用 I/O 单元、操作面板 I/O 模块与 I/O Link 轴放大器的输入（输出）地址彼此对应的初始定义位置为 X0（Y0）、X100（Y00）和 X60（Y60）。

④ 双击［程序清单］对话框中的［Ladder］，打开 PMC 程序，搜索相关输入/输出地址，进而确定 I/O 装置上空置未用的数字量式物理地址。

⑤ 基于 RT 机能的扩充要求，既要给定 RT→车床 MC1 的 5 个输入信号（含尾座顶尖夹/松和 MC1 循环起动的 RT 侧激励信号），又要给定 MC1→RT 的 7 个输出信号，还要给定自动门开/关动作的 8 个控制信号；并根据"功能相近者优先排序，新增元素彼此尽可能临近"的原则，将这 20 个控制信号与已提取到的空置未用的物理地址——对应（见表6-2），

以便确定其在 I/O 装置的接线位置及相应线号的打印，进而为后续 PMC 程序开发和现场对应接线奠定基础。

表 6-2　L280 型数控卧式车床与机器人交互信号（握手）对接表

信号类型	信号地址	信号含义	线号	I/O 装置对应接口	接线端子	A-MC1对应的信号	线束号	B-MC1对应的信号	线束号
						机器人侧对接信号			
自动门开/关动作	X104.3	MCP 上门手动打开按钮	X1043	CE53/B20	线已接好	—	—	—	—
	X104.4	MCP 上门手动关闭按钮	X1044	CE53/A21		—	—	—	—
	Y100.2	MCP 上门手动打开钮指示灯	Y1002	CE53/A08		—	—	—	—
	Y100.3	MCP 上门手动关闭钮指示灯	Y1003	CE53/B08		—	—	—	—
	X1.2	门打开到位的检知确认（R5001.2）	X12	CB104/A07	MateB1-TM1/11	—	—	—	—
	X2.2	门关闭到位的检知确认（R5002.2）	X22	CB104/A11	MateB1-TM1/19	—	—	—	—
	Y7.6	操作门打开气阀 YP2 控制（DC24V）	Y76	CB107/A23	MateA2-TM2/15	—	—	—	—
	Y7.7	操作门关闭气阀 YP1 控制（DC24V）	Y77	CB107/B23	MateA2-TM2/16	—	—	—	—
RT→MC1输入信号	X5.0	机器人处在安全位置	X50	CB106/A20	MateA1-TM1/09	OUT08	2#-04	OUT04	1#-04
	X5.3	机器人使车床循环起动命令	X53	CB106/B21	MateA1-TM1/12	OUT06	2#-02	OUT02	1#-02
	X5.4	机器人处于自动 AUTO 方式	X54	CB106/A22	MateA1-TM1/13	OUT17	2#-10	OUT17	1#-10
	X5.6	机器人使尾座顶尖后退的命令	X56	CB106/A23	MateA1-TM1/15	OUT07	2#-03	OUT03	1#-03
	X5.7	机器人使尾座顶尖前进的命令	X57	CB106/B23	MateA1-TM1/16	OUT05	2#-01	OUT01	1#-01
MC1→RT输出信号	Y4.1	车床处于自动 AUTO 方式	Y41	CB106/B16	MateA1-TM2/02	IN54	2#-11	IN53	1#-11
	Y6.3	车床的尾座顶尖已后退/松开到位	Y63	CB107/B17	MateA2-TM2/04	IN38	2#-05	IN33	1#-05
	Y6.4	车床的尾座顶尖已前进/夹紧到位	Y64	CB107/A18	MateA2-TM2/05	IN39	2#-06	IN34	1#-06
	Y6.7	车床已准备就绪（回零完毕）	Y67	CB107/B19	MateA2-TM2/08	IN42	2#-09	IN37	1#-09
	Y7.1	车床的操作门已打开到位确认	Y71	CB107/B20	MateA2-TM2/10	IN41	2#-08	IN36	1#-08
	Y7.2	=0:车床有报警（含急停 EMG）	Y72	CB107/A21	MateA2-TM2/11	I3.5*	I35	I3.3*	I33
	Y7.5	车床已切削完毕（M02/M30）	Y75	CB107/B22	MateA2-TM2/14	IN40	2#-07	IN35	1#-07

注："—"表示未使用，"*"表示过程映像信号隶属于机器人外设控制柜内 SIMATIC-200PLC。

（3）CNC 车床 RT 机能用 PMC 程序开发　在配置了 FANUC 系统的数控机床上，若要实现输入/输出信号与 M 代码辅助机能的逻辑控制、完成数据的采集分析和任务处理，就得应用内置式可编程序逻辑控制器，并编写具有一定逻辑顺序的梯形图程序。

1）新编 MC1 与 RT 交互梯形图。在 FML 中，MC1 已由早先的单机运转变为 RT 控制下的联机运转。据此，RT 应获知 MC1 是否准备就绪、有无报警、所处加工方式、是否切削完毕及操作门是否打开等实时状态，以决定下步指令能否安全发出；当然，RT 也要将自己所处加工方式和实时位置等告知 MC1，以便 MC1 对即时的开/关门、夹/松工件、切削起/停等动作做出判断——条件满足方可动作。

①在图 6-46 所示 MC1 与 RT 握手的梯形图中，经 PMC 参数预先设定数据表 D2.2＝1 开启自动操作门机能、D17.0＝1 开启机器人上/下料机能、D30.0＝1 将 Y6.3 用于尾座顶尖后

退及 D30.1＝1 将 Y6.4 用于尾座顶尖前进的前提下，若 MC1 负逻辑形式的紧急停止信号处于正常接通（X8.4＝1），MC1 无任何报警（R155.6＝0），X、Z 坐标轴均已回零完毕（F94.0＝1、F94.1＝1），则输出地址线圈 Y6.7 接通并使中间继电器 KA67 通电，进而 RT 获知 MC1 已准备就绪；若 MC1 侧有报警使辅助逻辑线圈 R155.6 接通（其常闭触点 ＊R155.6＝0），或者常通状态的紧急停止信号 X8.4 因红色 EMG 钮按下等变为失电，则持续通电的输出线圈 Y7.2 变为失电，进而 RT 获知 MC1 出现报警并停止发送下步指令；若 MC1 在自动方式（F3.5＝1）下已执行加工程序结束代码 M02/M30（R52.1＝1），其操作门已打开到位（X1.2＝1 经任意字节数据传送指令 MOVN 使 R5001.2＝1，经定时器 TMR42 延时后 R92.1＝1），MC1 获知 RT 处在自动方式（X5.4＝1），则输出线圈 Y7.5 接通并自锁→中间继电器 KA75 通电→RT 获知 MC1 已切削完毕。

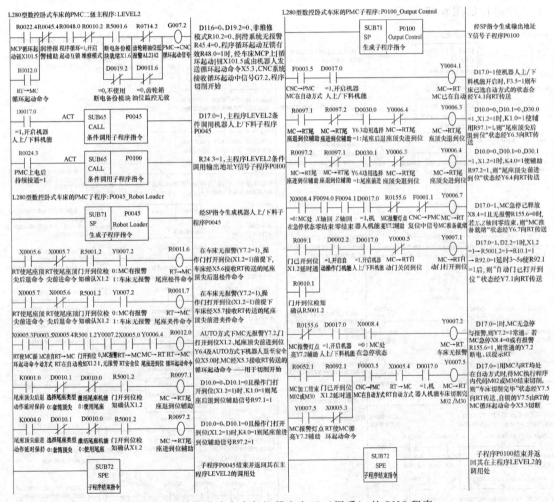

图 6-46　数控卧式车床与机器人交互（握手）的 PMC 程序

② 对于 MC1 的循环起动控制（PMC 程序如图 6-46 所示），要在 MC1 单机运转的循环起动逻辑下，添加联机运转的 RT 发出循环起动指令 X5.3 的逻辑。此时，回零结束且无报警、操作门已打开到位的 MC1 应处在自动方式（F3.5＝1），MC1 尾座顶尖已在 RT 控制下前进夹紧工件到位（Y6.4＝1），MC1 获知 RT 处在自动方式（X5.4＝1）且 RT 停在安全位

置（X5.0＝1），则辅助线圈 R12.0 接通，使得 PMC 经 G7.2 向 CNC 传送循环起动信号 ST，进而 MC1 在 CNC 系统控制下循环起动。

2）新编自动门开/关梯形图。在 FML 中，MC1 的操作门不仅要在单机调试下经 MCP 按钮手动打开与关闭，还要在联机运转下经由加工程序内的辅助功能 M 代码自动打开与关闭。对于输入/输出地址富余较多的联机运转下的 MC1，也可经由 RT 发布 MC1 操作门打开指令与关闭指令。但不管 MC1 操作门怎样打开（关闭），既要做到光电开关获知其是否已打开（关闭）到位，以保证开门状态下 RT 装/卸料（关门后主轴方可运转）；又要做到打开到位检知信号延时 3~5s 后送至 RT 侧，以保证 RT 准确获知 MC1 切削工件完毕的信号 Y7.5；还要做到门打开气阀与门关闭气阀的互锁控制——彼此串接对方线圈的常闭触点，以确保两者的线圈不会同时得电。本案例采用辅助功能代码 M61 自动开门、M62 自动关门，其 PMC 程序（局部）如图 6-47 所示。

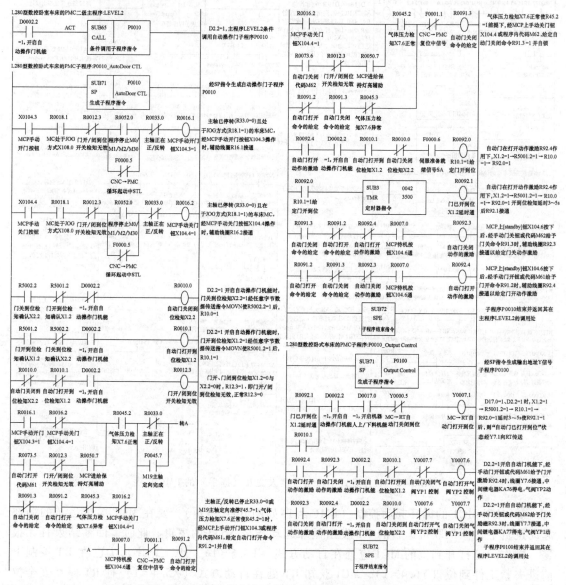

图 6-47　数控卧式车床上自动门开/关动作的 PMC 程序（局部）

3）新增尾座顶尖前进/后退的 RT 侧控制梯形图。先前，MC1 的尾座顶尖（下称尾座）既可在主轴停转的非循环起动状态下经 MCP 手动按钮或脚踏开关连续前进、寸动前进与寸动后退，也可在 MDI 或 AUTO 方式下经加工程序内 M 代码自动前进与后退。但在 FML 中，MC1 的尾座不仅要具备单机调试的手动前进/后退机能和单机运转的自动前进/后退机能，还要具备联机运转的 RT 使其前进/后退机能，并将前进夹件和后退松件的到位状态经交互信号告知 RT。

RT 侧 MC1 尾座前进/后退的控制策略：PMC 参数预先设定数据表 D17.0＝1，开启机器人上/下料机能；D30.0＝1，将 Y6.3 用于尾座顶尖后退；以及 D30.1＝1，将 Y6.4 用于尾座顶尖前进等→AUTO 方式（F3.5＝1）下 MC1 操作门已打开到位 R5001.2＝1 且 Y7.1＝1→RT 经持续通电的交互信号 Y7.2 获知 MC1 无任何报警→MC1 经信号 X5.4 获知 RT 处在 AUTO 方式→RT 向 MC1 传送尾座前进夹件命令 X5.7＝1→经辅助线圈 R11.7 和 R42.0 过渡→输出线圈 Y2.4 通电并自锁→中间继电器 KA24 通电使液压阀 YV24A 动作→尾座前进持续夹紧工件→在保持型继电器 K4.0 和辅助线圈 R97.2 过渡下→MC1 经信号 Y6.4 向 RT 传送 MC1 已前进夹件完毕→RT 回退至安全位置并将其状态经信号 X5.0 告知 MC1→RT 经信号 X5.3 向 MC1 发送循环起动命令→MC1 执行加工程序以切削工件→切削完 MC1 经信号 Y7.5 告知 RT→经信号 Y7.1 得知 MC1 操作门打开到位的 RT 至卸料处夹持住工件→RT 经信号 X5.6 向 MC1 发送尾座后退松件命令→经辅助线圈 R11.6 和 R42.1 过渡→输出线圈 Y2.5 通电并自锁→中间继电器 KA25 通电使液压阀 YV24B 动作→尾座持续后退松件已到位 K1.0＝1→MC1 经信号 Y6.3 向 RT 传送 MC1 尾座已松件结束→RT 将 MC1 已切削完的工件取出并再次上料→下一个循环开始。由此，为 L280 型数控卧式车床编制了图 6-48 所示的尾座顶尖前进/后退的 RT 侧控制梯形图（省略主程序 LEVEL2）。

4）修改产品加工程序。对两台 CNC 车床上在用的所有加工程序进行修改（见表 6-3），即加入 M62 码和 M61 码，以分别用于自动门的关闭和打开。

表 6-3　CNC 车床上产品加工程序的修改对照

改造前的加工程序（示例）	改造后的加工程序（示例）	
O1596	O1596	
N1	/M62；	M62 码使自动门关闭
……	N1	
……	……	
……	/M61；	M61 码使自动门打开
M30	M30	

2. 实施效果和效益分析

在 CNC 车床上开发并应用机器人机能，不仅使其操作门由按钮手动控制改造为 M 代码（M61～M62）自动控制，还使其尾座顶尖由机器人控制前进/后退；不仅实现车床与机器人的交互，还使车床的循环起动由单机控制改造为 FML 联机控制；不仅使流水式半自动化的主动锥齿轮生产线升级为自动化程度较高的柔性制造线，还使生产线双班作业下日产锥齿轮数量由 220 件提升至 290～310 件；不仅使生产线的每班操作人数减少一名，还大大减轻了操作者搬运工件的工作量，以及消除了搬运中潜在的安全隐患。在 CNC 车床上开发并应用机器人机能，汽车行业的同类设备可参照执行，航空、铁路、船舶等行业的相关设备也可参

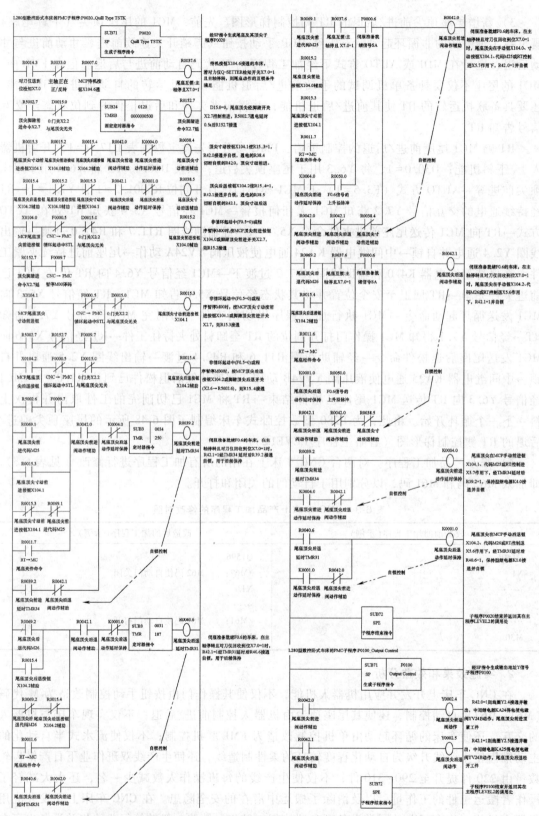

图 6-48　尾座顶尖前进/后退的 RT 侧控制梯形图（省略主程序 LEVEL2）

考借鉴。同时，为充分适应我国智能化制造的现状，各机床制造厂商应在新造设备时预留机器人机能，促使未来的制造业快步向智能工厂迈进。

6.8　SINUMERIK 802Dsl 滚齿机的机器人智能拓展

若使图 6-41 所示主动锥齿轮半自动化生产线升级改造为自动化程度较高的柔性制造线（见图 6-42），除对 05 工序承担轴颈和背锥、顶锥等部位粗、精车削任务的 CNC 车床 1 实施机器人智能拓展外，还需对 10 工序承担花键滚切任务的滚齿机 MC2 实施机能人智能拓展。

1. 数控滚齿机的机器人智能扩充

在滚齿机 MC2 上开发并应用机器人机能（下称 RT 机能），须立足于原机床的硬件设施与软件环境，新增自动门气缸、自动吹屑气阀、相关电路（略）和气路等，新编 MC2 与 RT 交互梯形图、自动门开/关梯形图、自动吹屑梯形图及尾座顶尖两次夹/松梯形图，修改工件加工程序。

（1）原机在用 PLC 程序和加工程序的备份

1）使用编程工具 PLC802，将原机在用 PLC 程序上装（载入）外设计算机做好备份。802Dsl 系统采用以 SIMATIC-200 指令组为基础的内置 PLC，其编程工具是基于 Step7-Micro/WIN32 基础开发的 PLC802，并被存放在随机资料的 Toolbox 工具盘内。

① 先在外设计算机上，双击工具盘内文件 setup.exe，选择项目"Programming Tool PLC802"，设置安装路径和安装语言等，完成 PLC802 的安装。

② 再在外设计算机和滚齿机断电的情况下，将长度不超过 15m 的 RS232 通信电缆（见图 6-49）的一端接至 802Dsl 系统 PCU 面板的 X8 接口，另一端借助 RS232↔USB 转接口接至外设计算机的 USB 端口。

③ 在 802Dsl 系统侧，同时按 [SHIFT] 切换键与 [SYSTEM/ALARM] 键以进入 SYSTEM 操作区基本画面后，依次单击画面内 [PLC] 键、[Step7 连接] 键和 [激活连接] 键，激活 Step7 的 RS232 串行通信连接。

④ 在外设计算机侧，双击 WinXP 桌面的 PLC802 图标以打开编程工具并选择菜单命令 [检视]→[通信] 进入通信设定画面后，设定远程地址为 2，经右上角接入点图标 [PLC802（PPI）] 进行计算机接口设定，单击图标 [双击刷新] 自动完成外设计算机与 802Dsl 系统的通信连接，待连接成功时 PLC802 会为 802Dsl 系统分配一个 CPU 图标。

⑤ 在外设计算机与 802Dsl 系统正常通信的前提下，经 PLC802 操作主画面中标准工具条的 [上装] 按钮，或执行菜单命令 [文件]→[上装]，将 802Dsl 系统的在用 PLC 程序复制到外设计算机中。如此，既能做好 MC2 改造前的 PLC 程序备份，又能为 MC2 后续新增 PLC 程序的开发奠定基础。

2）使用机外存储卡——FAT32 格式的定容量 CF 卡，将原机床在用的加工程序传送至

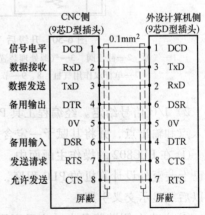

图 6-49　RS232 通信电缆的接线图

存储卡，做好加工程序的备份与后续修改工作。

① 打开 802Dsl 系统 PCU 面板正面右上角的挡板，在其 50 芯且支持热插拔的 CF 卡插槽内放入 8GB 的 CF 卡。

② 按下 CNC 键盘上［PROGRAM MANAGER］键进入程序管理器基本画面后，单击水平软键［NC 目录］进入 NC 目录画面，通过光标向下/向上键选中全部程序文件名并单击垂直软键［复制］。

③ 单击水平软键［用户 CF 卡］进入用户 CF 画面，按垂直软键［粘贴］，即可使 802Dsl 系统侧加工程序向外传送至 CF 卡。

（2）气路设计与 I/O 信号给定

1）气路设计。现场核查 MC2 操作门的开闭行程及安装空间后，选用行程为 800mm 的单杆双作用 SMC 气缸 CDM2B32-800Z，选择二位五通 SMC 先导式电磁阀 SY5320-5DZ-01、AN 系列消声器 AN110-01 与减压阀 AR20-01-A，以实现操作门的自动控制。

根据残留积屑的尺寸及安装空间，选用带磁座可调塑料冷却管，选择二位二通亚德客电磁阀 2V02508 与 CV 系列单向阀 CV-02，以实现工件切削后残留积屑的自动吹除。同时，为改善供气质量，在气路的进气端增设亚德客气源处理装置 BC2000（过滤器+减压阀+油雾器）。升级后 YKX3132M 型数控滚齿机的气动原理图如图 6-50 所示。

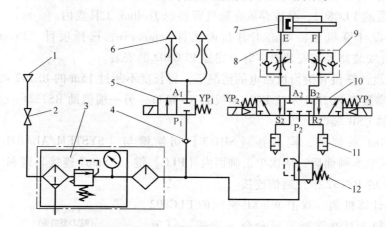

图 6-50 升级后 YKX3132M 型数控滚齿机的气动原理图

1—气源 2—截止阀 3—气源处理装置 4—单向阀 5—二位二通电磁阀 6—带磁座可调塑料冷却管
7—单杆双作用气缸 8、9—节流阀 10—三位五通电磁阀 11—消声器 12—减压阀

2）I/O 信号给定。经编程工具 PLC802，提取原机在用 PLC 程序内空置未用的数字量式输入点和输出点，并将其赋予一定含义，以实现滚齿机 RT 机能的扩充。

① 在 PLC802 的操作主画面中，通过菜单命令［文件]→[打开］或快捷键<Ctrl+O>打开已上装至外设计算机的 PLC 程序，单击标准工具条上编译图标☑，对 PLC 程序进行编译，用以后续显示交叉引用。

② 单击左侧游览条内［交叉引用］图标进入交叉引用窗口后，窗口列表会清晰地显示出 PLC 程序内所用的全部操作地（元素或地址），以及其位于哪个程序块、第几条网络、是常开触点信号还是常闭触点信号或者为线圈，进而找出 PP72/48 模块上空置未用的数字量式输入点和输出点。

③ 基于 RT 机能的扩充要求，既要给定自动门开/关动作的 6 个控制信号，又要给定自动吹屑动作的 1 个控制信号；既要给定 RT→滚齿机 MC2 的 5 个输入信号（包含尾座顶尖夹/松和 MC2 循环起动的 RT 侧激励信号），又要给定 MC2→RT 的 7 个输出信号。

④ 根据"功能相近者优先排序，新增元素彼此尽可能临近"的原则，将这 19 个控制信号与已提取到的空置未用的输入/输出点一一对应（见表 6-4），以便确定其在 PP72/48 模块的接线位置及相应线号的打印，进而为后续 PLC 程序开发和现场对应接线奠定基础。

表 6-4　数控滚齿机与机器人交互信号（握手）对接表

数控滚齿机侧过程映像输入/输出信号					机器人侧对接信号			
信号类型	信号地址	信号含义	线号	PP72/48接线端子	A-MC2对应的信号	线束号	B-MC2对应的信号	线束号
自动门开/关动作	I1.2	MCP 上门手动打开按钮	I12	X111/T13	—	—	—	—
	I1.3	MCP 上门手动关闭按钮	I13	X111/T14	—	—	—	—
	I1.4	门打开到位的检知确认	I14	X111/T15	—	—	—	—
	I7.3	门关闭到位的检知确认	I73	X333/T14	—	—	—	—
	Q4.4	操作门打开的气阀控制	Q44	X333/T35	—	—	—	—
	Q4.3	操作门关闭的气阀控制	Q43	X333/T34	—	—	—	—
自动吹屑	Q4.2	自动吹屑用气阀控制	Q42	X333/T33	—	—	—	—
RT→MC2 过程映像输入信号	I4.5	机器人处在安全位置	I45	X222/T16	OUT16	8#-04	OUT12	7#-04
	I4.6	机器人使尾座顶尖松开的命令	I46	X222/T17	OUT13	8#-01	OUT09	7#-01
	I8.2	机器人使尾座顶尖夹紧的命令	I82	X333/T21	OUT15	8#-03	OUT11	7#-03
	I8.5	机器人处于自动 AUTO 方式	I85	X333/T24	OUT17	8#-10	OUT17	7#-10
	I8.6	机器人使滚齿机循环起动命令	I86	X333/T25	OUT14	8#-02	OUT10	7#-02
MC2→RT 过程映像输出信号	Q0.4	滚齿机的操作门已打开到位	Q04	X111/T35	IN51	8#-08	IN46	7#-08
	Q0.5	滚齿机的尾座顶尖已松开到位	Q05	X111/T36	IN48	8#-05	IN43	7#-05
	Q0.6	滚齿机的尾座顶尖已夹紧到位	Q06	X111/T37	IN49	8#-06	IN44	7#-06
	Q2.2	滚齿机处于自动（AUTO）方式	Q22	X222/T33	IN56	8#-11	IN55	7#-11
	Q2.7	滚齿机已切削完毕（M02/M30）	Q27	X222/T38	IN50	8#-07	IN45	7#-07
	Q4.1	滚齿机已准备就绪（回零完毕）	Q41	X333/T32	IN52	8#-09	IN47	7#-09
	Q5.2	滚齿机有报警（含紧急停止 EMG）	Q52	X333/T33	I3.7*	I37	I3.6*	I36

注："—"表示未使用，"*"表示过程映像信号隶属于机器人外设控制柜内 SIMATIC-200PLC。

（3）数控滚齿机 RT 机能用 PLC 程序开发　在配置了 SINUMERIK 系统的 CNC 机床上，若要实现过程映像输入/输出信号与 M 代码辅助机能的逻辑控制，完成数据的采集分析和任务处理，就得应用内置式可编程序逻辑控制器，并编写具有一定逻辑顺序的梯形图程序。

1）新编 MC2 与 RT 交互梯形图。在 FML 中，MC2 已由早先的单机运转变为 RT 控制下的联机运转。据此，RT 应获知 MC2 是否准备就绪、有无报警、所处加工方式、是否切削完毕及操作门是否打开等实时状态，以决定下步指令能否安全发出；当然，RT 也要将自己所处加工方式和实时位置等告知 MC2，以便 MC2 对即时的开/关门、夹/松工件、切削起/停等动作做出判断——条件满足方可动作。

① 在图 6-51 所示 MC2 与 RT 握手的梯形图中,若 MC2 的液压泵正常运转 (Q2.0 = 1),S120 驱动器正常起动 (I8.3 = 1),紧急停止已释放 (V27000000.1 = 0) 且三个坐标轴均已回零完毕,则 Q4.1 线圈通电使中间继电器 KA41 通电,进而 RT 获知 MC2 已准备就绪。若 MC2 侧有报警使辅助逻辑线圈 M60.0 通电 (其常闭触点 ＊M60.0 = 0),则持续通电的线圈 Q5.2 变为失电状态,进而 RT 获知 MC2 出现报警并停止发送下步指令。若 MC2 在自动方式 (V31000000.0 = 1) 下已执行加工程序结束代码 M02 (V25001000.2 = 1),其操作门已打开到位 (I1.4 = 1 使 M60.7 = 1),MC2 获知 RT 处在自动方式 (I8.5 = 1),则 Q2.7 线圈通电并自锁→中间继电器 KA27 通电→RT 获知 MC2 已切削完毕。

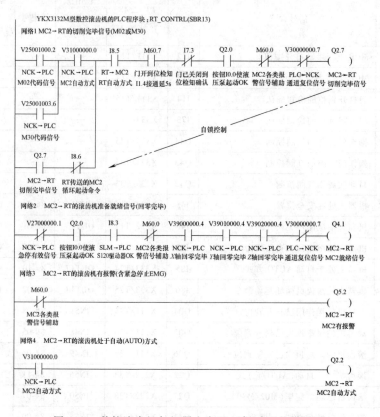

图 6-51 数控滚齿机与机器人交互 (握手) 的梯形图

② 在图 6-52 所示的 MC2 循环起动控制梯形图中,要在 MC2 单机运转的循环起动逻辑下,添加联机运转的 RT 发出循环起动指令 I8.6 的逻辑。此时,三个坐标轴已回零完毕的 MC2 应处在自动方式,MC2 的尾座顶尖已在 RT 控制下两次夹紧工件到位 (C2 = 1 使 Q0.6 = 1),MC2 侧面的交换齿轮箱门已关闭 (I4.7 = 1),MC2 获知 RT 处在自动方式 (I8.5 = 1) 且 RT 停在安全位置 (I4.5 = 1),则接口信号线圈 V32000007.1 通电并使 MC2 在 802Dsl 系统控制下循环起动。

2) 新编自动门开/关梯形图。在 FML 中,MC2 的操作门不仅要在单机调试下经 MCP 按钮手动打开与关闭,还要在联机运转下经由加工程序内的辅助功能 M 代码自动打开与关闭。对于 I/O 点富余较多的联机运转下的 MC2,也可经由 RT 发布 MC2 操作门打开指令与关闭

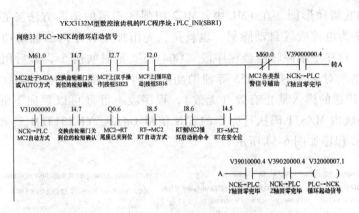

图 6-52　数控滚齿机上循环起动控制梯形图

指令。MC2 操作门不管怎样打开（关闭），既要做到光电开关获知其是否已打开（关闭）到位，以保证开门状态下装/卸料（关门后主轴方可运转）；又要做到打开到位检知信号延时 3~5s 后送至 RT 侧，以保证 RT 准确获知 MC2 切削工件完毕的信号 Q2.7；还要做到门打开气阀与门关闭气阀的互锁控制——彼此串接对方线圈的常闭触点，以确保两者的线圈不会同时得电。本案例采用辅助功能代码 M46 自动开门、M47 自动关门，其 PLC 程序如图 6-53 所示。

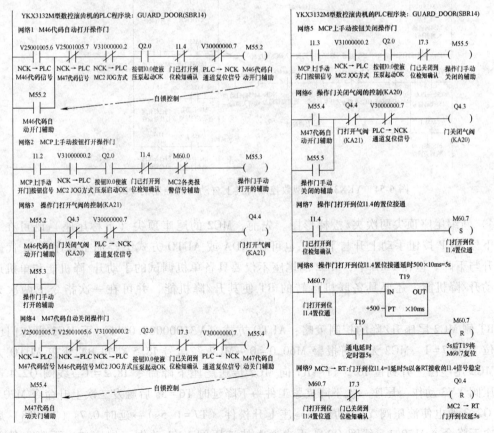

图 6-53　数控滚齿机上自动门开/关动作的 PLC 程序

3）新编自动吹屑梯形图。在 FML 中，MC2 切削区积屑的清除方法务必由先前的外挂气枪手动除屑改造为电控吹气自动除屑。也就是，先由加工程序内的辅助功能代码 M54 开启自动吹屑气阀，再在主轴停转前经程序段 "G04 F5" 延时吹屑 5s，最后用 M55 代码切断 M54 自动吹屑回路。对于 M54 和 M55 等辅助功能代码，在接口信号 V32000006.1 = 1（0）时，PLC 向 NCK 传送的读入禁止有效（无效），程序段不可（可以）向下继续执行，此点类似于 FANUC 系统内 M/S/T 码执行完毕的 FIN 信号 G4.3。YKX3132M 型数控滚齿机上自动吹屑控制的 PLC 程序如图 6-54 所示。

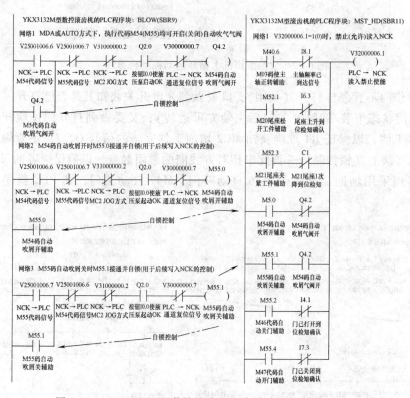

图 6-54　YKX3132M 型数控滚齿机上自动吹屑控制的 PLC 程序

4）新编尾座顶尖两次夹/松梯形图。先前，MC2 的尾座顶尖（下称尾座）既可在 JOG 方式下经 MCP 按钮手动上升与下降，也可在 MDA 或 AUTO 方式下经加工程序内 M 代码自动上升与下降。但在 FML 中，MC2 的尾座不仅要具备单机调试的手动升/降机能和单机运转的自动升/降机能，还要具备联机运转的 RT 使其升/降机能，并可在一次指令下两次夹紧工件。

RT 侧 MC2 尾座升/降的控制策略：AUTO 方式（V31000000.0 = 1）下 MC2 操作门已打开到位 M60.7 = 1→MC2 无任何报警 M60.0 = 0→MC2 经信号 I8.5 获知 RT 处在 AUTO 方式下→MC2 尾座已上升到位 I6.3 = 1→RT 向 MC2 传送尾座下降命令 I8.2 = 1→线圈 Q2.4 通电使液压阀 YV3 动作→尾座一次下降夹紧工件→下降延时 T6 = 3s 后触发二次上升命令 M70.0→线圈 Q2.3 通电使液压阀 YV4 动作→尾座上升松件（T7 = 0.5s）→延时 0.7s（T7+T8）后触发两次下降命令 M70.1→线圈 Q2.4 再次通电使液压阀 YV3 动作→尾座二次下降夹件并保

持→加计数器 C2 计数达到预置值（PV）→MC2 经信号 Q0.6 向 RT 传送 MC2 已两次下降夹件完毕→RT 回退至安全位置并将其状态经信号 I4.5 告知 MC2→RT 经信号 I8.6 向 MC2 发送循环起动命令→MC2 执行加工程序以切削工件→切削完 MC2 经信号 Q2.7 告知 RT→得知 MC2 操作门已打开到位的 RT 至卸料处夹持住工件→RT 经信号 I4.6 向 MC2 发送尾座上升松件命令→线圈 Q2.3 通电使液压阀 YV4 动作→尾座上升松件已到位 I6.3 = 1→MC2 经信号 Q0.5 向 RT 传送 MC2 尾座已松件结束→RT 将 MC2 已切削完的工件取出并再次上料→下一个循环开始。由此，为 YKX3132M 型数控滚齿机编制了图 6-55 所示的尾座顶尖两次夹/松控制梯形图。

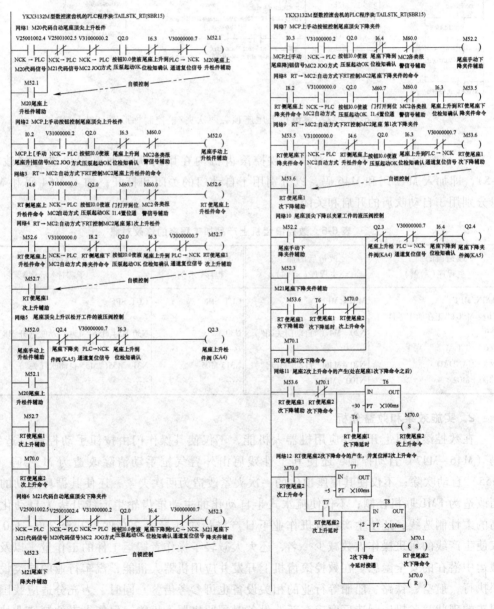

图 6-55　数控滚齿机上尾座顶尖两次夹/松控制梯形图

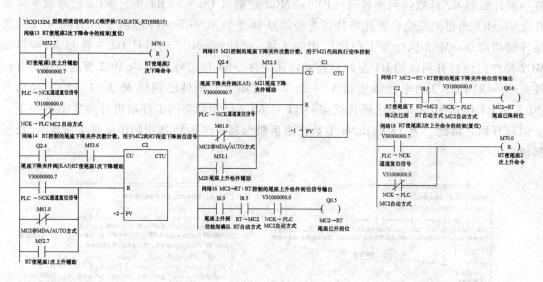

图 6-55　数控滚齿机上尾座顶尖两次夹/松控制梯形图（续）

5）修改产品加工程序。对四台数控滚齿机内在用的所有加工程序进行修改（见表6-5），即加入 M47 码和 M46 码，以分别用于自动门的关闭和打开；加入 M54 码和 M55 码，以分别用于自动吹屑的开启和关闭。

表 6-5　数控滚齿机上产品加工程序的修改对照

改造前的加工 主程序（示例）	改造后的加工 主程序（示例）	改造前的加工子 程序（示例）	改造后的加工 子程序（示例）
MAIN. MPF	MAIN. MPF	CUT. SPF	CUT. SPF
N10　MSG("正在加工零件")	……	……	……
……	N20　M47("自动门关闭")	N30	N30 M54 M8("M54 自动吹气开 M8 冲洗开")
N60　CUT	……	……	……
N65 CUANDAO	N70　M46("自动门开启")	N315 M05	N312 M55("M55 自动吹气关")
N100　M02	N100　M02	……	……

2. 实施效果和效益分析

在数控滚齿机上开发并应用机器人机能，不仅使其操作门由按钮手动控制改造为 M 代码（M46～M47）自动控制，还使其工件残屑由外置气枪手动清除改造为 M 代码（M54～M55）自动吹除；不仅使其尾座顶尖的一次夹紧改造为两次夹紧，还使其循环起动的单机控制改造为 FML 联机控制；不仅使流水式半自动化的主动锥齿轮生产线升级为自动化程度较高的柔性制造线，还使生产线双班作业下日产锥齿轮数量由 220 件提升至 290～310 件；不仅使生产线的每班操作人数减少一名，还大大减轻了操作者搬运工件的工作量，以及消除了搬运中潜在的安全隐患。在数控滚齿机上开发并应用机器人机能，汽车行业的同类设备可参照执行，航空、铁路、船舶等行业的相关设备也可参考借鉴。同时，为充分适应我国智能化制造的现状，各机床制造厂商应在新造设备时预留机器人机能，促使未来的制造业快步向智能工厂迈进。

6.9 Mazak 机床硬盘数据备份与还原

某公司在用的一台 Mazak 公司制造的 QTN250 Ⅱ ML500 车铣中心（下称 QTN）开机出错，基于 Windows 平台的 MITSUBISHI M640T 系统呈现蓝屏现象——屏显蓝色底白色字的报警信息，如图 6-56 所示。操作者多次关机重启，均未能消除该蓝屏故障，QTN 彻底瘫痪。受开放式 CNC 系统专供 Mazak 的版权影响，三菱数控事业部不能提供任何建设性意见。热后主动锥齿轮繁忙的生产任务不允许长时间等待 Mazak 技术人员上门服务。因此，针对开放式 CNC 系统启动中 0x0000006F 或 0x0000007B 等错误信息、数据紊乱或硬盘损坏的故障，应用一键 Ghost 技术，可做到自主快速恢复装硬盘型 Mazak 机床的运转。

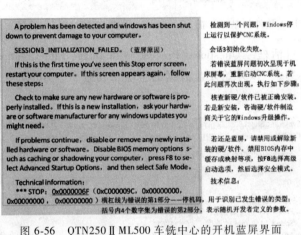

图 6-56 QTN250 Ⅱ ML500 车铣中心的开机蓝屏界面

1. 机床硬盘数据的 Ghost 全盘备份

针对装硬盘型 Mazak 机床，先是在其运行正常时，采用外设计算机和 Windows 环境的 Symantec Ghost（下称 Ghost）软件进行硬盘数据的全盘备份——把整个硬盘的信息写至一个镜像文件内，以做好日常维护备份。在此以 QTN 为例，介绍 Ghost 全盘备份的操作过程。

1）打开 QTN 系统，找到右上角标有 "MITSUBISHI FCU7-HD003-JS1" 的硬盘盒。拔掉硬盘 PATA 口上 80 芯并行数据线，解体硬盘盒，拆出富士通 MHW2040AC 并行硬盘。注意硬盘电路板的防护，避免振动、污染、潮湿、高温、静电和磁场。

2）借助优越者 USB2.0 转 SATA/IDE 硬盘转换器，将并行硬盘经由 IDE→USB 连接至外设计算机。注意 PATA 口容错针的位置，避免错误插/拔，防止连接针弯曲或折断。

3）在外设计算机的 Windows 桌面中，双击打开扩展名为 .exe 的硬盘版 Ghost 软件。在其界面左下角，鼠标依次选择 ［Local］→［Disk］→［To Image］，如图 6-57 所示。

4）选择拟要制作镜像文件的源数据硬盘。在弹出的 "Select local source drive by clicking on the drive number" 界面中，鼠标点选容量为 38154MB 的富士通并行硬盘，单击 ［OK］键以确认源数据盘。

5）在镜像文件存放地选择界面（见图6-58），选择镜像文件所存放的文件夹，给定文件名和扩展名，单击 ［Save］键保存镜像文件。

6）在弹出的 "Compress Image" 镜像文件压缩界面内，单击按键 ［Fast］选择快速压缩

图 6-57 Symantec Ghost 软件的基础界面

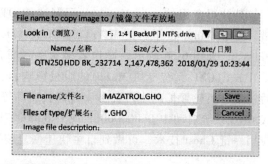

图 6-58 Ghost 镜像文件存放地选择界面

镜像文件。随之，在对话框"Question：Proceed with Image File Creation？/是否进行镜像创建"内，单击按键［Yes］以开始硬盘数据的全盘备份任务。Ghost 全盘备份进程界面如图6-59 所示。

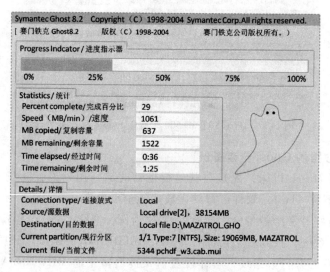

图 6-59 Ghost 全盘备份进程界面

7）当图 6-59 所示界面中备份进程至 100％时，LCD 弹出"Image Creation Complete：Image Creation Completed Successfully"提示界面，即镜像文件已成功创建。据提示依次单击按键［Continue］→［Quit］→［Yes］，退出 Ghost 软件。

2. 机床硬盘数据 WinPE 环境的一键还原

因为 USB 存储设备具有轻便和设定简单的优点，以及 Ghost 软件中 From Image 项还原硬盘数据会偶发异常中断的故障，所以对 Mazak 机床的硬盘数据进行一键还原，优选外设计算机的 Windows PE（下称 WinPE）环境下执行 USB 存储式全盘还原操作。详细步骤如下：

1）制作 FAT32 格式的 USB 启动盘。在外设计算机上预先装好"大白菜 U 盘启动制作工具（装机维护版）"，并将容量为 3～8GB 的空白型 USB 存储设备（简称 U 盘）插至 USB端口；然后，用鼠标双击打开大白菜软件，在其默认模式下，选中目标 U 盘——I：（hd2）

Multi-Reader-0（6.91GB），设定模式为 HDD-FAT32，依次单击按键［一键制作 USB 启动盘］→［确定］→［否］，即可完成 USB 启动盘的制作。

2）启动 USB 启动盘的 WinPE 环境。先把符合要求的 USB 启动盘插在外设计算机的 USB 端口，Mazak 新硬盘通过优越者 USB2.0 转 SATA/IDE 硬盘转换器连接至外设计算机的 USB 端口；再启动外设计算机，单击键盘上的<F12>键，进入图 6-60 所示引导菜单；经键盘上的<↓>键选择 U 盘仿真成硬盘的模式启动，单击<Enter>键，执行 USB 启动盘的启动任务。在弹出的大白菜选项菜单中，选择与所用外设计算机的 Windows 版本适合的 WinPE 模式后，进入 USB 启动盘的 WinPE 环境。Win7/8/10 版本时，选择"［03］运行大白菜 Win8PEx86 精简版"；WinXP/2000/NT 版本时，选择"［02］运行大白菜 Win03PE2013 增强版"。

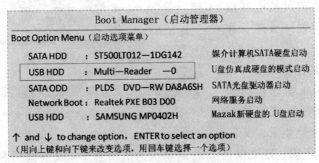

图 6-60　外设计算机的引导菜单

3）在大白菜 Win8PE 维护系统内，双击打开"大白菜 PE 一键装机"软件。在图 6-61 所示的大白菜 PE 一键装机界面中，选择"还原分区"，给定 Mazak 机床硬盘数据已备份的镜像文件所在路径，选中拟要还原的 Mazak 新硬盘；然后，经［高级］按键展开"高级选项"对话框，勾选"完成后重启"项，依次单击按键［确定］→［是］，立即通过 Ghost32 软件开始 Mazak 机床硬盘数据的一键还原任务。

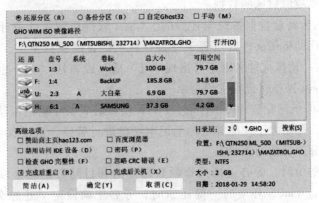

图 6-61　大白菜 PE 一键装机界面

4）外设计算机的 LCD 屏显类似图 6-59 所示的备份进程界面。当还原进程至 100% 时，外设计算机会立即重启并正常进入其 Windows 系统，以备后续磁盘管理操作。还原进程界面与图 6-59 所示备份进程界面的区别仅有两点，即前者的 Source/源数据为 Mazak 机床硬盘数据已备份的镜像文件、Destination/目的数据为还原的 Mazak 新硬盘，前者 Ghost 软件版本更高。

5）在外设计算机的 Win7（WinXP）桌面上，用鼠标右键单击"计算机（我的电脑）"图标，用鼠标左键依次选择菜单［管理］→［磁盘管理］后，弹出图 6-62 所示的磁盘管理界面。务必保证界面内已还原结束的 Mazak 新硬盘处于主分区且活动的状态，否则回装了该硬盘的 Mazak 机床仍不能成功启动其 CNC 系统。

6）打开 QTN 系统，将还原就绪的 Mazak 新硬盘回装至机床上，插上 80 芯并行数据线。机床接通电源，MITSUBISHI M640T 系统正常加载。随后，核对 X、Z 轴参考点和工件原点，检查刀具长度补偿数据，校验加工程序的一致性及首件精度。

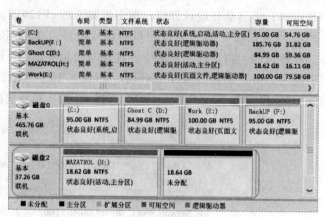

图 6-62　Win7 系统的磁盘管理界面

3. 备份与还原的注意事项

对装硬盘型 Mazak 机床成功地进行一键 Ghost，既要保证镜像文件存储介质的容量满足要求，又要做到 Ghost 命令设定正确；既要保证 USB 启动盘的成功制作，又要做到 Mazak 新硬盘状态正确。否则，就会出现备份文件不完整、数据损坏、WinPE 系统环境错误、还原后的硬盘不启动等异常情况，最终造成 Mazak 机床的硬盘数据不能成功实施一键 Ghost。下面给出五条注意事项：

1）机床硬盘数据的镜像文件一定要额外存放在容量符合要求的专用移动硬盘上，而不能仅仅存放于硬盘 D 区，以免硬盘损坏造成备份数据失效。QTN 的硬盘仅有一个区，先前又没有数据全盘备份。因 CNC 系统未加密处理，故将现场同规格 Mazak 机床的硬盘作为源数据硬盘，以此还原故障机床的数据。

2）对 Mazak 机床硬盘数据备份与还原时，Ghost 软件应置于外设计算机磁盘的根目录下；扩展名为 .GHO 的镜像文件既可置于外设计算机磁盘的根目录下，也可置于 USB 启动盘的 GHO 文件夹内。镜像文件名既不可出现" I ~ XII "或斜杠"/"，也不推荐存在英文之外的字符，以免 Ghost 操作时出现乱码现象。

3）通常，Mazak 机床配置 40GB 容量、PATA 接口的 2.5 寸笔记本硬盘，受市场因素和硬盘升级换代影响，可用大于先前容量的笔记本硬盘进行替换。新硬盘须为全盘符——仅 1 个分区，并处于主分区且活动的状态。

4）Ghost 全盘备份时，务必正确选择源数据硬盘和目的数据硬盘以及其他参数，以免镜像文件制作错误。WinPE 环境的一键还原时，务必正确设定"还原分区"及相应参数，以免破坏外设计算机和同规格 Mazak 机床的磁盘数据状态。

5）在拆卸机床硬盘并通过外设计算机的 USB 端口传输数据时，维修人员既要准备一台外设计算机，又要配备一套 SATA/IDE→USB 的硬盘转换器、FAT32 格式的 USB 启动盘，还需 Ghost 软件、硬盘分区助手、大白菜软件等。

附 录

缩 略 符

缩略符	英/德文含义或汉语拼音	中 文 含 义
802Dsl	802D solution line	SINUMERIK 802D 系统中的一种类型
840Dpl	840D power line	SINUMERIK 840D 系统中的一种类型
840Dsl	840D solution line	SINUMERIK 840D 系统中的一种类型
840Disl	840Di solution line	SINUMERIK 840Di 系统中的一种类型
AC	Alternating Current	交流电
A/D	Analog to Digital（Converter）	模拟到数字（转换）
ALM	Active Line Module	调节型/主动型电源模块（用于 S120 驱动器）
APC	Automatic Pallet Changer	自动托盘交换装置
ASIC	Application Specific Integrated Circuit	专用集成电路
ATA	Advanced Technology Attachment	高级技术附件（基于硬盘接口技术）
ATC	Automatic Tool Changer	自动换刀装置
ATE	Automatic Test Equipment	自动测试设备/系统
ATT	Attenuator	衰减器
AutoCAD	Autodesk Computer-Aided Design	自动计算机辅助设计
BCD	Binary-Coded Decimal	二—十进制
BIN	Binary	二进制
BIOS	Basic Input/Output System	基本输入/输出系统
BLM	Basic Line Module	基本型电源模块（用于 S120 驱动器）
CAD	Computer-Aided Design	计算机辅助设计
CAN	Controller Area Network	控制器局域网络
CF	Compact Flash	紧凑型闪存卡（经适配器用于 PCMCIA 插槽,经读卡器连至 USB 等多种常用端口）
CD	Compact Disc	光盘
CMOS	Complementary Metal Oxide Semiconductor	互补金属氧化物半导体存储器
CMRR	Common Mode Rejection Ratio	共模抑制比
CNC	Computer Numerical Control	计算机数字控制
CPU	Central Processing Unit	中央处理器
CRT	Cathode Ray Tube	阴极射线管

（续）

缩略符	英/德文含义或汉语拼音	中文含义
CTS	Clear To Send	RTS/CTS 通信协议中的允许发送信号
DB	Data Block	数据块
DC	Direct Current	直流电
DIMM	Dual-Inline-Memory-Modules	双列直插式存储模块
DIP	Dual In-Line Package	双列直插式封装
DMA	Direct Memory Access	直接存储器（内存）访问
DP	Decentralized Peripherals	分布式外围设备
DPR	Dual Port RAM	双端口存储器
DRAM	Dynamic RAM：Dynamic memory（volatile）	动态随机存取存储器
DRDY	（FANUC）Digital Servo Ready	（FANUC）数字伺服准备好
DRIVE-CLIQ	Drive Component Link with IQ	带 IQ 的驱动组件连接
DSR	DataSet Ready	运行就绪状态信号，即数据组准备好
DTR	Data Terminal Ready	数据终端准备好
DVD	Digital Video Disk	数字化视频光盘
ECB	Electronic Circuit Boards	电子线路板，简称电路板
EMG	EMERGENCY STOP	紧急停止（也称急停）
exFAT	Extended File Allocation Table	扩展 FAT，即扩展文件分配表
FANUC18/18i/0i/30i	FANUC 16/16i/18/18i/21/21i/0i/32i/31i/30i	FANUC 系统的系列号
FAT	File Allocation Table	文件分配表
FB	Function Block	功能块，有专用存储区（背景数据块）的子程序
FC	Function Call：Function block in PLC	功能，没有专用存储区的子程序
FDD	Feed Drive（SIMODRIVE 611D）	进给驱动（SIMODRIVE 611D）
FET	Field Effect Transistor	场效应管或单极型晶体管
FML	Flexible Manufacturing Line	柔性制造线
FROM	Flash ROM	快闪存储器
FSSB	FANUC Serial Servo Bus	FANUC 串行伺服总线
GB	汉语拼音：Guo jia Biao zhun	国家标准
	GigaByte	10 亿字节（计算机）
GPIB	General Purpose Interface Bus	通用接口总线（测试仪器常用的接口方式）
HD	Hard Disk	硬盘
HHU	Handheld Unit	手持单元
HMI	Human Machine Interface	人机接口
HB	Brinell Hardness	布氏硬度
HRC	Rockwell Hardness C Rule	洛氏硬度 C 标尺
HSSB	High Serial Servo Bus	高速串行伺服总线（FANUC 光缆）

（续）

缩略符	英/德文含义或汉语拼音	中文含义
HV	Vickers Hardness	维氏硬度（单位：kg/mm^2）
IC	Integrated Circuit	集成电路
IDE	Integrated Device Electronics	电子集成驱动器，本意是指把"硬盘控制器"与"盘体"集成在一起的硬盘驱动器
IGBT	Insulated Gate Bipolar Transistor	绝缘栅双极型晶体管
IM	Interface Module（SIMATIC S7-300）	接口模块（SIMATIC S7-300）
I/O	Input/Output	输入/输出
IPM	Intelligent Power Module	智能功率模块
IP	Internet Protocol	网络之间互连的协议
I/RF	Infeed/Regenerative feedback module	再生回馈电源模块
JB/T	—	国家机械行业推荐标准
JOG	Jogging（Mode）	手动连续进给（模式）
LCD	Liquid Crystal Display	液晶显示器
LED	Light Emitting Diode	发光二极管
LPF	Low Pass Filter	低通滤波器
MB	Megabyte	兆字节
MCP	Machine Control Panel	机床控制面板
MCS	Machine Coordinate System	机床坐标系
MD	Machine Data	机床数据（用于 SINUMERIK 系统）
MDI 或 MDA	Manual Data Automatic；Manual Input（Mode）	手动数据自动运行：手动数据输入（模式）
MMC	Man Machine Communication	人机通信（可进行操作、编程和模拟的面板）
MPG	Manual Pulse Generator（Mode）	手摇脉冲发生器（模式），俗称手轮、电子手轮或手脉
MPI	Multiple Point Interface	多点接口
NC	Numerical Control	数字控制
NCK	Numerical Control Kernel	带有程序段处理和运行范围等功能的数字内核
NCU	Numerical Control Unit	数字控制单元
NRZ	Non Return to Zero（Code）	不归零制（编码）
OEM	Original Equipment Manufacturer	原始设备制造商
OP	Operation Panel	操作面板
PC	Personal Computer	个人计算机
PCB	Printed Circuit Board	印制电路板
PCMCIA	Personal Computer Memory Card International Association	个人计算机存储卡国际协会
PCU	Personal Computer Unit	SINUMERIK 系统中带操作界面的 NC 控制器
PLC	Programmable Logic Controller	可编程序逻辑控制器（FANUC 系统为 PMC）
PMC	Programmable Machine Tool Controller	FANUC 系统中的可编程序机床控制器

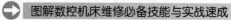

（续）

缩略符	英/德文含义或汉语拼音	中文含义
PN	ProfiNET	基于工业以太网的现场总线标准
PP012	Push-Button-Panel 012	按键面板 012
ps	Picosecond	皮秒
PS	Power Supply（SIMATIC S7-300）	电源模块（SIMATIC S7-300）
PSM	Power Supply Module	FANUC 系统的电源模块
PWM	Pulse Width Modulation	脉冲宽度调制
RAM	Random Access Memory	随机存取存储器
RAPID	—	快速进给
REF	Reference point approach function（Mode）	参考点接近机能（模式），即手动返回参考点
RF	Radio Frequency	射频
RMS	Root Mean Square	均方根
ROM	Read Only Memory	只读存储器
RS-232	Recommended Standard-232	推荐标准-232
RTS	Request To Send	RTS/CTS 通信协议中的请求发送信号
RxD	Receive data	接收数据
RZ	Return to Zero（Code）	归零制（编码）
SA	（FANUC）Servo Already	（FANUC）伺服准备好/就绪
SLM	Smart Line Module	非调节型/智能型电源模块（用于 S120 驱动器）
SMC	Sensor Module Cabinet	机柜安装式编码器模块
SPM	Spindle Module	FANUC 系统的主轴模块（放大器）
SRAM	Static RAM：Static memory（battery-backed）	静态随机存取存储器（缓存）
SVM	Servo Module	FANUC 系统的伺服模块（放大器）
TCP	Transmission Control Protocol	传输控制协议
TDR	Time Domain Reflectometry	时域反射仪/计
TTL	Transistor-Transistor-Logic	晶体管-晶体管-逻辑
TxD	Transmitted data	传送数据
USB	Universal Serial Bus	连接计算机和附属设备的通用串行总线
Vpp	Voltage Peak-Peak	峰值电压
%RH	%-Relative Humidity	相对湿度（的单位）

参 考 文 献

［1］ 刘胜勇. 实用数控加工手册［M］. 北京：机械工业出版社，2015.

［2］ 刘胜勇. 数控机床 SINUMERIK 系统模块化维修［M］. 北京：机械工业出版社，2014.

［3］ 刘胜勇. 数控机床 FANUC 系统模块化维修［M］. 北京：机械工业出版社，2013.

［4］ 刘胜勇. 车辆轮轴的加工与组装［M］. 北京：中国铁道出版社，2012.

［5］ 刘胜勇，等. 推行数控机床模块化维修根除企业生产环节之瓶颈［J］. 制造技术与机床，2015（2）：144-149.

［6］ 刘胜勇，等. 基于 AutoCAD 的铁路货车车轴参数化设计［J］. 机车车辆工艺，2008（5）：29-30，35.

［7］ 刘胜勇. 铁路货车车轴成形磨床修整装置：20300046. 2［P］. 2010-09-01.

［8］ 刘胜勇. 基于一键 Ghost 技术的 FANUC 系统硬盘数据备份与还原［J］. 制造技术与机床，2016（8）：173-175.